Gesundheitskompetenz im Alter

Nadine Konopik

Gesundheitskompetenz im Alter

Erweiterung von Health Literacy unter Berücksichtigung biografischer und umweltbezogener Aspekte

Nadine Konopik
Frankfurt am Main, Deutschland

Dissertation Goethe-Universität Frankfurt am Main, 2019 u.d.T.: Nadine Konopik: „Gesundheitskompetenz im Alter: Eine Erweiterung des Konzepts im Lichte von Biografie und Umwelt".

ISBN 978-3-658-28381-0 ISBN 978-3-658-28382-7 (eBook)
https://doi.org/10.1007/978-3-658-28382-7

Die Deutsche Nationalbibliothek verzeichnet diese Publikation in der Deutschen Nationalbibliografie; detaillierte bibliografische Daten sind im Internet über http://dnb.d-nb.de abrufbar.

Springer VS
© Springer Fachmedien Wiesbaden GmbH, ein Teil von Springer Nature 2019
Das Werk einschließlich aller seiner Teile ist urheberrechtlich geschützt. Jede Verwertung, die nicht ausdrücklich vom Urheberrechtsgesetz zugelassen ist, bedarf der vorherigen Zustimmung des Verlags. Das gilt insbesondere für Vervielfältigungen, Bearbeitungen, Übersetzungen, Mikroverfilmungen und die Einspeicherung und Verarbeitung in elektronischen Systemen.
Die Wiedergabe von allgemein beschreibenden Bezeichnungen, Marken, Unternehmensnamen etc. in diesem Werk bedeutet nicht, dass diese frei durch jedermann benutzt werden dürfen. Die Berechtigung zur Benutzung unterliegt, auch ohne gesonderten Hinweis hierzu, den Regeln des Markenrechts. Die Rechte der jeweiligen Zeicheninhabers sind zu beachten.
Der Verlag, die Autoren und die Herausgeber gehen davon aus, dass die Angaben und Informationen in diesem Werk zum Zeitpunkt der Veröffentlichung vollständig und korrekt sind. Weder der Verlag, noch die Autoren oder die Herausgeber übernehmen, ausdrücklich oder implizit, Gewähr für den Inhalt des Werkes, etwaige Fehler oder Äußerungen. Der Verlag bleibt im Hinblick auf geografische Zuordnungen und Gebietsbezeichnungen in veröffentlichten Karten und Institutionsadressen neutral.

Springer VS ist ein Imprint der eingetragenen Gesellschaft Springer Fachmedien Wiesbaden GmbH und ist ein Teil von Springer Nature.
Die Anschrift der Gesellschaft ist: Abraham-Lincoln-Str. 46, 65189 Wiesbaden, Germany

Dank
Großer Dank gebührt zuallererst denjenigen, die dieses Forschungsprojekt über die Dauer von vier Jahren kontinuierlich betreut haben. Ohne die Begleitung und vielfältige Unterstützung wäre diese Arbeit nicht möglich gewesen. Mein besonderer Dank gilt daher meinem Doktorvater und meiner Doktormutter – einem Betreuerteam, das ich mir konstruktiver und fördernder nicht wünschen könnte. Prof. Dr. Frank Oswald danke ich neben den vielen Beratungen zu konkreten Inhalten der Arbeit für seine stete Unterstützung beim Aufbau und bei der konzeptionellen Herangehensweise an die Forschungsarbeit. Ihm danke ich auch für die Möglichkeit, seit meiner Zeit als Studentin Einblick nehmen zu dürfen in quantitative und qualitative Forschungsprojekte zum Thema Altern und dass ich im Arbeitskreis des Frankfurter Forums für interdisziplinäre Alternsforschung (FFIA) als wissenschaftliche Mitarbeiterin meine Promotionsarbeit anfertigen durfte. Prof. Dr. Ines Himmelsbach danke ich für ihre kontinuierliche Hilfsbereitschaft, insbesondere bei der Entwicklung der Methode, den Analysen und der Verschriftlichung der Arbeit. Ihre Hinweise zu pädagogischen und gerontologischen Perspektiven und Konzepten sowie zu praxisrelevanten Aspekten sind für die vorliegende Arbeit von großem Gewinn und trugen maßgeblich dazu bei, die Arbeit anfertigen zu können. Für ihre äußerst konstruktiven Anregungen sowie für die Möglichkeit, meine Arbeit zusätzlich innerhalb ihres Graduiertenkolloquiums zu diskutieren, möchte ich mich ganz besonders herzlich bei Prof. Dr. Christiane Hof bedanken. Großer Dank gilt ebenso Katrin Alert für zahlreiche Runden kollegialen Austauschs und die vielen konstruktiven Hinweise, die substanziell zum Gelingen der Studie beigetragen haben, dem gesamten Team der Arbeitseinheit Interdisziplinäre Alternswissenschaft (IAW) an der Goethe-Universität Frankfurt am Main und besonders auch Vanessa Röder für ihren Beistand und die vielen generationsübergreifenden Diskurse zum Thema.
Nadine Konopik

Kurzfassung

Das Thema der vorliegenden Dissertation ist die Erweiterung des Konzepts der Gesundheitskompetenz für das höhere und sehr hohe Alter aus Subjektsicht. Hierfür wurden in dieser qualitativen Studie die beiden Suchheuristiken Biografie und Umwelt sowie die strukturierenden Kategorien Gesundheitserleben (Gesundheitskonzept, Wert der Gesundheit) und Gesundheitshandeln angebracht. In zwölf biografischen-problemzentrierten Interviews erzählten Menschen von 74 bis 92 Jahren wie sie „zu der Person wurden, die sie heute sind" (narrativer Teil). Durch einen problemzentrierten Leitfaden wurde anschließend das Gespräch auf Gesundheit hin zugespitzt (vorstrukturierter Teil). Die Gespräche wurden anschließend aufgrund der unterschiedlich generierten Daten mit einer rekonstruktiven (Lucius-Hoene & Deppermann, 2004b) und kodierenden Methode (Strauss, 1998b) ausgewertet.

Ein wesentliches Ergebnis der Dissertation besteht darin, dass für eine altersspezifische Erweiterung des Konzepts Gesundheitskompetenz wichtige biografische sowie umweltbezogene Einflüsse hinzugezogen werden müssen. Diese verweisen zum einen auf den Einfluss biografischer Prägung der Person, zum anderen auf verschiedene Ressourcenlagen für individuelles Gesundheitserleben und -handeln im Alter.

So konnte einerseits empirisch belegt werden, dass biografische Muster zu Gesundheit mit früherer Erziehung, Sozialisation und mit Erfahrungen über die Lebensspanne in Verbindung stehen. Andererseits konnte gezeigt werden, dass ermöglichende und verhindernde Umwelten im Alter (äußere Umwelten, vgl. Lawton, 1983) beeinflussen, ob und wie biografisches Gesundheitserleben und -handeln fortgeführt werden kann. Die Befunde wurden in einem Modell zu Gesundheitskompetenz im Alter integriert. Weiterhin wurde ermittelt, dass in der vorliegenden Arbeit die Konzepte Biografie und Umwelt nicht getrennt voneinander betrachtet werden können. So werden auch in der biografischen Erzählung Umwelten erwähnt (internale Umwelten, u. a. Rowles, 1983; Rowles & Watkins, 2003), die hinsichtlich aktuellen Gesundheitserlebens und -handelns wirksam sind.

Die Ergebnisse werden abschließend vor dem Hintergrund multidisziplinärer theoretischer Überlegungen aus medizinischer, gerontologischer, psychologischer, soziologischer sowie erziehungswissenschaftlicher Perspektiven diskutiert. Eine altersspezifische Definition wurde abgeleitet und Anschlussmöglichkeiten für die pädagogische Praxis wie auch weitere erziehungswissenschaftliche Forschung werden aufgezeigt.

Schlagwörter: Gesundheitskompetenz, Gesundheit im Alter, Gesundheitspädagogik, Ökologische Gerontologie, Biografieforschung, Rekonstruktive Sozialforschung, Qualitative Sozialforschung

Abstract

This dissertation seeks to use a subjective view in order to extend the concept of health literacy for old and very old ages. For this purpose, two research heuristics, biography and environment, as well as structuring categories, health-related experiences (subjective health, value of health) and health-related activities, were applied in this qualitative study. In twelve biographical problem-centered interviews, people from 74 to 92 years of age explained how they „became the person they are today" (narrative part). By means of problem-centered guidelines, the conversation was then sharpened to health (pre-structured part). Following this, the interviews were subsequently evaluated on the basis of the differently generated data with a reconstructive method (Lucius-Hoene & Deppermann, 2004b) and a coding method (Strauss, 1998b).

A major finding of the dissertation shows that important biographical influences, as well as environmental influences should be added to an age-specific extension of the concept of health literacy. On the one hand, these refer to the influence of the biographical imprinting of the person, while on the other hand, to various resources for individual health-related experiences and health-related activities in old age. That way, patterns of health-related experience and activity have been linked to the influence of prior education, socialization, and experiences in life. Furthermore, it has been proven that enabling and prohibitive environments in old age (external environments, cf. Lawton, 1983) influence whether and how biographical health-related experiences and activities can be continued. The findings were integrated into a model of health literacy in old age. Furthermore, there was evidence that the concepts of biography and environment cannot be viewed separately from one another. Thus, environments (internal environments, a. o. Rowles, 1983; Rowles & Watkins, 2003) that are still effective on today's health-related experiences and activities are mentioned in the biographical narrative as well.

Finally, the results are discussed against the background of multidisciplinary theoretical considerations from medical, gerontological, psychological, medical sociological, as well as educational perspectives. It was possible to derive an age-specific definition and opportunities for linking pedagogical practice, as well as further educational research, are shown.

Keywords: Health Literacy, Healthy Ageing, Health Education, Environmental Gerontology, Biographical Research, Reconstructive Research, Qualitative Social Research

Inhaltsverzeichnis

1	Einleitung	1
Teil I	Gesundheitskompetenz im Alter: Theoretische Zugänge	5
2	Gesundheit im Alter	5

    2.1 Die medizinische Sicht 5
        2.1.1 Biomedizinisches Modell 6
        2.1.2 Prävention 7
        2.1.3 Befunde 7
        2.1.4 Fazit 9

    2.2 Die gerontologische Sicht 9
        2.2.1 Erweitertes Gesundheitsverständnis 10
        2.2.2 Drittes und Viertes Lebensalter 12
        2.2.3 Befunde 14
        2.2.4 Fazit 15

    2.3 Die psychologische Sicht 16
        2.3.1 Psychologisches Wohlbefinden 16
        2.3.2 Resilienz 17
        2.3.3 Befunde 19
        2.3.4 Fazit 20

    2.4 Die soziologische Sicht 20
        2.4.1 Salutogenese 21
        2.4.2 Gesundheitliche Ungleichheit 22
        2.4.3 Befunde 23
        2.4.4 Fazit 25

    2.5 Die erziehungswissenschaftliche Sicht 25

	2.5.1	Interaktionistisch-sozialisationstheoretisches Gesundheitsverständnis	26
	2.5.2	Gesundheitsförderung	27
	2.5.3	Befunde	29
	2.5.4	Fazit	30
2.6	Die politische Sicht		31
	2.6.1	Definition der Weltgesundheitsorganisation	32
	2.6.2	Aktives Altern	32
	2.6.3	Befunde	34
	2.6.4	Fazit	34
2.7	Gesundheit im Alter aus Sicht von Biografie und Umwelt		34

3 Kompetenz im Alter 37

3.1	Die psychologische Sicht		37
	3.1.1	Psychische Disposition	37
	3.1.2	Kompetenz-Performanz-Problem	38
	3.1.3	Befunde	39
	3.1.4	Fazit	40
3.2	Die gerontologische Sicht		40
	3.2.1	Alltagskompetenz	42
	3.2.2	Erweiterter Kompetenzbegriff	43
	3.2.3	Befunde	44
	3.2.4	Fazit	46
3.3	Die erziehungswissenschaftliche Sicht		46
	3.3.1	Literacy	47
	3.3.2	Erworbenes situationsangemessenes Verhalten	48
	3.3.3	Befunde	49
	3.3.4	Fazit	51

Inhaltsverzeichnis XIII

3.4 Zum Umgang mit gesundheitskompetenzorientierten Themen aus verschiedenen Disziplinen 51
    3.4.1 Definitionen und Konzepte 51
    3.4.2 Befunde 60
    3.4.3 Fazit 64

3.5 Gesundheitskompetenz im Alter aus erziehungswissenschaftlicher Sicht 65
    3.5.1 Pädagogische Grundbegriffe 66
    3.5.2 Pädagogische Leitkonzepte 68
    3.5.3 Fazit 71
    3.5.4 Die Konzepte Biografie und Biografizität 71
    3.5.5 Die Konzepte Umwelt und Person-Umwelt-Transaktion 72
    3.5.6 Fazit 74

3.6 Kompetenz im Alter aus Sicht von Biografie und Umwelt 75

Teil II Ableitung der Forschungsfrage **77**

Teil III Methodisches Vorgehen **81**

4 Die Rekonstruktion narrativer Identität **81**

4.1 Methodologie 81

4.2 Narrative Identität als empirisches Konstrukt 82

4.3 Interpretationsprinzipien 83

4.4 Die grobstrukturelle Analyse als Charakteristik des Forschungsprozesses 86

4.5 Die Feinanalyse als Charakteristik des Forschungsprozesses 87

5 Kodierende Verfahren in der Grounded Theory **91**

5.1 Methodologie 91

5.2 Zur Gegenstandsbegründung von Theorien 92

5.3	Sensibilisierende Konzepte als Suchheuristiken und der Umgang mit theoretischem Vorwissen	93
5.4	Die Methode des konstanten Vergleichs	93
5.5	Die verschiedenen Kodes und die Rolle von Memos	94
5.5.1	Offenes Kodieren	94
5.5.2	Axiales Kodieren	94
5.5.3	Selektives Kodieren	94
5.5.4	Natürliche Kodes	95
5.5.5	Das Schreiben von Memos	95
6	**Umsetzung im eigenen Forschungsprozess**	**97**
6.1	Vorbereitung der Datenerhebung	97
6.1.1	Auswahl der Teilnehmer/innen	97
6.1.2	Beschreibung der Altersgruppen der befragten Personen	97
6.1.3	Das zielgerichtete Sampling als Methode	98
6.1.4	Teilnehmerakquise	101
6.1.5	Datenerhebung	102
6.1.6	Das problemzentrierte Interview, die Rekonstruktion narrativer Identität und Grounded Theory	102
6.2	Datenauswertung	108
6.2.1	Transkription der Interviews	108
6.2.2	Die Trennung zwischen Kompetenz und Performanz	109
6.2.3	Strukturierende Kategorien	109
6.2.4	Sensibilisierende Konzepte	110
6.2.5	Die Rekonstruktion von Erlebens- und Handlungsmustern	110
6.2.6	Die Erstellung biografischer Gesundheitsverlaufskurven	110
6.2.7	Entwicklung der Analysefragen	111
6.2.8	Analyse des Nachfrageteils	112
6.2.9	Die Verknüpfung von Biografie und Leitfadenanteil	112
6.2.10	Auswertungsschritte am Text	113
6.2.11	Einsatz qualitativer Analysesoftware ATLAS.ti©	116

6.3	Darstellung der Ergebnisse	116
6.4	Gütekriterien und Einschränkung der eigenen Arbeit	117
6.5	Fazit	118

Teil IV Empirische Befunde 119

7 Gesundheitskompetenz als Verlustkontrolle: Frau Nordheimer 119

7.1	Kurzporträt	120
7.2	Biografie vor dem Hintergrund der Gesundheit: Ein Leben mit Einschnitten	127
7.3	Verlaufskurve der erzählten Gesundheitsbiografie	133
7.4	Gesundheit als harterschaffene Zufriedenheit	136
7.4.1	Einstieg in das Gesundheitsthema	136
7.4.2	Hinweise im Interviewverlauf	137
7.4.3	Zusammenhang von Gesundheitskonzept mit Biografie: Existentielle Handlungsanlässe	138
7.4.4	Zusammenhang von Gesundheitskonzept mit Umwelt: Räumlich-soziale Gesundbrunnen	138
7.5	Wert der Gesundheit als inneres Gebot	139
7.5.1	Einstieg in das Gesundheitsthema	140
7.5.2	Hinweise im Interviewverlauf	141
7.5.3	Zusammenhang von Wert der Gesundheit mit Biografie: Gesundheitssicherung	141
7.5.4	Zusammenhang von Wert der Gesundheit mit Umwelt: Erfordernis und Unterstützung	142
7.6	Gesundheitshandeln als angestrengter Rückzug	142
7.6.1	Einstieg in das Gesundheitsthema: „Immer wieder aufgerappelt"	143

	7.6.2	Hinweise im Interviewverlauf	144
	7.6.3	Zusammenhang von Gesundheitshandeln mit Biografie: Äußere Anstrengung und innerer Rückzug	145
	7.6.4	Zusammenhang von Gesundheitshandeln mit Umwelt: Einschränkung und vertraute Hilfe	147
	7.7	Zusammenfassung des Falls	150
	7.8	Rückbindung des Falls an die Arbeitsdefinition	152
8		**Gesundheitskompetenz als Normalverhältniserhalt: Herr Boge**	**157**
	8.1	Kurzporträt	157
	8.2	Ein Leben zwischen Hilfserfahrung und pragmatischem Handeln	162
	8.3	Gesundheit als altersgemäße Norm	171
	8.4	Wert der Gesundheit als riskante Selbstverständlichkeit	172
	8.5	Gesundheitshandeln als pragmatische Anpassung	175
	8.6	Zusammenfassung des Falls	180
	8.7	Rückbindung des Falls an die Arbeitsdefinition	182
9		**Gesundheitskompetenz als Selbstständigkeitswille: Frau Fechner**	**185**
	9.1	Kurzporträt	185
	9.2	Ein Leben zwischen Disziplin und Proaktivität	188
	9.3	Gesundheit als funktionierendes Wohlbefinden	197
	9.4	Wert der Gesundheit als Pflicht	201

9.5	Gesundheitshandeln als selbstzuständige Leistung	203
9.6	Zusammenfassung des Falls	210
9.7	Rückbindung des Falls an die Arbeitsdefinition	212
10	**Fallvergleich**	**215**
10.1	Fallvergleich Frau Nordheimer und Herr Boge	215
10.1.1	Unterschiede in den Gesundheitsbiografien	216
10.1.2	Unterschiede der Zusammenhänge zwischen Gesundheitserleben und Gesundheitshandeln	216
10.1.3	Bezüge zu Biografie	218
10.1.4	Bezüge zu äußerer Umwelt	219
10.2	Vergleich beider Fälle mit Frau Fechner	220
10.2.1	Verlauf der Gesundheitsbiografie im Vergleich zu Fall 1 und 2	220
10.2.2	Unterschiede der Zusammenhänge zwischen Gesundheitserleben und Gesundheitshandeln	221
10.2.3	Bezüge zu Biografie	222
10.2.4	Bezüge zu äußerer Umwelt	223
10.3	Zwischenfazit	224
10.4	Rückbindung der Fälle an die Arbeitsdefinition	226
10.5	Erste theoretische Ableitungen	227
11	**Integration der weiteren Fälle**	**229**
11.1	Typen von Gesundheitskompetenz im Alter	229
11.1.1	Selbstvergewisserung	229
11.1.2	Normalitätserhalt	232
11.1.3	Veränderungsakzeptanz	234
11.1.4	Selbstständigkeitsinitiative	236
11.1.5	Ohnmachtsvermeidung	237

11.1.6	Zwischenfazit	242

11.2 Prägung von Gesundheitserleben 243
    11.2.1 Differenziertheit von Gesundheitserleben im Alter 243
    11.2.2 Prägung von Gesundheitserleben als
           Person-Umwelt-Transaktion 260

11.3 Performanz von Gesundheitshandeln 262
    11.3.1 Differenziertheit von Gesundheitshandeln im Alter 262
    11.3.2 Performanz von Gesundheitshandeln als
           Person-Umwelt-Transaktion 274

11.4 Fallübersicht 275

11.5 Modell zu Gesundheitskompetenz im Alter 277

Teil V Folgerungen für Theoriebildung, Forschung und Praxis 279
12 Diskussion der Befunde 279

12.1 Biografische Aspekte von Gesundheitskompetenz im Alter 280
    12.1.1 Prägung durch Kohortenerfahrungen 280
    12.1.2 Prägung durch persönliche Erfahrungen 281
    12.1.3 Internalisierte Gesundheitsumwelten 283
    12.1.4 Zwischenfazit 285

12.2 Umweltbezogene Aspekte von Gesundheitskompetenz im Alter 286
    12.2.1 Verhinderungsstrukturen 286
    12.2.2 Ermöglichungsstrukturen 287
    12.2.3 Zwischenfazit 288

12.3 Der Zusammenhang von Biografie und Umwelt:
       Biografie x Umwelt 288
    12.3.1 Typen von Gesundheitskompetenz 289
    12.3.2 Zwischenfazit 294

12.4	Rückbindung der Fälle an die Arbeitsdefinition	295
12.5	Definition zu Gesundheitskompetenz im Alter	300
13	**Folgerungen für die Theoriebildung**	**303**
13.1	Entstehungs- und Handlungsbedingungen	303
13.2	Typen von Gesundheitskompetenz	305
14	**Folgerungen für die Forschung**	**307**
15	**Folgerungen für die Praxis**	**309**
16	**Literaturverzeichnis**	**313**
17	**Transkriptionslegende**	**339**

Abbildungsverzeichnis

Abbildung 1: Verlaufskurve der erzählten Gesundheitsbiografie 135
Abbildung 2: Zusammenfassung Frau Nordheimer 156
Abbildung 3: Verlaufskurve der erzählten Gesundheitsbiografie 170
Abbildung 4: Zusammenfassung Herr Boge 184
Abbildung 5: Verlaufskurve der erzählten Gesundheitsbiografie 196
Abbildung 6: Zusammenfassung Frau Fechner 214

Tabellenverzeichnis

Tabelle 1a:	Matrix des zielgerichteten Samplings	100
Tabelle 1b:	Matrix des zielgerichteten Samplings	101
Tabelle 2:	Zeittafel Frau Nordheimer	121
Tabelle 3:	Zentrale Unterschiede in den strukturierenden Kategorien	123
Tabelle 4:	Zeittafel Herr Boge	158
Tabelle 5:	Zentrale Unterschiede in den strukturierenden Kategorien	159
Tabelle 6:	Zeittafel Frau Fechner	186
Tabelle 7:	Zentrale Unterschiede in den strukturierenden Kategorien	187
Tabelle 8:	Übersicht über die Kategorien aus den ersten drei Fallporträts	225
Tabelle 9:	Die fünf Typen von Gesundheitskompetenz und deren Formen	240
Tabelle 10:	Typen und Formen von Gesundheitskompetenz in Relation mit Ressourcen	242
Tabelle 11:	Teilmodell zu Prägung und Gesundheitserleben	261
Tabelle 12:	Teilmodell zu Performanz und Gesundheitshandeln	275
Tabelle 13a:	Übersicht über die gebildeten Kategorien	276
Tabelle 13b:	Übersicht über die gebildeten Kategorien	277
Tabelle 14:	Modell zu Gesundheitskompetenz im Alter	278

1 Einleitung

Gesundheit im Alter hat in den letzten Jahren eine zunehmende Bedeutung in Wissenschaft und Praxis erfahren, was sich u. a. anhand der gestiegenen Zahl der Veröffentlichungen (Böhm, Tesch-Römer & Ziese, 2009, S. 5) und der Zahl der gesundheitsfördernden Maßnahmen für ältere Menschen zeigt. Dies verweist sowohl auf die Bedeutung auf individueller als auch auf gesellschaftlicher Ebene. Das gilt auch für den Bereich des selbstständigen Umgangs mit Gesundheit, der sogenannten ‚Health Literacy' oder Gesundheitskompetenz. Selbstständigkeit im Umgang mit Gesundheit heißt, zu wissen, wie, wo und wann man welche Hilfe braucht und bekommt (Oswald, Kaspar, Frenzel-Erkert & Konopik, 2013, S. 42). Diese Fähigkeit ist in jedem Alter wichtig, so auch mit zunehmendem Alter für den Erhalt von Autonomie und Wohlbefinden. Hierauf kann die Fähigkeit, sich insbesondere im Quartier so lange wie möglich selbstständig um die eigene Gesundheit zu kümmern, neben Faktoren der Umwelt, einen maßgeblichen Einfluss haben (ebd.).

In der Arbeit wird sich Gesundheit im Alter unter dem Begriff der Kompetenz genähert. Kompetenz gilt somit als Beobachtungsheuristik für Gesundheit im Alter. Es wird davon ausgegangen, dass Gesundheitskompetenz mit zunehmendem Lebensalter andere individuelle Voraussetzungen und Anforderungssituationen hat als in anderen Lebensabschnitten (u. a. zählt hierzu der Umgang mit zunehmenden Verlusten, wie z. B. eingeschränkte Mobilität, chronische Erkrankungen, Multimorbidität, Tod von nahestehenden Personen sowie Einsamkeit, aber auch neue Möglichkeiten wie z. B. mehr frei verfügbare Zeit durch Berentung).

Neben den genannten Aspekten heben veränderte gesellschaftliche Kontextbedingungen Gesundheitskompetenz als bedeutsames erziehungswissenschaftliches Konzept und pädagogisches Handlungsfeld hervor. Hierzu zählen demografische Veränderungen, die gleichzeitig vermehrt aufkommenden gesellschaftlichen Diskurse steigender Selbstverantwortung sowie vermehrt gewünschte Partizipation bei gleichzeitig immer unübersichtlicheren und konkurrierenden Informationslandschaften.

Wie Gesundheit wird auch Gesundheitskompetenz von verschiedenen Disziplinen erforscht. Dies geschah bisher vornehmlich durch standardisierte Screenings oder im Rahmen von Surveys. Gesundheitsrelevante Kompetenzen werden dabei unterschiedlich definiert und gemessen, jedoch bleiben altersspezifische Aspekte, wie z. B. sich über die Lebensspanne akkumulierende Erlebnisse und Erfahrungen, verändernde Fähigkeiten und umweltbezogene Bedingungen, weitgehend unberücksichtigt. Sehr alte Personen gelten als Risikogruppe für unzureichende Gesundheitskompetenz (u. a. Baker, Gazmararian, Sudano & Patterson, 2000; Pelikan, Röthlin & Ganahl, 2012, 55f.) und es wurden unterschiedliche Maßnahmen zur Förderung deren Gesundheitskompetenz entwickelt. Diese beziehen sich bisher jedoch vornehmlich auf Institutionen, Arzt-Patient-Kommunikation sowie Informationsangebote und seltener auf biografische Aspekte und im Alter relevante Umwelten, wie z. B. der Stadtteil. Demgegenüber stehen Befunde aus den Erziehungswissenschaften und der Ökogerontologie, die gerade biografische und umweltbezogene Einflüsse im Alter hervorheben. Bisher fehlen jedoch Studien, die explizit Biografie und Umwelt einbeziehen.

Diese Arbeit beschäftigt sich deshalb damit, was Biografie und Umwelt zum Konzept Gesundheitskompetenz im Alter beitragen können. In der Arbeit wird von einem breiten Gesundheitsverständnis ausgegangen, um dahingehend relevante Aspekte des eigenen Gesundheitserlebens und -handelns zu erkennen und zusammenzuführen. Denn weiterhin ist wenig darüber bekannt, welche biografischen und umweltbezogenen Einflüsse und Bedingungen für ältere Menschen für den Umgang mit Gesundheit relevant sind und wie diese in Bezug gesetzt werden können mit bestehenden gesundheitsfördernden Programmen. Hierfür bietet es sich an, Gesundheit von Subjektseite aus zu betrachten, um so individuell relevante Aspekte zu ermitteln. Deshalb wird in dieser Arbeit aus erziehungswissenschaftlicher und ökogerontologischer Perspektive ermittelt, welches Verständnis von Gesundheitserleben (Gesundheitskonzept, Wert der Gesundheit) und -handeln sich bei älteren und sehr alten Menschen über den Lebensverlauf entwickelt hat. Hierzu wird aus der Sicht von älteren und sehr alten Personen, die in narrativ-problemzentrierten Interviews über ihre Lebensgeschichte und ihre Gesundheit erzählen, die Relevanz biografischer und umweltbezogener Zusammenhänge für das jeweilig individuelle Verständnis von Gesundheit und Gesundheitshandeln ermittelt. Dies geschieht mit Hilfe von zwei verschiedenen qualitativen Analysetechniken.

Ziel der Arbeit ist also, das Konzept der Gesundheitskompetenz durch die vorliegende Studie altersspezifisch mit Hilfe narrativ-problemzentrierter Interviews um eine Innensicht auf Gesundheitskompetenz im Alter zu erweitern. Die Arbeit möchte ferner zu einer ersten Modellbildung von Gesundheitskompetenz im Alter aus der Sicht der älteren Personen beitragen.

In der vorliegenden Studie wird eine erziehungswissenschaftliche mit einer ökogerontologischen Perspektive kombiniert. So stehen die Erziehungswissenschaften in der Tradition der Biografieforschung und die Gerontologie, insbesondere die Ökogerontologie, in der Tradition des Einbezugs verschiedener Umwelten des

Alters. Durch die Suchheuristiken Biografie und Umwelt können sowohl vergangene als auch aktuelle Einflüsse auf Gesundheitskompetenz ermittelt werden.
Die Arbeit gliedert sich in fünf Teile. In **Teil I** werden die theoretischen Grundlagen erörtert. Hier wird sich mit Konzepten und Befunden zu Gesundheit im Alter, Kompetenz und Gesundheitskompetenz auseinandergesetzt. Da Gesundheit nicht von einer Disziplin abschließend behandelt werden kann, wurde sich für eine multidisziplinäre Herangehensweise entschieden, die Aspekte aus Medizin, Gerontologie, Gesundheitspsychologie, Soziologie und Erziehungswissenschaften aufführt. Im Kompetenz-Kapitel wird die psychologische und erziehungswissenschaftliche Sicht beschrieben und es wird auf die beiden zentralen Konzepte Umwelt und Biografie eingegangen. Anschließend wird Gesundheitskompetenz multiperspektivisch beleuchtet, worauf eingehendere konzeptionelle Ausführungen aus erziehungswissenschaftlicher Sicht erfolgen.

Teil II befasst sich mit der Herleitung der Fragestellung, die auch auf die Ziele der vorliegenden Studie eingeht und sie begründet.

Daran anschließend wird in **Teil III** die Methode der Arbeit beschreiben. Diese beinhaltet die Rekonstruktion narrativer Identität (Lucius-Hoene & Deppermann, 2004b), ein kodierendes Verfahren im Rahmen der Grounded Theory (Strauss, 1998b) und die Umsetzung im eigenen Forschungsprozess.

In **Teil IV** werden die empirischen Befunde vorgestellt. Dies geschieht anhand von drei Fallporträts und deren Vergleich. Daran schließt die Integration der weiteren Fälle an, die mit der Zusammenführung aller Ergebnisse in einem Modell endet.

Teil V ist die Diskussion der empirischen Teile der Arbeit, insbesondere der Beitrag der beiden Kategorien Biografie und Umwelt zu einer Erweiterung des Konzepts von Gesundheitskompetenz im Alter sowie die Rückbindung an die Arbeitsdefinition. Abschließend werden Perspektiven für die weitere Forschung und Hinweise für die gesundheitspädagogische Praxis vorgestellt.

Teil I Gesundheitskompetenz im Alter: Theoretische Zugänge

2 Gesundheit im Alter

Als theoretische Ausgangsbasis für Gesundheitskompetenz im Alter, werden die beiden Begriffe Gesundheit und Kompetenz nachfolgend multidisziplinär betrachtet. Hierzu werden ausgewählte grundlegende Definitionen, Konzepte und Befunde hinzugezogen. Die Befunde dienen der vertiefenden Darstellung der Konzepte, auch hinsichtlich ihrer wissenschaftlichen Anwendung. Jedes Unterkapitel schließt mit einem Fazit, welches sich auf die Forschungsfrage bezieht, indem Rückschlüsse von der Theorie auf die Aspekte Biografie und Umwelt gezogen werden. Es existiert keine einheitliche Definition von Gesundheit. Vielmehr wird Gesundheit je nach Disziplin (und auch innerhalb von Disziplinen) aus unterschiedlichen Perspektiven betrachtet und gemessen und jeweilige Programme bzw. Maßnahmen werden abgeleitet. So auch bei Gesundheit im Alter. Nachfolgend werden verschiedene Sichtweisen auf Gesundheit im Alter dargestellt und miteinander verglichen. Die Betrachtung erfolgt sowohl aus der Sicht von (Einzel-)Personen, wie auch aus Sicht definierter Gruppen (Medizin, Gerontologie, Psychologie und Erziehungswissenschaften) und von der gesellschaftlichen Ebene (Medizinsoziologie und Politik) aus.

2.1 Die medizinische Sicht

Das Gesundheitswesen zählt zu den einflussreichsten Teilbereichen des heutigen Gesellschaftssystems und nimmt daher auch eine dominante Stellung bei der Definition von Gesundheit ein (Blaxter, 2010, S. 11). Dies wird nachfolgend aufgegriffen anhand des biomedizinischen Modells der Krankheitsentstehung und Konzepten zur Vermeidung von Krankheitsrisiken (Primär-, Sekundär- und Tertiärprävention).

2.1.1 Biomedizinisches Modell

Die Medizin, insbesondere das westlich-industrielle Medizinsystem und die westliche Medizinwissenschaft, vertreten noch immer mehrheitlich die biomedizinische Sichtweise auf Gesundheit, welche das Freisein von Störungen bzw. die Abwesenheit und – darin implizit – das Beheben von Krankheit beinhaltet (Franke, 2010, S. 35, Egger, 2005, S. 3). Krankheit gilt als Abweichung vom natürlichen Zustand des Organismus bzw. von normalen (physiologischen) Abläufen (vgl. ebd., S. 128). Im biomedizinischen Modell werden Gesundheit und Krankheit somit als einander ausschließende, gegensätzliche Zustände verstanden. Krankheiten entstehen hiernach durch schädliche Einflüsse (Noxen), beispielsweise chemischer, physikalischer oder biologischer Art. Gesundheit und Krankheit werden mit Ursachen und Wirkungen in Verbindung gebracht, die anhand naturwissenschaftlicher Befunde belegt werden können (biomedizinischer Ansatz). Charakteristisch ist, dass das Modell die Betrachtung gesundheitlicher Aspekte und den betroffenen Menschen ausschließt, so dass dieser lediglich als Träger/in von Krankheit im Modell vorhanden ist (Franke, 2010, S. 127).

In der sozialen Rolle als Krankheitsträger/in wird der/die Patient/in einerseits von alltäglichen Aufgaben entlastet, andererseits ist er/sie aber auch dazu verpflichtet, alles zu tun, was aus medizinischer Sicht zur baldigen Genesung beiträgt (ebd., S. 128). Neben der breiten Anwendung innerhalb des Gesundheitssystems ist das biomedizinische Modell auch in anderen gesellschaftlichen Bereichen, wie z. B. der Politik, dominant (Blaxter, 2010, S. 11). Es wird auch deshalb unterstützt, weil die Erkenntnisse, die mit seiner Hilfe gewonnen wurden, dazu beigetragen haben, die allgemeine Lebenserwartung zu erhöhen, z. B. durch die Prävention und Therapie von Infektionskrankheiten (Franke, 2010, S. 129).

Gesundheit und Krankheit können mit Hilfe des biomedizinischen Modells eindeutig festgestellt werden. Die Diagnose wird nach der Anamnese und der körperlichen Untersuchung, oftmals unter Zuhilfenahme objektivierter Messverfahren (z. B. bildgebende Verfahren) gestellt. Anschließend wird die Diagnose anhand der Internationalen statistischen Klassifikation der Krankheiten und verwandter Gesundheitsprobleme (International Statistical Classification of Diseases and Related Health Problems, ICD) kodiert. Daran anschließend umfasst die Therapie die ursächliche Behandlung, aber auch die symptomatische Therapie zur Beseitigung der Beschwerden und Anzeichen. Die Vorhersage des wahrscheinlichen Krankheitsverlaufs (Prognose) richtet sich schließlich einerseits nach den individuellen

Voraussetzungen des/der Patienten/in sowie den Krankheitsumständen und andererseits nach empirischen Erkenntnissen. Durch die Fokussierung des Modells auf biologische Prozesse wird Krankheit in seiner Komplexität jenseits von naturwissenschaftlichen Aspekten nicht wahrgenommen. Das Modell vernachlässigt vielmehr zu großen Teilen wichtige Faktoren wie den Lebensstil, soziale Ressourcen und den sozioökonomischen Status (u. a. Dahlgren & Whitehead, 2007). Es berücksichtigt es weder kulturelle noch ökonomische oder ökologische Bedingungen, die jedoch eine wichtige Rolle bei der Entstehung von Krankheiten spielen (ebd.).

2.1.2 Prävention

Neben dem biomedizinischen Modell stellt auch die Krankheitsprävention einen wichtigen Teilaspekt der Medizin dar. Nach Denkinger ist Prävention ein Oberbegriff für zielgerichtete Maßnahmen und zur Vermeidung von Krankheiten oder gesundheitlichen Schädigungen, zur Verringerung des Krankheitsrisikos und zur Verlangsamung von Krankheitsentstehungsprozessen (ebd., 2014, S. 716). Weiterhin lassen sich präventive Maßnahmen allgemein nach ihrem Einsatzzeitpunkt in primäre (Verhinderung der Entstehung von Krankheiten), sekundäre (Früherkennung von Krankheiten) und tertiäre (Milderung von Krankheitsfolgen) Prävention unterscheiden. Die tertiäre Prävention, so Denkinger, ist dabei weitgehend identisch mit der medizinischen Rehabilitation, die gerade in den Fällen mit älteren Menschen auch häufig die ausschließliche Linderung von Schmerzen und Beschwerden, die Steigerung der Lebensqualität und die Verlängerung der Lebensdauer mit einschließt (Denkinger, 2014, S. 47). Dabei ist es auch ein gesellschaftliches Anliegen, dass ältere Menschen mithilfe der geriatrischen Rehabilitation so lange wie möglich aktiv am gesellschaftlichen Leben teilhaben können (Bundesministerium für Gesundheit, 2016).

Um die jeweiligen Ziele von Prävention zu erreichen, werden mit dem Anspruch der Zielgruppenspezifität von Akteuren aus Wissenschaft und Praxis Programme entwickelt. Darunter gibt es z. B. für ältere Personen Angebote zur Demenz- und Krebsprävention oder zur Vermeidung von Bewegungsmangel. Alle drei Arten der Prävention finden im Alter, trotz teils bereits bestehender Multimorbidität und Pflegebedürftigkeit, Anwendung und können privat, ambulant oder in stationären Kontexten stattfinden (Präventionsgesetz).

2.1.3 Befunde

Viele Studien zeigen, dass es mit fortschreitendem Alter zu einer deutlichen Vermehrung von Gesundheitsproblemen kommt, sowohl hinsichtlich der Krankheits-

und Rekonvaleszenzdauer (chronische Erkrankungen) als auch in Hinblick auf die Komplexität der vorliegenden Beeinträchtigungen kommt (Co- und Multimorbidität) (Saß, Wurm & Ziese, 2009, S. 31). Diese gehen häufig mit Polypharmazie, d. h. der gleichzeitigen Gabe von mehr als fünf Arzneimitteln, einher.[1] Als häufige körperliche Erkrankungen im Alter (ab 60 Jahren) konnten Herz-Kreislauf-Erkrankungen (Hyperlipidämie, Varikosis, Zerebralarteriosklerose, Herzinsuffizienz, arterielle Hypertonie) und Krankheiten des Bewegungsapparates (Arthrose und Dorsopathie) ermittelt werden (Saß et al., 2009, S. 33 f.).

Weitere Krankheiten, die nach Saß insbesondere bei Personen ab 70 Jahren häufig diagnostiziert werden, sind die arterielle Verschlusskrankheit, die koronare Herzkrankheit sowie die obstruktive Lungenerkrankung und Diabetes mellitus Typ 2 (ebd.). Befunde hierzu verweisen darauf, dass ab 80 Jahren die Bedeutung der chronisch ischämischen Herzerkrankung, Herzinsuffizienz, Kniearthrose, Osteoporose und Demenz deutlich zunimmt (Saß et al., 2009, S. 34). Weiter gibt es Hinweise, dass – neben den genannten Erkrankungen – bestimmte Demenzformen und Depression im Alter durchschnittlich häufiger auftreten. In der Berliner Altersstudie (BASE) wurde ermittelt, dass 14 % der Untersuchten an einer Demenz und 9 % an einer depressiven Störung litten (Helmchen et al., 2010, S. 209).

Neben steigenden gesundheitlichen Risiken ist jedoch auch der positive Einfluss gesundheitsförderlichen Verhaltens bis ins sehr hohe Alter belegt (Donnelly et al., 2009; Fuchs & Schlicht, 2012; Knoops et al., 2004; Buettner, 2010). Hiernach lassen sich einigen der oben genannten Erkrankungen zu einem gewissen Ausmaß vorbeugen, vor allem durch Bewegung. Überblicksarbeiten weisen in diesem Kontext auf eine reduzierte Gesamtsterblichkeit sowie auf Möglichkeiten zur Vorbeugung kardiovaskulärer Erkrankungen und Diabetes mellitus, zur Verbesserung der Cholesterin- und Blutdruckwerte und zur Verringerung des Risikos an gewissen Krebsarten zu erkranken hin (Bauman, Merom, Bull, Buchner & Fiatarone Singh, 2016; Oster, Pfisterer, Schuler & Hauer, 2005). In der Berliner Altersstudie (BASE) wurde ermittelt, dass insgesamt 55 % der Teilnehmer/innen ab 70 Jahren unter Bewegungsmangel leiden (Steinhagen-Thiessen & Borchelt, 1996, S. 151-183). Empfohlen wird zum einen regelmäßiges und ausgiebiges (3 x / Woche 1h oder 3km / Tag), zum anderen aber auch leicht dosiertes (ca. eine halbe Stunde / Tag) Spazierengehen (Kanning & Schlicht, 2008; Rott, 2009; Buettner,

---

[1] Nach Schmiemann und Hoffmann sind ältere Menschen ab 65 Jahre zu ca. einem Drittel von Polypharmazie betroffen (ebd., 2013, S. 77).

2010). Auch weisen Studien auf die Gefahren eines sogenannten *sitzenden Lebensstils*, das heißt < 5.000 Schritte / Tag, hin (Tudor-Locke, Craig, Thyfault & Spence, 2013; Buksch & Schlicht, 2014). Weitere Ansätze heben die positiven Auswirkungen von Bewegung auf die kognitive Leistungsfähigkeit (Reduktion des Demenzrisikos), die Psyche, soziale Zusammenhänge und das Wohlbefinden einer Person hervor (Voelcker-Rehage, Godde & Staudinger, 2011; Fuchs & Schlicht, 2012).

2.1.4 Fazit

Gesundheit im Alter wird aus medizinischer Sicht weitgehend naturwissenschaftlich-biologisch gefasst, was sich neben Ansätzen der Krankheitsbekämpfung in den relevanten Konzepten der (Verhaltens-)Prävention widerspiegelt. Ausgehend vom biomedizinischen Gesundheitskonzept, werden insbesondere psychologische, biografische, soziale und weitere umweltbedingte Einflüsse kaum berücksichtigt. Vielmehr wird in Hinblick auf Prävention weiterhin oft auf die Eigenverantwortung der Patienten/innen abgehoben. An diese Logik schließt sich auch das medizinische verhaltensbezogene Präventionskonzept an. Im Risikofaktorenmodell werden nämlich andere potenziell krankheitsverursachende Faktoren und Wechselwirkungen – insbesondere sozialökologische Determinanten – weitgehend vernachlässigt. Es lässt sich zusammenfassend bemerken, dass es zunehmend Stimmen gibt, die das Modell als einflussreich, aber überholt bewerten. Denn es kann z. B. nicht erklären, warum manche Menschen trotz familialer Vorbelastung und verhaltensbezogenen Risikofaktoren gesund bleiben und wie sich Gesundheit erhalten lässt (Antonovsky, 1996). Besonders für die Gruppe der „jungen Alten" gibt es zahlreiche präventive Programme. Ob diese Angebote generiert wurden unter Berücksichtigung altersgruppenspezifischer Bedarfe, Einstellungen, Motive, Gewohnheiten und Nutzungsbarrieren bleibt jedoch meist offen, weshalb Gefahr besteht, dass Maßnahmen an der Lebenswelt alter Menschen vorbeigehen.

2.2 Die gerontologische Sicht

Gerontologische Ansätze zeichnen sich insbesondere durch interdisziplinäre Sichtweisen aus, die dazu beitragen sollen, Alternsprozesse ganzheitlich zu erfassen (siehe hierzu auch die *Big Twelve* der Gerontologie von Wahl & Heyl, 2015, S. 83-88). Altern wird hiernach als differentieller Prozess verstanden, das heißt, Unterschiede und Veränderungen werden sowohl auf der Ebene der alternden Person (intraindividuelle Variabilität) als auch zwischen alternden Personen (interindividuelle Variabilität) beobachtet. Darüber hinaus wird das Altern nicht rein defizitorientiert, sondern als mehrdimensionaler, multidirektionaler und dynamischer Prozess gefasst, der sowohl Verluste als auch Gewinne beinhaltet. Zu den gerontologischen Grundkonzepten zählen das erweiterte Gesundheitsverständnis nach Kruse (ebd., 1999, S. 15-20) und das Konzept des Dritten und Vierten Lebensalters (P.B. Baltes, 1997; M. M. Baltes, 1998), welche nachfolgend aufgegriffen werden.

2.2.1 Erweitertes Gesundheitsverständnis

Von Kruse wurde eine ökogerontologische Perspektive auf Gesundheit im Alter ausgearbeitet, die eine ressourcenorientierte Sicht auf Gesundheit und Krankheit beinhaltet (Kruse, 1999, S. 15-20). Hiernach wird die Gesundheit einer Person auch bei bereits bestehender Erkrankung und Funktionseinschränkungen nicht ausgeschlossen (Kruse, 1999, S. 16 f.). Gesundheit wird hier zwar weiterhin als weitgehende Abwesenheit von Krankheit und Einschränkung gefasst. Aber Gesundheit wird gleichzeitig auch als umfassendes Wohlbefinden formuliert, indem Kruse in Anlehnung an die Definition der Weltgesundheitsorganisation (WHO, 1946) nach physischen, psychischen und sozialen Ressourcen differenziert (Kruse, 1999, S. 15-20). Sie helfen bei der Verarbeitung von bereits eingetretenen Funktionseinschränkungen und Krankheiten und bilden die Grundlage für ein selbstständiges, selbstverantwortliches und als sinnerfüllt empfundenes Leben (ebd., S. 17). Darüber hinaus zählen zum erweiterten Gesundheitsverständnis Aspekte, die den bereits erwähnten physischen, psychischen und sozialen Ressourcen (Kruse, 2001, S. 6) zugeordnet werden können: Zu den physischen Ressourcen zählt die Wohnqualität, die in engem Zusammenhang mit Lebensqualität gesetzt wird und zudem auch dem Erhalt von Selbstständigkeit dient (u. a. durch Barrierefreiheit und technische Hilfsmittel). Weiterhin zählen hierzu die infrastrukturelle Umwelt der sozialen Sicherung sowie medizinisch-rehabilitative und soziale Angebote. Die psychischen Ressourcen beinhalten eine positive Zukunftsperspektive (Hoffnungen, Wünsche und Zielsetzungen) sowie Anregungen für den Alltag. Beide Aspekte stellen gleichzeitig eine Ressource für die Bewältigung belastender Ereignisse dar. Unter sozialen Ressourcen werden hier zudem gesellschaftliche Altersbilder in ihrer sozialpolitischen Umsetzung gefasst, die das Alter auch als produktive Lebensphase fassen und alte Personen aktiv in politische Entscheidungen und weitere soziale Umwelten, die Aktivität und Engagement eröffnen, einbeziehen (BMFSFJ,

2010, S. 261-267). Zu den Merkmalen, die insgesamt für ein erweitertes Verständnis von Gesundheit im Alter berücksichtigt werden müssen, zählen nach Kruse (ebd. 1999, S. 17):

- körperliches und seelisches Wohlbefinden;
- körperliche und geistige Leistungsfähigkeit;
- erhaltene Aktivität bzw. Ausübung persönlich bedeutsamer Aufgaben;
- Selbstständigkeit im Alltag;
- Selbstverantwortung in der Alltagsgestaltung und in der Lebensplanung;
- Offenheit für neue Erfahrungen und Anregungen;
- Fähigkeit zur Aufrechterhaltung und Gründung tragfähiger sozialer Beziehungen;
- Fähigkeit zum reflektierten Umgang mit Belastungen und Konflikten;
- Fähigkeit zur psychischen Verarbeitung bleibender Einschränkungen und Verluste;
- Fähigkeit zur Kompensation bleibender Einschränkungen und Verluste.

Demnach ist Gesundheit im Alter in Abgrenzung zu Gesundheit in anderen Lebensphasen als mehrdimensionaler Prozess im Umgang mit Potenzialen und Verlusten zu verstehen, der verschiedene Formen von Gesundheit umfasst (Kruse, 1999, S. 18). Hierzu gehört eine aktive Lebensführung, zu der neben körperlicher, geistiger und sozialer Aktivität auch ein selbstständiges und selbstverantwortliches Leben zählt (Kruse, 1999, S. 18 f.). Weitere Aspekte sind die Ausübung persönlich bedeutsamer Aufgaben, Offenheit für neue Anregungen sowie die aktive psychische Auseinandersetzung mit Anforderungen und negativen Herausforderungen (ebd.). Weitere Aspekte sind Wohlbefinden, gesundheitsbewusstes Verhalten und eine positive Lebenseinstellung bzw. die Fähigkeit eigene Stärken zu erkennen, positive Ereignisse und Entwicklungen wahrzunehmen und auch in belastenden Situationen eine tragfähige Zukunftsperspektive zu bewahren (Kruse, 1999, S. 18 f.).
Das hier wiedergegebene Gesundheitsverständnis zeichnet sich vor allem dadurch aus, dass Gesundheit trotz Krankheit und Einschränkungen durch einen ressourcenorientierten Blick und individuelles Zutun der Person möglich ist. Gesundheit ist hiernach nicht als „absolutes Gut", losgelöst von anderen Bereichen der Person

zu betrachten, sondern sie ist vielmehr ein dynamischer, gestaltbarer und ganz individueller Prozess, der durch Erlebnisse, Erfahrungen und Verhaltensweisen im Lebenslauf, aber auch durch den Einfluss umweltbezogener Faktoren geprägt ist.

2.2.2 Drittes und Viertes Lebensalter

Die häufig im Bereich von Gesundheit im Alter vorgefundene Differenzierung in verschiedene ressourcenhaltige Lebensalter, ein sogenanntes *Drittes* und *Viertes Lebensalter*, geht insbesondere auf die Arbeiten von Margret M. Baltes und Paul B. Baltes zurück (P. B. Baltes, 1997; M. M. Baltes, 1998; P. B. Baltes & Smith, 2003, S. 3). Gerontologische Studien sprechen meist ab einem Alter von 65 Jahren vom Dritten Lebensalter bzw. dem jungen Alter und ab 80 bis 85 Jahren vom Vierten Lebensalter bzw. hohem Alter (Wurm, 2013, S. 923). Das Konzept des Dritten und Vierten Lebensalters ist jedoch nicht auf einen gewissen Altersbereich bezogen. Vielmehr wird die Unterscheidung eher aufgrund typischer Erscheinungsformen wie Krankheit und Pflegebedarf getroffen. Beide Lebensalter stellen somit eine sichtbare Ausdrucksform hinsichtlich gewisser krankhafter Alternsprozesse dar (ebd.).

Wohingegen beschrieben wird, dass viele biologische Schwächen bzw. Einbußen oder Ressourcenverluste für die Mehrheit der Menschen im Dritten Lebensalter ausgeglichen werden können (*junge Alte*), geht hiernach das Vierte Lebensalter mit zunehmender Beeinträchtigung und verringerter Lebensqualität einher (*alte Alte*) (P. B. Baltes & Smith, 1999, S. 167 f.). Das Konzept lässt sich nach P. B. Baltes & Smith auf die Unterscheidung zwischen *normalem*, *pathologischem*, *erfolgreichem* und *optimalem* Altern und der damit verbundenen Ansicht, dass hohes Alter durch Krankheit gekennzeichnet ist, zurückführen (P. B. Baltes & Smith, 2003, S. 3). Normales Altern bedeutet hiernach,

> „ohne gravierende körperliche und geistige Einbußen älter zu werden, und bezieht sich damit auf den in einer Gesellschaft überwiegend vorzufindenden Verlauf des Alternsprozesses bei Menschen ohne manifestes Krankheitsbild" (P. B. Baltes & Baltes, 1989, S. 88).

Demnach lässt sich normales Altern aufgrund guter körperlicher und geistiger Fitness dem Dritten Alter zuordnen (vgl. P. B. Baltes & Smith, 2003).

Dem Vierten Alter kann demgegenüber pathologisches Altern zugeordnet werden, das sich durch deutliche medizinisch relevante, krankhaft körperliche und geistige Veränderungen und Krankheitsprozesse (z. B. späte Verläufe der Demenz) im Alter auszeichnet (P. B. Baltes & Baltes, 1989, S. 88, vgl. Oswald, 2014, S. 77).

Beiden vorangegangen Konzepten stehen erfolgreiches Altern und optimales Altern gegenüber, die wie normales Altern durch sehr gute körperliche und geistige Fitness dem Dritten Alter zugeordnet werden können (vgl. P. B. Baltes & Smith,

2003). Während Normales Altern als krankheitsfreies Altern mit hohem Risikostatus gefasst wird, zeichnet sich Erfolgreiches Altern durch einen hohen funktionalen Status bei einem geringen Risiko für Morbidität und Mortalität aus (Jopp, 2003, S. 23). Erfolgreiches Altern unterscheidet sich nach Oswald (ebd. 2014, S. 78) von normalem Altern in drei Aspekten:

1. die Erkrankungswahrscheinlichkeit ist geringer,
2. das körperliche und geistige Funktionsniveau ist höher und
3. erfolgreich zu altern impliziert eine aktive Lebensgestaltung.

Darauffolgend kann nach Oswald optimales Altern als gelungenes erfolgreiches Altern verstanden werden (ebd.). Optimales Altern wird somit als Alternsprozess gefasst, der

> „unter so günstigen Voraussetzungen verläuft, dass die erreichte Lebenszeit, die organische Funktionstüchtigkeit, aber auch die subjektive Lebensqualität gegenüber dem Durchschnitt in einer vergleichbaren Population deutlich erhöht sind" (Gerok & Brandstätter, 1994, S. 358).

Jedoch wird die Vorstellung eines optimalen Alterns auch als unerfüllbar bzw. realitätsfern kritisiert, nämlich, zu altern in entwicklungsfördernden und altersfreundlichen Bedingungen (P. B. Baltes & Baltes, 1989, S. 88). Die Unterscheidung zwischen normalem, pathologischem, erfolgreichem und optimalem Altern ist nach Rowe und Kahn vor allem für heuristische Zugänge nützlich (ebd., 1987).

Mit Hilfe bevölkerungsbezogener Daten aus Mortalitätsstatistiken wird der Beginn des Vierten Lebensalters als das Lebensalter definiert, bei dem bereits 50 % der Angehörigen eines Geburtsjahrgangs verstorben sind (Wurm, 2013, S. 923). Je nach bestimmten Krankheiten können so individuelle Übergänge ins Vierte Lebensalter in verschiedenem Alter bzw. auch im jüngeren Alter stattfinden. Beide Altersphasen beschreiben Gesundheit im Alter aus einer Perspektive heraus, die einerseits Potenzial e des Alterns, andererseits Defizite betont. Primär beschreiben die Konzepte des Dritten und Vierten Lebensalters verschiedene Zustände der Person. Kontextfaktoren bleiben erst einmal unberücksichtigt, d. h., das Konzept schließt keine biografischen und umweltbezogenen Faktoren ein, die die Zuordnung zu einer eher ressourcenreichen oder -armen Lebensphase mitbestimmen könnten.

2.2.3 Befunde

Das erweiterte Gesundheitsverständnis nach Kruse stellt kein empirisches, sondern ein theoretisches Konzept dar. Daher werden im Folgenden für die vorliegende Arbeit relevante Befunde zu einzelnen Aspekten des Gesundheitskonzepts nach Kruse dargestellt.

So gibt es hinsichtlich des Gesundheitsaspekts „Erhalt von Aktivität" Hinweise, dass ehrenamtliches Engagement[2] sich zwar positiv auf Gesundheitsempfinden auswirkt[3] (Wissenschaftszentrum Berlin für Sozialforschung [WZB], 2011, S. 11), jedoch auch voraussetzungsvoll ist. So ist es nach Naumann und Gordo für hoch gebildete, gesunde Erwerbstätige in den alten Bundesländern am wahrscheinlichsten und für Personen im Ruhestand mit schlechter Gesundheit in den neuen Bundesländern am wenigsten wahrscheinlich, sich ehrenamtlich zu engagieren (ebd. 2010, S. 136). Daran anschließend konnten Huxold und Kolleginnen aufzeigen, dass auch die Fähigkeit zur Aufrechterhaltung und Gründung tragfähiger sozialer Beziehungen voraussetzungsvoll ist. Demnach hängt es vor allem von der partnerschaftlichen und familialen Situation ab, in welchem Ausmaß auch außerfamiliale Beziehungen fester Bestandteil der sozialen Netzwerke von Menschen in der zweiten Lebenshälfte sind (Huxold, Mahne & Naumann, 2010, S. 222). Besonders begünstigt sind hiernach Personen, die sowohl einen Partner oder eine Partnerin als auch Kinder haben, im Vergleich zu der Gruppe von Menschen, die sich nur in einer oder keiner der genannten Beziehungsformen befinden (ebd.).

Eine große Bedeutung haben zudem Zusammenhänge zwischen Wohnen und Gesundheit im Alter, die in ökogerontologischen Studien durch Aspekte des Wohnverhaltens (u. a. Zugänglichkeit, innerhäusliche Barrieren und außerhäusliche Aktivität) und des Wohnerlebens (u. a. wohnbezogene Kontrollüberzeugung [Oswald, Wahl, Martin & Mollenkopf, 2003], nachbarschaftliche Zusammengehörigkeit [u. a. Cagney et al., 2009] und Stadtteilverbundenheit [u. a. Lalli, 1992] gut belegt sind (Iwarsson, Nygren, Oswald, Wahl & Tomsone, 2006; Wahl, Fänge, Oswald, Gitlin & Iwarsson, 2009; Oswald et al., 2007; Kaspar, Oswald & Hebsaker, 2015; Oswald & Konopik, 2015).

---

[2] Erfragt wurde Engagement z. B. in den Bereichen Sport und Bewegung, Schule und Kindergarten, Freizeit und Geselligkeit sowie Kirche und Religion (Motel-Klingebiel et al., 2009, S. 101).
[3] Zur Operationalisierung von Gesundheitsempfinden siehe Motel-Klingebiel et al. 2009 (ebd., S. 112).

Eine Einteilung von Personen in unterschiedliche Lebensalter findet auch in verschiedenen Forschungsprojekten statt, u. a. in der Berliner Altersstudie (BASE) und im Forschungsprojekt „Hier will ich wohnen bleiben!" Zur Bedeutung des Wohnens in der Nachbarschaft für gesundes Altern (BEWOHNT)[4]. Erfasst werden in beiden Studien jeweils u. a. verschiedene Aspekte zu Gesundheit und Alltagsselbstständigkeit im Alter. In der BEWOHNT-Studie wurde das Wohnen im Quartier von 595 Personen – differenziert in unterschiedliche Altersgruppen (70 bis 79 und 80 bis 89 Jahre) – untersucht. Die Studie zählt somit zu einer der umfangreichsten Studien zum Wohnen im hohen Alter in Deutschland. Altersunterschiede zeigten sich u. a. im Ausmaß außerhäuslicher Aktivitäten (Oswald et al., 2013, S. 23). So war – im Vergleich zur jüngeren Gruppe – ein größerer Anteil der hoch betagten Personen (insbesondere Alleinlebende) seltener oder nie während einer „typischen Woche" innerhalb der letzten vier Wochen außerhalb der Wohnung unterwegs (ebd.). Besonders eindrückliche Unterschiede hinsichtlich Autonomie im Dritten und Vierten Lebensalter finden sich zudem auch in der Pflegestatistik des Bundes. Hier wird gezeigt, dass Pflegebedürftigkeit stark vom Alter abhängt. Je höher das Lebensalter, desto höher ist die Pflegequote (Statistisches Bundesamt, 2017, S. 9). So waren 2011 unter den 70 bis 80-Jährigen etwas über 600.000 Personen pflegebedürftig, während es bei den 80 bis 90-Jährigen über eine Million waren (ebd.).

2.2.4 Fazit

Aus gerontologischer Sicht bedeutet Gesundheit im Alter einerseits die Vermeidung gesundheitlicher Einbußen und andererseits den erfolgreichen Umgang mit ihnen, der sich in psychischer Verarbeitung sowie selbstständigem und selbstverantwortlichem Leben und somit der Lebensqualität widerspiegelt. Das erweiterte Gesundheitsverständnis nach Kruse kontrastiert die lange Zeit in der Gerontologie dominante, eindimensionale, auf einzelne abnehmende Fähigkeiten konzentrierte Defizitorientierung (vgl. Martin & Kliegel, 2014, S. 53). Durch eine umfassende Ressourcenorientierung werden bei diesem Verständnis vielmehr alle alten und

---

[4] Das Projekt wurde von April 2010 bis September 2012 von der BHF-Bank-Stiftung in Frankfurt gefördert und durch Mitarbeiter/innen der Stiftungsprofessur für Interdisziplinäre Alternswissenschaft der Goethe-Universität Frankfurt am Main unter der Leitung von Prof. Dr. Frank Oswald durchgeführt. Das Forschungsprojekt verfolgte u. a. die Frage, welche Bedeutung außerhäusliche Aktivitäten, Nachbarschaftserleben und die Identifikation mit dem Stadtteil auf das eigene Wohlbefinden haben (Oswald, Kaspar, Frenzel-Erkert und Konopik (2013); Oswald und Konopik, 2015).

sehr alten Menschen mit und ohne Krankheit bzw. Einschränkung eingeschlossen. Damit kann zwar nicht verhindert werden, dass (gesundheitliche) Veränderungen eintreten, jedoch kann der Annahme, dass Altern gleichbedeutend ist mit einem Verlust an Gesundheit, entgegengewirkt werden (vgl. Zank, 2000).
Daneben ist in der Gerontologie ebenso die Einteilung in ein junges bzw. gesundes Alter und ein altes bzw. belastetes Alter weit verbreitet. In diesem Ansatz vereint sich eine Ressourcen- (,Drittes Alter') mit einer Defizitorientierung (,Viertes Alter'). Beruhend auf einer eher biomedizinischen Definition und dem funktionalen Alter findet hier eine dichotome und normative Aufspaltung in ein gutes Drittes und ein schlechtes Viertes Alter statt (Amrhein 2011, S. 8).[5] Dennoch lässt das Konzept die Möglichkeit interindividueller Variationen zu, indem starre Altersgrenzen hierfür abgelehnt werden.
Zusammenfassend betrachtet werden in beiden Ansätzen im Vergleich zu bisherigen Konzepten von Gesundheit im Alter die Heterogenität der Alternsprozesse, die Mehrdimensionalität von Gesundheit und die differentiellen Reaktionen auf Gesundheit adressiert. Die Definition von Kruse eröffnet zudem die Möglichkeit, individuelle Unterschiede auch hinsichtlich von Biografie und Umwelt zu adressieren.

2.3 Die psychologische Sicht

In der Gesundheitspsychologie geht es insbesondere darum, individuelles Gesundheitsverhalten und den Umgang mit Krankheit (Coping) zu untersuchen und zu fördern (Faltermaier, 2005, S. 21 f.). Um die Perspektive der Gesundheitspsychologie näher darzustellen, werden im Folgenden die Konzepte des Psychologischen Wohlbefindens (PWB) sowie die psychologische Resilienz vorgestellt. Es gibt darüber hinaus viele weitere bekannte gesundheitspsychologische Konzepte wie das Transaktionale Stressmodell (Lazarus & Folkman, 1987) und das Prozessmodell gesundheitlichen Handelns (HAPA) (Schwarzer, 2004, S. 90 ff.), die im Rahmen dieser Arbeit an dieser Stelle nur erwähnt werden können.

2.3.1 *Psychologisches Wohlbefinden*

Psychologisches Wohlbefinden kann als subjektives Wohlbefinden (SWB) (Diener, E., Lucas, R. E. & Oishi, S., 2002) und psychologisches Wohlbefinden (PWB)

---

[5] Zur Kritik an der Einteilung in ein *Drittes* und *Viertes Lebensalter* siehe auch Gilleard und Higgs (ebd., 2014).

(Ryff, 1989; Ryff & Keyes, 1995) unterschiedlich gefasst werden. Subjektives Wohlbefinden wird als kognitive und gefühlsbetonte bzw. affektive Evaluationen der Person über sein oder ihr Leben definiert (Diener, E., Lucas, R. E. & Oishi, S., 2002, S. 63). Es beinhaltet emotionale Reaktionen auf Ereignisse sowie kognitive Bewertungen hinsichtlich Zufriedenheit und Erfüllung im Leben (ebd.). Spezifiziert auf das Erwachsenenalter und höhere Lebensalter wurde subjektives Wohlbefinden als Konzept des psychologischen Wohlbefindens betrachtet (Ryff, 1989). Das mehrdimensionale Modell schließt sechs Subfacetten ein, die auch in der zugehörigen Ryff-Skala abgebildet werden (Ryff, 1989, S. 1072):

– eine positive Haltung gegenüber sich selbst und seinem vergangenen Leben (Selbstakzeptanz);
– die Fähigkeit, sein Leben und seine Umgebung erfolgreich zu gestalten (Umweltkontrolle);
– das Vorhandensein von engen zwischenmenschlichen Kontakten (Positive Beziehungen zu anderen);
– Ziele und Perspektiven im Leben haben (Lebenssinn);
– ein Gefühl von persönlicher Weiterentwicklung und Offenheit für neue Erfahrungen (Persönliches Wachstum);
– die Selbstbestimmung des Individuums (Autonomie).

Im Gegensatz zu Stimmungsskalen wird beim psychologischen Wohlbefinden ein stabileres Konstrukt erhoben, also ein Gefühl der Zufriedenheit, das über einen längeren Zeitraum generalisiert wird (Ryff, 1989, S. 1069).
Es geht hier also, im Gegensatz zur Erfassung positiver Stimmung, um ein lebenszeitlich nachhaltigeres Konzept von Wohlbefinden, das den Fokus auf Lebenssinn, die Verwirklichung eigener Potenzial e, die Qualität von Beziehungen zu anderen und das Vorhandensein des Gefühls, der Kontrolle über das eigene Leben legt (Ryff & Keyes, 1995, S. 725).

2.3.2 Resilienz

Das Resilienz-Konzept wird in verschiedenen Disziplinen unterschiedlich gefasst. In der psychologischen Literatur wird Resilienz als spezifische Form von Plastizität interpretiert (Kruse, 2015, S. 1). Psychologische Resilienz bedeutet demnach,

> „die Aufrechterhaltung oder Wiederherstellung des früheren psychischen Anpassungs- und Funktionsniveaus nach einem eingetretenen Trauma oder bei bestehenden Einschränkungen und Verlusten" (Oerter & Montada, 2002, S. 991).

Allgemeiner wird Resilienz von Kruse formuliert als

„die Fähigkeit des Menschen, Schicksalsschläge zu überstehen und sich trotz der traumatischen Erlebnisse weiter zu entwickeln bzw. zu wachsen" (Kruse 2015, S. 1, 4). Demnach werden Menschen, die in Krisen- und Stresssituationen durch eigene Bemühungen zur Entwicklung einer Widerstandsfähigkeit beitragen, als resilient bezeichnet (vgl. Leipold, 2015, S. 33). Herausfordernde Belastungen, die in ihrer Bewältigung in Form von Stabilisierung und Anpassung auch zu Entwicklung beitragen können, sind insbesondere extrem belastende Bedingungen und Belastungen in der Kindheit (Scheidung der Eltern, Misshandlung und Gewalt) und soziale Risiken (z. B. extreme Armut oder Reichtum) (Luthar, Sawyer & Brown, 2006) und belastende Lebensübergänge, die mit Verlusten, wie z. B. einsetzende Pflegebedürftigkeit, einhergehen (Leppert & Strauss, 2011).

Das Konzept unterliegt jedoch auch unterschiedlichen Vorannahmen, die in jeweilige Untersuchungsdesigns einfließen. So wird von einigen Autoren/innen Resilienz als relativ stabiles Persönlichkeitsmerkmal verstanden. Resilienz als relativ stabile dispositionelle Fähigkeit über den Lebenslauf steht hier in Verbindung mit der Beibehaltung adaptiver Bewältigungsmuster. Demnach wirkt Resilienz als intrapersonale Ressource positiv auf das emotionale Befinden von Personen (Leppert, Gunzelmann, Schumacher, Strauß & Brähler, 2005).

Dem gegenüber vertreten Greve und Staudinger eine systemische und prozessorientierte Sichtweise von Resilienz, die den relationalen Charakter des Konstrukts betont (Staudinger & Greve, 2001; Greve & Staudinger, 2006). Resilienz wird hiernach verstanden als eine bestimmte Person-Situation-Konstellation, die entsteht, wenn aufgrund verschiedener Ressourcen[6] trotz vorliegender umweltbedingter Risiken eine „normale" Entwicklung der Person beobachtet werden kann (Staudinger & Greve, 2001, S. 100 f.). Ergänzend führen Staudinger und Greve an, dass es insbesondere bei der Betrachtung von Resilienz im Alter nicht nur darum geht, normale Funktionsfähigkeit nach einem erlittenen Trauma wiederherzustellen und diese trotz vorliegender beeinträchtigender Umstände zu erhalten, sondern mit zunehmendem Alter auch darum, mit unumkehrbaren körperlichen, geistigen und sozialen Verlusten zurechtzukommen (ebd., 2001, S. 101).

---

[6] Hierzu zählen nach Staudinger und Greve psychologische, materielle, soziale, sozioökonomische und biologische Ressourcen.

2.3.3 Befunde

Psychologisches Wohlbefinden im Alter nach Ryff wird in einer Vielzahl von Kontexten längs- und querschnittlich erhoben. Hierzu zählen u. a. Studien mit pflegenden Angehörigen, privat wohnenden Älteren und Personen in betreuten Einrichtungen (u. a. Bernsteiner & Boggatz, 2016; Abbott, Ploubidis, Huppert, Kuh & Croudace, 2010; Meléndez-Moral, Charco-Ruiz, Mayordomo-Rodríguez & Sales-Galán, 2013). Je nach Forschungsinteresse werden entweder einzelne Subskalen oder die gesamten Dimensionen abgefragt. So konnten z. B. Ryff & Keyes einen negativen Zusammenhang zwischen Depression und psychologischem Wohlbefinden nachweisen, der insbesondere für die Subskalen Selbstakzeptanz (Self-Acceptance) und Umweltkontrolle (Environmental Mastery) stark ausgeprägt war (Ryff & Keyes, 1995, S. 723). Weitere Zusammenhänge zwischen gesundem Altern und psychologischem Wohlbefinden, insbesondere Umweltkontrolle, konnten in der europäischen Studie *Enabling Autonomy, Participation and Well-Being in Old Age: The Home Environment as a Determinant for Healthy Ageing (ENABLE-AGE)* ermittelt werden. Es konnte hier u. a. aufgezeigt werden, dass gesundes Altern[7] neben Selbstständigkeit in Alltagsaktivitäten und niedrigen Depressionswerten auch durch psychologisches Wohlbefinden (Subskala Umweltkontrolle) bestimmt ist (Oswald et al., 2007, S. 103).

Resilienz im Alter wird häufig durch korrelative Studien gemessen. Erfasst werden längs- oder querschnittlich u. a. das Ausmaß möglicher Stressoren (z. B. chronische Erkrankungen, finanzielle Engpässe, erfahrene Gewalt), aber auch mögliche protektive Faktoren im Kontext von Resilienz (z. B. individuelle Ressourcen wie Selbstvertrauen, Selbstwirksamkeitsüberzeugungen, soziale und emotionale Unterstützung oder eine Therapie) (Leipold, 2015, S. 35). Dass Resilienz[8] ein protektives Persönlichkeitsmerkmal für körperliches Wohlbefinden und Lebenszufriedenheit im Alter[9] darstellt, konnten Leppert und Kollegen/innen in einer Studie mit 599 Personen ab 60 Jahren aufzeigen (Leppert, Gunzelmann, Schumacher,

---

[7] Gesundes Altern wurde operationalisiert als Alltagsselbstständigkeit (ADL Staircase, Sonn und Asberg, 1991), erlebte funktionale Selbstständigkeit, Lebenszufriedenheit, Umweltkontrolle (Ryff und Keyes, 1995), Depression (GDS, Yesavage und Sheikh, 2008), positiver Affekt und negativer Affekt (PANAS, Watson, Clark, & Tellegen, A., 1988).

[8] Gemessen mit der deutschen Version der Resilienzskala von Wagnild und Young (ebd., 1993).

[9] Gemessen als subjektive Körperbeschwerden und allgemeine Lebenszufriedenheit mit der Kurzform des Gießener Beschwerdebogens (Brähler und Scheer, 1995) und Lebenszufriedenheit als Einzelitem.

Strauss & Brähler, 2005). Hier wurden bei einem höheren Ausmaß von Resilienz subjektiv weniger Körperbeschwerden wahrgenommen. Auch konnte dort durch Regressionsanalysen gezeigt werden, dass Resilienz ein ebenso starker bzw. stärkerer Einflussfaktor für körperliches Wohlbefinden ist wie bzw. als das Alter oder das Geschlecht (Leppert et al., 2005, S. 368). Die Studie konnte demnach Resilienz als personale Ressource im Alter herausarbeiten.

2.3.4 Fazit

Betrachtet man die hier vorgestellten Modelle zusammenfassend, wird deutlich, dass sich Gesundheitsdefinitionen aus der Psychologie im Gegensatz zu klassischen medizinischen und naturwissenschaftlichen Begriffsbestimmungen durch stärker ressourcenorientierte Ansätze auszeichnen, welche Gesundheit nicht als Abwesenheit von Krankheit, sondern als psychisches Wohlbefinden fassen. Darüber hinaus werden auch die (Handlungs-)Fähigkeiten der Person (individuelle Bedingungen) sowie protektive Faktoren (darin auch ökologische Bedingungen) einbezogen, die zur Gesundheit von Personen beitragen. Die psychologischen Konzepte zeichnen sich daher zusammenfassend durch eine größere Differenziertheit aus, da einzelne Determinanten nicht getrennt, sondern in Kombination miteinander behandelt werden.

2.4 Die soziologische Sicht

Gesundheit und Medizin stellen einflussreiche Bereiche der sozialen Organisation aller Gesellschaften dar (Blaxter, 2010, S. 2). Die Medizinsoziologie beschäftigt sich u. a. mit Definitionen von Gesundheit und mit der gesellschaftlichen Konstruktion und Organisation von Gesundheit.[10] So definiert Parsons im Jahr 1967 Gesundheit aus einem strukturfunktionalistischen Blickwinkel als den

> „Zustand optimaler Leistungsfähigkeit eines Individuums, für die wirksame Erfüllung der Rollen und Aufgaben für die es sozialisiert worden ist" (Parsons, 1967, S. 71).

Gesundheit stellt aus dieser Perspektive betrachtet eine funktionale Voraussetzung von Gesellschaft dar. Eine weitere Blickrichtung ist die der sozialen Hintergründe, die soziale Einflüsse für die Erhaltung von Gesundheit sowie die Entstehung und

---

[10] Hier geht es besonders auch um gesamtgesellschaftliche Konstruktionen und Leitbilder, wie sie z. B. in der Werbung dargestellt werden (vgl. Blaxter, 2010, S. 28-31).

den Verlauf von Krankheiten verantwortlich macht. Daran anknüpfend wird nachfolgend ein sozialpsychologisches Modell von Gesundheit dargestellt und gesundheitliche Ungleichheit wird in Bezug zu Gesundheit im Alter gesetzt.

2.4.1 Salutogenese

Das Konzept der Salutogenese (von: Salus = Heil, Gesundheit und Genese = Entstehung) wurde in den 1970er Jahren von dem amerikanischen Medizinsoziologen Aaron Antonovsky (ebd., 1979) vorgestellt. Seitdem hat es in unterschiedlichen gesundheitsspezifischen Disziplinen zunehmend an Bedeutung gewonnen. Das Konzept der Salutogenese stellt eine differenzierte Erweiterung des biopsychosozialen Modells von Gesundheit dar, welches neben biologischen bzw. physischen Aspekten auch psychische und soziale Komponenten adressiert. Im biopsychosozialen Modell ist Gesundheit

> „[...] die ausreichende Kompetenz des Systems ‚Mensch', beliebige Störungen auf beliebigen Systemebenen autoregulativ zu bewältigen. [...] Nicht das Fehlen von pathogenen Keimen (Viren, Bakterien etc.) oder das Nichtvorhandensein von Störungen/Auffälligkeiten auf der psycho-sozialen Ebene bedeuten demnach Gesundheit, sondern die Fähigkeit, diese pathogenen Faktoren ausreichend wirksam zu kontrollieren" (Egger, 2005, S. 5).

Darüber hinaus wird im salutogenetischen Ansatz, im Gegensatz zum biomedizinischen Modell, die Dichotomie zwischen dem Zustand der Gesundheit und der Krankheit aufgehoben (Antonovsky, 1996, S. 13). Vielmehr stellen Gesundheit und Krankheit die beiden Pole eines Kontinuums dar. Die Grundannahme Antonovskys ist, dass es absolute, stabile Gesundheit nicht gibt, sondern dass sich Menschen immer in Richtung Ungleichgewicht, Krankheit und Leiden bewegen (ebd., S. 13 f.).

Demgegenüber kann durch die Aktivierung von Schutzfaktoren und das Vorhandensein genereller Widerstandsressourcen die Bewältigung innerer und äußerer Anforderungen gelingen (salutogenetischer Ansatz). Das Konzept der Salutogenese konzentriert sich also nicht in erster Linie auf die Frage nach krankmachenden Faktoren und Risiken, sondern beschäftigt sich vor allem damit, was Menschen gesund hält, was ihre Gesundungsprozesse fördert und warum manche Menschen trotz gesundheitsgefährdenden Einflüssen nicht krank werden. Nach Antonovsky ist eine Erklärung hierfür, dass Stressoren im Falle einer erfolgreichen Bewältigung auch gesundheitsförderlich wirken können (Antonovsky, 1996, S. 15 f.). Die Fähigkeit zur erfolgreichen Bewältigung der Stressoren hängt dabei maßgeblich von der dynamischen Grundorientierung eines Menschen ab – dem sogenannten Kohärenzgefühl (Sense of Coherence, SOC) (ebd.).

Mit dem Kohärenzgefühl ist die Überzeugung einer Person gemeint, Stress nicht wehrlos ausgeliefert zu sein, sondern diesen bzw. damit einhergehende Zusammenhänge zu verstehen, weiter handlungsfähig zu sein sowie belastende Herausforderungen auch als sinnhaft zu erleben (Antonovsky, 1997, S. 34-36). Nach Antonovsky speist sich das Kohärenzgefühl aus drei untergeordneten Konzepten:

1. Die Verstehbarkeit beinhaltet das kognitive Verarbeitungsmuster, krisenhafte Ereignisse wie Tod, Krieg und Krankheit einzuordnen, zu erklären, strukturieren und vorherzusagen und anhand der Realität zu beurteilen.
2. Das Konzept der Handhabbarkeit bzw. Machbarkeit beschreibt die Fähigkeit eines Menschen, Schwierigkeiten als Erfahrungen oder Herausforderung akzeptieren zu können und deshalb mit ihnen umgehen und ihre Folgen ertragen zu können.
3. Das Konzept der Sinnhaftigkeit bzw. Bedeutsamkeit stellt den motivationalen Aspekt in diesem Ansatz dar. Das Gefühl der Sinnhaftigkeit führt dazu, dass die Anforderungen des Lebens als Herausforderungen betrachtet werden. Vermittelt durch dieses Gefühl wird das Leben als sinnvoll empfunden.

Lebenserfahrungen beeinflussen das Kohärenzgefühl positiv, wenn sie konsistent sind, weder über- noch unterfordern und eine wirksame Einflussnahme erlauben (Bengel, Strittmatter & Willmann, 2001, S. 36). Neben der Salutogenese lässt sich Gesundheit und Krankheit auch mit Hilfe von sozialepidemiologischen Ansätzen erklären.

2.4.2 Gesundheitliche Ungleichheit

Soziale Ungleichheit wird zumeist mithilfe der Indikatoren Bildung, Berufsstatus und Einkommen operationalisiert. Der Zusammenhang zwischen den Indikatoren der sozialen Ungleichheit und Gesundheit wird von Rosenbrock und Kümpers wie folgt beschrieben:

Die ungleiche Verteilung der Ressourcen Wissen, Geld, Macht und Prestige führen zu unterschiedlicher gesundheitlicher Belastung und auch zu Unterschieden im Zugang zu und der Qualität von gesundheitlicher Versorgung (Rosenbrock & Kümpers, 2009, S. 376-377, nach Elkeles & Mielck, 1993). Dies alles prägt den Lebensstil, der wiederum das gesundheitsrelevante Verhalten (u. a. Ernährung, Bewegung und Umgang mit Suchtmitteln), die Bewältigungsstrategien im Falle von Krankheiten und Krisen sowie das Inanspruchnahmeverhalten von Gesundheitsversorgung bestimmt (ebd.). Zudem wird an dieser Stelle berücksichtigt, dass unterschiedliche gesundheitliche Lebensstile nur einen Teil der gesundheitlichen Ungleichheit erklären können. Der Grund dafür ist, dass Disparitäten hinsichtlich Beanspruchung und Versorgung direkt auf soziale Ungleichheit zurückgeführt werden können (ebd.). Gesundheitliche Ungleichheit wird hier nicht zuletzt aus einer Gerechtigkeitsperspektive betrachtet, die die Verhältnisse hervorhebt, in denen Menschen leben. Lebensstil und Bewältigung verweisen zudem auf die individuellen Möglichkeiten und Präferenzen im Umgang mit Gesundheit. Beides eröffnet Anschluss für Biografie und Umwelt als Teil des Ansatzes.

2.4.3 Befunde

Die Bedeutung des Kohärenzgefühls für Gesundheit und Wohlbefinden im Alter wird zumeist durch querschnittliche Studien ermittelt (Wiesmann, Rolker & Hannich, 2004, S. 371). Eine Frage ist die der Bedeutung des Kohärenzgefühls (SOC) für die Gesundheit älterer Menschen und die der Veränderung des Kohärenzgefühls im Alter. Silverstein und Heap (ebd. 2015) haben festgestellt, dass gesundheitliche Einschränkungen (Kreislaufprobleme, Mobilitätseinschränkungen, subjektive Gesundheit und psychische Probleme) und abnehmende soziale Ressourcen (Partnerstatus und empfangene sowie durchgeführte Besuche) zu großen Teilen für einen steilen Abfall des Kohärenzsinns[11] im Alter ab 70 Jahren verantwortlich sind (Silverstein & Heap, 2015, S. 104). Unter Kontrolle dieser Einflüsse konnte jedoch ermittelt werden, dass das Kohärenzgefühl mit zunehmendem Alter anstieg (ebd.). Nach den Autorinnen weist die in den letzten Lebensjahren ansteigende Fähigkeit negative Ereignisse verstehen und managen zu können sowie Sinn im Leben zu finden – die Bestandteile von SOC – auf eine positive ontogenetische Entwicklung hin (ebd., S. 98). Hier wird vermutet, dass das Kohärenzgefühl eine wichtige Ressource im Hinblick auf negative Veränderungen gesundheitlicher und sozialer Aspekte im Alter darstellt (ebd.).

Auch gibt es Untersuchungen dazu, welche Rolle der Kohärenzsinn für Gesundheit und Mortalität bei sehr alten Personen spielt (Lundman et al., 2010). Hier

---

[11] Gemessen mit der SOC-Skala (Antonovsky, 1993).

wurden u. a. Zusammenhänge zwischen dem Kohärenzsinn[12] und dem Wohlbefinden[13] sowie den Alltagsaktivitäten[14] ermittelt. Anhand längsschnittlicher Daten konnte gezeigt werden, dass ein ausgeprägter Kohärenzsinn im Alter mit hohem Wohlbefinden zusammenhängt (Lundman et al., 2010, S. 331). Ein niedriger SOC-Wert hingegen hängt laut der Studie mit Krankheiten zusammen, die mit einem negativen Einfluss auf den Alltag (*Activities of Daily Living*, ADL) einhergehen (Lundman et al., 2010, S. 311). Insgesamt betrachtet gibt es demnach Anzeichen, dass ein gut ausgeprägter Kohärenzsinn, wie in Antonovskys Konzept vorgestellt, als Ressource im Alter betrachtet werden kann. Es lässt sich jedoch einschränkend anbringen, dass dies vermutlich eher auf Personen zutrifft mit guten entsprechenden Ressourcen.

Sozioökonomische Unterschiede im Kontext von Gesundheit wurden in der Vergangenheit umfassend untersucht. Viele Studien beschreiben einen engen Zusammenhang zwischen dem sozioökonomischen Status (SES) und der Gesundheit unterschiedlicher Personengruppen (Galobardes, Lynch & Smith, 2007; Huisman, Kunst & Mackenbach, 2003; Kempen, Brilman, Ranchor & Ormel, 1999). Auch für die in Deutschland lebende Bevölkerung im Alter von 18 bis 79 Jahren konnte ermittelt werden, dass das Risiko für Gesundheitsprobleme in niedrigen Statusgruppen am höchsten und in hohen Statusgruppen am geringsten ist (Lampert, Kroll, Lippe, Müters & Stolzenberg, 2013, S. 819). So konnte in der vom Robert Koch-Institut durchgeführten Studie zur Gesundheit Erwachsener in Deutschland (DEGS, erste Erhebungswelle 2008-2012) ein Zusammenhang zwischen dem SES[15] und exemplarisch ausgewählten Gesundheitsoutcomes (u. a. selbsteingeschätzter allgemeiner Gesundheitszustand, Diabetes mellitus, Adipositas, depressive Symptomatik und sportliche Inaktivität) in allen Altersgruppen festgestellt werden (Lampert et al., 2013, S. 814 f.).

Weiterhin berichten Lampert et al. jedoch auch über einen Rückgang der gesundheitlichen Ungleichheit im höheren Lebensalter im Vergleich zu den jüngeren Altersgruppen (Lampert et al., 2013, S. 816 und 819). Der Rückgang der gesundheitlichen Ungleichheit wird von den Autoren einerseits mit dem Ausscheiden aus

---

[12] Gemessen mit der SOC-Skala (Antonovsky, 1993).
[13] Gemessen mit der Philadelphia Geriatric Centre Morale Scale (Lawton, 1975).
[14] Gemessen mit dem Barthel Index (Mahoney und Barthel, 1965).
[15] Gemessen als SES-Index, der auf Informationen zur schulischen und beruflichen Bildung, zur beruflichen Stellung sowie zum Netto-Äquivalenzeinkommen basiert.

dem Erwerbsleben und damit einhergehenden Veränderungen der Lebensbedingungen und der Lebensweise begründet (ebd., S. 819). Andererseits wird von den Autoren/innen der Studie vermutet, dass Prozesse des fortschreitenden biologischen Alterns zu einer stärkeren Überlagerung der sozialen Einflüsse auf Gesundheit führen (Lampert et al., 2013, S. 819). Jedoch kann dieser Annahme unter Rückgriff auf eine Stellungnahme hierz im Siebten Altenbericht entgegengesetzt werden, dass die genannten biologischen Prozesse über den Lebenslauf hinweg vor allem auch durch sozial vermittelte, ungleich verteilte Gesundheitsressourcen in verschiedenen sozialen Gruppen negativ beeinflusst werden können BMFSFJ, 2016, S. 61).

2.4.4 Fazit

Ein höheres Lebensalter ist oftmals mit Co- und Multimorbidität verbunden. Deshalb eröffnet die ressourcenorientierte Perspektive auf Gesundheit im Alter mehr Möglichkeiten als die biomedizinische Sicht allein, die sich an einer idealen Dichotomie zwischen Gesundheit und Krankheit orientiert. Gesundheit als Kontinuum gedacht ermöglicht es, Gesundheit im Alter trotz Defiziten mitzudenken und dabei alle Personengruppen einzuschließen, insbesondere auch chronisch kranke, behinderte und pflegebedürftige Personen. Durch den Einschluss psychosozialer und prozessorientierter Aspekte wird Gesundheit im Alter auch aus soziologischer Sicht differenzierter als im biomedizinischen Modell gefasst und ältere Menschen sind durch die Nutzung innerer und äußerer Ressourcen kontinuierlich und aktiv an der Herstellung von Gesundheit beteiligt. Hier wird auch die ungleiche Verteilung von Ressourcen im Alter berücksichtigt und aufgezeigt, dass sich gesundheitliche Unterschiede aufgrund von sozialer Ungleichheit im Alter für spezifische Gruppen verschärfen können. Nicht zuletzt wird auch im 2016 veröffentlichten Siebten Altenbericht differenziert und ausführlich auf die zunehmende Bedeutung gesundheitlicher Ungleichheit im Alter ausführlich hingewiesen (BMFSFJ, 2016, S. 59-71).

2.5 Die erziehungswissenschaftliche Sicht

Pädagogische Relevanz enthält Gesundheit in dem Moment, wo diese als Prozess oder Entwicklungsaufgabe betrachtet wird, wo eine Beeinflussung dieser angenommen wird und wo diese über das auf Gesundheit bezogene Wissen und die Veränderung gesundheitsrelevanten Handelns und Verhaltens mit pädagogischen Mitteln zu beeinflussen ist (Herzberg & Seltrecht, 2011, S. 70).

Eine Pädagogik der Lebensspanne eröffnet Anknüpfungspunkte für gesundheitspädagogische Angebote der Förderung und Unterstützung von Beginn an bis zum Ende des Lebens (vgl. Sievers, 2009 & Seltrecht, 2013). Eine besondere Bedeutung hat der Umgang mit der zunehmenden Zahl chronischer Erkrankungen, die durch falschen Lebensstil begünstigt werden (Hörmann, 2009, S. 24). Weil Gesundheit ein pädagogisch relevantes Konzept der Lebensspanne ist, wird für eine erziehungswissenschaftliche Sicht hierauf ein interaktionistisch-sozialisationstheoretisches Verständnis von Gesundheit hinzugezogen.

2.5.1 Interaktionistisch-sozialisationstheoretisches Gesundheitsverständnis

Der Sozial-, Erziehungs- und Gesundheitswissenschaftler Klaus Hurrelmann beschreibt Gesundheit als

„den Zustand des objektiven und subjektiven Befindens einer Person, der gegeben ist, wenn diese Person sich in den physischen, psychischen und sozialen Bereichen ihrer Entwicklung in Einklang mit den Möglichkeiten und Zielvorstellungen und den jeweils gegebenen äußeren Lebensbedingungen befindet. Gesundheit ist beeinträchtigt, wenn sich in einem oder mehreren dieser Bereiche Anforderungen ergeben, die von der Person in der jeweiligen Phase im Lebenslauf nicht erfüllt und bewältigt werden können. [...]" (Hurrelmann, 1994, S. 16 f.).

Gesundheit gilt hier als dynamisches Gleichgewicht zwischen Ressourcen und Anforderungen, das immer wieder hergestellt werden muss, (Franzkowiak & Hurrelmann 2018) und ist, im Gegensatz zum biomedizinischen Gesundheitsmodell, kein passiv erlebter Zustand (ebd.). Vielmehr ist Gesundheit dann gegeben, wenn sowohl körperliche und psychische (personale bzw. innere) Anforderungen, aber auch soziale und materielle (äußere) Umweltanforderungen als Rahmen für die Entwicklungsmöglichkeiten von Gesundheit von einem Menschen produktiv bearbeitet und bewältigt werden (Hurrelmann, 1994, S. 17; Franzkowiak & Hurrelmann, 2018).

Hierzu gehören:

- innere Anforderungen, wie genetische Veranlagung, körperliche Konstitution, Immun-, Nerven- und Hormonsystem, Persönlichkeitsstruktur, Temperament und Belastbarkeit;
- äußere Anforderungen, wie sozioökonomische Lage, ökologisches Umfeld, Wohnumfeld, hygienische Verhältnisse, Bildungsangebote, Arbeitsbedingungen, private Lebensform und soziale Einbindung (Franzkowiak & Hurrelmann, 2018).

Innere und äußere Anforderungen können hiernach gleichzeitig auch Ressourcen sein, die ein Mensch zur Verfügung haben muss, wenn er den jeweiligen Anforderungen erfolgreich begegnen will (ebd.). Gesundheit ist nach dieser Auffassung das Ergebnis einer Interaktion zwischen Ressourcen und Anforderungen und entsteht immer in einem sozialen Kontext (Hurrelmann & Richter, 2013, S. 138 ff.; Richter & Hurrelmann, 2016, S. 12 ff.)

Nach diesem Ansatz lautet der pädagogische Auftrag, sowohl die strukturellen Barrieren des Zugangs zu Gesundheit als auch die subjektive Lebensführung von Personen zu adressieren (Raithel, Dollinger & Hörmann, 2007, S. 237). Nach Raithel et al. geht es nicht nur um die bloße Vermittlung von Gesundheitsinformationen, sondern vielmehr um Ansätze, die den Anspruch erheben, an der ganzen Person anzusetzen (u. a. Lebensqualität, Wohlbefinden, kritische Kompetenz) (Raithel et al., 2007, S. 240-247). Hierfür sind neben den Kontextbedingungen auch alters- und entwicklungsspezifische Verhaltensmerkmale sowie auch die psychosoziale Funktionalität von Risiken einzubeziehen (Raithel et al., 2007, S. 247). Eine solche Sicht auf Gesundheit schließt dann auch das Recht auf Selbstgefährdung Erwachsener ein.

2.5.2 Gesundheitsförderung

Stellvertretend für die verschiedenen erziehungswissenschaftlichen Zugänge im Kontext von Gesundheit, wird hier Gesundheitsförderung als Strategie bzw. leitende Perspektive für gesundheitspädagogische Konzepte vorgestellt und mit gesundheitspädagogischen Begriffen in Verbindung gebracht.

Nach Waller sind es die Strategien Gesundheitsförderung und Prävention, die mit unterschiedlichen Methoden zur Verbesserung und zum Erhalt der Gesundheit beitragen (vgl. ebd. 2006, S. 161). Beide Strategien bedienen unterschiedliche Paradigmen. Im Gegensatz zur Prävention, welche das biomedizinische Paradigma adressiert, bezieht sich Gesundheitsförderung auf die salutogenetische Sicht von Gesundheit (Wulfhorst & Hurrelmann, 2009a, S. 19).

In der Ottawa-Charta wird Gesundheitsförderung als Prozess beschrieben, der das Ziel verfolgt, allen Menschen ein höheres Maß an Selbstbestimmung über ihre Gesundheit zu geben, um sie zur Stärkung ihrer Gesundheit zu befähigen (Weltgesundheitsorganisation [WHO], 1986, S. 1). Unter Gesundheitsförderung sind hiernach alle Maßnahmen zu fassen, die sowohl auf die positive Veränderung und Förderung individuellen Handelns und Verhaltens als auch zugehörender Lebensverhältnisse abzielen. Aus erziehungswissenschaftlicher Sicht, die auch im Kontext von Gesundheit eine „vermittelnde Perspektive" zwischen individuellen Bedürfnissen und gesellschaftlichen Anforderungen einnimmt (vgl. Horn, 2014, S. 17), ist Gesundheitsförderung die

> „[...] Vermittlungsstrategie zwischen Mensch und Umwelt zur Synthesefindung zwischen persönlicher Entscheidung und sozialer Verantwortlichkeit mit dem Ziel der aktiven Gestaltung einer gesünderen Zukunft" (Raithel et al., 2007, S. 235).

Der Strategie Gesundheitsförderung lassen sich folgende erziehungswissenschaftliche Zugänge zuordnen:

- Gesundheitsaufklärung / Gesundheitsinformation als Bereitstellung von Informationen zum Erwerb handlungsrelevanten Wissens (spezifisch oder unspezifisch) (ebd. 234);
- Gesundheitserziehung als Anspruch, auf der Basis intentionaler Beeinflussung zur Einstellungs- und Verhaltensänderung zu motivieren (Raithel et al., 2007, S. 234 u. S. 78 f.);
- Gesundheitsbildung als Aneignung von Kenntnissen und Fertigkeiten zur Unterstützung des Einzelnen bei der Entwicklung von Selbstkompetenz und Bewältigungskompetenzen aus eigenem Antrieb heraus (vgl. Raithel et al., 2007, S. 234; Wulfhorst & Hurrelmann, 2009a, S. 11 u. S. 79);
- Gesundheitsberatung als Interaktion zwischen Berater und Ratsuchendem mit dem Ziel der Vermittlung handlungsrelevanten Wissens und der Motivierung zur Einstellungs- und Verhaltensänderung (Raithel et al., 2007, S. 235).

Aus der Perspektive von Gesundheitsförderung geht es nicht nur darum, spezifische Risikogruppen zu erreichen, sondern auch Schutzfaktoren der gesamten Bevölkerung, die in alltäglichen Lebenszusammenhängen benötigt werden, zu stärken (Kaba-Schönstein, 2018). Die Lebenswelt von Menschen und gesellschaftliche Entwicklungsprozesse sind somit Teil von Gesundheitsförderung (Hörmann, 2009, S. 24).
Nach der Weltgesundheitsorganisation (WHO) (ebd. 1986) erstreckt sich Gesundheitsförderung auf fünf wesentliche Handlungsbereiche:

1. die Entwicklung einer gesundheitsfördernden Gesamtpolitik,
2. die Schaffung gesundheitsfördernder Lebenswelten,

3. die Unterstützung gesundheitsbezogener Gemeinschaftsaktionen,
4. die Förderung der Entwicklung persönlicher Kompetenzen und
5. die Neuorientierung der Gesundheitsdienste und anderer gesundheitsrelevanter Einrichtungen.

Um in den verschiedenen Handlungsbereichen Bedingungen und Ursachen von Gesundheit zu beeinflussen, zielt Gesundheitsförderung darauf, unterschiedliche, aber einander ergänzende Maßnahmen bzw. Ansätze miteinander zu verbinden (Kaba-Schönstein, 2018). Hierzu zählen u. a. Informationen, Erziehung und gemeindenahe Veränderungen (ebd.). Gesundheitsförderung liegt hiernach im Aufgaben- und Verantwortungsbereich des Gesundheits- und Sozialbereichs (ebd.) und kennzeichnet eine ganzheitliche Perspektive, die mit dem Ziel der Beteiligung bzw. aktiven Mitwirkung von Menschen (Partizipation) verbunden ist (Wulfhorst & Hurrelmann, 2009a, S. 20). Gleichzeitig wird hervorgehoben, dass Gesundheit nicht nur individuelle Leistung ist, weshalb Gesundheitsförderung neben der individuellen und gemeinschaftlichen Förderung von Kompetenzen (*Empowerment*) auch auf den Abbau gesundheitlicher Ungleichheiten und deren determinierende Faktoren zielt (ebd., S. 21). Aus erziehungswissenschaftlicher Sicht ist die Strategie der Gesundheitsförderung deshalb auch ein bildungspolitisches und emanzipatorisches Konzept (Hörmann, 2009, S. 19).

2.5.3 Befunde

Der positive Zusammenhang zwischen schlechter Bildung und schlechter Gesundheit ist auch für das höhere Lebensalter gut belegt (u. a. Lampert, Kuntz, Hoebel, Müters & Kroll, 2016; Mielck, Lüngen, Siegel & Korber, 2012; Motel-Klingebiel, Wurm & Tesch-Römer, 2010; Böhm et al., 2009). Dabei ist bekannt, dass Merkmale der sozialen Ungleichheit wie Bildung den Gesundheitszustand jedoch häufig nicht direkt beeinflussen, sondern indirekt über andere Faktoren, die jedoch wiederum durch Bildung beeinflusst sind (wie z. B. Lärm in der Wohnumgebung) (Mielck et al., 2012, S. 10). Anhand einer Stichprobe von 27.049 Personen im Alter zwischen 18 und 79 Jahren konnten Mielck et al. aufzeigen, dass der Anteil von Personen, die an Diabetes mellitus erkrankt sind, in nahezu allen Alters- und Geschlechtsgruppen für die „unzureichend gebildeten"[16] Personen deutlich erhöht ist und zudem mit zunehmendem Alter ansteigt. Weiterhin konnte belegt werden,

---

[16] Definiert wurde „unzureichende Bildung" in der zitierten Studie als schulische Bildung bis höchstens zum Realschulabschluss, aber keine formale berufliche Qualifikation (Mielck, Lüngen, Siegel und Korber, 2012, S. 6 f.).

dass in den oberen Altersgruppen bei Frauen und Männern eine besonders hohe Prävalenz chronischer Herzkreislauf-Erkrankungen (Bluthochdruck, Durchblutungsstörungen am Herzen und Herzinsuffizienz) in der Gruppe „unzureichende Bildung" vorliegt (Mielck et al., 2012, S. 24). Daran anschließend konnte für alle Altersgruppen ein schlechteres Gesundheitsverhalten (ausreichende Bewegung, Adipositas) von Personen mit unzureichender Bildung im Vergleich zu denen mit ausreichender Bildung belegt werden (Mielck et al., 2012, S. 25 f.). Weiterhin zeigen Studien, dass zumeist bestimmte Gruppen, z. B. besser gebildete und verdienende Personen sowie Frauen, an Angeboten der Gesundheitsförderung teilnehmen (Friebe, 2009, S. 3 ff.; Hollbach-Grömig & Seidel-Schulze, 2007, S. 38 f.). Welche eigenen gesundheitsförderlichen Strategien ältere Menschen aus einfachen Milieus mit Pflegebedarf unter teilweise prekären individuellen und sozialräumlichen Voraussetzungen haben, um ein möglichst großes Maß an Selbstbestimmung zu bewahren, zeigt das Forschungsprojekt „Neighbourhood" (Kümpers & Heusinger, 2012). Hierfür wurden mit 66 pflegebedürftigen Älteren aus unterschiedlichen Milieus und drei unterschiedlichen städtischen Quartieren in und angrenzend an Berlin leitfadengestützte Interviews zu Präferenzen, Ressourcen und Hürden für die alltägliche Lebensgestaltung mit Pflegebedarf geführt (Kammerer, Falk, Heusinger & Kümpers, 2012, S. 624). Zudem wurden in denselben Gebieten 70 Akteure der lokalen Versorgungsgestaltung, offenen Altenhilfe und Stadtteilarbeit befragt, wie sie Bedingungen vor Ort gestalten und welche Chancen und Hürden sie für eine selbstbestimmte Alltagsgestaltung pflegebedürftiger Älterer sehen (ebd.). Die Studie brachte u. a. hervor, das das Zusammenspiel von informellen Netzwerken, vielfältig miteinander vernetzten nahräumlichen Angeboten und personeller Kontinuität die Chancen für die älteren Menschen verbessert, Informationen oder Unterstützung zu erlangen (Kammerer et al., 2012, S. 628). Zudem zeigen die Befunde, dass vorhandene niedrigschwellige und zielgruppenspezifische Anlaufstellen (z. B. Quartiersmanagementbüro) eine wichtige Ressource hierfür sein können (Kammerer et al., 2012, S. 629). Die Autorinnen der Studie leiten hieraus ab, dass niedrigschwellige erreichbare, kontinuierliche und zugängliche Beratung sowie Barrierefreiheit nötig sind, um bei den befragten Personen den Zugang zu Informationen und Hilfen zu erleichtern (ebd.).

2.5.4 Fazit

Aus erziehungswissenschaftlicher Sicht kann Gesundheit aus einem interaktionistisch-sozialisationstheoretischen Verständnis heraus beschrieben werden. Gesundheit ist dann das Resultat eines dynamischen Prozesses, der in der konkreten

Lebenssituation der Person stattfindet, und in Verbindung mit Ressourcen und Anforderungen steht (Hurrelmann, 2010, S. 140 f.). Hiernach ist Gesundheit das Ergebnis einer Interaktion zwischen inneren und äußeren Faktoren (Hurrelmann, 2010, S. 139, 142). Diese Perspektive schließt einerseits an die ganzheitliche Sicht auf Gesundheit der Weltgesundheitsorganisation (WHO) an, andererseits aufgrund des prozesshaften Verständnisses von Gesundheit bzw. Gesunderhaltung an die salutogenetische Sichtweise (Franzkowiak & Hurrelmann, 2018). Gemeinsam mit dem salutogenetischen Verständnis von Gesundheit ist, dass eine erziehungswissenschaftliche Sicht Gesundheit als passiv erlebter Zustand ablehnt und vielmehr hervorhebt, dass Gesundheit immer wieder aktiv hergestellt wird.

Hieran schließt Gesundheitsförderung an, die durch erziehungswissenschaftliche Zugänge, wie z. B. Gesundheitserziehung und Gesundheitsbildung, gezielt sowohl auf die Förderung persönlicher Kompetenzen als auch auf die Verbesserung von Bedingungen hierfür auf gemeinschaftlicher und gesellschaftlicher Ebene einwirken kann. Hierdurch wird eine breite Basis für gesundheitspädagogische Konzepte und Maßnahmen eröffnet.

Sowohl die Gesundheitsdefinition nach Hurrelmann als auch Gesundheitsförderung ermöglichen durch die starke Betonung der aktiven Rolle der Person und der Kontextfaktoren Anschlüsse für eine Betrachtung von Gesundheit aus biografischer und umweltbezogener Perspektive. Hierauf verweisen auch Studien, die aufzeigen mit welchen Möglichkeiten Menschen milieusensibel und unter Berücksichtigung sozialräumlicher Voraussetzungen wirksam unterstützt werden können.

2.6 Die politische Sicht

Gesundheitsdefinitionen beeinflussen die Planung, Organisation, Steuerung und Finanzierung des Gesundheitssystems wie auch die damit zusammenhängende konkrete Praxis (vgl. Rosenbrock, 2007, S. 1). Arbeitsaufgaben werden beschrieben und dafür zuständige Akteure werden benannt (Rosenbrock, 2007, S. 1). Nach Rosenbrock bilden die verfügbaren Ressourcen (u. a. Geld, Qualifikationen, Institutionen und Regulierungen) die Basis für die praktische Umsetzung, zu der insbesondere auch die kulturellen Werthaltungen und Orientierungen in der Bevölkerung und in den Gesundheitsberufen gehören (ebd.). Zu den wohl bekanntesten Definitionen von Gesundheit zählt die der Weltgesundheitsorganisation.

2.6.1 Definition der Weltgesundheitsorganisation

Die erste offizielle Definition, die Gesundheit nicht ausschließlich als die Abwesenheit von Krankheit betrachtet, stammt von der Weltgesundheitsorganisation aus dem Jahr 1948 (Weltgesundheitsorganisation [WHO], 1948, S. 1). Die individualistische, pathogene und auf Risikofaktoren abzielende Perspektive wird in der Präambel der WHO erweitert. Hier wird Gesundheit definiert als:

> „[…] der Zustand des vollständigen körperlichen, geistigen und sozialen Wohlbefindens und nicht nur des Freiseins von Krankheit und Gebrechen. Sich des bestmöglichen Gesundheitszustandes zu erfreuen ist ein Grundrecht jedes Menschen, ohne Unterschied der Rasse, der Religion, der politischen Überzeugung, der wirtschaftlichen oder sozialen Stellung" (ebd.).

Eine Stärke der Definition ist, dass subjektive und objektivierbare Aspekte der Gesundheit integriert werden, ähnlich im Fall des Konzepts der Salutogenese. Gesundheit ist somit mehr als die Abwesenheit von Krankheit und beinhaltet physische, geistige und soziale Dimensionen. Kritisch anzumerken ist allerdings, dass der hier proklamierte individuelle gesundheitliche Idealzustand wohl in keiner Lebensphase erreichbar ist.

Zudem ist diese normative Definition bei Personen mit bereits bestehenden gesundheitlichen Problemen (z. B nicht-heilbare und chronische Einschränkungen) nicht anwendbar und grenzt somit Personen aus. Hier wäre es wünschenswert, wenn die Dichotomie durch ein Kontinuum zwischen den beiden Zuständen „gesund" und „krank" ersetzt werden würde (vgl. salutogenetischer Ansatz, S. 34 ff.), welches sowohl individuelle Ressourcen als auch strukturelle Voraussetzungen berücksichtigt. Die Kritik zur oben genannten Definition wurde in die Ottawa-Charta der WHO von 1986 aufgenommen, mit dem Ziel u. a. salutogenetisches Denkens zu etablieren und die Rolle von Menschen als Co-Produzenten/innen ihrer Gesundheit zu stärken (WHO, 1986).

2.6.2 Aktives Altern

Der Ausdruck *Aktives Altern* wurde in den späten Neunzigerjahren von der Weltgesundheitsorganisation geprägt (Weltgesundheitsorganisation [WHO], 2002, S. 13) und wird seit dem Jahr 2002 als politisches Rahmenkonzept wie nachfolgend gefasst:

> „Unter aktiv Altern versteht man den Prozess der Optimierung der Möglichkeiten von Menschen, im zunehmenden Alter ihre Gesundheit zu wahren, am Leben ihrer sozialen Umgebung teilzunehmen und ihre persönliche Sicherheit zu gewährleisten, und derart ihre Lebensqualität zu verbessern" (ebd., S. 12).

Die Definition legt ihren Fokus auf drei Komponenten (WHO, 2002, S. 12, 45 f.): (1) die Beibehaltung von Gesundheit, um chronische Krankheiten und nachlassende Funktionalität zu reduzieren und die Schutzfaktoren zu stärken, (2) andauernde soziale Teilhabe und Einbindung im Rahmen bezahlter und unbezahlter Arbeitsverhältnisse als produktiver Beitrag zur gesellschaftlichen Entwicklung und (3) soziale, finanzielle und körperliche Sicherheit älterer Personen. Zu den grundlegenden politischen Maßnahmen zählen u. a. schwellenfreie Wohnungen, die Förderung der psychischen Gesundheit und körperlichen Aktivität (zu 1), der Aufbau eines Grundwissens in Gesundheitsfragen (um z. B. verfügbare Unterstützungsmöglichkeiten selbstständig auswählen zu können), die Ermöglichung formaler Arbeitsverhältnisse für ältere Menschen, die Unterstützung informeller Arbeit (zu 2), ein soziales Auffangnetz für alte, arme und einsame Menschen und der Schutz vor körperlichem, sexuellem, psychologischem und finanziellem Missbrauch sowie Vernachlässigung (zu 3) (ebd., S. 46-53). Der mit dem Konzept des Aktives Alterns verbundene Prozess der Optimierung bezieht sich auf

> „die andauernde Teilnahme am sozialen, wirtschaftlichen, kulturellen, spirituellen und zivilen Leben und nicht bloß auf die Möglichkeit, körperlich aktiv oder in den Arbeitsprozess integriert zu bleiben" (WHO, 2002, S. 12).

So soll es Menschen ermöglicht werden, „ihr Potenzial für körperliches, soziales und geistiges Wohlbefinden im Verlaufe ihres gesamten Lebens auszuschöpfen und am sozialen Leben in Übereinstimmung mit ihren Bedürfnissen, Wünschen und Fähigkeiten teilzunehmen" (ebd.). Das Konzept Aktives Altern beansprucht eine Erhöhung der Lebenserwartung und eine Verbesserung der Lebensqualität aller Menschen, auch derjenigen die schwach, behindert und pflegebedürftig sind (WHO, 2002, S. 12).
Als Aspekte, die den Alterungsprozess bzw. Aktives Altern beeinflussen, sind individuelle Faktoren (Gesundheit und soziale Sicherheit, Verhaltenseinflüsse und persönliche Einflüsse) und strukturelle Faktoren (wirtschaftliche Einflüsse, soziale Einflüsse und physische Umgebung) einbezogen (ebd., S. 19 f.), was potentiell auch biografischen und umweltbezogenen Einflüssen Anschluss ermöglicht.
Das Konzept Aktives Altern wird mittlerweile in einer Vielzahl von Programmen und Interventionen verwendet. Jedoch wurde es auch stark kritisiert. So problematisiert u. a. van Dyk die Popularität von Konzepten Aktiven Alterns und deren Verwobenheit mit dem sogenannten Alterslast-Diskurs bei gleichzeitiger Einschränkung sozialstaatlicher Leistungen („liberale Aktivierung") (van Dyk, 2009, S. 319). Es bestehe so die Gefahr, dass die moralische Programmatik der Altersaktivierung zu mehr Eigenverantwortung *und* Ausbeutung sowie gleichzeitig zu

Empowerment *und* Disziplinierung führe (ebd., S. 320). Aktives Altern schafft nach van Dyk neue gesellschaftliche Normen und fordert diese ein, wobei jedoch entgegen der Programmatik bestimmte Gruppen hiervon ausgeschlossen sind, z. B. Hochaltrige und Pflegebedürftige (vgl. van Dyk, 2009, S. 317).

2.6.3 Befunde

In zwei Studien wurde der Versuch unternommen, das WHO Rahmenkonzept zu Aktivem Altern empirisch zu testen und anzuwenden (Paúl, Ribeiro & Teixeira, 2012; Belanger, Ahmed, Filiatrault, Yu & Zunzunegui, 2015). In keiner der beiden Studien konnten jedoch die Determinanten des Rahmenkonzepts statistisch validiert werden. Die Befunde stützen das Konzept des Aktiven Alterns deshalb eher als politisches Rahmenkonzept und nicht als empirisches Modell, das für Forschungsvorhaben mit älteren Menschen herangezogen werden könnte (Belanger et al., 2015, S. 8). Als binärer Index könnte es jedoch Hinweise darauf geben, was in Hinsicht auf die Gesundheit, Teilhabe und Sicherheit der älteren Bevölkerung verbessert werden könnte (ebd., S. 8).

2.6.4 Fazit

Aus politischer Sicht liefert insbesondere die Weltgesundheitsorganisation unterschiedliche Ansätze für die Definition von Gesundheit, aus denen schon zahlreiche konkrete Programme abgeleitet wurden. Die Ansätze erweitern die biomedizinische Perspektive, indem ein – wenn auch ideales – erweitertes Verständnis von Gesundheit durch Einbezug körperlicher, geistiger und sozialer Aspekte dargelegt wird.

Ein politisches Programm ist das Konzept des Aktiven Alterns. Es fällt auf, dass dieses im Kontext der Optimierung von Möglichkeiten älterer Menschen sehr stark auf Umwelt zielt (u. a. Arbeitsumwelt, soziale Umwelt) und Biografie hingegen eher hinsichtlich von Potenzial en, die sich über den Lebensverlauf entwickeln, adressiert. Subjektive Aspekte bleiben in dem Rahmenkonzept, das auch gesellschaftliche Bedarfe adressiert, erst einmal unberücksichtigt.

2.7 Gesundheit im Alter aus Sicht von Biografie und Umwelt

Die Annahme einer neuen Perspektive auf Gesundheitskompetenz im Alter wird dadurch gestützt, dass es eine Vielzahl wissenschaftlicher Ansätze gibt, die sich mit Gesundheit im Alter beschäftigen. Dass Gesundheitsdefinitionen zudem zeitlichen-gesellschaftlichen Prozessen unterliegen, zeigen insbesondere politische Rahmenkonzepte. Das alles gilt auch für Gesundheit im Alter. Allen aufgeführten

Definitionen und Konzepten ist gemeinsam, dass Gesundheit von außen, also nicht aus Subjektsicht, definiert ist. Somit stellt sich die Frage, ob die jeweiligen Zugänge die relevante Lebenswelt, also die Gesundheitsvorstellungen und das Gesundheitshandeln älterer Personen widerspiegeln und ob mit entsprechenden wissenschaftlichen und politischen Ansätzen die Themen und Probleme von älteren Personen adressiert werden. Wenn es nicht nur um die Korrektur von Normabweichungen und die Förderung des Gesundheitsverhaltens gehen bzw. ein politisches Programm unterstützt werden soll, sollten die subjektiven Sichtweisen älterer Personen, einfließen. Darüber hinaus herrscht in Forschung und Praxis weitgehend Konsens darüber, dass Gesundheit im Alltag hergestellt wird (vgl. WHO, 1986), welcher bestimmt ist durch Biografie und Umwelt. Alte Menschen als biografisch Gewordene und Handelnde im Austausch mit der Umwelt zu adressieren liefert den Schlüssel zu subjektivem Gesundheitserleben und -handeln. Deshalb sollten die Kategorien Biografie und Umwelt eingeschlossen werden, wenn Gesundheitskompetenz im Alter betrachtet wird.

Um Gesundheitskompetenz weiter erst einmal theoretisch zu fassen, behandelt das folgende dritte Kapitel das Konzept der Kompetenz aus erziehungswissenschaftlicher und gerontologischer Perspektive, bevor anschließend näher auf das Konzept der Gesundheitskompetenz eingegangen wird.

3 Kompetenz im Alter

Der Begriff der Kompetenz wird in alltäglichen, beruflich-praktischen sowie wissenschaftlichen Kontexten verwendet. Meist geht es hier um die Handlungsfähigkeit von Menschen und die Erhaltung bzw. Förderung dieser. Um einen Überblick zu erhalten, wird nachfolgend in den Begriff der Kompetenz aus psychologischer, gerontologischer und erziehungswissenschaftlicher Perspektive theoretisch und durch ausgewählte empirische Befunde eingeführt. Anschließend werden Konzepte und Befunde zu Gesundheitskompetenz dargelegt. Die Befunde dienen – wie im vorangegangenen Kapitel – der vertiefenden Darstellung der Konzepte, auch hinsichtlich ihrer wissenschaftlichen Anwendung. Darauf aufbauend wird auf das Konzept der Gesundheitskompetenz im Alter unter Berücksichtigung einer erziehungswissenschaftlichen Perspektive fokussiert. In diesem Kontext werden auch die für diese Arbeit zentralen Konzepte Umwelt und Biografie dargelegt. Jedes Unterkapitel schließt mit einem Fazit, welches sich auf die Forschungsfrage dahingehend bezieht, dass Rückschlüsse auf die Aspekte Biografie und Umwelt gezogen werden.

3.1 Die psychologische Sicht

Nachfolgend wird Kompetenz als psychische Disposition, die kognitive Fähigkeiten und Fertigkeiten sowie volitionale und motivationale Aspekte beinhaltet, vorgestellt. Abgegrenzt hiervon werden kognitive Fähigkeiten, die im Gegensatz zu Kompetenz, auf bestimmte Domänen ausgerichtet sind (z. B. Lesekompetenz).

3.1.1 Psychische Disposition

Kompetenz wird in wissenschaftlichen Diskursen überwiegend als psychische Disposition verstanden (Erpenbeck, 2014, S. 20 f.; Hof, 2009, S. 83). Die meistzitierte Definition, stammt von Weinert (vgl. Klieme, 2004, S. 2), wonach Kompetenzen

> „die bei Individuen verfügbaren oder durch sie erlernbaren kognitiven Fähigkeiten und Fertigkeiten [sind, NK], um bestimmte Probleme zu lösen sowie die damit verbundenen motivationalen, volitionalen[17] und sozialen Bereitschaften und Fähigkeiten, um die Problemlösungen in variablen Situationen erfolgreich und verantwortungsvoll nutzen zu können" (Weinert, 2014, S. 27 f.).

---

[17] Nach Brandstätter, Schüler, Puca und Lozo meint Volition die bewusste, willentliche Umsetzung von Motiven, um Ziele zu realisieren (ebd. 2013, 113 f.).

Die oben genannte Definition beinhaltet unterschiedliche Facetten von Kompetenz. Zu den kognitiven Fähigkeiten und Fertigkeiten als Leistungsdisposition zählen ein fachbezogenes Gedächtnis, umfangreiches Wissen bzw. Kenntnisse und automatisierte Fertigkeiten, Strategien und Routinen (vgl. Klieme, 2004, S. 1). Erweitert werden die kognitiven Facetten um affektive Aspekte. Hierzu zählt die Bereitschaft, Ziele durch eine entsprechende motivationale Einstellung sowie willentliche Voraussetzungen zu erreichen. Darüber hinaus wird Kompetenz in Bezug gebracht mit sozialen Voraussetzungen, z. B. Anleitung und Unterstützung (Weinert, 2014, S. 24 f.).

Kompetenzen werden zudem in der von Weinert vorgelegten Definition durch Dispositionen bestimmt, die einerseits einen spezifischen Anwendungskontext haben, andererseits dennoch auf verschiedene andere Situationen übertragen werden können. Um einzelne Kompetenzen (z. B. Lesekompetenz, soziale Kompetenz, Pflegekompetenz) inhaltlich zu bestimmen, werden Ziele formuliert und mit den hierfür benötigten Fähigkeiten in Verbindung gebracht. Kompetenzen können dann durch Selbsteinschätzung per Fragebogen oder durch performative Messung per Test gemessen werden (ebd.). Nach der jeweiligen Befragung bzw. dem Test dienen festgelegte Schwellenwerte dann dazu, Personen komparativ verschiedener Kompetenzniveaus zuzuordnen (vgl. Klieme, 2004, S. 3 f.)

3.1.2 Kompetenz-Performanz-Problem

Werden Kompetenzen rein kognitionspsychologisch definiert, treten bei näherer Betrachtung Schwierigkeiten im Umgang mit dem Begriff auf. Zum einen ist der Unterschied zwischen Kompetenz und Fähigkeit unklar (vgl. Hof, 2002a, S. 84). Zum anderen lässt sich nicht direkt von Dispositionen (als Personenmerkmal, das die Wahrscheinlichkeit für bestimmtes Verhalten erhöht) auf Performanz (tatsächliche Umsetzung bzw. Aktualisierung von Verhalten) schließen (Kompetenz-Performanz-Problem). Das heißt auch, dass eine Kompetenz (die über den Begriff der Disposition hinausgeht) niemals direkt, sondern nur indirekt über deren Performanz diagnostiziert und beurteilt werden kann (Hof, 2002a, S. 85 f.; Klieme,

Funke, Leutner, Reimann & Wirth, 2001, S. 182). Deshalb besteht grundsätzlich die Gefahr, dass Kompetenzmessungen entfernt sind von konkreten Anwendungssituationen in der jeweiligen Lebenswelt. Es gibt jedoch auch sehr aufwendige Experimente, in denen die Umweltbedingungen komplex verändert werden, so dass die künstlichen Situationen während der Messung eine gewisse Nähe zum Alltag aufweisen. Zudem gibt es Möglichkeiten die Datenerhebung in alltägliche Situationen zu integrieren, z. B. durch Videographie einer Unterrichtseinheit. Die Messung findet dann in der konkreten Alltagssituation statt. Wird dies nicht beachtet, bleibt es hingegen oft unklar, wie eine Person tatsächlich in verschiedenen Anwendungssituationen der zu erfassenden Kompetenz handeln wird.

3.1.3 Befunde

Zu kognitiven Fähigkeiten und Fertigkeiten im Alter gibt es Studien, die aufzeigen, dass die kognitive Leistungsfähigkeit, vor allem im sehr hohen Lebensalter zwar sinkt, jedoch in manchen Bereichen recht lange stabil bleibt (u. a. Poon et al., 1992; Zimprich, 2004). So konnte anhand von Querschnittsdaten von 516 Personen im Alter von 70 bis 103 Jahren aus der Berliner Altersstudie (BASE) ein Zusammenhang zwischen steigendem Alter und einer Abnahme der Intelligenz aufgezeigt werden (Reischies & Lindenberger, 1996). Die Abnahme zeigt sich nach den Autoren im Vergleich zum wissensbasierten pragmatisch-kristallinen Bereich stärker im wissensfreien mechanisch-fluiden Bereich der Intelligenz.[18] Weiterhin weisen längsschnittliche Daten von 132 Personen von 70 bis 100 Jahren aus der Berliner Altersstudie (BASE) auf Veränderungen innerhalb eines Sechsjahreszeitraums in kognitiven Fähigkeiten hin (Singer, Verhaeghen, Ghisletta, Lindenberger & P. B. Baltes, 2003). Die Untersuchung brachte Hinweise, dass sich mit zunehmendem Alter die Wahrnehmungsgeschwindigkeit (Zahlen-Buchstaben-Test und Gleiche-Bilder-Test), Gedächtnis (gepaarte Assoziationen und Textgedächtnis) und Wortflüssigkeit (möglichst viele Wörter einer Kategorie nennen und Wortanfänge mit bestimmten vorgegebenen Buchstaben) verschlechtern (Singer et al., S. 323-326). Demgegenüber bleibt nach den Autoren/innen der Studie das Wissen (Wortschatz und Worterkennung) stabil bis hin zu einem Alter von 90 Jahren und verschlechtert sich danach (ebd.).

---

[18] Zur „kristallinen Intelligenz" zählen die Komponenten Wissen und Wortflüssigkeit, wohingegen Wahrnehmungsgeschwindigkeit, Denkfähigkeit und Gedächtnis der „fluiden Intelligenz" zugeordnet werden (Cattell, 1963).

Im Allgemeinen zeige sich hier, dass die beobachteten Zusammenhänge im sehr hohen Alter (90+) stärker sind, als in jüngeren Altersgruppen (65+) (ebd., S. 325). Die Autoren/innen schließen daraus, dass kognitive Entwicklung bei über 70-Jährigen in hohem Maße durch das steigende Lebensalter mitbestimmt wird (ebd. S. 325). Demgegenüber liefern Längsschnittstudien auch Hinweise auf erfahrungsbezogene Plastizität im Alter. So gibt es Belege, dass durch ein intellektuell herausforderndes, körperlich aktives und sozial engagiertes Leben, aber auch durch umweltbezogene Unterstützung (z. B. Hinweise und Erinnerungen), kognitive Verluste abgemildert und Gewinne gefestigt werden können (Lindenberger, 2014, 572, 576).

3.1.4 Fazit

Kompetenz wird aus psychologischer Sicht überwiegend als psychische Disposition definiert, die auf kognitiven Fähigkeiten und Fertigkeiten basiert. Befunde zur kognitiven Leistungsfähigkeit alter Menschen zeigen eine durchschnittliche Verschlechterung in den Bereichen der Wahrnehmungsgeschwindigkeit, Gedächtnis und Wortflüssigkeit insbesondere für die hochaltrigen Gruppen (u. a. Singer et al., 2003). Demgegenüber weisen andere Studien eindrücklich auch auf eine erfahrungsbezogene kognitive Plastizität hin, die solche Verluste durch Eigenaktivität und Umweltunterstützung abmildern und Gewinne sichern kann (u. a. Lindenberger, 2014). Zusammengedacht weist dies – je nach Anforderungssituation – auf eine Verschlechterung bzw. Stabilität bei gesundheitsrelevanten Aufgaben im Alter hin. Hinsichtlich der Messung von Kompetenz bleibt es jedoch fraglich, ob das jeweilige bereichsspezifische Kompetenzkonstrukt, die jeweilige Operationalisierung und das zugehörige (Stufen-)Modell einer lebensweltlichen Anwendungssituation gerecht werden können. Zudem gilt übergeordnet zu bedenken, dass trotz guter Abbildung von Kompetenz nicht von (hohen) Kompetenzwerten auf Performanz, das heißt die tatsächliche Umsetzung in der konkreten Anwendungssituation geschlossen werden kann. Dies ist auch bei der Bewertung von Befunden zu Kompetenz im Alter zu berücksichtigen.

3.2 Die gerontologische Sicht

Eine komplexere Sicht auf Kompetenz, vor allem in Bezug auf Potenziale und den Alltag alter Menschen, ermöglicht die gerontologische Sicht. Ein Grund, dass sich die bis zu Beginn der 1960er Jahre eher defizitäre Sichtweise des Alters änderte, sind Erkenntnisse der psychologischen Gerontologie, u. a. zur Plastizität individueller Entwicklung bis ins hohe Alter und zu Möglichkeiten zur Erhaltung von

Kompetenzen und Potenzialen des Alters (Wahl & Heyl, 2015, S. 67). Zum einen gilt es in der Gerontologie die Kompetenz der Menschen bis ins hohe Alter hinein zu bewahren, zum anderen stellt diese einen Teil anwendungsorientierter gerontologischer Forschung dar (vgl. Kaiser, 2002, S. 7).
Anhand empirischer Befunde wurden von Kruse vier Facetten von Kompetenz im Alter herausgearbeitet, die zu einem erweiterten Verständnis beitragen sollen (Kruse, 1989a, S. 16-20):

- Aufrechterhaltung der Selbstverantwortung sowie Übernahme von Aufgaben im Alter (z. B. eigener Haushalt, bedeutsame Aufgaben auch bei Funktionsbeeinträchtigungen);
- Verantwortliche Stellung innerhalb der Familie (z. B. Gleichgewicht zwischen empfangener und gegebener Hilfe);
- Aktive Auseinandersetzung mit den Anforderungen des Lebens (z. B. realistischer Umgang mit den Möglichkeiten und Grenzen des Lebens);
- Neue Fähigkeiten und Potenziale im Alter (z. B. Kompromisse zwischen dem Erwarteten und Erreichten, neue Möglichkeiten, umfassende Ordnung des vergangenen Lebens).

Verschiedene gerontologische Facetten zu Kompetenz, die auf Vorarbeiten von Kruse basieren, werden von Olbrich zusammengefasst als

„[…] nicht nur physiologische Prozesse, kognitive Funktionen oder ein sensumotorisches Geschehen, obwohl diese wahrscheinlich in erster Linie gelingenden Transaktionen zwischen alternder Person und ihrer Umgebung erklären können. Kompetenzen beschreiben Komplexe von Funktionen, Einstellungen, Zielen und Verhaltensformen, welche angesichts einer gegebenen Lebenssituation erforderlich sind, um ein eigenverantwortliches und psychisch befriedigendes Leben in der jeweiligen Lebenssituation zu führen" (ebd. Olbrich, 1989, S. 35).

Hieraus leitet Olbrich die zentralen Begriffe der Transaktionalität als wechselseitiger Prozess zwischen Umweltanforderung und Reaktion der Person und der Kontextualität für die gerontologische Diskussion zu Kompetenz ab (Olbrich, 1989, S. 35 f.).
Hier fällt auf, dass die Kompetenz einer Person in engem Zusammenhang mit der Umwelt interpretiert wird, nämlich als „gelingende Transaktionen zwischen alternder Person und ihrer Umgebung". Kontextualität bezieht sich auf verschiedene Einflussgrößen auf Kompetenz, z. B. soziale und ökologische Einflüsse (ebd.).

Der Austauschprozess zwischen Person und Umwelt wird im Fortgang dieser Arbeit als Person-Umwelt-Transaktion bezeichnet (Altman & Rogoff, 1987; Oswald et al., 2003; Wahl & Oswald, 2016, S. 625) (S. 85 ff.). Kompetenz als Person-Umwelt-Transaktion wird im Allgemeinen unter Hervorhebung der Wechselseitigkeit bzw. Relation zwischen Person- und Umgebungsfaktoren in einer spezifischen Zeit gefasst (vgl. Lawton & Nahemow, 1973; Kruse, 1989a; Lehr, 2002, S. 37; Wahl, 2002). Nach Lawton (ebd. 1998, S. 3) kann die Umwelt *kompetenzerhaltend, kompetenzfördernd* oder *kompetenzbehindernd* wirken. Umwelt wirkt so durch zu hohe Umweltanforderungen einerseits einschränkend auf die Person, andererseits durch Ressourcen aber auch kompensatorisch, d. h., je mehr bestimmte Fähigkeiten und Fertigkeiten der Person zurückgehen, desto mehr ist die Person auf bestimmte Umwelten angewiesen (Lawton, 1998, S. 3). Nachfolgend wird die gerontologische Sicht auf Kompetenz anhand der Konzepte der Alltagskompetenz (M. M. Baltes, Maas, Wilms & Borchelt, 1996) und des erweiterten Kompetenzverständnisses (Kruse, 1989a, S. 16-20) beschrieben.

3.2.1 Alltagskompetenz

Gerade im Alter ist es wichtig, Anforderungen des täglichen Lebens zu gestalten und zu bewältigen (Baltes et al., 1996, S. 525). Alltagskompetenz kann mit der Gestaltung und Bewältigung von Alltagsanforderungen bzw. der hohen Leistungs- und Erlebnisfähigkeit alter Menschen in ihrem natürlichen dinglich-räumlichen und sozialen Umfeld gefasst werden (M. M. Baltes, Maas, Wilms & Borchelt, 1996, S. 525; Wahl, 1998).

Eine Einteilung und Operationalisierung von Alltagskompetenz wurde in der Berliner Altersstudie durch das 2-Komponentenmodell vorgenommen (M. M. Baltes, Maas, Wilms & Borchelt, 1996). Das Modell basiert konzeptuell auf der *Adaptive-Fit-Perspektive*[19], der *Mastery-Perspektive*[20], das heißt der subjektiven Wahrnehmung von Hilfsbedürftigkeit, die mit dem Barthel-Index (Mahoney & Barthel, 1965) und der *Instrumental Activities of Daily Living* (IADL) -Skala (Lawton & Brody, 1969) erfasst wird. Hinzu kommt eine Fertigkeiten betonende Perspektive, die erfasst wird mit einer Aktivitätenliste, die das Engagement in außerhäuslichen

---

[19] Die *Adaptive Fit-Perspektive* fokussiert Adaptionsprozesse im Alter, die eine Passung („fit") zwischen dem Verhalten der Person und umweltbezogenen Anforderungen begünstigen (Lawton, 1982).

[20] Die *Mastery-Perspektive* nach Bandura beinhaltet die subjektiv wahrgenommene Meisterung von Anforderungen (Bandura, 1997).

Aktivitäten über die letzten zwölf Monate hin erfasst (Baltes et al., 1996, S. 528). Die erste Komponente, Basale Kompetenz (BaCo bzw. *Basale Kompetenz*), umfasst routinierte Aktivitäten, die hoch automatisiert notwendig sind, um zu überleben, z. B. Selbstpflegeaktivitäten, Essen, Ausscheiden, Treppen steigen, Einkaufen und die Benutzung von Verkehrsmitteln (Baltes et al., 1996, S. 527). Basale Kompetenz ist automatisiert und für eine eigenständige Lebensführung zwingend notwendig. Die zweite Komponente, Erweiterte Kompetenz (ExCo bzw. *Expanded Level of Competence*), umfasst hingegen komplexe instrumentelle und soziale Aktivitäten und Freizeitaktivitäten, die biografisch gewachsene und kulturell eingebettete individuellen Präferenzen, Motiven, Fähigkeiten und Interessen spiegeln und die relevant sind für die individuelle Wertschätzung des eigenen Lebens alter Menschen (vgl. Baltes et al., 1996, S. 527). Hierzu zählen Freizeitaktivitäten und soziale Aktivitäten. Für beide Komponenten sind Fertigkeiten allein jedoch nicht ausreichend. Vielmehr werden sowohl Fähigkeiten als auch Fertigkeiten benötigt, um im Alltag kompetent zu sein (ebd.).

3.2.2 Erweiterter Kompetenzbegriff

Durch Kruse werden bisherige Zugänge zu Kompetenz im Alter hinsichtlich Potenzialen alter Menschen erweitert. Hierzu zählen einerseits die Aufrechterhaltung der Selbstverantwortung und andererseits die Übernahme von Aufgaben im Alter (Kruse, 1989a, S. 16). Als Ausdruck von Kompetenz und selbstverantwortlicher Lebensgestaltung können bestehende Wohnformen, insbesondere unabhängige Eingenerationen- bzw. Einpersonenhaushalte, gefasst werden, die so lange wie möglich aufrechterhalten werden (Kruse, 1989d, S. 286 f.). Einen Grund hierfür sieht Kruse in subjektivem Kompetenzerleben, das durch den eigenen Haushalt gefördert wird und mit Lebenszufriedenheit im Alter zusammen hängt (Kruse, 1989d, S. 288). Weiterhin werde hierdurch auch Kompetenz nach außen hin symbolisiert (ebd.). Zudem geht es hiernach auch um die Übernahme von Aufgaben, z. B. durch eine verantwortliche Stellung innerhalb der Familie. Die einseitige Sicht auf alte Menschen als Empfänger von Hilfe wird somit aufgebrochen, indem sie zu einem großen Ausmaß auch als Geber von Hilfe betrachtet werden können. So unterstützen nach Kruse alte Menschen durch Hilfen im Haushalt, in der Erziehung, Rat in verschiedenen Lebensfragen und emotionalen und finanziellen Beistand (Kruse, 1989a, S. 17).

Die aktive Auseinandersetzung mit den Anforderungen des Lebens hingegen meint die Bemühungen älterer Menschen um einen realistischen Umgang mit den Möglichkeiten und Grenzen des Lebens. Dies beinhaltet nach Kruse sowohl die

Veränderung der äußeren Situation als auch der inneren Einstellung sowie die Akzeptanz gewisser Grenzen (ebd., 1989a, S. 18). Die äußere Situation zu verändern kann z. B. heißen, in eine kleinere Wohnung, näher zu den Kindern bzw. unterstützenden Personen, in eine Einrichtung mit Serviceleistungen oder in ein geeignetes Pflegeheim umzuziehen (ebd.).
Die Akzeptanz von Grenzen des Lebens kann nach Kruse z. B. die (lebenslange) Auseinandersetzung mit dem Tod beinhalten (ebd., 1989c, S. 368 f.). Hierzu zählt das bisher gelebte Leben anzunehmen, gegenwärtige Aufgaben (z. B. in der Familie) wahrzunehmen und sich sozial integriert zu fühlen (ebd.). Zu einem differenzierten Blick auf Kompetenz im Alter zählt es hiernach zudem, vorhandene Formen von Kompetenz auch bei bestehenden Beeinträchtigungen und Pflegebedürftigkeit zu berücksichtigen (vgl. Kruse, 1989a, S. 17; Kruse, 1989b, S. 94). Verbliebene Fähigkeiten und Fertigkeiten bzw. Funktionen und Potenzial e, auch im seelischen und sozialen Bereich, können so nicht zuletzt auch durch Rehabilitationsmaßnahmen, gefördert werden (vgl. Kruse, 1989b, S. 94).

3.2.3 Befunde

Anhand von Daten der Berliner Altersstudie (BASE, S. 52) wurden deskriptive Befunde zu Alltagskompetenz im Alter ermittelt, aus denen das 2-Komponentenmodell von Alltagskompetenz nach Baltes abgeleitet wurde (Baltes et al., 1996). Hier konnte gezeigt werden, dass Freizeit und soziale Aktivitäten alter Menschen 60 % der wachen Zeit in Anspruch nehmen (Baltes et al., 1996, S. 529). Der Rest der Zeit wird nach den Autoren/innen auf Ruhen, obligatorische Aktivitäten des täglichen Lebens (Activities of Daily Living, ADL), wie z. B. Aufstehen, Körperpflege und Essen, und einfache instrumentelle Aktivitäten des täglichen Lebens (Instrumental Activities of Daily Living, IADL), z. B. Hausarbeit, Einkaufen, Erledigen von Formalitäten und Benutzung öffentlicher Verkehrsmittel, verwendet (ebd.). Auch wurde gezeigt, dass 32 % der Personen über 70 Jahre in BASE keinerlei Hilfe bei Aktivitäten des täglichen Lebens (Barthel-Index) sowie Einkaufen und Transport benötigen (Baltes et al., 1996, S. 531). Im Hinblick auf Altersdifferenzen in den abgefragten Aktivitätenlisten konnten in dieser Studie statistisch signifikante Unterschiede zwischen der Gruppe der 70- bis 84-Jährigen und der Gruppe der 85-Jährigen und Älteren ermittelt werden. So berichtete die hochbetagte Gruppe über weitaus weniger Aktivitäten im Vergleich zur jüngeren Gruppe (Baltes et al., 1996, S. 532).

Um das 2-Komponentenmodell von Alltagskompetenz nach Baltes in der Berliner Altersstudie (BASE) zu testen wurde auch der zusätzliche Faktor Alter hinzuge-

zogen. Anhand von Korrelationsanalysen konnte hier ein erwartungsgemäßer negativer Zusammenhang zwischen Alter und Basaler Kompetenz (Basic Competence: BaCo) sowie Erweiterter Kompetenz (Expanded Competence: ExCo) ermittelt werden, woraus geschlossen wurde, dass es wahrscheinlich ist, dass mit höherem Alter Einbußen in beiden Komponenten auftreten (Baltes et al., 1996, S. 533). Zudem konnte eine gewisse Kompetenz und Performanz in den Basisfunktionen des täglichen Lebens (BaCo) als eine notwendige Voraussetzung für die Ausführung erweiterter Aktivitäten des täglichen Lebens (ExCo) aufgezeigt werden (Baltes et al., 1996, S. 537). In dem erweiterten Kompetenzverständnis nach Kruse nimmt auch das Wohnen im Alter eine wichtige Stellung für Kompetenz(-erleben) ein. In der europäischen Studie *The Enabling Autonomy, Participation, and Well-Being in Old Age: The Home Environment as a Determinant for Healthy Ageing (ENABLE-AGE)* wurden 1.918 alleinlebende Personen aus Schweden, Deutschland, England, Ungarn und Lettland im Alter von 75 bis 89 Jahren in ihrer häuslichen Umgebung befragt. Ein Teil der Studie beschäftigte sich mit der objektiven Messung von Aktivitäten des täglichen Lebens (ADL Staircase, Sonn & Asberg, 1991) und subjektiver Selbstständigkeit (Ein-Item-Skala zur Selbsteinschätzung) alter Personen und setzte diese in Bezug zu wohnbezogenen Kontrollüberzeugungen (Housing-Related Control Beliefs Questionnaire, Oswald et al., 2003). Die wohnbezogenen Kontrollüberzeugungen erklären, angelehnt an psychologische Arbeiten zu Kontrollüberzeugungen (zuerst Rotter, 1966), wohnbezogene Ereignisse entweder als zufällig hinsichtlich eigenen Verhaltens (hohe externale Kontrollüberzeugung) oder äußeren Einflüssen (hohe internale Kontrollüberzeugung) (Oswald et al., 2007, S. 98). Zu wohnbezogen Ereignissen zählen z. B. die Verbesserung der Wohnung, die Nutzung von Angeboten oder wohnen zu bleiben (Oswald et al., 2003). In ENABLE-AGE konnte für alle fünf nationalen Stichproben gezeigt werden, dass befragte Personen, die sich selbstverantwortlich sehen für wohnbezogene Ereignisse, im Alltag selbstständiger sind als Personen, die wohnbezogene Ereignisse ursächlich mit äußeren Einflüssen in Verbindung bringen (Oswald et al., 2007, S. 104). Die Ergebnisse der Studie weisen darauf hin, dass Aspekte des Wohnens insbesondere auch mit objektiver und erlebter Selbstständigkeit im Alltag zusammenhängen (Oswald et al., 2007, S. 105).
Die beispielhaften Befunde zeigen, dass durch Konzepte der (Alltags-)Kompetenz im Alter ein gerontologisch-erkenntnistheoretisches Interesse bedient werden kann, welches darüber hinaus auch interventionsgerontolgischen Nutzen hat, u. a. im Bereich Wohnraumanpassung (Wahl, 1998, S. 244; Oswald et al., 2007, S. 106).

3.2.4 Fazit

In Kompetenzkonzepten der Gerontologie finden sich sowohl Aspekte, die eher auf Funktionalität ausgerichtet sind, als auch solche, die subjektiv bedeutsame Aktivitäten und Potenziale sehr alter Menschen betonen. Deutliche biografische Aspekte finden sich in dem Konzept der erweiterten Kompetenz (ExCo) nach Baltes et al. (ebd., 1996, S. 527) in Form von Präferenzen, Motiven, Fähigkeiten und Interessen, die auch mit gesundheitsfördernden Aktivitäten der Person in Verbindung stehen. Insbesondere im erweiterten Kompetenzverständnis nach Kruse (ebd. 1989a, S. 16-20) gibt es biografische Bezüge (z. B. Selbstreflexion der eigenen Biografie durch die Annahme des bisher gelebten Lebens und die Auseinandersetzung mit dem Tod). Weiterhin spielen hier auch äußere Bedingungen, wie Wohnumwelt und soziale Umwelt in den einzelnen Komponenten des erweiterten Verständnisses von Kompetenz eine ermöglichende und unterstützende Rolle. An das erweiterte Kompetenzverständnis lassen sich zudem die politischen Leitbilder erfolgreichen Alterns, Autonomie und soziale Teilhabe, als Teil gesellschaftlicher bzw. politischer Umwelt anknüpfen (Kruse, 2002, S. 17 ff.). Im Vergleich zur psychologischen Sicht auf Kompetenz mit dem hauptsächlichen Fokus auf kognitiven und affektiven Fähigkeiten ist der umfassendere Kompetenzbegriff der Gerontologie somit besser für die vorliegende Arbeit geeignet, da neben biografischen Aspekten differenziert Umweltvoraussetzungen einbezogen werden.

3.3 Die erziehungswissenschaftliche Sicht

In den Erziehungswissenschaften spielt der Kompetenzbegriff bzw. die Förderung von Kompetenzen eine hervorgehobene Rolle (Hof, 2002b, S. 153) und tritt zunehmend in den Fokus erziehungswissenschaftlicher Forschung und Praxis. Er findet mittlerweile Anwendung in vielen Bereichen aller Lebensalter (vor allem in der Elementar- und Primarpädagogik, der Sekundarpädagogik, Sozialpädagogik und Erwachsenenbildung). Im Kontext der Bildungsforschung besitzen Kompetenzmessungen eine sehr lange Tradition, insbesondere im Kontext von Lese- und

Schreibfähigkeit (IGLU-Studie[21], PISA-Studien[22], PIAAC-Studie[23]) und zunehmend über die gesamte Lebensspanne.

3.3.1 Literacy

Der englische Begriff *literacy*, der übersetzt wird als „Lese- und Schreibfähigkeit", wird als Literacy auch in der deutschen Sprache mit dieser Bedeutung verwendet. *Illiteracy* kann hingegen mit Analphabetismus übersetzt werden. Es wird vermutet, dass Analphabetismus in höherem Lebensalter zu Schwierigkeiten in der Bewältigung des Alltags, eingeschränkter gesellschaftlicher Teilhabe (Genuneit, 2014, S. 282) und zu durchschnittlich größeren gesundheitlichen Problemen führen kann als bei Menschen, die lesen und schreiben können (Quenzel, Schaeffer, Messer & Vogt, 2015; Anders, 2015). Die Probleme können sich u. a. in Schwierigkeiten mit Terminen bei Ärzten/innen äußern, bei der Einnahme von Medikamenten und bei Krankenhausaufenthalten, die oftmals ein „Outing" als Analphabet/in erzwingen (Genuneit, 2014, S. 282). Die praktischen Probleme im Umgang mit Gesundheit werden zudem verschärft, weil durch den Analphabetismus das Lernen zu Gesundheit in den Printmedien (z. B. die vielgelesene „Apotheken Umschau") nicht stattfinden kann (Genuneit, 2009, S. 20 f.), durch mangelnde Information so aber auch weitere Lerngelegenheiten (wie z. B. ein schriftlich angekündigter Vortrag) versäumt werden können.

Neben Lesen und Schreiben im engen Sinn verorten alternative Ansätze Literacy stärker hinsichtlich komplexer und diverser Aneignungs- und Anwendungssituationen in verschiedenen Kulturen (Street, 1984; Rogers & Street, 2012). So definiert auch die UNESCO Literacy aus einer alltagsnäheren prozessorientierten und soziokulturellen Perspektive:

> „Literacy is the ability to identify, understand, interpret, create, communicate and compute using printed and written materials associated with varying contexts. Literacy involves a continuum of learning in enabling individuals to achieve their goals, to develop their knowledge and potential, and to participate fully in their community and wider society" (United Nations Educational, Scientific and Cultural Organization, 2004, S. 13).

---

[21] Internationale Grundschul-Lese-Untersuchung.
[22] Programme for International Student Assessment (Deutsch: Programm zur internationalen Schülerbewertung).
[23] Programme for the International Assessment of Adult Competencies (Deutsch: Internationale Studie zur Untersuchung von Alltagsfertigkeiten Erwachsener).

Es fällt auf, dass Literacy trotz der erweiterten Sicht weiterhin auf Schriftsprache in Verbindung mit Lesen, Schreiben und Rechnen bezogen bleibt. Obwohl Literacy hier in verschiedenen Kontexten der Aneignung und Anwendung und als mehrdimensionales Konstrukt dargelegt wird, wird diese als Fähigkeit und Lernprozess auch hier eher auf die Person bezogen und nicht als Produkt zwischen Person und Umwelt hervorgehoben.

3.3.2 Erworbenes situationsangemessenes Verhalten

Im Gegensatz zu Qualifikation, die von den Handlungserfordernissen ausgeht, meint Kompetenz die Handlungsmöglichkeiten der individuellen Akteure (Hof, 2002b, S. 153). Nach Hof bezieht sich Kompetenz auf die Relation zwischen Person und Umwelt. Hierzu zählen neben den Handlungsvoraussetzungen der Person, die umweltbezogenen Faktoren der Zuständigkeit und jeweilige Handlungsbedingungen bzw. Handlungskontexte (Hof, 2002a, S. 85 f.). Hiernach wird kompetentes Handeln (Performanz) erst sichtbar in einer situationsangemessenen Umsetzung von Kenntnissen, Erfahrungen, praktischen Fertigkeiten, persönlichen Fähigkeiten und Vorlieben (ebd.). Das heißt, ob eine Person angemessen handeln kann, zeigt sich immer erst im Kontext konkreter Situationen (Hof, 2009, S. 83). Nach Hof erscheint Wissen somit nicht mehr als notwendige abstrakte Voraussetzung für Handeln, sondern als konkreter Umgang mit Wissen innerhalb und außerhalb pädagogischer Situationen (ebd.).

Es geht bei Kompetenz also um die situative Handlungsfähigkeit, die nicht nur auf Wissen und Können der Person basiert, sondern vielmehr konkrete Bedingungen der Umwelt einbezieht:

> „Kompetenz bezieht sich auf die Fähigkeit, in Situationen unter Berücksichtigung der personalen Handlungsvoraussetzungen und der äußeren Handlungsbedingungen Ziele zu erreichen und Pläne zu realisieren" (Hof, 2002a, S. 85; vgl. Schuller & Bartheline, 1995, zit. in Hof ebd.).

Aus pädagogischer Perspektive gewinnt somit beides Bedeutung: die Förderung individueller Handlungsvoraussetzungen und die Beeinflussung äußerer Handlungsbedingungen. Dabei geht es nicht um allgemeingültiges Wissen, das unmittelbar zu Handeln befähigt, sondern um jeweils individuelle Voraussetzungen der Person und spezifische Handlungsanforderungen in unterschiedlichen Lebenskontexten (vgl. Hof, 2002a, S. 85). Zusammenfassend kann Kompetenz nach Hof bezogen werden

> „auf die Kombination und Mobilisierung der verschiedenen personalen und umweltbezogenen Situationskomponenten. Insofern ist Kompetenz zu begreifen als relationaler Begriff. Er stellt eine

Beziehung her zwischen den individuell vorhandenen Kenntnissen (deklaratives Wissen[24]), den Fähigkeiten und Fertigkeiten (Können) und den Motiven und Interessen (Wollen) auf der einen Seite und den Möglichkeiten, Anforderungen und Restriktionen der Umwelt auf der anderen Seite. Das Ausmaß, in dem die Kompetenzrelationen dann in kontingenten Bedingungen realisiert werden, macht die Performanz aus" (vgl. Hof, 2002a, S. 86).

Weil personale und umweltbezogene Aspekte hiernach miteinander kombiniert und mobilisiert werden müssen, wird Kompetenz auch als zunehmend relevant für die Teilhabe an modernen Gesellschaften beschrieben (vgl. Schmidt-Hertha, 2014, S. 88). Das heißt, dass Teilhabe dann stattfindet, wenn Fähigkeiten der Person mit Umwelt verbunden werden.

Kompetenz aus erziehungswissenschaftlicher Sicht im Kontext höheren Alters wird bisher maßgeblich aus Perspektive der Sozialpädagogik und Erwachsenenbildung behandelt. Dabei hebt Böhnisch die Lebensphase des Alters als eine eigene Bewältigungskonstellation hervor, die u. a. einhergeht mit veränderten Sozialräumen (z. B. nach der Erwerbsbiografie) und neuen bzw. anderen Bewältigungsherausforderungen (u. a. Pflege) (Böhnisch, 2012, S. 277-297).

3.3.3 Befunde

Die bisher einzige erziehungswissenschaftliche deutschlandweite Studie zu Kompetenzen im höheren Lebensalter ist die 2011 bis 2014 durchgeführte Studie „Competencies in Later Life" (CiLL) (Friebe, Schmidt-Hertha & Tippelt, 2014). Das Forschungsprojekt, das zudem auch einen qualitativen Anteil aufweist, ist eine Erweiterung des OECD-Programms PIAAC[25], das die Alltagsfertigkeiten Erwachsener in 25 Ländern untersucht. Hier wurden auch die Alltagsfertigkeiten (Lese- und alltagsmathematische Kompetenz, technologiebasierte Problemlösekompetenz[26]) der 66 bis 80-jährigen Menschen in Deutschland gemessen (ebd.).

---

[24] „Deklaratives Wissen" meint in diesem Zusammenhang Sachwissen über die zu bewältigende Situation.
[25] The Programme for the International Assessment of Adult Competencies (PIAAC).
[26] Alltagsmathematische Kompetenz wurde gemessen mit Aufgaben, wie z. B. der Einschätzung eines Sonderangebots oder der Interpretation von numerischen Informationen in Grafiken und Tabellen (Gesis-Leibniz-Institut für Sozialwissenschaften (o. D.a). Lesekompetenz wurde z. B. mit dem Lesen einfacher Worte oder dem Lesen und Verstehen einfacher Sätze operationalisiert (Gesis-Leibniz-Institut für Sozialwissenschaften (o. D.b). Zu den technologiebasierten Problemlösekompetenzen zählen u. a. Aufgaben wie das Sortieren und Versenden von E-Mails, die Bearbeitung von virtuellen Formularen und die Beurteilung des Informationsgehalts sowie der Vertrauenswürdigkeit verschiedener Internetseiten (Gesis-Leibniz-Institut für Sozialwissenschaften (o. D.c).

Die CiLL-Studie konnte aufzeigen, dass die älteren Teilnehmer/innen, insbesondere die ältesten ab 76 Jahren, niedrigere Werte in den Lese- und alltagsmathematischen Kompetenzen aufweisen (Friebe et al., 2014, S. 8). Das bedeutet nach Friebe et al., dass ca. die Hälfte der befragten Personen von 76 bis 80 Jahren bestenfalls kurze Texte mit einfachem Vokabular und einfacher Struktur lesen können (ebd.). Als Prädiktor hierfür konnte die Bildung der Eltern der teilnehmenden Personen sowie deren eigene Qualifikation herausgearbeitet werden (Friebe et al., 2014, S. 7). Zur Erklärung dieser Unterschiede werden von den Autoren/innen weiterhin biologische Alterungsprozesse sowie verschiedene Sozialisationsprozesse und Bildungsmöglichkeiten im Kontext der Periode des Zweiten Weltkriegs angebracht (Friebe et al., 2014, S. 8).

Ergänzend wurden in CiLL auch qualitative Forschungen zur Kompetenz älterer Menschen im Kontext ihrer spezifischen Lebenssituation (u. a. Migration, Ehrenamt, ziviles Engagement) durchgeführt. Die qualitativen Fallstudien (Leitfadeninterviews mit Personen von 55 bis 99 Jahren) brachten hervor, dass weitere Kompetenzen als die bisher erfassten, im Alltag alter Menschen relevant sind (Friebe et al., 2014, S. 11). Hierzu zählen Selbstorganisation, Empathie, Fähigkeit und die Bereitschaft, Neues zu lernen, Wissen und Fähigkeiten im Kontext von Pflege sowie interkulturelle Sensibilität (ebd.). Dass Formen von Kompetenz trotz bzw. bei bereits eingetretenem Defizit und eingeschränkter Handlungsfähigkeit vorherrschen zeigt Himmelsbach in ihrer qualitativen Studie zu Einschränkungen der Handlungsfähigkeit im Alternsprozess (Himmelsbach, 2009). Hier wurden mit Hilfe von Experteninterviews und problemzentrierten Interviews fünf Experten/innen und 15 von Makuladegeneration betroffene Patienten/innen befragt. Es konnte u. a. herausgearbeitet werden, dass die Erkrankung auf beiden Seiten sowohl einen Lerngegenstand, als auch einen Vermittlungsgegenstand darstellt und hier Informationen zur Krankheit und zum Umgang damit eine Rolle spielen (Himmelsbach, 2009, S. 293 ff.). Weiterhin konnte so am Beispiel bereits vorhandener und fortschreitender Einschränkungen im Alter die Dichotomie zwischen Kompetenz und Defizit aufgebrochen und um eine Sicht, die Kompetenz und Defizit als parallel verlaufende Prozesse fasst, erweitert werden (ebd., 2009, S. 25-27). Durch diese Perspektive könnten auch in der vorliegenden Arbeit Aneignungs- und Vermittlungsprozesse sowie Übergänge zwischen Kompetenz und Defizit im Alternsprozess erkannt werden (vgl. Himmelsbach, 2009, S. 313), was zu einer erweiterten Sicht auf Kompetenz im Alter beitragen würde.

3.3.4 Fazit

Ein eher eng gefasstes Konzept von Kompetenz im Alter ist das der Lese- und Schreibfähigkeit bzw. Literacy. Umfassend betrachtet, ist Kompetenz im Alter dagegen mehr als Lesen und Schreiben. Vielmehr zählt zu einem breiten erziehungswissenschaftlichen Verständnis alles Wissen und alle Fertigkeiten, die nötig sind, um „in konkreten Situationen angemessen handeln zu können" (Hof, 2001, S. 151). Im Vergleich zu kognitiven sowie damit verbundenen motivationalen, volitionalen und sozialen Bereitschaften und Fähigkeiten (Weinert, 2014, S. 27 f.) ist die Bedeutung von Biografie und Umwelt jedoch weiter untergeordnet. Erziehungswissenschaftliche Betrachtungen, die Kompetenz und Defizit nicht dichotom gegenüberstellen, sondern vielmehr eine Dynamik einbeziehen, sind auch hinsichtlich einer Erweiterung des Konzepts durch Biografie und Umwelt anschlussfähig an eine erweiterte Sicht auf Kompetenz im Alter.

3.4 Zum Umgang mit gesundheitskompetenzorientierten Themen aus verschiedenen Disziplinen

Es gibt viele Definitionen und Konzepte zu Gesundheitskompetenz. Hieraus haben sich auch unterschiedliche Verfahren entwickelt, wie Gesundheitskompetenz gemessen wird. Um sich einem Konzept zu Gesundheitskompetenz im Alter anzunähern, werden Befunde der vorliegenden Studie an einschlägige Vorarbeiten zurückgebunden. Hierfür werden nachfolgend ausgewählte Definitionen[27], Konzepte und Befunde zusammengetragen. Anschließend erfolgt eine kurze Zusammenstellung zu verschiedenen Konzepten, die daran ansetzen, Gesundheitskompetenz im Alter in verschiedenen Anwendungsbereichen zu fördern.

3.4.1 Definitionen und Konzepte

Gesundheitskompetenz ist ein Kompositum, das Gesundheit mit Kompetenz[28] verbindet und in den 1970er Jahren eingeführt wurde (Simonds, 1974, S. 9; zit. in Sørensen et al., 2012, S. 1). In einer ersten inhaltlichen Ausrichtung auf Gesundheitskompetenz geht es Simonds um die politische Verantwortung der Bürger für

---

[27] Für eine ausführliche Zusammenschau bestehender Definitionen siehe die Arbeiten von Kwan, Frankish und Rootman, 2006; Mancuso, 2008; Sørensen et al., 2012; Altin, Finke, Kautz-Freimuth und Stock, 2014.
[28] Durchgesetzt hat sich die deutsche Übersetzung von *health literacy* durch den Begriff Gesundheitskompetenz. In der vorliegenden Studie werden die Begriffe synonym verwendet.

ihre Gesundheit, die Grundlegung durch Gesundheitserziehung bzw. Gesundheitsbildung in Schulen, durch Massenmedien und Interaktionen von Bürger/innen und Patienten/innen mit dem Gesundheitswesen (ebd.). In seiner ursprünglichen Fassung wird Health Literacy den Erziehungswissenschaften, insbesondere den Bereichen Gesundheitserziehung bzw. Gesundheitsbildung, zugeordnet (Schaeffer & Pelikan, 2017, S. 12). Weiter ausdifferenziert hat sich das Konzept in zwei unterschiedlichen Ansätzen, dem eher risikoorientierten medizinischen und dem eher ressourcenorientierten erziehungswissenschaftlichen (Kickbusch, 2001, S. 292).

3.4.1.1 Gesundheitskompetenz als Risikovermeidung

Der medizinische Diskurs zu Gesundheitskompetenz entstand nach Kickbusch aus der Besorgnis über das Risiko schlechter Gesundheitskompetenz-Werte einer großen Anzahl von Patienten/innen des amerikanischen Gesundheitssystems heraus (ebd., 2001, S. 282). Gesundheitskompetenz wird aus medizinischer Sicht verstanden als:

> „[...] the ability to read and comprehend prescription bottles, appointment slips, and the other essential health-related materials required to successfully function as a patient" (Ad Hoc Committee on Health Literacy for the Council on Scientific Affairs, 1999, S. 552).

Um erfolgreich im Bereich der Krankheitsbewältigung als Patient „zu funktionieren" sind verschiedene Fähigkeiten im Kontext von Allgemeinbildung (Literacy im engen Sinn) notwendig. Hierzu zählt hauptsächlich lesen zu können sowie Leseverständnis. Eine solche Konzeptualisierung fasst vor allem mangelnde Gesundheitskompetenz als potentiellen Risikofaktor, der im Prozess klinischer Versorgung gehandhabt werden muss, u. a. mit Hilfe von Screening-Instrumenten (Nutbeam, 2008, S. 2073), aber auch durch Maßnahmen zur Verbesserung der Informationsbereitstellung und -vermittlung. Hierzu zählen z. B. Einfache Sprache und Mediennutzung (u. a. Videos) (Kopera-Frye, 2017, xiv). Dem gegenüber steht die ressourcenorientierte erziehungswissenschaftliche Sicht.

3.4.1.2 Gesundheitskompetenz als Ressource

Der erziehungswissenschaftliche Diskurs zu Gesundheitskompetenz entstand im Zusammenhang gesundheitsbezogener Entwicklung und Befähigung von Gemeinschaften im Kontext eines Freire'schen Modells von Erwachsenenbildung, welches im Besonderen mit der Förderung von Autonomie bzw. Handlungsfähigkeit (Empowerment) Benachteiligter verbunden ist (Freire 1985; Freire und Macedo 1987, beide zit. nach Kickbusch 2001: 292). Die Konzeptualisierung von

Health Literacy, fand im Fortgang angelehnt an Konzepte der Erwachsenenbildung und der Gesundheitsförderung sowie pädagogischer Forschung zu Literacy statt (Nutbeam, 2008, S. 2074). Die Definition, die von der WHO übernommen wurde, fasst Gesundheitskompetenz als:

> „[...] the cognitive and social skills which determine the motivation and ability of individuals to gain access to, understand and use information in ways which promote and maintain good health" (Nutbeam, 1998, S. 10).

Hier handelt es sich um ein erweitertes Verständnis von Literacy, das neben kognitiven auch soziale Fähigkeiten einschließt und Motivation als weitere Handlungsvoraussetzungen beinhaltet. Der Fokus der Anwendung liegt nicht auf Krankheitsbewältigung, sondern auf Gesundheitsförderung. Gesundheitskompetenz gilt hier als positive Fähigkeit bzw. als Ressource der Person. Gleichzeitig stellt sie das Ergebnis von Gesundheitsförderung durch Gesundheitsbildung und -kommunikation dar, das zu größerer Befähigung für individuelle und überindividuelle Gesundheitsentscheidungen führt (vgl. Nutbeam, 2008, S. 2074). Gesundheitskompetenz wird hier auch als soziale Handlung gefasst. Zum einen wird Gesundheitskompetenz in sozialen Umwelten erworben und ausgeübt; zum anderen profitieren Gemeinschaften von der Gesundheitskompetenz ihrer Mitglieder (Abel, 2013, S. 22). Maßnahmen zur Förderung von Gesundheitskompetenz konzentrieren sich nach dieser Perspektive auf edukative Maßnahmen zur Entwicklung kontextspezifischen Gesundheitswissens, aber auch auf Selbstwirksamkeit, um Wissen in Handeln umzusetzen (Nutbeam, 2000, S. 261; Nutbeam, 2008, S. 2074). Ziel ist es hiernach, Menschen zu befähigen, eine größere Kontrolle über ihre Gesundheit und gesundheitsbezogene Entscheidungen auszuüben. Das hier zugehörige Rahmenmodell (Nutbeam, 2000, S. 266) besitzt drei aufeinander aufbauende Stufen. Jede Stufe beinhaltet sukzessive mehr Kompetenzen, die mit einer höheren Ordnung einhergehen:

1. Die erste Stufe, die der funktionalen Gesundheitskompetenz, beinhaltet Literacy (Lese- und Schreibfähigkeit) und basales Gesundheitswissen. Die Rolle der Person ist hier eher passiv und rezeptiv, z. B. indem ein banales Informationsdefizit gelöst wird.
2. Die zweite Stufe, die der interaktiven bzw. kommunikativen Gesundheitskompetenz, adressiert fortgeschrittene kognitive und soziale Kompetenzen, die es erlauben, aktiv alltägliche gesundheitliche Situationen zu gestalten. Hier nimmt die Person eine eher aktive Rolle ein, indem z. B. Informationen eingeholt bzw. weitergegeben und diese im

Austausch mit anderen interpretiert werden. Hierdurch liegt ein höherer Grad an Autonomie und Bemächtigung (Empowerment) vor.
3. Die dritte Stufe, die der kritischen Gesundheitskompetenz, verkörpert die höchste Stufe in diesem Modell, nämlich die der Fähigkeit Informationen kritisch zu analysieren. Die Stufe ist geprägt durch fortgeschrittenes Gesundheitswissen und kritische Analyse von Gesundheitsinhalten. Die Rolle der Person ist proaktiv, das heißt voraushandelnd hinsichtlich Gesundheit oder beeinflussender Faktoren (Gesundheitsdeterminanten, S. 21). Gesundheitskompetenz zeigt sich hier innerhalb sozialer Unterstützung bzw. Partizipation, sozialer Netzwerke, Initiativen, Organisationen oder Parteien.

Der Ansatz erweitert Gesundheitskompetenz somit um die Aspekte Gesundheitsförderung, aktives soziales Handeln sowie eigenständiges und kritisches Handeln.

3.4.1.3 Gesundheitskompetenz als relationales Konzept

Breiter ausdifferenziert als bisher wurde das Konzept der Gesundheitskompetenz, indem verschiedene Gesundheitskontexte eingeschlossen und mit der Person in Bezug gesetzt wurden. Zu den Gesundheitskontexten zählen Gesundheitsversorgung bzw. Gesundheitsexperten, das Bildungssystem, aber auch eher alltägliche Kontexte wie Arbeit und Stadtteil. Besonders deutlich wird der relationale Zugang in einer Definition für Gesundheitskompetenz des Institute of Medicine (IOM):

> „Health literacy, […] is based on the interaction of individuals' skills with health contexts, the health-care system, the education system, and broad social and cultural factors at home, at work, and in the community" (Institute of Medicine of the National Academies, 2010, S. 5).

Gesundheitskompetenz stellt hier deshalb ein relationales Konzept dar, weil es aus der Interaktion zwischen den Fähigkeiten der Person (u. a. kognitive und soziale Fähigkeiten und Fähigkeiten der Sinnesorgane) und umweltbezogenen Voraussetzungen (Institute of Medicine of the National Academies, 2010, S. 32) resultiert. Gesundheitskompetenz besteht hiernach sowohl aus individuellen als auch kulturellen und gesellschaftlichen Faktoren. Der Gesundheitskontext und die individuellen Fähigkeiten der Person werden dabei als gleichrangig betrachtet. Zudem wird der Anspruch erhoben, dass in jedem Kontext wesentliche Gesundheitsinformationen auf eine angemessene Weise zur Verfügung gestellt werden müssen (Rima E. Rudd, Barbara A. Moeykens, Tayla C. Colton, 1999).

Verantwortlich für gute Gesundheitskompetenz und deren Förderung ist demnach nicht die Person alleine, sondern vielmehr auch verschiedene gesellschaftliche Umwelten sowie gesellschaftliche und kulturelle Faktoren, die in formelle (u. a. Arbeitsplatz) sowie informelle (u. a. Nachbarschaft) Lebensbereiche hineinspielen. Jedoch nimmt das Gesundheitssystem hierin eine maßgebliche Rolle ein (ebd.). So werden Probleme bei der Gesundheitskompetenz insbesondere auch durch ein zunehmend fragmentierter, komplexer, spezialisierter und technisch anspruchsvoller werdendes Gesundheitssystem begründet (Parker, 2000, S. 278).

3.4.1.4 Gesundheitskompetenz als lebenslaufspezifische Kompetenz

Eine zusätzliche Erweiterung bestehender Ansätze findet hinsichtlich der Lebenslaufperspektive statt. Unter Gesundheitskompetenz verstehen Kwan et al.:

> „The degree to which people are able to access, understand, appraise and communicate information to engage with the demands of different health contexts in order to promote and maintain good health across the life-course" (Kwan, Frankish & Rootman, 2006, S. 80).

Gesundheitskompetenz findet hiernach Anwendung in den Lebensphasen der Kindheit, Jugend, im Erwachsenenalter sowie hohen und sehr hohen Alter. Die Lebenslaufperspektive zu integrieren hat zudem auch Implikationen für die Entwicklung von Gesundheitskompetenz. So formuliert Mancuso (Mancuso, 2008, S. 250) Gesundheitskompetenz als:

> „A process that evolves over one's lifetime and encompasses the attributes of capacity, comprehension, and communication" (ebd.).

Empirische Studien zu Gesundheitskompetenz als Entwicklungsprozess über die Lebensspanne fehlen weitgehend und wurden bisher eher für das Kindes- und Jugendalter aufgegriffen (Okan, Pinheiro, Zamora & Bauer, 2015). Konzeptuelle Arbeiten in diesem Kontext beschreiben Gesundheitskompetenz als Resultat von Erziehung und organisierten Bildungsprozessen (Bitzer & Spörhase, 2016, S. 25). Diese sind nach Bitzer und Spörhase eingebettet in individuelle Sozialisation, die u. a. bestimmt ist durch das jeweilige gesellschaftliche Wertesystem, strukturelle Maßnahmen zur Gesundheitsförderung, den Einfluss von Institutionen (z. B. Kindertagesstätte und Schule) sowie gemeinsames Miteinander, z. B. in Familie oder der Wohngemeinschaft (ebd.). Auch Abel und Bruhin setzen die Entwicklung von Gesundheitskompetenz als „wissensbasierte Kompetenz" mit lebenslangen Lern- und Sozialisationsprozessen in Verbindung (Sommerhalder & Abel, 2007, S. 4). Gesundheitskompetenz wird nach diesem Erklärungsansatz, der im Vergleich zu den vorangegangenen Definitionen besonders auch die Entstehung von Gesundheitskompetenz aufgreift, definiert als:

> „[...] wissensbasierte Kompetenz für eine gesundheitsförderliche Lebensführung. [...] Dieses Wissen wird primär über Kultur, Bildung und Erziehung vermittelt bzw. weitergegeben. Zur wissensbasierten Gesundheitskompetenz gehört neben dem alltagspraktischen auch spezialisiertes Wissen – z. B. über individuelle und kollektive Gesundheitsrisiken oder über Massnahmen zur Verbesserung der gesundheitsrelevanten Lebensbedingungen" (Abel, T. & Bruhin, E., 2003, S. 129).

Dieser Ansatz wird von Sommerhalder und Abel später vertieft, indem sozioökonomische Lebensbedingungen als entscheidend für die Chancen der Entwicklung von Gesundheitskompetenz hervorgehoben werden (Sommerhalder & Abel, 2007, S. 4; Abel & Sommerhalder, 2015, S. 925). Dies liefert für die vorliegende Studie weitere Hinweise für die Betrachtung von Gesundheitskompetenz im Alter unter der Perspektive des Lebensverlaufs und unter besonderem Einbezug von sozialer Umwelt sowie sozialstrukturellen Umweltbedingungen, insbesondere ökonomischen Ressourcen. Eine weitere Perspektive auf Gesundheitskompetenz wurde vom Konsortium der europäischen Gesundheitskompetenz-Studie (Sørensen et al., 2013) vorgestellt.

3.4.1.5 Gesundheitskompetenz als ganzheitliches Konzept

Im Rahmen des „European Health Literacy Survey" (HLS-EU, 2009-2012) wurden bisherige Herangehensweisen in einem ganzheitlichen Konzept vereint (Sørensen et al., 2013). Das Konzept verfolgt einen relationalen Ansatz und integriert darüber hinaus verschiedene Handlungsbereiche bzw. Domänen (Krankheitsbewältigung, Krankheitsprävention und Gesundheitsförderung). Durch eine umfassende Übersichtsarbeit, die 17 Definitionen und zwölf Modelle zu Gesundheitskompetenz identifizieren konnte (Pelikan & Ganahl, 2017, S. 94), wurde nachfolgende Definition theoretisch abgeleitet, die sich seitdem europaweit und international etabliert hat:

> „Gesundheitskompetenz basiert auf der allgemeinen Literacy und umfasst das Wissen, die Motivation und die Fähigkeiten von Menschen, relevante Gesundheitsinformationen in unterschiedlicher Form zu finden, zu verstehen, zu beurteilen und anzuwenden, um im Alltag in den Bereichen der Krankheitsbewältigung, der Krankheitsprävention und der Gesundheitsförderung Urteile fällen und Entscheidungen treffen zu können, die ihre Lebensqualität während des gesamten Lebenslaufs erhalten oder verbessern" (Sørensen et al., 2012, S. 3, Übersetzung durch Pelikan & Ganahl, 2017, S. 94).

Das hier verwendete Verständnis von Literacy umfasst neben Lese- und Schreibfähigkeiten auch kognitive, verhaltensbezogene und soziale Fähigkeiten und Fertigkeiten (vgl. Sørensen et al., 2012, S. 10). Durch sie wird es Personen ermöglicht, Wissen, Motivation und Kompetenz zu erwerben, die nötig sind für relevante Informationsverarbeitungsprozesse. Diese umfassen Informationen zu *finden*, zu *verstehen*, zu *beurteilen* und *anzuwenden*. Aufgrund des breiten Anwendungskontexts ist die Definition sowohl in klinischen Settings als auch in privaten gemeinschaftlichen Settings anwendbar und findet hierdurch breite (sozial)räumliche Gültigkeit. Die Definition ist somit auch übertragbar auf den gesamten Lebensverlauf und jedes Lebensalter.

Da Gesundheitskompetenz in dieser Fassung mit Lebensqualität in Verbindung gebracht wird, ist die Definition auch anschlussfähig an die salutogenetische Betrachtung von Gesundheit (S. 34 f.). Ebenso wurde von der Forschergruppe ein theoretisches Rahmenmodell abgeleitet, das neben den Komponenten der Definition auch Einflussfaktoren auf und Auswirkungen von Gesundheitskompetenz beinhaltet. Auch hier werden individuelle und gesellschaftliche Faktoren in einem relationalen Modell vereint. Die Faktoren, die Gesundheitskompetenz beeinflussen, werden einerseits eingeteilt in distale Faktoren (gesellschaftliche und umweltbezogene Einflüsse, wie demografische Situation, Sprache, politische Parteien und Gesellschaftssysteme), andererseits in proximale Faktoren (individuelle Einflüsse, wie Alter, Gender, Ethnie, sozioökonomischer Status, Bildung und Beruf) sowie situative Einflüsse (u. a. soziale Unterstützung, Einflüsse durch Familie und Peers, Mediennutzung und physische Umwelt) (ebd.). Die Auswirkungen von Gesundheitskompetenz sind unterteilt in individuelle (z. B. besseres Gesundheitsverhalten und effizientere Inanspruchnahme von Gesundheitsleistungen) und gesellschaftliche (verringerte Gesundheitsausgaben, mehr Gerechtigkeit) (vgl. Sørensen et al., 2012, S. 10). Dem folgend können Interventionen zur Förderung von Gesundheitskompetenz eingeteilt werden in personenbezogene Maßnahmen, die die Gesundheitskompetenz verbessern (edukative Maßnahmen) und kontextbezogene Maßnahmen, die die Aufgabe oder die Situation weniger voraussetzungsvoll machen (Verbesserung der Verständlichkeit des Gesundheitssystems) (ebd.). Mit dem Ansatz von Sørensen et al. liegt eine umfassende Definition vor, die individuelle Aspekte mit gesellschaftlichen integriert und darüber hinaus auf einem theoretischen Rahmenmodell basiert.

3.4.1.6 Gesundheitskompetenz als mehrdimensionales Konstrukt

Grundlegende Annäherungen an ein Konstrukt zur Messung von Gesundheitskompetenz gibt es insbesondere von Osborne et al. (u. a. Osborne, Batterham, Elsworth, Hawkins & Buchbinder, 2013) sowie Soellner et al. (u. a. Soellner, Huber, Lenartz & Rudinger). So ermittelten Osborne et al. durch Interviews mit Patienten/innen sowie Gesundheitsexperten/innen (ebd., 2013) übergeordnete Dimensionen von Gesundheitskompetenz. Diese ergänzen die Fähigkeiten, die in engerem Zusammenhang mit Gesundheitsinformationen stehen (zu finden, zu verstehen, zu bewerten und anzuwenden, vgl. Sørensen et al., 2012). Hierzu zählen nach Osborne und Beauchamp (ebd., 2017, S. 75 f.):

- Das Gefühl, von Gesundheitsdienstleistern verstanden und unterstützt zu werden (fester Ansprechpartner, Vertrauen);
- sich aktiv um die eigene Gesundheit zu kümmern (eigene Verantwortung, eigener Einsatz);
- soziale Unterstützung bei Gesundheit (benötigte oder gewünschte Unterstützung);
- die Fähigkeit, sich aktiv mit Gesundheitsdienstleistern auseinanderzusetzen (Kontrolle haben im Austausch mit Gesundheitsversorgern, sich proaktiv und ausdauernd einbringen, eine zweite Meinung einholen);
- sich im Gesundheitssystem zurechtzufinden (alle benötigten Dienstleistungen und Unterstützungsmöglichkeiten herausfinden, sich für seine Belange auf System- und Dienstleistungsebene einsetzen).

Die genannten Dimensionen werden nach Meinung der Autoren/innen von weiteren Kontextfaktoren bestimmt. Hierzu zählen nach Osborne & Beauchamp insbesondere Vertrauen (u. a. die sozialisierte Einstellung zu Gesundheitsexperten), Glaube und kulturelle Ansichten, Emotionen sowie verschiedene Umweltaspekte (ebd., 2017, S. 74), um Gesundheitsinformationen zu finden, zu verstehen und zu nutzen für gesundheitsbezogene Entscheidungen. Osborne und Beauchamp weisen hier vor allem auf die soziale Unterstützung bzw. soziale Verpflichtungen, die die eigene Gesundheit zurückstellen lassen (ebd., 2017, S. 76). Aber auch die physische Zugänglichkeit bzw. Barrieren spielen hier eine Rolle im Kontext von Gesundheitskompetenz, da so trotz guter Gesundheitskompetenz Personen davon abgehalten werden können, Gesundheitsdienste zu nutzen (Osborne et al., 2013, S. 6 und 8). Auf ähnliche Art und Weise konnten Soellner et al. 2010 durch eine

Expertenbefragung weitere Facetten von Gesundheitskompetenz ermitteln. Hierzu zählen u. a.:

- die Fähigkeit zu Selbstregulation (Selbstdisziplin) und Selbstwahrnehmung (die Fähigkeit zur Wahrnehmung der eigenen Bedürfnisse und Gefühle sowie ein hohes Körperbewusstsein);
- gesundheitsrelevante mathematische Aufgabenstellungen lösen zu können (Numeracy) (ebd., 110).

Die hier aufgeführten Dimensionen erweitern das bisher eher auf basalen funktionalen Aspekten sowie Gesundheitsinformation ausgerichtete Konzept von Gesundheitskompetenz um personenbezogene und umweltbezogene Aspekte. Zudem werden außerhalb des Konstrukts liegende biografische und kontextuelle Einflussfaktoren aufgezeigt.

3.4.1.7 Gesundheitskompetenz als domänenspezifisches Konzept

Neuere Konzepte von Gesundheitskompetenz, die hier nur erwähnt werden, beziehen sich auf einen spezifischen gesundheitsbezogenen Anwendungsbereich. Hierzu wurden jeweils eigene Definitionen entwickelt und Messinstrumente angepasst. Die Domänen umfassen u. a. elektronische Kommunikationsmedien (E-Health Literacy), Diabetes mellitus (Diabetes Literacy) und Krebserkrankungen (Cancer Literacy).

3.4.1.8 Exkurs: Gesundheitskompetenz aus politischer Sicht

Gesundheit betrifft das tägliche Leben als Bürger/in, Patient/in und Konsument/in (Kickbusch & Hartung 2014, S. 92). Durch gesellschaftliche Kontextbedingungen, wie z. B. der Einfluss sozialer Ungleichheit auf Gesundheit, demografische Veränderungen, die Zunahme chronischer Erkrankungen, die gleichzeitig vermehrt aufkommenden gesellschaftlichen Diskurse steigender Selbstverantwortung, gewinnt Gesundheitskompetenz zunehmend an Bedeutung.
Verstärkt wird dies durch die zunehmend gewünschte bzw. geforderte gesundheitliche Partizipation von Bürgern/innen bei gleichzeitig immer unübersichtlicheren und konkurrierenden Informationslandschaften und komplexer werdendem Gesundheitssystem. So findet das Konzept zunehmende Verbreitung auf politischer, wissenschaftlicher und praktischer Ebene, nicht zuletzt aufgrund ökonomischer

Aspekte. Dies wird gestützt durch Studien, die aufzeigen, dass in den Industrieländern die zusätzlichen Kosten eingeschränkter Gesundheitskompetenz zwischen 3 bis 5 % der gesamten Krankenversicherungskosten pro Jahr liegen (Eichler, Wieser & Brügger, 2009).

Die europäische und internationale Vernetzung und Zusammenarbeit zwischen Forschern/innen und Praktikern/innen wird maßgeblich gefördert durch das Netzwerk „Health Literacy Europe", unter anderem durch Konferenzen. Neben weiteren einzelnen regionalen und nationalen Netzwerken europäischer Länder (u. a. Nordic Health Literacy Network, Dutch Health Literacy Alliance, Health Literacy UK) hat sich im Dezember 2013 das erste deutsche Netzwerk für Gesundheitskompetenz und -bildung gegründet.

Verschiedene Länder (bspw. Irland, Schweden, Finnland, Holland oder Deutschland) beziehen den Bereich Gesundheitskompetenz in ihre Strategien der Gesundheitsförderung ein und haben Projekte diesbezüglich umgesetzt. In Deutschland wurde z. B. das Konzept als Gesundheitsziel „Gesundheitliche Kompetenz erhöhen, Patient(inn)ensouveränität stärken" 2003 in den Kooperationsverbund zur Weiterentwicklung des nationalen Gesundheitszieleprozesses (Gesundheitsziele) aufgenommen (Gesellschaft für Versicherungswissenschaft und -gestaltung e.V., 2011) und 2017 wurde die „Allianz für Gesundheitskompetenz" gegründet (Bundesministerium für Gesundheit, 2017). Inzwischen gibt es auch zahlreiche Interventionen zur Förderung von Gesundheitskompetenz im Alter (für eine Übersicht, siehe das europäische Forschungsprojekt „Intervention Research On Health Literacy among Ageing population" (IROHLA). Diese fokussieren die Bereiche Kommunikation zwischen Patienten/innen und Gesundheitsexperten/innen (u. a. patientenzentrierte Ansätze und partizipative Entscheidungsfindung bzw. *Shared Decision Making*), Empowerment von Personen mit niedriger Gesundheitskompetenz (u. a. Förderung von Lern- und Problemlösefähigkeiten), Gemeinschaft (u. a. Peers, Familien und Gemeinschaftsmitglieder als soziale Unterstützung), Fähigkeit von Experten/innen (u. a. Stärkung kommunikativer Fähigkeiten sowie Empathie und Verständnis für Personen mit niedriger Gesundheitskompetenz) und Reduktion von Barrieren (Erleichterung der Nutzung von Gesundheitsdienstleistungen hinsichtlich vereinfachter Verfahren, Kommunikation und Organisation, wie auch eine einfache logistische Nutzung) (AGE Platform Europe, 2014).

3.4.2 Befunde

In der Vergangenheit wurde Gesundheitskompetenz zumeist objektiv in anwendungsbezogenen klinischen Kontexten gemessen. Die Messinstrumente beinhalteten Worterkennung, u. a. Rapid Estimate of Adult Literacy in Medicine, REALM

(Davis et al., 1991), Wortverständnis, u. a. The Test of Functional Health Literacy, TOFHLA (Parker, Baker, Williams & Nurss, 1995), oder Lese- und Rechenfähigkeiten, u. a. Newest Vital Sign, NVS (Weiss et al., 2005). So durchgeführte Studien zur Gesundheitskompetenz zeigen auf, dass schlechte Gesundheitskompetenz mit schlechterem gesundheitsbezogenen Wissen und Verständnis, geringerer Nutzung von Gesundheitsleistungen, schlechterem Umgang mit Medikation und bei älteren Personen zudem mit einem schlechteren gesundheitlichen Allgemeinzustand, höherer Mortalität und Institutionalisierung zusammenhängt (Berkman, Sheridan, Donahue, Halpern & Crotty, 2011). Weiterhin berichten Wolf et al. über Zusammenhänge ungenügender funktionaler Gesundheitskompetenz mit schlechter Funktionalität, Schwierigkeiten innerhalb von Aktivitäten des täglichen Lebens (ATL) und Instrumentellen Aktivitäten des täglichen Lebens (IATL)[29], Aktivitätseinschränkungen und Schmerzen bei der Ausübung von Alltagstätigkeiten (ebd. 2005, S. 1949). In einer systematischen Übersichtsarbeit zu Befunden von Gesundheitskompetenz von Personen, die über 65 Jahre alt sind, konnten Kobayashi et al. zeigen, das eine eher als schlecht zu bewertende Gesundheitskompetenz, häufiger im hohen Alter anzutreffen ist (ebd. 2016).

Umfassendere Messinstrumente zu Gesundheitskompetenz ermöglichen eine empirische Bewertung theoretischer Annahmen hinsichtlich der internen Struktur, Eindeutigkeit oder der Beziehungen zu sozialen oder anderen Einflussfaktoren. Es handelt sich zumeist um Selbstauskünfte zu Gesundheitskompetenz, u. a. HLQ (Osborne et al., 2013).

Durch ein groß angelegtes Forschungsvorhaben wurde ein umfassender Ansatz zur Messung der Gesundheitskompetenz in der Allgemeinbevölkerung durch das Konsortium des Europäischen Gesundheitskompetenz-Survey entwickelt (Sørensen et al., 2013). Der HLS-EU-Fragebogen (HLS-EU-Q47) wurde entwickelt, um Gesundheitskompetenz in ausgewählten Ländern Europas zu bewerten und zu vergleichen. Er erfasst die wesentlichen Dimensionen der Gesundheitskompetenz,

---

[29] Zu den Aktivitäten des täglichen Lebens (ATL) zählen die Basisaktivitäten ruhen und schlafen, sich bewegen, sich waschen und kleiden, essen und trinken, Ausscheidung, Regulierung der Körpertemperatur, atmen, für Sicherheit sorgen, sich beschäftigen, kommunizieren, Sinn finden und sich als Mann und Frau fühlen (Juchli, 1983). Zu den instrumentellen Aktivitäten des täglichen Lebens (IATL) zählen erweiterte Aktivitäten wie Telefonnutzung, einkaufen, kochen, Haushaltsführung, sich um eigene Wäsche kümmern, Benutzung von Transportmitteln, Medikamenteneinnahme und eigene Regelung von Geldangelegenheiten (Lawton und Brody, 1969).

wie in der Definition (ebd., S. 4) und im Rahmenkonzept von Sørensen et al. vorgestellt (Sørensen et al., 2012, S. 8 ff.). Ergebnisse, die auf dem HLS-EU-Q47 basieren, zeigen auf, dass Personen mit niedrigem selbst eingeschätzten sozialen Status, niedrigem Bildungsniveau, schlechter subjektiver Gesundheit, Geldmangel und alte Menschen ab 76 Jahren eher eine *problematische* bzw. *limitierte* Gesundheitskompetenz (siehe nachfolgender Absatz) aufweisen (Pelikan et al., 2012, S. 55).

Konzeptionell angelehnt an den HLS-EU wurde von Schaeffer et al. eine erstmals bundesweite repräsentative Untersuchung der Gesundheitskompetenz der deutschen Bevölkerung (HLS-GER) vorgestellt (Schaeffer et al., 2017, S. 130 f.). Die Stichprobe umfasst 2000 Personen ab 15 Jahren in Privathaushalten, die mit dem HLS-EU-Q47 befragt wurden. Aus den Ergebnissen heraus wurde ein Index gebildet und verschiedenen Gesundheitskompetenz-Niveaus (exzellentes [>42-50 Punkte], ausreichendes [>33-42 Punkte, problematisches [>25-33 Punkte] und inadäquates [0-25 Punkte] Gesundheitskompetenz-Niveau) zugeordnet (vgl. Röthlin, Pelikan & Ganahl, 2013, S. 37). Während hier für über die Hälfte der deutschen Bevölkerung (54,3 %) Schwierigkeiten im Umgang mit Gesundheitsinformationen bzw. eine limitierte Gesundheitskompetenz ermittelt werden konnte (problematisches oder inadäquates Gesundheitskompetenz-Niveau) (Schaeffer et al., 2017, S. 141), zeigte sich zudem, dass Personen mit Migrationshintergrund, Personen mit niedrigem Bildungsgrad und alte Menschen ab 65 Jahren besonders gefährdet sind für Schwierigkeiten im Umgang mit Gesundheitsinformationen (ebd. S. 137 f.). So wiesen in der Studie ca. zwei Drittel aller Befragten (66 %) eine eingeschränkte Gesundheitskompetenz auf (ebd. 138). Ein geringes Einkommen, Migrationshintergrund und eine geringe Anzahl besuchter Schuljahre erwiesen sich in Vertiefungsstudien zur Gesundheitskompetenz älterer Menschen (65-80 Jahre alt) als relevante Faktoren (Quenzel, 2017, S. 162 ff.). Als besondere Risikogruppen wurden bildungsferne alte Menschen (gemessen mit besuchten Schuljahren) mit Migrationshintergrund ermittelt (Messer, Vogt, Quenzel & Schaeffer, 2017, S. 194).

In einer Studie von Oswald et al., die das Wohnen im Alter fokussiert,[30] konnte mit der Kurzversion des europäischen Messinstruments zu Gesundheitskompetenz

---

[30] Es handelt sich um das Forschungsprojekt „Hier will ich wohnen bleiben!' – Zur Bedeutung des Wohnens in der Nachbarschaft für gesundes Altern" (BEWOHNT). Das Projekt umfasst insgesamt 595 Teilnehmer/innen im Alter von 70 bis 89 Jahren, die allein oder mit ihrem Partner in einem von

(HLS-EU-Q16, Röthlin et al., 2013) herausgefunden werden, dass Gesundheitskompetenz im Alter im Zusammenhang steht mit Einrichtungen in der Nachbarschaft und im Stadtteil (Oswald et al., 2013, S. 42 f.). Andererseits zeigte sich, dass Gesundheitskompetenz den Zusammenhang zwischen Krankheiten und Selbstständigkeit im Alter derart beeinflussen kann, dass durch den allgemeinen besseren Gesundheitsstatus gesundheitskompetenter Personen das Ausmaß ihrer Alltagsselbstständigkeit größer ist (ebd.). Qualitative Studien zu Gesundheitskompetenz im Alter sind im Vergleich zu quantitativen Studien weniger verbreitet, werden teilweise mit quantitativen Studien kombiniert und nehmen oft keinen gezielten Bezug auf das hohe und sehr hohe Lebensalter. Viele Studien konzentrieren sich zudem auf die Gruppen chronischer Patienten/innen (Jacobs, Ownby, Acevedo & Waldrop-Valverde, 2017; Edwards, Wood, Davies & Edwards, 2012; Matthews, Shine, Currie, Chan & Kaufman, 2012). In einer Studie von Jacobs et al. (ebd. 2017) wurden die Gesundheitskompetenz und das Selbstmanagement chronischer Krankheit von 25 hispanischen und nicht-hispanischen älteren Erwachsenen (62 bis 88 Jahre alt, Durchschnittsalter 77 Jahre) durch halbstandardisierte Interviews und ein kodierendes Verfahren untersucht. Die aus den Interviews heraus ermittelten Themen sind u. a. die Aneignung von Wissen zu chronischer Krankheit, die Rolle von Spiritualität, soziale und familiale Unterstützung und Bewältigungsstrategien (ebd., 171). Hinsichtlich der Aneignung von Wissen konnte gezeigt werden, dass sich die älteren Studienteilnehmer/innen mit den mitgeteilten Informationen von den behandelnden Ärzten/innen zufriedengeben, wohingegen jüngere Befragte angaben, mehr Informationen zu bedürfen (ebd., 172). Spiritualität wurde mit der Unterstützung die Krankheit zu bewältigen in Verbindung gebracht, indem Personen berichteten, sich dahingehend von Gott begleitet und beschützt zu fühlen (ebd.). Andererseits wurde Unterstützung durch Gespräche mit Familie, Freunden, deren praktische Hilfe sowie gemeinsame Aktivitäten mit religiösen Gruppen thematisiert, wobei auch von Schwierigkeiten, nach Hilfe zu fragen, berichtet wurde (Jacobs et al., 2017, S. 172 f.). Zu den ermittelten subjektiven Bewältigungsstrategien zählen: eine positive Einstellung zu bewahren, kognitive Selbstmanagement-Strategien (u.

---

drei städtischen Siedlungstypen leben (für Details, siehe auch Miche et al., 2014; Kaspar, Oswald und Hebsaker, 2015; Oswald und Konopik, 2015).

a. die Bedeutung des eigenen Lebens und der Krankheit neu ausrichten und positive Selbstgespräche, um im Alltag mit gesundheitlichen Einschränkungen umgehen zu können) sowie verhaltensbezogene Selbstmanagement-Strategien (u. a. Bewegung, Wut herauslassen und die Einnahme von Alkohol und Medikamenten) (ebd., 173). Insgesamt verweist die Studie sowohl auf individuelle als auch auf umweltbezogene Faktoren für Gesundheitskompetenz älterer Erwachsener im Kontext chronischer Erkrankung.

Eine Studie, die die kontextuellen Faktoren von Gesundheitskompetenz gezielt beleuchtet, ist die Längsschnittstudie von McKenna et al. (ebd. 2017), die qualitative und quantitative Anteile beinhaltet. Durch halbstandardisierte Interviews mit 26 Teilnehmern im Alter von 36 bis 76 Jahren (Durchschnittsalter 59 Jahre) und ein kodierendes Auswertungsverfahren wurden u. a. subjektive Erfahrungen des Zugangs, des Verständnisses, der Bewertung und der Anwendung von Gesundheitsinformationen sowie Barrieren und Ressourcen aufgezeigt. Die Ergebnisse betonen die Bedeutung von Kontextfaktoren, wie die Qualität der Kommunikation mit Experten/innen (u. a. Vertrauen, Zuhören, sich verstanden fühlen), die Navigation von strukturellen Barrieren (u. a. schwierige Koordination von Terminen, schlechte fußläufige Erreichbarkeit von Möglichkeiten für Gesundheitsförderung) (McKenna et al., 2017, S. 1057 f.). Zudem wurde die Bedeutung individueller Faktoren aufgezeigt, wie z. B. die Wahrnehmung der Kontrolle über die eigene Situation und Zuversicht, die Situation bewältigen zu können (u. a. im Umgang mit Diagnosen und Angst) oder individuelle Eigenschaften wie Proaktivität und Verantwortungsgefühl (McKenna et al., 2017, S. 1056 f.). Indem hier individuelle und kontextuelle Faktoren miteinander verbunden werden, befördert die Studie eine relationale Sicht auf Gesundheitskompetenz (McKenna et al., 2017, S. 1049) und gibt zudem weitere Hinweise auf bedeutsame Aspekte aus Subjektsicht.

3.4.3 Fazit

Obwohl es viele Definitionen und Konzepte zu Gesundheitskompetenz gibt, existiert bisher keine spezifische Definition zu Gesundheitskompetenz im Alter. In bisherigen (altersunspezifischen) Definitionen geht es meist um verschiedene diskrete Fähigkeiten der Person. Diese werden in den relationalen Ansätzen um kontextbezogene Einflüsse ergänzt, oft mit dem Schwerpunkt auf dem Gesundheitssystem, Gesundheitsexperten/innen und Gesundheitsinformationen, welche Gesundheitskompetenz bzw. deren Ergebnis beeinflussen.

Gesundheitskompetenz wird bisher vornehmlich durch standardisierte Verfahren, wie Tests, die Lesen, Schreiben, Rechnen und Worterkennung hinsichtlich medizinisch relevanter Themen beinhalten, oder Instrumente zur eigenen Einschätzung von Informationsverarbeitungsprozessen im Kontext von Gesundheit beforscht. Befunde zu Gesundheitskompetenz im Alter verweisen bisher hauptsächlich auf Risiken im Bereich Gesundheit und Selbstständigkeit. Jedoch fehlen umfassendere Theorien in der Erforschung von Gesundheitskompetenz im Alter. So gibt bis dato z. B. keine Erklärung, warum ältere Personen im Vergleich zu jüngeren schlechtere Gesundheitskompetenz-Levels aufweisen (Kopera-Frye, 2017, S. 253 f.) oder auch, welche spezifischen Ressourcen dahingehend im Alter vorhanden sind. Eine Erklärung eröffnet sich jedoch, wenn die Gesundheitskompetenztests, die vor allem Literacy und Rechnen fokussieren, näher betrachtet werden. Da hier vielmehr Lesen, Schreiben und Rechnen gemessen wird, sollte die Interpretation der Autoren nicht dahingehen, warum Jüngere eine bessere Gesundheitskompetenz als Ältere aufweisen, sondern warum Jüngere besser Rechnen, Lesen, Schreiben können als Ältere. Weiterhin fehlt eine intensivere Diskussion und breitere Operationalisierung des Konzepts unter Einbezug von Kontextfaktoren, insbesondere auch außerhalb von Gesundheitsinstitutionen (Schaeffer, 2017, S. 60 ff.). Hierzu zählen vor allem subjektorientierte Zugänge zu Gesundheitskompetenz, die eine Innensicht ermöglichen und Präferenzen sowie Relevanzkriterien bzw. Relevanzsysteme der Subjekte offenlegen (ebd., 64).

Ein gerontologisch informiertes und erziehungswissenschaftlich begründetes altersspezifisches Modell von Gesundheitskompetenz im Alter kann durch den gezielten Einbezug der Heuristiken Biografie und Umwelt zu einer solchen Perspektivenerweiterung bzw. einer altersspezifischen Erweiterung des Konzepts beitragen. So können einerseits relevante Einflüsse und Praktiken über den Lebensverlauf rekonstruiert und andererseits relevante (Alltags-)Umwelten für Gesundheitserleben und -handeln im Alter ermittelt werden. Ein solch erweiterter Zugang ermöglicht es auch, Interventionen abzuleiten. Welche relevanten Aspekte durch einen gerontologisch informierten erziehungswissenschaftlichen Zugang im Kontext von Gesundheitskompetenz im Alter näher beleuchtet werden und welchen spezifischen Erkenntnismehrwert der Zugang dadurch hat, wird im folgenden Kapitel dargelegt.

3.5 Gesundheitskompetenz im Alter aus erziehungswissenschaftlicher Sicht

Um Gesundheitskompetenz im Alter aus erziehungswissenschaftlicher Perspektive zu betrachten, werden zuerst relevante gesundheitspädagogische Grundbegriffe sowie Leitkonzepte im Kontext der vorliegenden Arbeit dargestellt. Hieraus werden die in dieser Arbeit verwendeten übergeordneten Suchheuristiken Biografie und Umwelt abgeleitet und anschließend vorgestellt. Die hier verwendeten Grundbegriffe und Leitkonzepte werden im Anschluss daran empirisch begründet (Teil IV).

3.5.1 Pädagogische Grundbegriffe

Es gibt verschiedene gesundheitspädagogische Zugänge mit unterschiedlichen begrifflich-konzeptuellen Schwerpunktlegungen (u. a. Wulfhorst, 2002; Stroß, 2009; Schneider, 2013; Hörmann, 2008). Nachfolgend werden die erziehungswissenschaftlichen Grundbegriffe Erziehung, Bildung und Sozialisation für den Bereich der Gesundheit dargestellt und für diese Arbeit um den Begriff der Erfahrung im Kontext von Gesundheit erweitert. Dies geschieht unter Berücksichtigung der Interaktionen in spezifischen pädagogischen Umwelten und Settings.[31]

3.5.1.1 Gesundheitserziehung

Gesundheitserziehung bezieht sich auf intentionale Aktivitäten, die darauf abzielen, gesundheits- oder krankheitsbezogenes Lernen, das heißt eine dauerhafte Änderung individueller Fähigkeiten oder Dispositionen, zu erreichen (Hörmann, 1999, S. 11 ff.; Nöcker, 2017, S. 186). Nach der Weltgesundheitsorganisation ist Gesundheitserziehung die

> „[…] Gesamtheit der wissenschaftlich begründeten Bildungs- und Erziehungsmaßnahmen, die über die Beeinflussung des individuellen und kollektiven Verhaltens des Menschen zur Förderung, Erhaltung und Wiederherstellung seiner Gesundheit beiträgt, in ihm die Verantwortung für seine eigene Gesundheit festigt und ihn befähigt, aktiv an der Gestaltung der natürlichen und gesellschaftlichen Umwelt teilzunehmen" (WHO, Übersetzung durch Sabo, 1996, S. 38-39).

Gesundheitserziehung findet in einer Vielzahl von Settings entlang verschiedener Grade von Organisation bzw. Strukturiertheit statt. Hierzu zählen Familie, Kindertagesstätten, Schulen, Betriebe, Hochschulen sowie Institutionen des Gesundheits- und Pflegewesens (Wulfhorst & Hurrelmann, 2009b, S. 121-223). Nach Wulfhorst und Hurrelmann beinhaltet Gesundheitserziehung die beiden Strategien Krankheitsprävention (S. 20) und Gesundheitsförderung (S. 40 ff.) (Wulfhorst &

---

[31] In den Erziehungswissenschaften werden Umwelten überwiegend als Lernumwelten und Aneignungsraum bzw. unter dem Aspekt der Gestaltung von Lernumwelten oder als Handlungssetting für pädagogische Interventionen gefasst (Raum als „dritter Pädagoge") (vgl. Nolda, 2006).

Hurrelmann, 2009a, S. 19) und adressiert sowohl spezifische Risikogruppen, als auch Menschen in ihren alltäglichen Lebenszusammenhängen.

3.5.1.2 Gesundheitsbildung

Das Konzept der Gesundheitsbildung bezieht sich auf die von der betroffenen Person gewünschte Stärkung selbstbestimmten, mit- und eigenverantwortlichen Handelns bzw. der Kompetenzstärkung (Blättner, 1998, S. 55). Nicht bloße Vermittlung und Aneignung von Inhalten stehen hier im Vordergrund, sondern vielmehr auch die Unterstützung des Einzelnen bei der Entwicklung von Selbstkompetenz und Bewältigungskompetenzen aus eigenem Antrieb heraus, z. B. in den Bereichen Ernährung, Bewegung, Entspannung, Umgang mit Krankheit (vgl. Wulfhorst & Hurrelmann, 2009a, S. 11). Gesundheitsbildung (und darin eingeschlossen auch Gesundheitsberatung) ist also ein Prozess, der zwar Orientierungshilfen bereitstellt, jedoch keine Entscheidungen für individuelles Handeln abnimmt bzw. vorgibt. Im Bereich Gesundheitsbildung gibt es zielgruppenspezifische Angebote, z. B. für alte Menschen, Familien, Männer und Frauen und chronisch kranke Menschen. Gesundheitsbildung findet statt innerhalb und außerhalb pädagogischer Orte. Hierzu zählen medizinische, pflegerische und pädagogische Einrichtungen, wie z. B. Krankenhaus, Arztpraxis, Pflegestützpunkte, Gesundheitsämter, Beratungsstellen, Universitäten und Volkshochschulen, aber auch Medien, z. B. Internet, Radio- oder Fernsehen.

3.5.1.3 Gesundheitssozialisation

Sozialisation bezeichnet nach Hurrelmann und Bauer:

„[...] den Prozess der Entwicklung der Persönlichkeit in produktiver Auseinandersetzung mit den natürlichen Anlagen, insbesondere mit den körperlichen und psychischen Grundmerkmalen und mit der sozialen und physikalischen Umwelt" (Hurrelmann & Bauer, 2015, S. 7).

Hier geht es um verschiedene alltägliche Situationen, die Menschen beeinflussen, aber auch durch Eigenaktivität von diesen mitgestaltet werden (ebd.). Zudem geht es im Gegensatz zur Gesundheitserziehung bei Gesundheitssozialisation um langjährige biografische und dadurch „einsozialisierte" Erfahrungen und Prozesse, in denen sich gesellschaftlich bzw. milieuspezifisch geteilte gesundheitsrelevante Werte, Definitionen, Bedeutungszuschreibungen Normen und Verhaltensweisen reproduzieren und zugleich individuell ausgestaltet werden (Dippelhofer-Stiem, 2008, S. 12). Es geht also zum einen um überindividuelle auf Gesundheit gerichtete Vorstellungen, Erfahrungen und Handlungsweisen, die die subjektive Konstruktion von Gesundheit und den Umgang damit generieren (vgl. ebd., S. 15), zum anderen um das Wechselverhältnis zwischen Personen und ihrer Umwelt (siehe 2.5.5.). Gesundheitssozialisation findet in den letzten Jahren vor allem im Kontext der Lebensphasen Kindheit und Jugend eine größere Beachtung. Eine wichtige Rolle spielt hier Gesundheitshandeln in der Familie, das Ohlbrecht weniger als bewusstes und geplantes Handeln beschreibt, sondern vielmehr als einen natürlichen Bestandteil des Familienlebens, der dennoch weitreichenden Einfluss auf den späteren Umgang mit Gesundheit nimmt (Ohlbrecht, 2015, S. 1).

3.5.1.4 Erfahrung

Im Kontext der Forschungsfrage dieser Arbeit gewinnen auch Aspekte der Kompetenzaneignung Bedeutung, insbesondere das Lernen durch Erfahrung. Erfahrung ist das Ergebnis von Lernen, durch welches bestehende Handlungsmuster bzw. Vorstellungen der Person geändert werden können (reflexive Erkenntnis) (vgl. Giesecke 1990, S. 57), so auch im Kontext von Gesundheit. Erfahrungsbasiertes Lernen kann hier zu neuen Selbst- und Fremddefinitionen, aber auch zu veränderten Bewertungen von Sachverhalten führen (ebd.). Primärerfahrungen können erworben werden durch die eigene Betroffenheit oder unmittelbaren Kontakt mit der Betroffenheit anderer. Demgegenüber zählen Berichte anderer Menschen über deren Erlebnisse und welche Schlüsse sie daraus gezogen haben, zu den Sekundärerfahrungen.

Im Gegensatz zum Lernen von Informationen ohne lebenspraktische Einbettung, können besonders Erfahrungen in Krisensituationen (z. B. Krankheit, Geburt eines Kindes) nachhaltig prägen (Giesecke, 1990, S. 58). Andererseits sind neuen Erfahrungen nach Giesecke auch Grenzen gesetzt, wenn das Neue mit dem bisherigen grundlegenden Verständnis in eine sinnvolle Lebensgeschichte integriert werden soll (ebd.). Darüber hinaus basiert nach Böhle & Porschen Gesundheitslernen gerade im Alltag nicht nur auf Wissen. Vielmehr gehe es auch um Lernen durch Gefühle, das sich äußere in vorreflexiven Routinen, sinnlicher bzw. leiblicher Erkenntnis („implizites Wissen des Körpers") sowie um „Wissen durch den Körper" als Kenntnisse über die eigenen körperlichen Fähigkeiten und den Umgang mit dem Körper (ebd., 2011, S. 53).

3.5.2 Pädagogische Leitkonzepte

Um sich Gesundheitskompetenz im Alter aus erziehungswissenschaftlicher Perspektive weiter anzunähern, wurden Leitkonzepte pädagogischen Handelns für die vorliegende Studie ausgesucht und einbezogen. Im Folgenden werden die Leitkonzepte Gesundheitskonzept, Wert der Gesundheit und Gesundheitshandeln dargelegt.

3.5.2.1 Gesundheitskonzept

Subjektive Gesundheitskonzepte („Laiengesundheitsverständnisse") beinhalten alltagsbasierte Vorstellungen bzw. Definitionen von Subjekten zu Gesundheit (Flick, 1991, Faltermaier, Kühnlein & Burda-Viering, 1998, Blaxter, 2010, S. 49-52). Allerdings fließen in diese Konzepte zunehmend auch relevantes professionelles Wissen ein, so dass die Grenzen zwischen professionellem Wissen und „Laienwissen" verschwimmen (Blaxter, 2010, S. 50). Darüber hinaus lassen subjektive Gesundheitskonzepte auch Rückschlüsse ziehen auf Möglichkeiten der Krankheitsvermeidung, wie die Gesundheit anderer Personen beschrieben wird oder wie Krankheit zu bestimmten Zeiten im Leben oder über den Lebensverlauf hinweg durch verschiedene Erfahrungen erklärt wird (subjektive Krankheitsursachen) (ebd., S. 51). Subjektive Gesundheitstheorien können zudem auch zur Gestaltung von individuellen bzw. Adressaten bezogenen gesundheitsfördernden Angeboten hinzugezogen werden. Im Rahmen der Arbeiten von Faltermaier wurde bereits auf die Bedeutung des Einbezugs von Lebenswelt und Lebensgeschichten bzw. dem jeweiligen Lebens- und Selbstkontext der Person hingewiesen (Faltermaier, 2005, S. 199). Um Gesundheitskompetenz im Alter aus Subjektsicht zu greifen, werden daher insbesondere subjektive Gesundheitskonzepte als Teil von Gesundheitserleben und im Zusammenhang mit Gesundheitshandeln benötigt.

3.5.2.2 Wert der Gesundheit

Nach Honnefelder hat Gesundheit vor allem einen hohen intrinsischen Wert:

> „Ihr Verlust trifft Menschen existenziell, wobei ihr Besitz jedoch nicht allein das gelungene Leben ausmacht, das auch in Form von weniger Gesundheit erfahren werden kann" (Honnefelder, 2007, S. 21).

Hier spielt hinein, inwieweit Gesundheit für die Person im Vergleich zu anderen Lebensbereichen relevant ist und inwieweit sich die Person über die eigene Wertigkeit von Gesundheit, z. B. im Kontext gesundheitlicher Vorerfahrungen, bewusst ist (vgl. Faltermaier, 2016, S. 3 f.). Andererseits ist Gesundheit auch ein gesellschaftlicher Wert bzw. ein soziales Gut, das „von außen" auf Personen einwirkt (Honnefelder, 2007, S. 28). Somit ist auch der gesundheitliche Wert der einzelnen Person von der Gruppe abhängig, in der er/sie sich bewegt (kollektives

Commitment, vgl. Preyer, 2012, S. 133). Das so entstandene individuelle Wertebewusstsein steht dann auch in Verbindung mit Gesundheitshandeln, welches wiederum auf gesundheitsrelevante Leistungen durch Dritte angewiesen ist (Honnefelder, 2007, S. 26 f.). Somit steht soziales und individuelles Wohlergehen in Verbindung und Gesundheit ist nicht nur individuelles, sondern auch soziales Gut (ebd., S. 27).

3.5.2.3 Gesundheitshandeln

Das Konzept des Gesundheitshandelns wurde von Faltermaier in kritischer Absetzung zum Begriff des Gesundheitsverhaltens eingeführt, um der normativen Vorgabe eines bestimmten, nur von Experten/innen definierten Verhaltens ein stärker subjektorientiertes und sozialwissenschaftliches Konzept entgegenzusetzen (Faltermaier, 2005, S. 200). Hierunter versteht sich subjektiv bedeutsames Handeln, das mehr oder weniger bewusst mit dem Ziel der Gesundheitserhaltung bzw. Gesundheitsförderung und im alltäglichen Kontext erfolgt (ebd.). Weiterhin baut Gesundheitshandeln nach Faltermaier auf Gesundheitszielen auf, die begründet sind im Gesundheitsbewusstsein und sich über Gesundheitsvorstellungen ermitteln lassen (Falter-maier, 2005, S. 200). Dabei gilt es zu beachten, dass Gesundheitshandeln auch immer bestimmt ist durch die sozialen Kontexte bzw. Gegebenheiten, in denen Menschen sich bewegen (Faltermaier, 2005, S. 203). Gesundheitshandeln beinhaltet nach Faltermaier (ebd. 1994, zit. in Faltermaier, 2005, S. 200 f.) die verschiedenen Komponenten:

- bewusstes Handeln für die eigene Gesundheit bzw. Veränderung der gesundheitlichen Lebensweise;
- Umgang mit dem Körper und seinen Beschwerden;
- Umgang mit Krankheiten;
- Umgang mit wahrgenommenen gesundheitlichen Risiken und Belastungen;
- Herstellen und Aktivieren von körperlichen Ressourcen;
- soziales Gesundheitshandeln im Laiensystem (z. B. gemeinsame Aktivitäten oder Unterstützung von Bezugspersonen).

Gesundheitshandeln ist somit im Vergleich zu Gesundheitsverhalten durch eine größere Offenheit gekennzeichnet. Es schließt eine Vielzahl subjektiv bedeutsamer gesundheitserhaltender bzw. -fördernder Aktivitäten von Personen ein, die sowohl innerhalb als auch zu einem großen Anteil außerhalb des Gesundheitssystems stattfinden (Faltermaier, 2005, S. 206).

3.5.3 Fazit

Gesundheitskompetenz im Alter schließt an die (gesundheits-)pädagogischen Grundbegriffe Gesundheitserziehung, Gesundheitsbildung, Gesundheitssozialisation und Erfahrung an. Diese eröffnen die Sicht auf Gesundheitskompetenz über die Lebensspanne, insbesondere hinsichtlich der Entwicklung von Gesundheitserleben und -handeln. Weiterhin ermöglichen gesundheitspädagogische Leitkonzepte (Gesundheitskonzept, Wert der Gesundheit und Gesundheitshandeln) das Erleben und Handeln im Kontext von Gesundheit zu verknüpfen. Dies zeigen unterschiedliche Vorarbeiten, die Zusammenhänge zwischen subjektiven Gesundheitsverständnissen, gesundheitlichen Motiven (als Teil eines gesundheitlichen Wertbewusstseins) und Gesundheitshandeln (Honnefelder, 2007, S. 26 f.; Faltermaier, 2005, S. 200) beleuchten.

Die für diese Studie ausgesuchten pädagogischen Begriffe und Leitkonzepte sind insbesondere relevant für den Kontext der Arbeit, da sie erlauben, Gesundheitskompetenz unter einer Perspektive zu betrachten, die sowohl subjektive als auch kontextuelle Faktoren einschließt. Sie begründen somit die Auswahl von Biografie und Umwelt als Suchheuristiken in der Analyse von Gesundheitserleben und -handeln im Alter.

Nachfolgende Abschnitte behandeln die Konzepte Biografie und Umwelt, die die vorliegende Arbeit im Schwerpunkt leiten. Neben einem methodischen Aspekt, der Biografie adressiert, wird aus den Konzepten ein heuristischer Gewinn erwartet, da beide Verbindungen zu den hier aufgeführten Grundbegriffen und Leitkonzepten aufweisen.

3.5.4 Die Konzepte Biografie und Biografizität

Biografie bedeutet ganz allgemein die sinnhafte Lebensbeschreibung bzw. der erzählte Lebenslauf von Personen. Als individuelle Geschichte folgt sie einer eigenen Logik und endet mit dem Leben (Sackmann, 2013, S. 53). Im Gegensatz zum objektivierbaren Lebenslauf, der Lebensereignisse, Karrieremuster, Statuspassagen und ritualisierte Einschnitte im Lebenszyklus umfasst (Nittel, 2010), ist Biografie immer Resultat individueller Wahrnehmungs- und Deutungsakte (u. a. auch nachträglichen Konstruktionen des Lebens, subjektiv verstandenem Leben, biografischen Ereignissen und Erfahrungen). So sind beim Konzept der Biografie das Individuelle und das Subjektive von zentraler Bedeutung (Kade, 2005, S. 3). Es geht um den individuellen Menschen, der in seiner Subjektivität als ganzer

Mensch in den Blick kommt (ebd.). Nach Nittel gilt es bei der Beschäftigung mit Biografie in Anlehnung an den Bildungsbegriff darum

> „am konkreten Fall den Nachweis der Verschränkung von Subjektkonstitution und einer gleichzeitigen Vergesellschaftung zu erbringen, so dass Gegensatzanordnungen, etwa nach dem Muster Individuum vs. Gesellschaft vermieden werden" (ebd. 2010).

Das verweist darauf, gesellschaftliche Kontexte einzubeziehen, wenn Biografien betrachtet werden (z. B. Kohortenerfahrungen) bzw. werden durch das Konzept der Biografie neben Innensichten der Person auch die Sicht auf gesellschaftliche Einflüsse eröffnet. Weitere mögliche Themen von Biografien sind Übergänge, Entscheidungen, Bildungsprozesse und Selbstreflexionen (Hof & Walther, 2014; Kade & Nittel, 1997).

Zudem ist nach Alheit der Aspekt der Biografizität einzubeziehen, das heißt, sich bewusst zu sein, dass Biografien eine nachträgliche Konstruktion einer bestimmten Sinnhaftigkeit des beschriebenen Lebens entlang einer inneren Verarbeitungs- und Situationslogik anhand biografischen Hintergrundwissens sind (Alheit, 2008, S. 5 f.). Der „Zwang" die Biografie schlüssig darzustellen, eröffnet deshalb gleichzeitig die Chance, dargestelltes Leben in unterschiedlichen Lebenssituationen selbst zu gestalten (Nittel, 2010; vgl. Alheit, 2008, S. 6). Hieran anknüpfend wird in der vorliegenden Arbeit davon ausgegangen, dass auch Gesundheitskompetenz im Alter mit eigenem Biografieerleben und der eigenen Biografiegestaltung zusammenhängt, d. h., dass Gesundheitserleben und -handeln mit dem subjektiv erlebten eigenen Leben zusammenhängt bzw. das eigene Leben im Kontext von Gesundheit so gelebt wird, wie es subjektiv verstanden wird.

3.5.5 Die Konzepte Umwelt und Person-Umwelt-Transaktion

Für die vorliegende Studie wird die eher weite Definition von Umwelt nach dem Ökogerontologen Lawton als Arbeitsdefinition hinzugezogen. Als Umwelt wird hiernach alles definiert, das außerhalb des Individuums ist und entweder gezählt oder einvernehmlich von Beobachtern eingeschätzt werden kann, die sich von den Subjekten unterscheiden, oder in Zentimeter, Gramm oder Sekunden gemessen werden kann:

> „Pointing to the ‚out-there' quality of the environment constitutes the first defining feature of this conception of environment. Whatever else it is, it lies outside the individual and is capable of being counted or rated consensually by observers other than the subjects, or measured in centimeters, grams, and seconds" (ebd. 1983, S. 352).

Eine weitere Annahme, die die ökogerontologische Perspektive bestimmt, ist, dass es analytisch notwendig ist, die objektive Umwelt von dem Umwelterleben der Person zu trennen.

„It seems essential to separate this ‚objective' environment from the manner in which the environment is experienced by the individual" (Lawton, 1983, S. 352).

Als grundlegende Unterscheidungen hinsichtlich der Umwelt schlägt Lawton vor (ebd.):

- Die physische Umwelt (natürlich oder künstlich erschaffene);
- die persönliche Umwelt, bestehend aus Personen, die eine signifikante Rolle für das Individuum spielen (signifikant Andere);
- die Kleingruppen-Umwelt, die aus zwei oder mehr Personen besteht, mit denen sich das Individuum (gewöhnlich persönlich) austauscht;
- die überindividuelle Umwelt, die sich auf dominante Merkmale der Gruppe bezieht, die dem Individuum physisch nahesteht (z. B. Alter, sozioökonomischer Status, Ethnie);
- die gesellschaftliche Umwelt, die sich aus den großen Einflüssen zusammensetzt, denen das Individuum ausgesetzt ist, insbesondere gesellschaftlich-institutionelle, normative und kulturelle Einflüsse).

Eine weitere Differenzierung des Umwelt-Konzepts aus ökogerontologischer Sicht findet sich in den von Lawton empirisch abgeleiteten drei Funktionen von Umwelt im Alter, die der *Beibehaltung, Anregung* und *Unterstützung* (ebd. 1989b). Die erste Funktion, die der Beibehaltung, meint hier Kontinuität und Vorhersehbarkeit der Umwelt, z. B. wichtige kognitiv-affektive Gefühle zu Orten, die das Selbst und Kontinuität im Alter aufrechterhalten, wie die eigene Wohnung. Die zweite Funktion, die der Anregung, beinhaltet hingegen neue Stimuli und ihre Auswirkungen auf Verhalten, z. B. als neues Sozial- oder Freizeitverhalten. Die dritte Funktion, die der Unterstützung, beinhaltet letztlich das Potenzial verringerte oder verlorene Kompetenzen auszugleichen, z. B. Barrierefreiheit und Zugänglichkeit.

Ein weiterer zentraler Zugang in der Ökogerontologie beschreibt das Konzept der Person-Umwelt-Transaktion (Wahl & Oswald, 2010; Wahl & Oswald, 2016, S. 625). Neben Interaktion und Austausch wird die Beziehung zwischen Person und Umwelt, insbesondere in ökogerontologischen Kontexten, auch als „Transaktionalität" bezeichnet. Diese hebt den „hindurchgehenden" Prozess zwischen Person (Reaktion) und Umwelt (Stimulus) verstärkend hervor, indem hiernach der

Stimulus immer von der Person mitbestimmt ist, bzw. Person und Umwelt miteinander verbunden sind (vgl. Olbrich 1989, S. 35). Eine Grundannahme, die dem Konzept der Person-Umwelt-Transaktion innewohnt, ist, dass die Person nicht von der Umwelt getrennt werden kann, so dass von einer „fortlaufenden komplexen wechselseitigen Formung" von Person und Umwelt über die Lebensspanne gesprochen werden kann (Wahl & Oswald, 2016, S. 625). Das heißt, dass die Person ebenso auf die Umwelt einwirkt wie die Umwelt auf die Person, so dass durch *Person-Umwelt-Transaktionen* einerseits die Person ihre Umwelten formt, andererseits die Person durch diese selbst geformt wird (u. a. Wahl & Lang, 2004; Wahl & Oswald, 2016, S. 625). Daraus folgt, dass das Verhalten der Person nie von ihrer Umwelt losgelöst betrachtet werden kann. Weiterhin spielen Person-Umwelt-Transaktionen auch eine Rolle für Umwelterleben, das nach Oswald „lebenslang erworbene Bedeutungen" erfahrenen Raums alter Personen umfasst (Oswald, 2010, S. 171). Daran anschließend beschreiben erlebensbezogene Prozesse:

> „die Bewertung, Bedeutung von und Bindung an bzw. Verbundenheit mit dem jeweiligen Umweltausschnitt" (Oswald, 2010, S. 171).

Hierzu zählen Umweltverbundenheit und Umweltbedeutung, die auf die Bedeutung langjähriger Person-Umwelt-Beziehungen für den Alltag hinweist (ebd.). Es geht hier zusammenfassend nach Oswald um oft jahrelange Austauschprozesse,

> „in denen objektive Umweltaspekte so stark verinnerlicht werden, dass die alternde Person gewissermaßen mit diesen untrennbar ‚verwächst', d. h., dass Handlungs- und Erlebensroutinen und Automatismen auftreten und dass Umwelt zur Materie gewordene Biografie werden kann" (Rowles, Oswald & Hunter, 2003, S. 9, Oswald & Wahl, 2010; Oswald, 2010, S. 171).

Die Austauschprozesse führen nach Rowles und Watkins zu wiederholten Transformationen von Räumen (*spaces*) in Orte (*places*) des Lebens (ebd. 2003, S. 78). Sie kennzeichnen zudem einen komplexen und kumulativen dynamischen Prozess, der sich über den Lebensverlauf erstreckt (Rowles & Watkins, 2003, S. 78). Unter Berücksichtigung genannter Zusammenhänge ist Umwelt im Alter ein zentraler Aspekt der vorliegenden Arbeit, da sie mit dem Erleben und Verhalten von Personen in Zusammenhang steht (vgl. Lawton, 1998, S. 2-4) und für die vorliegende Arbeit angenommen wird, dass dies auch auf Gesundheitserleben und -handeln im Kontext von Gesundheitskompetenz zutrifft.

3.5.6 Fazit

Um subjektive Sichtweisen von Gesundheitskompetenz im Alter zu ermitteln wird ein biografischer Zugang benötigt, mit dem aufgezeigt werden kann, wie das eigene Leben sinnhaft im Kontext von Gesundheit geschildert wird. Mit Hilfe der

Heuristik der Biografie können in der vorliegenden Arbeit neben der Subjektsicht auf Gesundheit auch gesellschaftliche Einflüsse auf eigenes Gesundheitserleben und -handeln rekonstruiert werden. Ergänzend heben ökogerontologische Ansätze den Aspekt der Umwelt hervor, die durch Person-Umwelt-Transaktionen in Zusammenhang steht mit sowohl erlebens- als auch handlungsbezogenen Prozessen. Das bedeutet, dass Gesundheitserleben und -handeln im Alter nur dann verstanden werden können, wenn auch relevante Umwelten einbezogen werden, in denen sich die Person aufhält. An beide Konzepte anknüpfend, wird in dieser Studie davon ausgegangen, dass Gesundheitskompetenz im Alter mit Hilfe von Biografien sowie auch verschiedenen Umwelten differenziert beleuchtet werden kann.

3.6 Kompetenz im Alter aus Sicht von Biografie und Umwelt

Ausgangspunkt zur Einnahme einer neuen Perspektive auf Gesundheitskompetenz im Alter ist, dass es in den Disziplinen der Psychologie, Gerontologie und Pädagogik keinen einheitlichen Kompetenzbegriff gibt. Hauptsächlich fokussiert Kompetenz als psychische Disposition auf kognitive und affektive Komponenten und spart gemeinsame Zusammenhänge mit biografischen und umweltbezogenen Ressourcen (im Alter) aus. Hingegen finden sich in manchen Disziplinen (implizite) konzeptuelle Einschlüsse von Biografie und Umwelt z. B. durch sozialisatorische Einflüsse oder den Einfluss konkreter Anforderungssituationen. Ein starker Verweis auf die Bedeutung von Umwelt für Erleben und Verhalten alter Menschen findet sich in der Ökogerontolgie. Hieran anknüpfend bietet das von Kruse erarbeitete erweiterte Verständnis von Kompetenz im Alter Anschlüsse für eine erziehungswissenschaftliche-ökogerontologische Betrachtung von Kompetenz im Alter. Werden alle hier aufgeführten Zugänge betrachtet, lässt sich feststellen, dass es bisher noch keine konzeptuelle Herangehensweise an Kompetenz im Alter gibt. Es wird zudem deutlich, dass die Aspekte Biografie und Umwelt bisher nicht ausführlich ausgearbeitet sind bzw. in nur eingeschränkter Weise verwendet werden, z. B. institutionelle Umwelt. Demgegenüber bekräftigen gesundheitspädagogische Grundbegriffe und Leitkonzepte durch ihren Fokus auf die Aneignung von Kompetenz und deren Anwendung bzw. Anwendungskontexte Biografie und Umwelt als wichtige Kategorien im Rahmen von Gesundheitskompetenz im Alter.
Die in dieser Arbeit aufgeführten Konzepte und Befunde zu Kompetenz werfen daher die Frage auf, warum es bisher keine Ansätze gibt, die sowohl Biografie als

auch Umwelt einbeziehen. Deshalb wird in der vorliegenden Arbeit Gesundheitskompetenz im Alter aus subjektiver Sicht näher beleuchtet, um mit Hilfe der Kategorien Biografie und Umwelt eine erweiterte Sicht auf Gesundheitskompetenz im Alter vorzulegen.

Teil II Ableitung der Forschungsfrage

Die vorliegende Arbeit beleuchtet Gesundheitskompetenz im Alter multidisziplinär, das heißt unter Zuhilfenahme verschiedener Denkweisen und Ansätze aus den Erziehungswissenschaften, der (Öko-)Gerontologie sowie der Medizin, der Gesundheitspsychologie und der Medizinsoziologie. Die Studie hat das Ziel, erstmals herauszufinden, welchen Beitrag Biografie und Umwelt zu einem differenzierten Verständnis von Gesundheitskompetenz im Alter leisten können. Der Fokus liegt auf subjektivem Gesundheitserleben und -handeln im Alter im Kontext von Biografie (als sinnhafte Lebensbeschreibung) und Umwelt (als situative Einflüsse der Gegenwart). Die Ableitung der Forschungsfrage erfolgte in drei Schritten: 1. theoretisch-konzeptuell, 2. empirisch, 3. zielorientiert.

1. Theoretisch-konzeptueller Schritt: Eine altersspezifische Auseinandersetzung mit den Begriffen Gesundheit und Kompetenz sowie dem Konzept Gesundheitskompetenz zeigt deutlich, dass gegenwärtige wissenschaftliche Diskurse Zusammenhänge mit Biografie und Umwelt nicht ausreichend abbilden. Hierzu zählt im Kontext von Gesundheitskompetenz im Alter auch das individuelle Gesundheitserleben und -handeln. Obgleich die bereits entwickelten erziehungswissenschaftlichen und (öko-)gerontologischen theoretischen Konzeptualisierungen von Kompetenzmodellen in dieser Hinsicht zu kurz greifen, sind theoretische Rückbindungen möglich und angeraten. Gesundheitskompetenz im Alter wird so erstmals aus erziehungswissenschaftlicher und (öko-)gerontologischer Perspektive sowie aus der Sicht alter Personen selbst beleuchtet (Innensicht) und durch die Aspekte von Biografie und Umwelt konzeptuell weiterentwickelt.
2. Empirischer Schritt: Gesundheitskompetenz wird bisher weitgehend als Disposition bzw. Fähigkeit der Person definiert und gemessen. Die biografischen Voraussetzungen der Person sowie differenzierte Umweltvoraussetzungen, die das Vorschlagen spezifischer Maßnahmen ermöglichen, werden jedoch bisher nicht empirisch erfasst. So sind insbesondere lebensphasenspezifische Prozesse von Gesundheitskompetenz im Alter, aber auch individuelle Kontextbedingungen wenig bekannt. Das Konzept der Gesundheitskompetenz im Alter, insbesondere aus der Sicht älterer Personen selbst, ist aus dieser Perspektive noch weitgehend unerforscht. Durch die Ergebnisse der vorliegenden Studie sollen auch Voraussetzung geschaffen werden, diese für eine quantitativ-empirische Messung von Gesundheitskompetenz im Alter zu nutzen.

3. Ziel der Arbeit: Aus erziehungswissenschaftlicher und (öko-)gerontologischer Perspektive soll herausgefunden werden, welche Bedeutung biografische Einflüsse auf Gesundheitskompetenz im Alter haben. Des Weiteren soll, insbesondere aus ökogerontologischer Perspektive, ermittelt werden, welche die relevanten Umwelten für Gesundheitskompetenz im Alter sind. Die Forschungsarbeit beabsichtigt erziehungswissenschaftliche-gerontologische Theoriebildung zu befördern. Darüber hinaus soll die Studie Aufschluss geben, inwieweit Gesundheitskompetenz im Alter zusammenhängt mit Angeboten in der Nachbarschaft und im Stadtteil (Oswald et al., 2013). Ziel ist die altersspezifische Erweiterung des Konzepts Gesundheitskompetenz mit Hilfe neuer sensibilisierender Konzepte im interdisziplinären Zugang. Die Ergebnisse sollen in einem Modell zusammengeführt werden und darüber hinaus zu einer altersspezifischen Definition von Gesundheitskompetenz im Alter beitragen.

Neben einem Beitrag zur Grundlagenforschung liegt der Nutzen der Studie in praktischen Ansätzen der Gesundheitsförderung im Alter, etwa in der differenzierten Erfassung biografischer sowie umweltbezogener Ressourcen und Risiken im Umgang mit Gesundheit. Durch einen stärkeren Einbezug sowohl biografischer Erfahrungen als auch kleinräumiger nachbarschaftlicher und quartiersspezifischer Voraussetzungen für Gesundheit, werden anhand der Ergebnisse alltagspraktische Maßnahmen zur Verbesserung der Voraussetzungen für den Erhalt und die Förderung von Gesundheitskompetenz und gesundheitsförderndem Verhalten vorgeschlagen. Die Ergebnisse können so für das Bildungs- und Gesundheitswesen sowie auf politischer Ebene und Rahmen einer Interventionsgerontologie genutzt werden, die darauf abzielt, die Gesundheit und Selbstständigkeit älterer Personen zu erhalten. Deutlich geworden sein sollte, dass sowohl im wissenschaftlichen Diskurs als auch im Anwendungsbezug ein kohärentes, erweitertes Verständnis von Gesundheitskompetenz im Alter, insbesondere hinsichtlich biografischer und umweltbezogener Einflüsse, unzureichend vorhanden ist. Ein solches ist allerdings maßgeblich, um nachhaltig, fundiert und zielgerichtet diskutieren und intervenieren zu können. Die Arbeit hat somit den Anspruch sowohl theoretische-wissensgenerierende Bezüge als auch anwendungsbezogene Aspekte, die einen Beitrag zu neuen Sichtweisen auf Erhalt und Förderung von Gesundheitskompetenz im Alter leisten, zu ermitteln.

Die aus den Schritten 1 bis 3 abgeleitete Forschungsfrage lautet:
Was tragen Biografie und Umwelt zu einer Erweiterung des Health Literacy (Gesundheitskompetenz)-Konzepts im Alter bei?

Die Forschungsfrage erlaubt einerseits gerichtete heuristische Suchbewegungen hinsichtlich Biografie und Umwelt, andererseits aber auch die benötigte Offenheit für das Vorgehen. Neben der Forschungsfrage wird durch Analysefragen eine zweite Analyseebene zur Beantwortung der Forschungsfrage eingeführt. Mit den eigens entwickelten stärker strukturierten Analysefragen (siehe Anhang III), die während des Auswertungsprozesses an das Material herangetragen werden, werden Formen der Auseinandersetzung mit Gesundheit und relevante Themen für ältere Personen bei Gesundheit im Alter ermittelt. Neben dem methodischen Nutzen können mit den Analysefragen auch stärker Details zu Gesundheit im Alter (Erleben und Handeln) erfragt werden. Die Analysefragen stammen zum einen aus theoretischen Vorannahmen heraus, zum anderen aus dem Prozess der Analyse des Datenmaterials. Um die Forschungsfrage zu beantworten, werden zwei empirische Methoden miteinander kombiniert. Das nächste Kapitel zeigt, wie ein sequenzanalytisches mit einem kodierenden Verfahren kombiniert wurde, um die Forschungsfrage zu beantworten.

Teil III Methodisches Vorgehen

Der folgende Teil greift die Kombination zweier methodischer Ansätze auf, nämlich eines sequenzanalytischen und eines kodierenden Verfahrens. Beide Ansätze zielen auf die Rekonstruktion von Konstruktionen der sozialen Wirklichkeit durch Akteur/innen und damit auf Konstruktionen zweiten Grades. Im Einzelnen geht es in dem Kapitel um die Methode der *Rekonstruktion narrativer Identität* und das kodierende Verfahren der *Grounded Theory*, welche in Bezug auf den Umgang mit den Daten der vorliegenden Arbeit vorgestellt werden. Für die Nachvollziehbarkeit des methodischen Vorgehens werden die einzelnen Auswertungsschritte beschrieben. Das Sample wird ausführlich in einer näheren Beschreibung der Auswahl der Teilnehmer/innen aufgeführt und der Prozess der Entwicklung des Leitfadens und der Analysefragen wird dargelegt. Eine Übersicht über die Darstellung der Ergebnisse soll dem Leser / der Leserin den Zugang zum Empirie-Teil erleichtern.

4 Die Rekonstruktion narrativer Identität

Für die Analyse von „Zeitspuren" der Gesundheitskompetenz im Alter ist die Analyse über die biografische Erzählung besonders geeignet. Zudem erlaubt hier ein sequenzielles Verfahren die Rekonstruktion subjektiven Erlebens und Handelns zu Gesundheit. Durch die Vorgehensweise können mit Hilfe des Konzepts der *narrativen Identität* sehr genau (allgemeine) biografische Handlungsmuster und umweltbezogene Einflüsse rekonstruiert werden.

Zur Analyse der biografischen Sequenzen in den Interviews wurde auf die Methode der Rekonstruktion narrativer Identität nach Lucius-Hoene & Deppermann zurückgegriffen (ebd. 2004b). Eine umfassende Auswertungsmethodik zur Herstellung und Darstellung narrativer Identität wurde erstmals im Jahr 2002 von Lucius-Hoene und Deppermann beschrieben (Lucius-Hoene & Deppermann, 2004b, S. 9). Nachfolgend werden hierzu die Grundlagen des wissenschaftlichen Ansatzes, das empirische Konstrukt der *narrativen Identität* sowie prinzipielle als auch konkrete Aspekte der Analyse vorgestellt.

4.1 Methodologie

Der Ansatz der Rekonstruktion narrativer Identität basiert neben erzähltheoretischen und hermeneutischen Grundlagen auf Grundgedanken der diskursiven Psychologie, der Konversations- und Gesprächsanalyse sowie der Positionierungsanalyse (Lucius-Hoene & Deppermann, 2004b, S. 11). Die Konversationsanalyse dient als breit etablierte Methodologie zur Untersuchung von sozialen Interaktionen, wohingegen sich die diskursive Psychologie spezifisch damit befasst, wie psychologische Phänomene in der sozialen Interaktion zum Ausdruck gebracht und thematisiert werden (Deppermann, 2010, S. 643). Die Positionierungsanalyse hingegen fokussiert spezifisch auf

> „[…] die diskursiven Praktiken, mit denen Menschen sich selbst und andere in sprachlichen Interaktionen aufeinander bezogen als Personen her- und darstellen, welche Attribute, Rollen, Eigenschaften und Motive sie mit ihren Handlungen in Anspruch nehmen und zuschreiben, die ihrerseits funktional für die lokale Identitätsher- und -darstellung im Gespräch sind" (Lucius-Hoene & Deppermann, 2004a, S. 168).

Zusammenfassend zeichnet sich das Konzept Narrative Identität nach Lucius-Hoene dadurch aus, dass sie interaktiv hergestellt wird, lebensgeschichtlich situiert ist und darüber hinaus ein kommunikatives Ergebnis darstellt, das auf unterschiedlichen Motivationen beruht (Lucius-Hoene & Deppermann, 2004b, S. 11). Die in diesem Abschnitt genannten Perspektiven sind Teil der Methodologie zur Methode der Rekonstruktion narrativer Identität und dienen deren theoretischer Verortung.

4.2 Narrative Identität als empirisches Konstrukt

Narrative Identität beschreibt eine im Prozess des Erzählens und durch persönliche Bedürfnisse geprägte Konstruktionsleistung der Person als eine Form von Selbstvergewisserung (Lucius-Hoene & Deppermann, 2004b, S. 10), die in dieser Arbeit als Analyseinstrument für den biografisch-narrativen Teil genutzt wird. Hierbei interessiert, wie sich die Gesprächsteilnehmer/innen vor dem Hintergrund ihrer jeweiligen Erzählung verhalten.

In den Interviews vollzieht sich aufgrund der Erzählaufforderung und der anschließenden reflexiven Hinwendung der Gesprächspartner/innen zu sich selbst eine Verbindung von autobiografischer Darstellung von Identität mit einer eher dynamischen Komponente, die durch Performativität[32] und Interaktion ausgezeichnet ist (Lucius-Hoene & Deppermann, 2004b, S. 10) (*temporäre Identität*). Narrative Identität wird also im Verlauf des Interviews sprachlich-kommunikativ

---

[32] Hier als Verbindung von Sprache und Handeln (Sprechakttheorie, Austin 1962), die mit Veränderung der Wirklichkeit einhergeht, z. B. „Ich nehme diese Frau als meine rechtmäßige Ehefrau." (ebd., S. 12f.

hergestellt und kann auch nur so interpretiert werden, weshalb eine korrekte Wiedergabe vergangener Erfahrungen an Bedeutung verliert und es vielmehr um die Funktion der biografischen Selbstdarstellung, des Selbstwerterhalts und der Bewältigung von Erlebtem geht (ebd.). Es geht also um die Fragen: Wie beschreibt sich die Person, wie möchte sie gesehen werden?
Im Medium der narrativen Identität soll in der Arbeit auf Muster im Gesundheitserleben und -handeln geschlossen werden. Sie bietet zeitgleich einen Rahmen, um weitere Fragen zu stellen. In der vorliegenden Arbeit wird das von Lucius-Hoene und Deppermann entwickelte Vorgehen (Lucius-Hoene & Deppermann, 2004b) um Suchheuristiken (Biografie und Umwelt) sowie hinführende „strukturierende Kategorien" bzw. Auswertungsdimensionen (Gesundheitskonzept, Wert der Gesundheit und Gesundheitshandeln) ergänzt, die der Erstellung der Fallporträts dienten. Diese sind zugleich Vergleichsparameter zu Gesundheit, auf die als Analyseschema zu Gesundheit zurückgegriffen wird. Einzelne Kategorien zeigten sich im Verlauf erster Analysen bereits als bedeutsam, andere wurden später durch neu hinzugekomme Aspekte ergänzt. Anschließend wurden die einzelnen Kategorien als strukturierende Auswertungsdimensionen in die Fallporträts aufgenommen.
Die beiden übergeordneten Suchheuristiken der Biografie und der Umwelt eröffneten einerseits eine größere thematische Offenheit in der Analyse der Daten, was zugleich auch eine stärkere Abstraktion der Ergebnisse ermöglichte. Andererseits waren beide Konzepte durch die gute theoretische Rückbindung auch konkret genug für die Datenanalyse.

4.3 Interpretationsprinzipien

Um spezifische Identitätskonstruktionen des Erzählers zu rekonstruieren, gilt die Voraussetzung einer gegenstandsbezogenen Auswertungsmethodik, die sich nach Lucius-Hoene & Deppermann dadurch auszeichnet,

> „[...] dass sich Prozesse der Konstruktion durch die Interviewer und Erzähler im Interview und der Rekonstruktion von Sinn bei der Auswertung spiegelbildlich zueinander verhalten" (ebd., 2004b, S. 95).

Weiter heißt es, dass beide Prozesse (Konstruktion und Rekonstruktion von Sinn) den gleichen Prinzipien folgen sollen, was dadurch begründet ist, dass das Ziel der Analyse das Verstehen der Sinnstrukturen ist, die von beiden Interaktanten im Interview selbst hergestellt wurden. Die hierfür handlungsleitenden Grundregeln für die Textinterpretation (Lucius-Hoene & Deppermann, 2004b, S. 95-103) sind:

(1) Datenzentrierung
Der Untersuchungsgegenstand ist die im narrativen Interview her- und dargestellte Identität und keine latente psychische Realität oder objektive biografische Gestalt (Lucius-Hoene & Deppermann, 2004b, S. 97). Es geht also nicht um die Person, sondern um deren produzierten Text. Die Datenzentrierung gebietet somit auch, dass wissenschaftliches Wissen sowie Alltagswissen dem Text nicht übergestülpt werden und der Text in seiner Gestalt nicht verändert wird (Lucius-Hoene & Deppermann, 2004b, S. 97 f.). In der vorliegenden Arbeit wurden deshalb Hypothesen, die bei der Auswertung auftauchten, in Form von Memos niedergeschrieben und gesondert gekennzeichnet. Es wurde weiterhin – in Transkription und Analyse – darauf geachtet, dass der Text nicht sprachlich angepasst wurde, z. B. durch Paraphrasen oder Glättung von Alltagssprache.

(2) Rekonstruktionshaltung
Wissenschaftliche Rekonstruktion beinhaltet, möglichst viele Lesarten an den Text heranzutragen. Das setzt voraus, dass der erste Eindruck und insbesondere auch Selbstverständlichkeiten, Unverstandenes, Widersprüchliches und Unklares geduldig hinterfragt werden (suspensive Haltung). Das Ziel ist dabei nach Lucius-Hoene und Deppermann, Selbstverständliches zu verfremden, die Wirklichkeit des Erzählers ernst zu nehmen und dementsprechend substantielle und innovative Ergebnisse zu erreichen (ebd., 2004b, S. 98). Bei diesem Punkt haben sich in dieser Arbeit Interpretationswerkstätten als hilfreich erwiesen.

(3) Sinnhaftigkeitsunterstellung
Das Auswertungsprinzip beinhaltet, dass grundsätzlich jedes Detail des Interviewtextes sinnhaft motiviert ist und seine Funktion im Gesprächsverlauf hat (Einschränkungen sind hier gegeben, wenn Gesprächsteilnehmer/innen Sprach- und Gedächtnispathologien und mangelnde Sprachkenntnisse aufweisen oder unter Drogeneinfluss stehen) (Lucius-Hoene & Deppermann, 2004b, S. 99). Deshalb sollen auch befremdliche Details wie z. B. Räuspern oder ein kurzes Lachen unter der Annahme betrachtet werden, dass sie sinnhaft eingebracht wurden und es einen kohärenten und konsistenten Zusammenhang im Interviewverlauf gibt (ebd.). Gerade die Einhaltung dieser Prämisse konnte fruchtbar für die Analyse in der vorliegenden Arbeit genutzt werden, insbesondere, um neue Formen des Gesundheitshandelns, die auch während des Interviewverlaufs in Interaktion mit der Interviewerin zutage kamen, zu rekonstruieren.

(4) Mehrebenenbetrachtung
Drei verschiedene Ebenen der verbalen Interaktion führen dazu, dass Sinn im Gespräch geschaffen wird (Lucius-Hoene & Deppermann, 2004b, S. 100). Hierzu zählt die *temporale Ebene*, die u. a. die Art und Weise beinhaltet, wie zwischen biografischen Ereignissen Kontinuität und Kohärenz hergestellt wird und wie der Gesprächspartner seine damalige Person aus heutiger Perspektive bewertet (Lucius-Hoene & Deppermann, 2004b, S. 61). Die *soziale Ebene* beinhaltet hingegen die unbewusste Verwendung kulturell vorgeprägter Muster, die im Zusammenhang mit dem jeweiligen Ziel der Textpassage stehen (Lucius-Hoene & Deppermann, 2004b, S. 66). Die *selbstbezügliche Ebene* beschreibt die reflexive Auseinandersetzung mit der eigenen Person, die sich in selbstbezüglichen Aussagen (Selbstpositionierungen), Selbsterkenntnis oder Infragestellung des Erzählers zeigen (Lucius-Hoene & Deppermann, 2004b, S. 67). Die erste Ebene konnte in der vorliegenden Arbeit insbesondere zur Ermittlung subjektiv relevanter Themen zu Gesundheit genutzt werden. Die zweite Ebene war dagegen für die Analyse von Altersbildern und gesellschaftlich beeinflussten Gesundheitserlebens hilfreich. Die dritte Ebene wurde u. a. für die Analyse von Mustern hinzugezogen.

(5) Sequenzanalyse und Kontextualität
Da die Konstruktion von narrativer Identität im Interview als zeitlicher Prozess geschieht, ist ein streng sequentielles Vorgehen (Sequenz für Sequenz) geboten (Lucius-Hoene & Deppermann, 2004b, S. 100). Der Text wird als ganze Einheit betrachtet und darf nicht zerstückelt werden, d. h., dass der Reihenfolge des Textes gefolgt und nicht gezielt nach Inhalten gesucht wird, was nach Lucius-Hoene & Deppermann einen zentralen Unterschied zu kodierenden Verfahren darstellt. Bei der Methode der Rekonstruktion narrativer Identität wird ferner davon ausgegangen, dass jede Äußerung auf den hier und jetzt vorliegenden Kontext zugeschnitten ist. Dies führt dazu, dass immer mit Einbezug des vorangegangenen Kontexts zur Fragestellung analysiert wird und Rahmenbedingungen (u. a. Vorinformationen und Setting) einbezogen werden (sukzessive Bildung von Sinn im Verlauf des Gesprächs) (Lucius-Hoene & Deppermann, 2004b, S. 100). In der vorliegenden Arbeit wurde die Textarbeit deshalb zu Beginn der Analyse streng sequenziell gehandhabt. Nach späterer Auswahl wichtiger Sequenzen wurden vorangegangene und nachfolgende Textabschnitte einbezogen.

(6) Zirkularität und Kohärenzbildung
Zirkularität beschreibt das Verhältnis zwischen einzelnen Teilen und dem Ganzen, das heißt zwischen dem Verständnis einzelner Teile des Interviews und der Fallstruktur (Lucius-Hoene & Deppermann, 2004b, S. 101). Durch wechselseitige Interpretationsbedingungen gewinnen sowohl das Ganze als auch die einzelnen Teile spezifische Bedeutung (Lucius-Hoene & Deppermann, 2004b, S. 102). Grundlegend hierfür ist die Annahme von Kohärenz bzw. sinnhafter Verknüpfung zwischen den Teilen des Interviews und der Gesamtstruktur durch den/die Gesprächsteilnehmer/in, was auch bedeutet, dass Widersprüche, Lücken und Ambivalenzen im Gespräch ebenso verstehend bzw. sinnhaft zu interpretieren sind (Lucius-Hoene & Deppermann, 2004b, S. 102). Während der Erstellung der Fallporträts wurden deshalb das Porträt und die Sequenzen kontinuierlich miteinander in Bezug gebracht und ggf. vorläufige Ergebnisse modifiziert.

(7) Explikativität und Argumentativität
Die letzten beiden Prinzipien umschreiben zum einen das präzise Vorgehen bei der Interpretation (Prinzip der Explikativität). Hierbei wird insbesondere Wert gelegt auf explizite Formulierung der Interpretationen (differenzierte Wahl der Termini, Reflexion von Vereinbarkeit der Termini und ihrer theoretischen Grundlagen) (Lucius-Hoene & Deppermann, 2004b, S. 103). Zum anderen muss im Rahmen des Prinzips der Argumentativität begründet werden, warum Daten so und nicht anders interpretiert wurden, indem die genauen Eigenschaften und Kontexte, der Interaktionsverlauf oder ggf. einbezogenes Weltwissen sowie verworfene alternative Sichtweisen angegeben werden (ebd.). Dies wurde in der vorliegenden Arbeit durch das Schreiben von Memos berücksichtigt, die eigene Bemerkungen zum Interpretationsprozess beinhalten (u. a. die Reflexion verschiedener alltagssprachlicher Wortbedeutungen). In einer ersten Interpretation wurden zudem Fachtermini gezielt vermieden und erst später innerhalb ausführlicher Memos begründet eingebracht.

4.4 Die grobstrukturelle Analyse als Charakteristik des Forschungsprozesses

Die Analyse geht im Allgemeinen von einer makroskopischen bzw. strukturellen Analyse (Wie strukturiert der Erzähler seine Erzählung?) in eine mikroskopische Sichtweise, das heißt pragmatisch-rhetorische Feinarbeit, über (Lucius-Hoene & Deppermann, 2004b, S. 317). Hierfür fanden in der vorliegenden Studie zunächst

Auswertungen unter gesprächsanalytischen bzw. formalsprachlichen Gesichtspunkten statt (Wie verläuft der Text?) (vgl. Lucius-Hoene & Deppermann, 2004b, S. 317-320). Daraufhin wurden die einzelnen Sequenzen festgelegt. Unter anderem wurde hier auf Rahmenschaltelemente geachtet, die die zeitliche Abfolge von Darstellungseinheiten anzeigen (z. B. „dann", „nachdem", „bevor"). Daraus wurden dann Interpretationsmuster entwickelt. Die grobstrukturelle Analyse wurde durch ein erstelltes Inventar vorgenommen, das von Interviewbeginn bis zum Ende einzelne Textsegmente inhaltlich aufführt und verschiedenen Textsorten (Argumentation, Bericht, Erzählung und Beschreibung) zuordnet (vgl. Lucius-Hoene & Deppermann, 2004b, S. 318). Die Inventare lagen in dieser Arbeit als Dokument der Analyse bei.

4.5 Die Feinanalyse als Charakteristik des Forschungsprozesses

Anhand der strukturellen Analyse werden Sequenzen für die Feinanalyse ausgewählt, die thematisch, handlungslogisch und erzählstrukturell abgeschlossen sind (Lucius-Hoene & Deppermann, 2004b, S. 319 f.). In der Feinanalyse (hier angefertigt in der Auswertungssoftware ATLAS.ti©) geht es sowohl um sichtbare Informationen im Text (z. B. was erzählt wird) als auch um versteckte Informationen im Text (wie und wozu etwas erzählt wird) (Lucius-Hoene & Deppermann, 2004b, S. 321). In der Feinanalyse werden textlokale Phänomene durch Fragen, die an die einzelnen Passagen herangetragen werden, ermittelt (ebd.):

- Was wird erzählt?
- Wie wird erzählt?
- Wozu wird gerade das erzählt? (Ziele und Funktion)
- Wozu wird es an dieser Stelle erzählt?
- Welche funktionellen Beziehungen haben die Textsorten untereinander?
- Aus welcher Perspektive wird berichtet? (Innenperspektive, Außenperspektive)
- In welchem Kontext stehen einzelne Textpassagen im Text?
- Wo gibt es Auslassungen? Ist der Text fragmentiert?
- Wo gibt es Interaktionen?
- Welche Eigentheorien liegen vor?
- Wo liegen Verdrängungen unangenehmer und identitätsgefährdender Inhalte vor?

- Welche Diskrepanzen zwischen Selbstdeutungen und erfahrenen Erlebnissen liegen vor?

Zur Beantwortung dieser Fragen wurden verschiedene *Analyseheuristiken* eingesetzt. Hierzu zählen die *Variationsanalyse*, mit Hilfe derer gedankenexperimentell durch mögliche Alternativformulierungen im Gespräch bzw. Kontrastierung der Sequenzen, die Interpretation verdeutlicht bzw. andere Interpretationen ausgeschlossen werden konnten (vgl. Lucius-Hoene & Deppermann, 2004b, S. 185). Zudem wurden in die Interpretation der Texte die unterschiedlichen Kontexte, das heißt das jeweilige Verständnis der Lebensgeschichte, wie sie bis jetzt erzählt wurde, aufgenommen (*Kontextanalyse*) (vgl. Lucius-Hoene & Deppermann, 2004b, S. 187). Die *Analyse der Folgeerwartungen* brachte zudem Aufschluss über erwartete, bezweckte und ausgeschlossene Anschlüsse an Textpassagen und die damit verbundenen Erwartungen an die Erzählung, was ebenso die vertiefende Interpretation der Texte beförderte (vgl. Lucius-Hoene & Deppermann, 2004b, S. 190).

Bei der Feinanalyse wird sich besonders auf Selbst- und Fremdpositionierungen des Erzählers im Text gestützt. Die Selbstpositionierung beschreibt

> „[…] diejenigen Aspekte sprachlicher Handlungen, mit denen ein Sprecher sich in einer Interaktion zu einer sozial bestimmbaren Person macht, eben eine bestimmte ‚Position' im sozialen Raum für sich in Anspruch nimmt und mit denen er dem Interaktionspartner zu verstehen gibt, wie er gesehen werden möchte" (Lucius-Hoene & Deppermann, 2004a, S. 168).

Die Fremdpositionierung hingegen ist gekennzeichnet durch Adressierungen von Interaktionspartnern/innen und auf diese bezogene Handlungen, die zum einen diesen eine soziale Position zuweisen und zum anderen verdeutlichen, wie die handelnde Person gesehen wird (Lucius-Hoene & Deppermann, 2004a, S. 169). In der vorliegenden Arbeit wurden als Interaktionspartner/innen die Interviewerin, ggf. weitere Personen, die während des Interviews anwesend waren (Ehepartner, Kinder, Besuch) sowie berichtete Interaktionen mit Personen, die im Interview genannt wurden, einbezogen.

Insgesamt sollen hierdurch Hinweise auf Einstellungen und biografische Handlungsmuster der Person gewonnen sowie herausgefunden werden, wie diese mit eigener narrativer Identitätskonstruktion zusammenhängen. So stellt sich auch die Frage, wo Diskrepanzen in Selbst- und Fremdpositionierung zu finden sind. Mit Hilfe der Feinanalyse konnten in der Arbeit Kategorien zu biografischen Mustern des Gesundheitserlebens und -handelns gefunden werden. Allgemein fand im Auswertungsprozess ein Zirkulieren zwischen grob- und feinstruktureller Analyse statt. Hierbei wurden Wort für Wort und Satz für Satz strikt sequenziell durchgearbeitet, jedoch wurden auch Aspekte aus der grobstrukturellen Analyse einbezogen (Pendeln zwischen Wort- und Strukturebene). Die Ergebnisse der Feinanalyse wurden in dem verwendeten Auswertungsprogramm ATLAS.ti© durch Kodes und Memos festgehalten.

Die Kodes und die Memos unterscheiden sich dahingehend, dass die Kodes Titel zu den einzelnen Absätzen vergeben, jedoch keine ausführlichen Interpretationen gebildet, sondern jeweilig erste abstrakte Begriffe gefunden wurden. Zudem werden mit Hilfe der Kodes Selbst- und Fremdpositionierungen, lebenszeitliche Einschnitte, Schlüsselthemen sowie Haupt- und Nebenerzähllinien gekennzeichnet. Demgegenüber werden in den Memos größere Passagen Wort für Wort entlang der Feinanalyse ausführlich interpretiert. Weitere Analysen finden sich in den Memos zum zeitlichen Auflösungsgrad (biografische Etappen, Lebensphasen, Ereignisse, chronologischer Bericht oder szenisch-episodische Darstellung), zum zeitlichen Bezug (Erzählzeit bzw. erzählendes Ich oder erzählte Zeit bzw. erzähltem Ich) und zur Suche nach zeitlicher und inhaltlicher Kohärenz (zeitlicher und inhaltlicher Zusammenhang der Sequenz). Memo-Feinstrukturen sind in Kode-Grobstrukturen eingebettet, d. h., dass Memos (wo vorhanden) die Überschriften der einzelnen Kodes stärker interpretierend ausdifferenzieren.

5 Kodierende Verfahren in der Grounded Theory

Anschließend an die vorangegangene Auswertungsmethode wird nun gezeigt, wie herausgearbeitete Muster an konkrete Inhalte rückgebunden bzw. mit Hilfe des Leitfadenteils und kodierender Auswertung auf den Bereich der Gesundheit im Alter übertragen werden. Die Leitfadenfragen sind somit ein Analyseinstrument, um die Gesprächsteilnehmer/innen gesundheitsspezifischer und theoretisch strukturierter zum Thema Gesundheit im Alter hin zu befragen.

Zur Analyse der strukturierten Nachfragen im Leitfadenteil des Interviews wurde auf ein kodierendes Verfahren im Rahmen der Grounded Theory (Strauss & Corbin, 1996) zurückgegriffen. *Grounded Theory* bedeutet "empirisch fundierte Theoriebildung" (Alheit, 1999, S. 1) und beschreibt keine feste Methode, sondern eher einen methodologischen Rahmen für eine Möglichkeit, wie Theorien generiert werden können. Die Entwicklung der theoretischen Annahmen erfolgt in dieser Arbeit nur auf der Grundlage der Äußerungen der Teilnehmer/innen auf der Basis des Transkripts und des Erhebungsprotokolls. Es geht also um die Überwindung theoretischen Vorwissens (Präkonzepten), das ein offenes Analysieren verhindert und zu vorbestimmten Ergebnissen führen kann.

Für den Nachfrageteil ist ein sequenzanalytisches Vorgehen wie für die biografischen Sequenzen nicht geeignet. Beim Leitfadenteil der Arbeit sind eher gesundheitsbezogene Inhalte von Interesse. Das beschriebene kodierende Verfahren ist hier deshalb von Vorteil, da es gleichzeitig die nötige Offenheit gewährleistet, Besonderheiten und Eigenheiten im Feld zu entdecken und die bewusste Explikation und kritische Reflexion eigenen Vorwissens erlaubt (vgl. Alheit, 1999, S. 9).

5.1 Methodologie

Der Ansatz der Grounded Theory ist im amerikanischen Pragmatismus verortet, dessen Forschungslogik der alltäglichen menschlichen Praxis der Problemlösung folgt und den prozesshaften und interpretativen Charakter der sozialen Wirklichkeit hervorhebt (Strübing, 2014, S. 102). Somit kann unter dieser Perspektive Forschung als Interaktionsprozess betrachtet werden. Die gegebenen Antworten sind dann keine Repräsentationen unabänderlicher Auffassungen, sondern es sind prozesshaft generierte Ausschnitte der Konstruktion und Reproduktion sozialer Realität (Lamnek & Krell, 2010, S. 22). Des Weiteren wird Grounded Theory verortet in der Chicagoer Schule, die u. a. betont, dass „Realität sich ebenso wie die Theorien über sie in einem kontinuierlichen Herstellungsprozess befinden und damit in

Widerspruch steht zu einer immer schon gegebenen ‚Welt da draußen'" (Strübing, 2014, S. 38). Wesentlich beeinflusst ist dieses Denken durch den Kerngedanken des Symbolischen Interaktionismus (Blumer, 1969). Hiernach entsteht „Realität" in der interpretierenden Auseinandersetzung mit Elementen der sozialen und stofflichen Natur (der Umwelt), die damit zu Objekten werden und Bedeutungen erlangen, die über Prozesse der Symbolisation wiederum wechselseitig wirken (Strübing, 2014, S. 38; vgl. Blumer, Bude & Dellwing, 2013, S. 81). Durch ständig neue Situationen innerhalb des menschlichen Zusammenlebens werden Deutungen ständig neu hergestellt und angepasst, was sich u. a. in Erwartungen an Andere und der Deutung dessen, was Andere erwarten, äußert (Blumer et al., 2013, S. 83). Hierzu zählen auch wiederkehrende und konstante gesellschaftliche Bedeutungen (Blumer et al., 2013, S. 84). Es geht hier also im Gegensatz zur Methodologie der narrativen Identität gleich zu Beginn des Forschungsprozesses nicht nur um geäußerte Inhalte, sondern auch um tieferliegende Strukturen, die dem Interviewten nicht immer bewusst (zugänglich) sind (Werte, Einstellungen). Beiden Ansätzen folgend, werden Definitionen von Gesundheit, Gesundheitsinformation und Gesundheitskompetenz in dieser Arbeit im Forschungsprozess offen dargelegt. Die Strukturierung dieser bildet sich jedoch erst durch die Daten aus den Interviews heraus.

5.2   Zur Gegenstandsbegründung von Theorien

Nach Breuer ist die Grounded Theory eine

> „[...] Forschungslogik, bei der es um das Erfinden und Ausarbeiten gegenstandsangemessener Begriffe, von Modellierungen und Theorien auf der Basis empirischer Erfahrung, im Austausch zwischen Daten(-erhebung) und Theorie(-entwicklung) geht" (Breuer, Dieris & Lettau, 2010, S. 9).

Begriffe und Theorien sind jedoch erst dann gegenstandsangemessen („grounded"), wenn auf der Basis von Erfahrungsdaten aus alltagsweltlichen Kontexten theoretische Konzepte und Modellierungen entwickelt und dabei fortwährend rekursiv an die Erfahrungsebene – also an die Daten – zurückgebunden werden (Breuer, Dieris & Lettau, 2010, S. 39). Die gebildeten Kodes und Kategorien sollen sich hierfür einerseits durch (relative) Spezifität und Gegenstandsnähe auszeichnen – andererseits sollen sie Idealisierungen und Abstraktionen darstellen (Breuer et al., 2010, S. 75).

5.3 Sensibilisierende Konzepte als Suchheuristiken und der Umgang mit theoretischem Vorwissen

Sensibilisierende Konzepte dienen der Analyse sozialer Phänomene. Sie sind abgeleitet aus theoretischem und praktischem Vorwissen über den Wirklichkeitsbereich und werden von außen an die Daten herangetragen. Hierzu schreibt Blumer:

> „It [the sensitizing concept, NK] gives the user a general sense of reference and guidance in approaching empirical instances. Whereas definitive concepts provide prescriptions of what to see, sensitizing concepts merely suggest directions along which to look" (ebd., 1954, S. 7).

Begrifflich vorgefasste Konzepte, in der vorliegenden Arbeit Biografie und Umwelt, werden also nur in sensibilisierender bzw. heuristischer Weise verwendet, um den Erkenntnisprozess zu befördern, und bleiben für die Logiken bzw. subjektiven Konzepte der hier befragten Personen offen.

5.4 Die Methode des konstanten Vergleichs

Der permanente Vergleich ist in der Grounded Theory das zentrale Prinzip der Auswertung. Phänomene (z. B. Ereignisse, Vorfälle), die sich in einzelnen Textstellen zeigen, werden beim ersten Schritt des Kodierens mit einem Kode gekennzeichnet, woraufhin gezielt nach anderen Textstellen gesucht wird, die Ähnlichkeiten oder Unterschiede aufweisen (Strauss & Corbin, 1996, S. 54). Ähnliche Phänomene werden anschließend zu Kategorien gruppiert (ebd.). Dafür werden überschriftartig betitelte Einzelsequenzen zu größeren Sinneinheiten (ähnliche Handlungsbedingungen / ähnliche Handlungsweisen) zusammengefasst. Hierfür werden neue Textstellen ständig mit bereits kodierten Textstellen verglichen. Dies führt dann zu der Entscheidung, ob die neue Textstelle unter bereits generierte Kodes subsumiert werden kann oder ob ein neuer Kode entwickelt werden muss. Weitere Vergleiche mit ähnlichen und kontrastiven Textstellen dienen der Erweiterung, Absicherung und der Verdichtung der Modellierung theoretisch relevanter Konzepte mit dem Ziel der Herausbildung der Kernkategorie, die in Beziehung zu allen anderen herausgearbeiteten Kategorien steht und die einen Schlüssel zum Verständnis des untersuchten Gegenstands liefert (vgl. Breuer et al., 2010, S. 53). Aber nicht nur auf der Ebene von Kodes gilt der konstante Vergleich als Auswertungsprinzip. Vielmehr gilt dieser auch im Kontext der Auswahl von Datenmaterial, von Fällen und deren Vergleich.

5.5 Die verschiedenen Kodes und die Rolle von Memos

Bei dem gut eingeführten Kodierverfahren innerhalb der Grounded Theory handelt es sich um einen dreistufigen Auswertungsprozess, der drei Ebenen des Kodierens sowie das Verfassen von Memos beinhaltet (Strauss, 1998b, S. 91). In dieser Arbeit handelt es sich nicht um eine sequentielle Abfolge der drei Stufen, sondern vielmehr um eine ständige Rückbeziehung auf das Datenmaterial und eine Überprüfung der Interpretation am Datenmaterial (Breuer et al., 2010, S. 76). So findet eine kontinuierliche Pendelbewegung zwischen der Beschäftigung mit Theorie und Empirie bzw. zwischen dem entstehenden theoretischen Konstrukt und dem Datenmaterial statt (ebd.). Im Folgenden werden die drei Stufen des Kodierverfahrens sowie die Funktion von Memos vorgestellt.

5.5.1 Offenes Kodieren

Mit dem offenen Kodieren beginnt der erste Kodiervorgang, der sehr genau, d. h., Zeile für Zeile bzw. Wort für Wort durchgeführt wird (Strauss, 1998a, S. 58). Es handelt sich hierbei um erste Versuche, an den Daten angemessene Konzepte provisorisch für die nächsten Schritte zu entwickeln (ebd.). In diesem ersten Schritt werden auch die Analysefragen einbezogen bzw. werden erste Bezüge zu vorhandenen Theoriemustern hergestellt. Dennoch handelt es sich zu diesem Zeitpunkt um Lesartenkonstruktionen unter Einbezug von Handlungsalternativen. Ziel ist es hier, durch offene Kodes und über angemessene Konzepte theoretische Kategorien zu entwickeln (Strauss, 1998a, S. 59).

5.5.2 Axiales Kodieren

Das axiale Kodieren schließt an längere Phasen offenen Kodierens an. Hier geht es um die genaue Analyse von Kategorien an einem bestimmten Punkt des Forschungsprozesses (Strauss, 1998a, S. 63). Die entwickelten Kategorien werden nun u. a. nach Bedingungen, Interaktionen, Strategien und Taktiken analytisch ausdifferenziert, wodurch sich das Wissen über Beziehungen zwischen einer bestimmten Kategorie und anderen Kategorien sowie Subkategorien vergrößert (Strauss, 1998a, S. 63).

5.5.3 Selektives Kodieren

Beim selektiven Kodieren geht es darum, systematisch und konzentriert nach der Kategorie auszuwerten, die das zentrale Phänomen repräsentiert, und unter die möglichst alle Kodes untergeordnet werden können (Kernkategorie bzw. „Schlüsselkategorie") (vgl. Strauss, 1998a, S. 63). Auch die analytischen Memos werden hierauf ausgerichtet und tragen nach und nach zur Theorie bei. Der Kodierprozess verliert somit an Offenheit und gewinnt an Systematik hinsichtlich herausgearbeiteter Zusammenhänge mit der Kernkategorie (Strauss, 1998a, S. 63 f.).

5.5.4 Natürliche Kodes

Neben den in den drei Kodierschritten genannten konstruierten Kodes gibt es die Möglichkeit Kodes in der Sprache des Gesprächspartners zu bilden („natürliche Kodes"). Kommt ein besonders aussagekräftiger Begriff oder ein besonders aufschlussreicher Ausspruch im Interview vor, so kann dieser in der Terminologie des Forschungsfeldes als Kode definiert und ins Kodesystem übernommen werden (Strauss, 1998a, S. 64). Zudem können gerade „natürliche Kodes" auch durch die verwendeten Begriffe auf verwandte „theoretisch aussichtsreiche Kodes" hinweisen, die später u. a. der Dimensionalisierung und Typenbildung dienen können (ebd.; Breuer et al., 2010, S. 74).

5.5.5 Das Schreiben von Memos

Memos umfassen ganz allgemein von dem/der Forscher/in angefertigte Texte, die Auffälligkeiten während der Analyse, Ideen für mögliche Kategorien oder im Forschungsprozess aufkommende Fragen und Unklarheiten umfassen können. Theoretische Gedanken werden in allen Kodierstufen mit Hilfe von Theoriememos in einen Zusammenhang gebracht und ausgebaut (Strauss, 1998a, S. 45). Werden die Memos miteinander in Bezug gebracht, können neue Gedanken mit größerer konzeptueller Dichte entstehen (Strauss, 1998a, S. 45). In dieser Arbeit wurden Memos im Analyseprozess weiter modifiziert. Sie beinhalten je nach Funktion unterschiedliche Abstraktionsebenen (von ersten Ideen bis zur Theorieentwicklung).

6 Umsetzung im eigenen Forschungsprozess

Nachfolgend werden spezifische Aspekte der eigenen Umsetzung anhand der methodologischen und methodischen Prinzipien dargestellt. Die Schritte der Datenerhebung und Datenauswertung im Rahmen des Forschungsprojekts werden aufgeführt.

6.1 Vorbereitung der Datenerhebung

Dieses Kapitel stellt die sukzessive Leitfadenentwicklung im Forschungsprozess, die Kriterien für die Festlegung der Gruppe der Gesprächspartner und die gezielte Auswahl der Teilnehmer/innen anhand einer eigens für das Projekt angepassten Samplingstrategie vor.

6.1.1 Auswahl der Teilnehmer/innen

Die Anzahl der Teilnehmer/innen in qualitativen Forschungsprojekten fokussiert auf wenige Fälle mit dem Ziel der Typenbildung, was eine Entscheidung gegen den Zufall und für eine theoretisch-systematische Auswahl fordert (Lamnek, 2005, S. 167). Grundlegend dafür ist die Annahme, dass nicht die Häufigkeit eines auftretenden Phänomens, sondern die Beschaffenheit und Genese des untersuchten Gegenstands im Vordergrund steht (vgl. Rosenthal, 2014, S. 83-87). Umso mehr wurde Wert gelegt auf die genaue Auswahl und Beschreibung der untersuchten Gruppe von Personen, um zum einen möglichst viele relevante Fälle zu erfassen und zum anderen den Forschungsgegenstand möglichst adäquat analysieren zu können. Nachfolgend werden zeitgeschichtliche Besonderheiten der untersuchten Altersgruppen aufgeführt sowie die Samplingstrategie dargelegt.

6.1.2 Beschreibung der Altersgruppen der befragten Personen

In Anlehnung an das Forschungsprojekt BEWOHNT (Oswald et al., 2013) (S. 28) wurde das Alter der Gesprächsteilnehmer/innen festgelegt durch die beiden Altersgruppen von 70 bis 79 und 80 bis 89 Jahren, um ein möglichst großes Spektrum von unterschiedlichen Altern und Altersverläufen abzubilden. Da seit dem Ende des BEWOHNT-Projektes (September 2012) bis zum Start der Interviews (August 2013 bis November 2013) über ein Jahr Zeit vergangen ist, beträgt das Alter der

Gesprächspartner – je nach Geburtstag der Person – in dieser Studie bis zu 92 Jahren.
Die befragten Personen sind zwischen 1921 und 1940 des vergangenen Jahrhunderts geboren. Die Untersuchungsteilnehmer/innen wurden somit in der Zeit nach dem Ende des Ersten (11. November 1918) und nach dem Beginn des Zweiten Weltkriegs (1. September 1939) geboren. Kindheit und Jugend wurden entweder in der Nachkriegszeit des Ersten Weltkriegs und der (beginnenden) Weimarer Republik (1918 bis 1933) oder im Krieg bzw. der Nachkriegszeit des Zweiten Weltkriegs verbracht. Die Altersgruppen dieser Geburtsjahrgänge sind geprägt durch (eigene oder berichtete) Fluchterfahrungen, Aufwachsen in der Kriegs- und Nachkriegszeit, Erfahrungen von Knappheit und (später) Wohlstand, aber ebenfalls durch das Erleben von Veränderungen gesellschaftlicher Verhältnisse und Lebensformen.

6.1.3 Das zielgerichtete Sampling als Methode

Die zwölf Gesprächspartner/innen wurden ausgewählt aus der Stichprobe des Forschungsprojekts „Hier will ich wohnen bleiben! – Zur Bedeutung des Wohnens in der Nachbarschaft für gesundes Altern" (BEWOHNT). Die randomisierte Quotenstichprobe umfasst insgesamt 595 Personen der beiden Altersgruppen 70 bis 79 Jahre und 80 bis 89 Jahre, die allein (Einpersonenhaushalte) oder mit ihrem Partner/in (Zweipersonenhaushalte) in einem von drei typischen Frankfurter Stadtteilen wohnen (Oswald & Konopik, 2015, S. 402). Diese Stichprobe diente als Ausgangspunkt, um gezielt Personen für die hier vorgestellte Untersuchung anzusprechen. Da in der BEWOHNT-Studie ausschließlich Personen befragt wurden, die privat leben, wurden in die Stichprobe keine institutionellen Wohnformen (insbesondere Pflegeheim) sowie neue Wohnformen (z. B. Senioren-WG) einbezogen. Der Fokus der Studie liegt somit auf der Gesundheitskompetenz privat wohnender älterer und sehr alter Menschen und ist auch dahingehend zu bewerten.
Für die vorliegende Arbeit wurde die Strategie des theoretischen Samplings der Grounded Theory nach verfügbarem Zeitrahmen und dem Zugang zum Feld pragmatisch angepasst, um durch ein zielgerichtetes Sampling unterschiedliche Parameter zu Gesundheit und Krankheit in die Stichprobe fest einzubringen. Die Gruppe der Teilnehmer/innen für die narrativen-problemzentrierten Interviews wurde nach der Methode eines prozessorientierten zielgerichteten Samplings entlang verschiedener Merkmale ausgewählt, um möglichst unterschiedliche Fälle einzubeziehen. Durch das vorangegangene Forschungsprojekt BEWOHNT lagen zu den potentiellen Gesprächsteilnehmern bereits eine Vielzahl von Hintergrund-

informationen, u. a. Alter, Haushaltsstatus, Bildung, Einkommen, Migrationshintergrund, Stadtteil), aber auch relevante weitergehenden Informationen (u. a. Teilnahme an Gesundheitsangeboten, funktionale Einschränkungen, vorhandene Krankheiten) vor. Es wurden nur Personen angesprochen, die im Rahmen der BEWOHNT Befragung zugestimmt haben, dass man sie für weitere Projekte erneut ansprechen darf.

Die Samplingmethode wurde insbesondere gewählt, da in der vorliegenden Arbeit konkrete Fragestellungen vorlagen und diese nicht im Auswertungsprozess entwickelt wurden. Vor der Untersuchung wurden daher bestimmte Kriterien festgelegt, nach denen die Untersuchungspopulation (Datensatz aus 181 Personen) zweckmäßig festgelegt wurde (siehe Tabelle 1). Anschließend wurden im Prozess der Datenerhebung und -auswertung Teilnehmer/innen anhand dieser Kriterien größtmöglich kontrastiert mit dem Ziel, gemeinsame Faktoren anhand einer großen Variation an Fällen zu identifizieren.

Die Datenquelle besteht aus zwölf problemzentriert-biografischen qualitativen Interviews (die Nummerierung der Interviews ist in der Reihenfolge der geführten Interviews in Tabelle 1 aufgeführt), stratifiziert nach Geschlecht, Alter, Haushaltsform, Familienstand, Wohnort, Einkommen, Bildung, Migrationserfahrung, funktionale Einschränkungen, Morbidität, Teilnahme an Gesundheitsangeboten und Health Literacy-Score. Es wurde darauf Wert gelegt, dass auch stärker gesundheitlich belastete und finanziell benachteiligte Personen in die Stichprobe mit einbezogen werden. Darüber hinaus wurde darauf geachtet, eine ausreichende Anzahl von Personen mit Migrationshintergrund einzubeziehen.

Tabelle 1a: Matrix des zielgerichteten Samplings

Teilnehmer	1	2	3	4	5	6	7	8	9	10	11	12
Geschlecht m / w	m	w	w	m	w	w	m	m	m	w	m	w
Alter 70-79 80-89	83	77	74	83	79	73	92	87	83	88	85	76
Haushaltsform allein lebend (a) nicht allein lebend (na)	na	a	a	a	a	a	a	na	a	a	na	na
Verwitwung verwitwet (v) nicht verwitwet (nv)	nv	v	nv	nv	v	v	v	nv	v	v	nv	nv
Wohnort urban (u) / eher rural (r)	u	r	u	r	r	r	u	u	r	u	u	u
Einkommen hoch (h) / mittel (m) / niedrig (n)	m	m	h	m	h	n	h	m	m	m	n	m
Bildung[33] Ausbildungsdauer in Jahren	14,5	11	20	10	17	8	14	17	16	10	11	13
Migrationserfahrung Meiste Zeit in Deutschland gelebt ja (j) / nein (n)	j	j	j	j	j	j	j	n	n	j	n	j
Funktionale Einschränkungen[34] niedrig (n) / mittel (m) / hoch (h)	h	n	n	n	m	h	h	h	n	h	n	h

---

[33] Bildung wird hier gefasst als Ausbildungsdauer insgesamt, welche formale Schulbildung, die Zeit einer beruflichen oder universitären Ausbildung sowie Weiterbildung umfasst.

[34] Funktionale Einschränkungen wurden gemessen mit dem Housing Enabler© (Iwarsson und Slaug, 2000; Iwarsson, Slaug, Oswald und Wahl, 2008), der u. a. Informationsverarbeitung, Sehbehinderung, Schwerhörigkeit, Bewegungsschwierigkeiten sowie die Nutzung von Hilfsmitteln erfasst. Die Schwellenwerte wurden willkürlich gesetzt: null bis eins = niedrige Einschränkung, zwei = mittlere Einschränkung, mehr als zwei = hohe Einschränkung.

Tabelle 1b: Matrix des zielgerichteten Samplings

Teilnehmer	1	2	3	4	5	6	7	8	9	10	11	12
Morbidität[35] eher niedrig (n) / eher hoch (h)	n	n	n	h	h	h	n	h	h	h	n	n
Teilnahme an Gesundheitsangeboten[36] Teilnahme (t) / Nicht-Teilnahme (nt)	t	nt	nt	nt	t	t	t	nt	nt	t	nt	t
Health Literacy-Score[37] adäquat (a) problematisch (p) / inadäquat (i) / fehlender Wert (m) [38]	p	p	a	p	i	i	p	p	p	m	a	p

6.1.4 Teilnehmerakquise

Die Gesprächsteilnehmer/innen wurden telefonisch kontaktiert und über das Vorhaben aufgeklärt. Besonders die angestrebte Kontaktaufnahme zu gesundheitlich schwer beeinträchtigten oder isolierten Personen erwies sich als schwierig und

---

[35] Die Morbidität beinhaltet objektive Gesundheit, welche mit einer mortalitätsgewichteten Krankheitsliste© (Forschungsprojekt BEWOHNT) gemessen wurde. Zur Einschätzung der objektiven Gesundheit wurde der Mittelwert des Gesamtscores der Krankheitsliste der Untersuchungspopulation des Forschungsprojekts BEWOHNT verwendet [2,68].
[36] Die Teilnahme an Gesundheitsangeboten beinhaltet die Nutzung von mindestens einem Angebot zur Gesundheitsförderung, Prävention und Krankheitsbewältigung neben der hausärztlichen Versorgung (Besuchs- und Begleitdienste, Treffs, Clubs und Begegnungsstätten für Senioren, Sportangebote für Senioren, Seniorenberatungsstellen, Selbsthilfegruppen, Fußpflege, Physiotherapie und Facharzt).
[37] Health Literacy wurde mit der Kurzform des Europäischen Health Literacy Survey Questionnaire (HLS-EU-Q-16) (Röthlin, Pelikan & Ganahl, 2013, S. 83) gemessen. Zur Einschätzung der Scores wurde sich an das vorgeschlagene Verfahren von Röthlin et al. gehalten (adäquat = 13-16 Punkte, problematisch= 9-12 Punkte, inadäquat=1-8 Punkte).
[38] Der fehlende Wert (m) zeigt an, dass die Person an der Befragung zum zweiten Erhebungszeitpunkt im Forschungsprojekt BEWOHNT nicht teilgenommen hat.

wäre ggf. ohne die im Forschungsprojekt BEWOHNT bereits hergestellte Vertrauensbeziehung nicht möglich gewesen. Weiterhin wurde darauf Wert gelegt, das Vorhaben am Telefon nur grob zu umreißen und die Forschungsfrage sowie konkrete Aspekte des Leitfadens nicht vorab bekannt zu geben.

Von den ausgewählten und nach und nach kontaktierten Personen stimmten alle erreichten Personen einem Termin zu (drei Personen aller Kontaktierten sind nach Proxy-Auskunft verstorben). Sodann wurde ein Termin vereinbart und eine universitäre Telefonnummer für Rückfragen und Terminänderungen bekannt gegeben.

6.1.5 Datenerhebung

Nachfolgendes Kapitel beinhaltet die Durchführung der Interviews und die Schritte der Datenauswertung, beginnend mit der Transkription der Interviews. Ausführlich geschildert wird sodann die konkrete methodische Herangehensweise durch die Erhebungsmethode (*problemzentriertes Interview*) und die Auswertungsmethoden (*Rekonstruktion narrativer Identität* und *kodierende Verfahren* im Rahmen der Grounded Theory).

6.1.6 Das problemzentrierte Interview, die Rekonstruktion narrativer Identität und Grounded Theory

Die Entscheidung für das problemzentrierte Interview erfolgte, da in der vorliegenden Untersuchung ein spezifisches Vorhaben bzw. das Konzept der Gesundheitskompetenz im Alter im Vordergrund steht und damit ein konkretes „Problem", das im Rahmen des Interviews behandelt werden soll. Der biografische Teil im Interview wurde dennoch ausführlich gestaltet, da subjektive biografisch erwachsene Prinzipien des Erlebens und Verhaltens auf den Gegenstandsbereich übertragen und das Konzept Gesundheitskompetenz zielgerichtet aus subjektiver Perspektive erweitert werden soll. Mit Hilfe des problemzentrierten Interviews konnten biografische Entstehungsbedingungen für Erlebens- und Verhaltensmuster (neue Zusammenhänge und Bezüge) entdeckt werden.

Das Vorgehen stellt ein theoriegenerierendes Verfahren dar, bei dem der Erkenntnisgewinn sowohl im Erhebungs- als auch im Auswertungsprozess als induktiv-deduktives Wechselverhältnis beschrieben wird (Witzel, 2000, [3]), was sowohl subjektive Sichtweisen als auch zielgerichtete Aussagen durch den Einsatz sensibilisierender Konzepte zulässt. Aufgrund der guten Anschlussfähigkeit konnte das problemzentrierte Interview mit dem sehr offenen Vorgehen der Rekonstruktion der narrativen Identität und mit der Methodologie der Grounded Theory, die Theorie ebenso durch sensibilisierende Konzepte gezielt einbringt und deren Verfahren theoriegenerierend ist, verbunden werden.

6.1.6.1 Prämissen des problemzentrierten Interviews

Zu den Grundpositionen des problemzentrierten Interviews zählen Problemzentrierung, Gegenstandsorientierung und Prozessorientierung (Witzel, 2000, [4]).

Die *Problemzentrierung* verweist auf eine gesellschaftlich relevante Problemstellung als Forschungsgegenstand und auf problemorientierte Fragen bzw. Nachfragen, die im Interviewverlauf gestellt werden und die Kommunikation immer präziser auf das Forschungsproblem zuspitzen (ebd.).

In den Interviews wurden Notizen während des ersten Teils (biografische Erzählung) gemacht, die neben der Generierung von Verständnisfragen dazu verwendet wurden, später gezielte Nachfragen zu Problemen im Umgang mit Gesundheit zu stellen. Eine weitere Zuspitzung auf problematische Aspekte des Gesundheitserlebens und -verhaltens im Alter fand zudem durch die vorab generierten Leitfragen im vorstrukturierten Teil des Interviews statt.

Die zweite Grundposition, die *Gegenstandsorientierung*, bezeichnet die Flexibilität der Methode gegenüber den unterschiedlichen Anforderungen des untersuchten Gegenstands (ebd.). Neben der Möglichkeit der Kombination des Interviews mit verschiedenen Methoden, wie z. B. der Gruppendiskussion, können auch die Gesprächstechniken flexibel eingesetzt werden (ebd.). So konnten z. B. in den Interviews, je nach der unterschiedlich ausgeprägten Reflexivität und Eloquenz der Befragten, die Narrationen oder die (ggf. die für die Person leichteren) Nachfragen betont werden. In den Interviews wurde jedoch darauf geachtet, dass Narration und Leitfragen in einem ausgewogenen Verhältnis stehen, um zu einem späteren Auswertungszeitpunkt die jeweilige Form der narrativen Identität mit Gesundheitserleben und -handeln in Verbindung bringen zu können.

Die *Prozessorientierung* bezieht sich auf den Kommunikationsprozess, der „sensibel und akzeptierend auf die Rekonstruktion von Orientierungen und Handlungen zentriert wird", um bei dem/der Interviewpartner/in Vertrauen und Offenheit zu wecken, was wiederum den Interviewverlauf, u. a. durch bessere Erinnerungsfähigkeit und bessere Motivation, zur Selbstreflexion günstig beeinflusst (Witzel, 2000, [4]).

So wurden aus der Samplingliste genau die Personen ausgewählt, die die Interviewerin bereits aus dem vorangegangenen Projekt kannte (tatsächlich war es bei den meisten der vierte Hausbesuch, so dass ein größeres Ausmaß an Vertrautheit und

Offenheit vorlag). Es wurde zudem während der Interviewdurchführung darauf geachtet, so gut wie möglich das Relevanzsystem der Person zu berücksichtigen und dennoch auf den Forschungsgegenstand zu fokussieren. Außerdem wurde versucht, das Interview möglichst an ein Alltagsgespräch anzulehnen, weshalb z. B. auch Fragen an die Interviewerin und beziehungsfördernde Seitengespräche zugelassen wurden.

6.1.6.2 Der biografisch-narrative Teil und die Rekonstruktion narrativer Identität

Für die Rekonstruktion von narrativer Identität ist die biografische Erzählung eine Ressource, mit der der Erzähler seine Identitätsarbeit leisten kann (Lucius-Hoene, 2000, S. 3). Deshalb wurde der Kontext Gesundheit lediglich kurz im Einführungstext zu Interviewbeginn angesprochen („Im Forschungsprojekt interessieren wir uns für Gesundheit ..."), um beide Inhalte, Gesundheit und Biografie, zusammenzuführen. So sollte herausgefunden werden, wie die befragte Person über Gesundheit vor dem Hintergrund ihrer Biografie spricht. Weiterhin konnte hierdurch ermittelt werden, warum die Person auf genau diese Art und Weise über Gesundheit spricht. Biografische Erzählungen fanden sich jedoch nicht ausschließlich im narrativen Teil, sondern auch im Leitfaden. Diese wurden ebenso in die rekonstruktive Analyse mit einbezogen.

6.1.6.3 Der Leitfragenteil und Grounded Theory

Das weiter oben beschriebene kodierende Verfahren nach der Grounded Theory (S. 101-105) wird in dieser Arbeit mit dem stärker standardisierten Leitfragenteil des Interviews verbunden. Hierfür wurden spezifische Leitfragen unter Zuhilfenahme der sensibilisierenden Konzepte (Biografie, Umwelt) entwickelt. Mit Hilfe der einzelnen Kodes konnten die Dimensionen Gesundheitskonzept, Wert der Gesundheit und Gesundheitshandeln tiefer gehend altersspezifisch analysiert und durch neue Kategorien erweitert werden.

Da beide Interviewteile nicht trennscharf voneinander abzugrenzen sind, werden sie als gleichwertig und Gesamterzählung betrachtet. So finden sich auch nichtnarrative Passagen bzw. gesundheitsbezogene Stellen im Biografieteil, so dass auch hier kodierende Auswertungen vorgenommen wurden. Beispiele aus dem biografischen Teil, die für die Analyse eher gesundheitsbezogener Fragen relevant waren, wurden ebenso miteinbezogen. Aufgrund des Leitfadenteils und Vorgehens konnten so auch Interviews mit relativ kurzer biografischer Erzählung verwendet werden.

6.1.6.4 Leitfadenentwicklung

Als erster Schritt der Leitfadenentwicklung wurden das Erkenntnisinteresse und die Forschungsfrage(n) der vorliegenden Arbeit expliziert, um den Leitfaden (siehe Anhang I) in Bezug auf die Forschungsfragen entwickeln zu können. Daraus folgte die Konzeption des ersten Teils des Leitfadens, der die (möglichst gesamte) Lebensgeschichte fokussiert. Diese wurde durch ein offenes Leitfadeninterview erhoben. Bei der Planung der Durchführung der Interviews stand die Darstellung der Lebensgeschichte nach eigenen Relevanzkriterien im Vordergrund. Ferner wurde auch keine chronologische Abfolge der Biografie vorgegeben. Im strukturierten Leitfadenteil wurden hingegen mit theoretischen Konzepten verbundene Themen (z. B. Gesundheitsinformationen und Unterstützung bei Krankheit) integriert.

Der Leitfaden für die Pilotierung (Pilot I-III), der vorab mit Kollegen/innen auf Dauer, Inhalt und Wortflüssigkeit erprobt wurde, besteht insgesamt aus drei Themenblöcken, nach denen die Interviewerin das Gespräch strukturiert hat. Der erste Block ist offen konzipiert und zielt auf die Biografie. Der zweite Block umkreist das Thema Gesundheit erst allgemein, indem z. B. nach dem wichtigsten, um sich gesund zu fühlen, gefragt wird. Ab dem dritten Teil werden spezifische konzeptgeleitete Nachfragen gestellt. Hierzu wurden erst möglichst viele Fragen gesammelt, um diese anschließend unter den Aspekten Vorwissen und Offenheit weiter zu bearbeiten. Zu stark fokussierende entwickelte Nachfragen wurden als Analysefragen gesammelt, um diese bei der späteren Datenauswertung hinzuzuziehen. Die stärker theoriegeleiteten Leitfragen beinhalten insbesondere Wissen zum Konzept Health Literacy und waren teils nach den im Rahmenmodell von Sørensen et al. beschriebenen Dimensionen der Informationsverarbeitung (ebd. 2012, S. 8) ausgerichtet. Im Leitfadenteil war beabsichtigt, Personen mit Fragen und Aufforderungen zu irritieren, damit von diesen Setzungen in Bezug auf die besprochenen Themen vorgenommen werden. Hierzu wurden u. a. Reizwörter, die in Bezug auf Gesundheit deutliche Positionierungen hervorrufen können gesetzt, u. a. „Krankenkasse", „Medien" und „Vertrauen". Inhaltlich ging es unter anderem um Informationen zur Gesunderhaltung, zu Erkrankungen, Untersuchungs- und Behandlungsmethoden und Informationsquellen. Hierbei wurden nicht nur Informationen aus dem Gesundheitswesen, sondern auch eher soziokulturelle Informationen über

Gesundheit, wie z. B. subjektive Erfahrungen und tradiertes Wissen, berücksichtigt (unterschiedliche Wissensformen). Es wurde davon ausgegangen, dass sich Entscheidungen zur (nicht unbedingt eigenen) Gesundheit durch Gesundheitsinformationen leichter treffen lassen.

So beinhaltet der Leitfaden durchgängig offene Fragen mit Erzählstimulus. In allen Blöcken wurden Rückfragen hinzugefügt, die im Interview ggf. verwendet werden konnten. Es wurde nach der Fragensammlung darauf geachtet, die Anzahl der Fragen zu reduzieren und zu strukturieren, um diese anschließend noch nach zeitlicher Abfolge und inhaltlichen Aspekten zu sortieren. Zum Schluss wurden die Fragen unter einfache Erzählaufforderungen subsumiert. Insbesondere in der ersten Pilotierung wurde der Frage nachgegangen, ob der Fragebogen allgemein feldtauglich ist, u. a. unter sprachlichen Aspekten und ob ab dem zweiten Block ggf. wirksamere Erzählfragen generiert werden sollten.

Nach den Erfahrungen aus den ersten drei Pilotinterviews wurden vor allem sprachliche Anpassungen vorgenommen. Insbesondere wurden abstrakte Begriffe wie „Gesundheitsstatus" ersetzt und Fragen verändert. Die Frage, „Wie würden Sie persönlich Gesundheit beschreiben?", wurde u. a. erweitert um die Nachfragen, „Und was zählt hier alles für Sie dazu?", sowie „Was ist das wichtigste für Sie, um sich gesund zu fühlen?". Daneben wurden Fragen aufgrund relevanter Thematisierungen in den Pilotinterviews ergänzt (u. a. zum Gesundheitssystem) und Nachfragen zu wichtigen Inhalten hinzugenommen (z. B. zur Erkrankung von Personen im Umfeld). Zusätzlich wurde nach den ersten Analysen des biografischen Teils die allgemeine Verständnisfrage ergänzt „Wie glauben Sie wird das in Zukunft werden?", da die Zukunft im Vergleich zu Vergangenem in den ersten Interviews weniger thematisiert wurde.

Hinsichtlich des Einstiegs in die Interviews lässt sich feststellen, dass alle Personen einen Einstieg in die biografische Erzählung gefunden und fast jede/r die Erzählung bei dem normativen Zeitpunkt der Geburt begonnen hat. Das verweist auf gesellschaftliche und verinnerlichte Vorstellungen von Biografieschilderungen. Besonders gut gelungen sind in den Interviews die teilweise sehr hohen Auflösungsgrade und in den meisten Fällen konnten die Leitfragen auf Anhieb beantwortet werden.

6.1.6.5 Durchführung der Interviews

Alle Interviews wurden von der Verfasserin dieser Dissertationsschrift geführt, der alle Teilnehmer/innen bereits durch Interviews im Rahmen des Forschungsprojekts BEWOHNT (Oswald et al., 2013) (S. 28) bekannt waren. Nach den Kriterien des zielgerichteten Samplings wurden potentielle Teilnehmer/innen für ein problemzentriertes Interview telefonisch kontaktiert. Das Vorhaben wurde am Telefon vorgestellt und bei Einwilligung wurde ein Gesprächstermin in der Wohnung des Teilnehmers bzw. der Teilnehmerin vereinbart. Vor Beginn des Interviews wurde ein Informationsblatt nach wissenschaftlichen Standards zum Datenschutz, das den Namen des Betreuers der Studie und der Verfasserin, Informationen zum Ziel und zur Durchführung der Studie sowie mit Kontaktdaten ausgehändigt. Eine Einwilligungserklärung zum Interview und zur Aufzeichnung des Gesprächs wurde zweifach ausgehändigt und ein unterschriebenes Exemplar erhielt die Interviewerin zurück.

Das Interview wurde mit einem kurzen Anriss des Gesundheitsthemas begonnen (thematischer Einstieg):

> „In der bevorstehenden Unterhaltung möchte ich Sie einladen, mir aus Ihrem Leben zu erzählen. Wir interessieren uns im Projekt für Fragen zur Gesundheit. Menschen haben zu Gesundheit ja unterschiedliche Vorstellungen. Ich habe mich gefragt, wie dies eigentlich kommt. Mich interessiert daher Ihre persönliche Meinung."

Anschließend wurde der Stimulus zur biografischen Stegreiferzählung platziert (biografischer Einstieg):

> „Vielleicht können Sie mir zunächst weiterhelfen, indem wir zunächst damit beginnen, dass Sie mir einfach ein wenig aus Ihrem Leben erzählen. Jetzt wollte ich Sie bitten, einfach mal anzufangen zu erzählen, wie so alles in Ihrem Leben gekommen ist, wie Sie zu der Person geworden sind, die Sie heute sind. Sie können sich dabei ruhig Zeit nehmen, auch für Einzelheiten, denn für mich ist alles das interessant, was Ihnen wichtig ist."

Alle Personen reagierten entweder auf den ursprünglichen Stimulus oder begannen die biografische Erzählung nach ein bis zwei Wiederholungen des ursprünglichen Stimulus bzw. einer Umformulierung dessen.

Die Haltung im Interview war durch Offenheit gegenüber Forschungsgegenstand und Forschungssubjekt geprägt. So wurde u. a. darauf geachtet, dass nach der Erzählaufforderung möglichst keine Unterbrechungen des Gesprächsteilnehmers bzw. der Gesprächsteilnehmerin stattfanden. Von der Bedeutung des eigenen Relevanzsystems des Biografieträgers ausgehend (z. B. bedeutsame Schlüsselsituationen und gesellschaftliche Ereignisse), wurde während des Gesprächs alles Erzählte als wichtig bewertet und der Befragte während der ersten Phase erst einmal nicht unterbrochen. Stichpunkte wurden für spätere textimmanente Nachfragen, das heißt solche, die sich auf bereits von der Person eingebrachte Themen beziehen, notiert. In den Fällen, in denen die biografische Erzählung unterbrochen

wurde, wurde der ursprüngliche Stimulus gekürzt wiederholt. Es wurde darauf geachtet, dass die textimmanenten Fragen keine Suggestionen enthielten und die Eingriffe nur dem funktionalen Gesprächsablauf dienten, d. h., dass Fragen und Bemerkungen der Interviewerin ins Gespräch zurückführen sollen, insbesondere durch Paraphrasieren in leicht modifizierter Form.
Nachdem die Stegreiferzählung beendet war, wurden die textexmanenten Nachfragen angebracht. Diese beinhalteten alle Fragen zu wichtigen Bereichen, die bisher noch nicht erwähnt wurden.
Hiernach wurde in den Leitfadenteil übergeleitet, der nunmehr stärker auf den Bereich der Gesundheit fokussierte:

> „Nachdem Sie mir aus Ihrem Leben erzählt haben, möchte ich nun gern mit Ihnen vertieft über das Thema Gesundheit sprechen. Wie ist Ihre Einstellung zu Gesundheit?"

Wo möglich, wurde versucht zu jedem Bereich eine Erzählfrage zu generieren. Der Leitfaden wurde jedoch zunehmend konkreter, wodurch Erzählfragen weniger gewichtig wurden.
Nach Abschluss des offiziellen Interviews wurden oftmals erneut Themen angesprochen oder neue Themen eröffnet. Auch diese Aussagen wurden – vermerkt im Postskriptum – als Daten zugelassen. Die Dauer der Interviews variierte zwischen 43 Minuten und 135 Minuten. Durchschnittlich dauerte ein Interview 88 Minuten (ohne Einleitung und Ausklang des Gesprächs). Der Erhebungszeitraum war von August 2013 bis November 2013. Zudem gab es eine einmalige Nacherhebung bei einem Teilnehmer im Mai 2015.[39]

6.2 Datenauswertung

Das nachfolgende Kapitel umfasst den gesamten Prozess der systematischen Datenauswertung, der, wie charakteristisch für ein qualitatives Forschungsprojekt, mit der Transkription der Daten beginnt und in dieser Arbeit mit einer Modellentwicklung abschließt.

6.2.1 *Transkription der Interviews*

Die Daten (insgesamt 13 Tonbandaufnahmen) wurden vollständig transkribiert. Lediglich das wiederholte Interview wurde nicht vollständig transkribiert, da die

---

[39] Ein zweiter Gesprächstermin wurde vereinbart, da im ersten Interview wenig Erzählpassagen stattfanden.

biografische Erzählung im Vergleich zum ersten Interview annähernd identisch war und keine substantiell neuen Aspekte im Vergleich zum ersten Besuch beinhaltete. Die Transkription wurde angelehnt an das gesprächsanalytische Transkriptionssystem 2 (GAT 2) nach Selting et al. (ebd. 2009), welches gesprächsanalytische Feinheiten, wie z. B. Überlappungen und gleichzeitiges Sprechen, Dehnungen, Pausen und außersprachliche Handlungen einbezieht (für eine ausführliche Ansicht der Transkriptionsregeln siehe Anhang II). Das ausführliche Transkriptionsverfahren wurde insbesondere benötigt für das ausgewählte sequenzanalytische Vorgehen. Für zehn Minuten aufgezeichnetes Interview wurden ca. 60 Minuten Zeit zur Transkription aufgewendet. Die Transkripte wurden anschließend mit Hilfe der Analysesoftware ATLAS.ti© (S. 124) weiterbearbeitet.

6.2.2 Die Trennung zwischen Kompetenz und Performanz

In der vorliegenden Arbeit werden Kompetenz und Performanz analytisch getrennt voneinander behandelt. Um zwischen Gesundheitskompetenz im Alter und deren Performanz unterscheiden zu können, wird Kompetenz an theoretische Vorarbeiten angeschlossen, die diese als Verhaltensdisposition beschreiben (S. 50). In der vorliegenden Arbeit wird Kompetenz als biografische Muster von Gesundheitserleben und -handeln (Biografieteil) und Performanz, als deren aktuelle Realisierung im Alter im Kontext konkreter Anforderungen (Nachfrageteil) gesetzt.

6.2.3 Strukturierende Kategorien

Als strukturierende Kategorien werden in dieser Arbeit jene bezeichnet, die unmittelbar wirksam bzw. gezielt eingesetzt werden, um die Fallporträts zu strukturieren. Diese Kategorien wurden erst durch einen theoretischen Zugang durch gut eingeführte gesundheitswissenschaftliche Konzepte (deduktives Vorgehen) gewonnen. Später wurden sie durch weitere Kategorien, die durch die Arbeit an den Interviewtexten und die Rückbindung erster Analyseergebnisse an gesundheitswissenschaftliche Kategorien gewonnen wurden (induktives Vorgehen), ergänzt. Zu den strukturierenden Kategorien dieser Arbeit zählen „Gesundheitskonzept" (deduktives Vorgehen), „Wert der Gesundheit" (induktives Vorgehen) und „Gesundheitshandeln" (deduktives Vorgehen). Insgesamt bezeichnen die strukturierenden Kategorien gesundheitsbezogene Themenbereiche, wodurch die einzelnen Fallporträts so in ihrem strukturellen Profil vergleichbar sind. Das war ein nötiger Zwischenschritt für die hier vorgenommene Analyse (siehe Fallporträt 1). Durch die strukturierende Funktion konnten unterschiedliche, diesen Kategorien innewohnenden, Eigenschaften dimensionalisiert werden. Das Ergebnis einer Fallanalyse weist hierdurch ein einzigartiges Profil auf, das erst für den einen untersuchten Fall gültig war, später jedoch durch gezieltes Aussuchen ähnlicher oder kontrastierender Fälle (Fallvergleich) in einen mehr verallgemeinernden Zusammenhang gestellt werden konnte. Später wurde sich von der Systematik der strukturierenden Kategorien gelöst zugunsten fallspezifischer Inhalte bzw. Kategorien.

6.2.4 Sensibilisierende Konzepte

In der vorliegenden Arbeit dienen die sensibilisierenden Konzepte, die von Vorwissen bestimmt sind, als theoretisches Raster. So konnten durch den Einbezug theoretischer Konzepte Vorwissen bzw. Präkonzepte kontrolliert werden. Zu einem späteren Zeitpunkt wurden die sensibilisierenden Konzepte auf die textspezifische Analyse angewandt und dienten der Strukturierung der Vielfalt des Feldes entlang der Forschungsfrage. Zudem wurden unter einer Person-Umwelt-Transaktionsperspektive Biografie und Umwelt als theoretische Konzepte im Vorfeld der Studie eingebracht. Diese haben sich im Verlauf des Forschungsprozesses als weiter bedeutsam herausgestellt. Des Weiteren diente die ausgesuchte Arbeitsdefinition von Gesundheitskompetenz (Sørensen et al., 2012, S. 3) als erste Orientierung, um ein gegenstandsbegründetes altersspezifisches Modell zu Gesundheitskompetenz im Alter zu entwickeln.

6.2.5 Die Rekonstruktion von Erlebens- und Handlungsmustern

Im biografischen Teil des Auswertungsprozesses wurden Sinnsetzungs- und Sinndeutungsmuster der Akteure innerhalb ihrer Alltagswelt rekonstruiert. Es ging hier insbesondere um das Erschließen dieser Muster durch die Rekonstruktion von Erleben und Handeln innerhalb von Interaktionen. Ziel war die Ermittlung biografischer Erlebens- und Handlungsmuster (Regelhaftigkeiten). Hierzu wurde in der vorliegenden Studie narrative Identität mit Biografieforschung verbunden. Die autobiografische Stegreiferzählung ist in dieser Arbeit Teil eines Datenkorpus, mit dem zeitliche und sequentielle Verhältnisse des Lebensablaufs erfasst werden können (vgl. Schütze, 1983, S. 285).

6.2.6 Die Erstellung biografischer Gesundheitsverlaufskurven

Die biografischen Krankheitsverlaufskurven in dieser Arbeit sind angelehnt an das Konzept nach Corbin & Strauss (1998), das darauf basiert, dass jede chronische Krankheit individuell in unterschiedlichen Stadien verläuft. Zudem zeigen sie die Gesamtorganisation der Arbeit von Patient und professionellen Helfern auf, die in diesen Verlauf eingebettet (Corbin & Strauss, 2010, S. 47). Im Gegensatz zum Modell der Krankheitsverlaufskurven geht es hier jedoch nicht um die Beschreibung eines bestimmten Krankheitsverlaufs vom Auftreten der Symptome bis zur

„Krankheitsbewältigung". Bei den hier verwendeten Gesundheitsverlaufskurven geht es vielmehr um die Erstellung einer Kurve zu berichteten Phasen der Gesundheit und Krankheit sowie gesundheitlichen Einschränkungen über die Biografie hinweg, die in eine Zeitkurve von der Geburt an bis zur Gegenwart eingetragen werden. Mit Hilfe der individuellen gesundheitsbezogenen Verlaufskurven über die biografische Erzählung hinweg, werden ergänzend zur sequentiellen und kodierenden Analyse für die einzelnen Interviews lebensgeschichtliche Ereignisse zu gesundheitlichen Ereignissen bzw. Beeinträchtigungen und Krankheit grafisch dargestellt. Die Entfaltung verschiedener gesundheitlicher Belastungen in der Gesundheitsbiografie über die Lebensspanne wird somit sichtbar und kann sowohl für die Analyse genutzt, als auch an bisherige Ergebnisse rückgebunden werden.

6.2.7 Entwicklung der Analysefragen

Die Analysefragen wurden eigens für das Forschungsvorhaben entwickelt. Sie dienten im Auswertungsprozess dazu, die Forschungsfragen zu beantworten und somit die Ziele der Studie zu erreichen. Hierfür wurden sie im Analyseprozess selektiv bedient. Die Analysefragen wurden hauptsächlich aus theoretischem Vorwissen und durch konkrete Nachfragen, die sich während des Analyseprozesses ergaben, konstruiert. Unter anderem konnte so Vorwissen gesteuert eingebracht werden. Die Ordnung der Analysefragen diente ferner als theoretisches Raster, welches das Vorwissen bestimmt hat und auf die textspezifische Analyse angewendet werden konnte. Insgesamt stellen die Analysefragen eine Zusammenführung von Theorien aus Gesprächsforschung, Biografie- und Gesundheitsforschung sowie Theorien zu dem Konzept Gesundheitskompetenz dar (siehe Anhang III). Die Analysefragen wurden nach Analyseebenen (u. a. Suchheuristiken und strukturierende Kategorien) sortiert. Die Sortierung der Fragen beinhaltet neben generellen sprachwissenschaftlichen bzw. gesprächsanalytischen Aspekten die Themen: Kulturgeschichte und Zeitgeist, biografische Aspekte, umweltbezogene Aspekte, Gesundheitskonzept, Gesundheitshandeln und subjektive Vorstellungen von Gesundheitskompetenz. Hinzu kommen Fragen, die dazu dienen sollen, Fälle zu vergleichen bzw. zu kontrastieren und die auf einzelne Textstellen, aber auch komplette Interviews Bezug nehmen. Der Aspekt des Werts der Gesundheit kommt in der Sortierung nicht als Überschrift vor. Dennoch sind Fragen hierzu in den einzelnen Abschnitten enthalten.

6.2.8 Analyse des Nachfrageteils

Bei der Analyse des Nachfrageteils wurde fragegeleitet bzw. geleitet durch die Antworten der Gesprächsteilnehmer/innen vorgegangen, das heißt, es wurde selektiert, welche Textpassage zur Beantwortung der Forschungsfrage am meisten interessiert. Zu Beginn wurde analysiert, ob die befragte Person sich an die Vorgaben der Nachfrage gehalten hat (Was wurde beantwortet?). Neben weiteren inhaltlichen Aspekten zu Gesundheit wurde allgemein auch verstärkt darauf geachtet, wo relevante Einstellungen zu finden sind.

6.2.9 Die Verknüpfung von Biografie und Leitfadenanteil

Die vorliegende Forschungsarbeit möchte ermitteln, was die Konzepte der Biografie und der Umwelt zu einer erweiterten Sicht auf Gesundheitskompetenz im Alter beitragen können. Im ersten – biografischen – Teil geht es um allgemeine Muster des Erlebens und Handelns, die vor der Hintergrundfolie der Gesundheit geäußert werden und die in der Biografie spontan oder unterstützt durch Nach- und Rückfragen auftauchen. Hier wurden also Kategorien und Muster vor dem Hintergrund der Biografie ermittelt.

Im zweiten Teil, dem Leitfragenteil, sind die Inhalte durch die im Voraus angefertigten Fragen auf Gesundheit zugespitzt. Auch hier werden – eher inhaltsbezogen – Erlebens- und Handlungsmuster, jedoch mit Hilfe des weiter oben beschriebenen kodierenden Verfahrens (S. 101-105), ermittelt. Biografie- und Leitfragenteil wurden also über Erlebens- und Handlungsmuster verknüpft, wodurch eine vergleichende Analyse innerhalb eines Interviews ermöglicht wurde. Konkret heißt das, dass Gesundheitserleben und -handeln vor dem Hintergrund der Biografie bzw. deren Analyse betrachtet wurden. Biografische Muster eher allgemeinen Erlebens und Handelns wurden so mit spezifischen Mustern des Gesundheitserlebens und -handelns in Verbindung gebracht. So konnte auch herausgefunden werden, ob das, was die Person schildert, eine aktuelle bzw. gegenwartsbezogene Definition, Logik oder ein solches Muster ist oder ob diese sich auf frühere Lebensabschnitte beziehen. Ein Muster ergibt sich dann, wenn Inhalte wiederholt werden als Zeichen für Konsistenz (textimmanenter Vergleich).

Der Nachfrageteil wird vor dem Hintergrund der biografischen Erzählung analysiert. Es findet eine Bewegung vom gesamtbiografischen Abschnitt in den spezifisch gesundheitsbezogenen statt, wobei nicht zur Beantwortung der Fragestellung gehörende Passagen im Nachfrageteil ausgeklammert werden. Nachfolgend werden die einzelnen Schritte der Interviewauswertung beschrieben.

6.2.10 Auswertungsschritte am Text

Die Interviews wurden fortlaufend ab dem ersten Pilotinterview parallel erhoben und ausgewertet, das heißt, die Datensammlung sowie das Kodieren und Analysieren der Daten fanden nebeneinander statt. Dies eröffnete die Möglichkeit, den Fragebogen anhand konkreter Felderfahrungen zu modifizieren. Ebenso wurde durch erste Memos und entwickelte Hypothesen die Auswahl der nächsten Interviewpartner/innen gesteuert. Die Entscheidung für oder gegen die weitere Verwendung eines Interviews wurde allein abhängig gemacht von der Möglichkeit der technischen Weiterverwendung der Audio-Datei (Möglichkeit der Transkription aufgrund von Verständlichkeit). Alle Interviews waren jedoch für eine Transkription geeignet.

Die Analyse der Interviews wurde formal[40] begonnen mit der Erstellung des jeweiligen Inventars und der Zeittafel (grobstrukturelle Analyse) *(Schritt 1)*. Ein Inventar umfasst die Grobstruktur des Textes, das heißt die Textsorte, wie z. B. Erzählung, Bericht, Beschreibung, Argumentation und der Wechsel von Textsorten. Anschließend wurde das gesamte Gespräch transkribiert und erste Bemerkungen zu Textauffälligkeiten wurden hinzugefügt *(Schritt 2)*. So wurde die Analyse bereits während der Phase der Verschriftlichung der Tonbandaufnahmen fortgeführt. Die Zeittafeln, die Inventare sowie die Transkription wurden teils von einer studentischen Mitarbeiterin im Forschungsprojekt, teils von der Interviewerin selbst angefertigt.

Die Transkription wurde mit dem ersten Interview (Pilot 1) begonnen. Nach der vollständigen Transkription eines Interviews wurde mit der Feinanalyse der biografischen Stegreiferzählung und der biografischen Sequenzen im Leitfragenteil nach der Methode der Rekonstruktion narrativer Identität nach Lucius-Hoene und Deppermann begonnen *(Schritt 3)*. Hier fand nach der sequenziellen Analyse von Beginn an eine weitere Einteilung in Segmente und Subsegmente bzw. die Analyse der Aufschichtung einer / mehrerer Erzählung/en statt, um herauszufinden, welche biografischen Muster des Erlebens und Handelns die Person hat und welche umweltbezogenen Aspekte vorhanden sind. Das begründete später auch die Sequenzauswahl. Zur Identifikation biografischer Aspekte wurde die Definition von Biografie nach Nittel (S. 84 f.) hinzugezogen. Es wurden hier gezielt Aspekte

---

[40] Bereits während des Interviews bzw. im Anschluss bei der Erstellung des Postskriptums, aber auch bei gedanklichen Weiterverfolgungen, fand bereits eine erste Analyse statt.

der erzählten Lebensgeschichte, nachträglicher Konstruktionen des Lebens, subjektiv verstandenen Lebens und biografische Ereignisse unter Berücksichtigung gesellschaftlicher Zusammenhänge untersucht.
Zur Identifizierung umweltbezogener Aspekte wurde die breite Definition von Umwelt nach Lawton (Lawton, 1983, S. 352) (S. 85) hinzugezogen und sich an dessen Einteilung von Umwelt (ebd.) (85 f.) orientiert. Die Einteilung der Umwelt wurde im Auswertungsprozess den Daten angepasst. Anschließend wurde nach Stellen bzw. Passagen im Interview gesucht, in denen gezielt Aspekte außerhalb der Person für deren Erleben und ihr Handeln wichtig waren. Ziel war es, biografische sowie umweltbezogene Kategorien mit Hilfe der Rekonstruktion narrativer Identität zu bestimmen. Es wurde darauf geachtet, dass möglichst keine Anteile aus Erfahrungswissen und Theorien hinzugezogen wurden. Nach Abschluss der Analyse der biografischen Sequenzen konnte zudem bestimmt werden, welche Gesundheitsverlaufskurve die jeweilige Biografie einnimmt.
Der Leitfragenteil wurde zunächst vollständig näher betrachtet, bevor anschließend auf Textstellen zurückgegriffen wurde, die unter der Prämisse der drei Schritte des kodierenden Verfahrens analysiert wurden *(Schritt 4)*. Hier konnten nun mit Hilfe der bereits gebildeten biografischen und umweltbezogenen Kategorien, relevante Passagen des Nachfrageteils ausgewählt bzw. verglichen werden (komparatives Vorgehen). Die im biografischen Teil gebildeten Kategorien bzw. die biografischen Erlebens- und Handlungsmuster konnten so mit den gebildeten Kategorien im Leitfragenteil verglichen (bestätigt bzw. widerlegt) werden. Es konnte so weiterhin herausgefunden werden, ob ein roter Faden bzw. eine Verknüpfung über Erlebens- und Handlungsmuster sichtbar ist (textimmanente komparative Analyse). An dieser Stelle wurden in der Sequenzauswahl und -analyse auch die eher erfahrungs- und theoriegeleiteten gesprächsanalytischen Fragen (Analysefragen) gezielt einbezogen. Im Sinne eines rekursiven Prozesses wurden erst die biografischen Sequenzen betrachtet und dann auf den eher gesundheitsbezogenen Leitfragenteil rekurriert *(Schritt 5)*. So konnten aus dem Fall heraus wichtige Stellen ermittelt und werden.
Am Ende der Auswertung eines Interviews folgte die systematische Darstellung der Ergebnisse durch ein in sich geschlossenes Fallporträt bzw. eine Typenbildung am Einzelfall mit dem Fokus auf Gesundheit *(Schritt 6)*. Muster im Interview ergaben sich, wenn Inhalte konsistent wiederholt wurden. Dies wurde durch textimmanente bzw. textinterne Vergleiche ermittelt (z. B. ob Gesundheitshandeln in verschiedenen Textstellen ähnlich oder unterschiedlich geschildert wird). Wann immer bestimmte Inhalte sowohl spontan in der biografischen Erzählung als auch

aufgefordert im Nachfrageteil geäußert wurden, entstand ein konsistentes Bild bzw. wurde die Positionierung, die Einstellung oder das Erlebens- und Handlungsmuster als fix gedeutet (Hinweis auf Güte). So konnte die Besonderheit einer Fallstruktur entlang der strukturierenden Kategorien erstellt werden, die zeigte, welche Regeln im Lebensvollzug generiert wurden (fallbezogene Aussagen). Der einzelne Fall ist hier Repräsentant für eine (unbestimmt große) Gruppe eines Typus in der sozialen Wirklichkeit.

Nachdem eine Fallstruktur ausführlich mit Textbelegen erstellt wurde, wurden weitere Fälle ermittelt für einen fallübergreifenden Vergleich *(Schritt 7).* Im Fallvergleich wurden einzelne Fälle kontrastierend miteinander verglichen und relevante Gemeinsamkeiten und Unterschiede (sowie mögliche Gründe dafür) identifiziert. Hierfür wurde ein weiteres – möglichst unterschiedliches – ganzes Interview nach den Schritten eins bis sechs analysiert, bevor ein weiteres Interview nach den Schritten eins bis sechs analysiert und einbezogen wurde. Das durch die drei Fallstudien gebildete Kategoriensystem wurde anschließend für die Rekonstruktion von narrativer Identität und zur Analyse der gesundheitsbezogenen Dimensionen der übrigen neuen Interviews verwendet. Ebenso wurden neu entdeckte Kategorien rückwirkend in die Analyse der ersten drei Fallporträts einbezogen. Einzelfallbefunde verschiedener Fallporträts wurden dann zusammengeführt, um sie kontrastierend nebeneinanderzustellen und um soziale Muster durch Befunde ähnlicher Art zu konsolidieren. So wurden durch die Technik des minimalen und maximalen Kontrasts systematische Unterschiede oder Ähnlichkeiten ermittelt.

Als die fallvergleichende Analyse fortgeschritten war, wurde sich zunehmend von den Einzelfällen gelöst und den Einzelfällen wurden abstraktere Kategorien zugeordnet, um diese dann typisierend zu vergleichen. Zwischen den Interviews konnten so verschiedene allgemeine Erlebens- und Handlungsmuster im Hinblick auf Unterschiede im Gesundheitserleben und -handeln betrachtet werden.

Aufbauend auf den drei Fallstudien und dem Fallvergleich wurden sodann aus weiteren Interviews entlang der strukturierenden Kategorien weitere Kategorien bzw. spezifische Aspekte im Kontext von Umwelt und Biografie in bestehende Zusammenhänge integriert (Kapitel 4). Alle so entwickelten Kategorien wurden im Fortgang weiter abstrahiert und unterschiedlichen Typen von Gesundheitskompetenz im Alter zugeordnet (Modellentwicklung) *(Schritt 8).*

In einem rekursiven Prozess wurden die Ergebnisse kontinuierlich an die Primärdaten rückgebunden. Dies geschah durch die Verschriftlichung eines vorläufigen Modells und der Integration von Zitaten. Im Sinne des Prinzips der Gegenstandsorientierung bzw. der Bewährung an den Primärdaten wurde das vorläufige Modell stetig modifiziert, bis dieses abschließend in ein Modell von Gesundheitskompetenz im Alter überführt werden konnte.

6.2.11 Einsatz qualitativer Analysesoftware ATLAS.ti©

Die Entscheidung für ATLAS.ti© fiel aufgrund der großen Datenmengen im Projekt (vor allem durch die Transkripte). Zum anderen wurden so die Textstrukturierung und damit die rekursive Analyse (insbesondere durch leichte Rekodierungen und ständige Sichtbarkeit der Kodes) erleichtert. ATLAS.ti© wurde also primär als Ordnungssystem für die offene Kodierung und das Schreiben von Memos verwendet. Nachfolgend werden die verwendeten ATLAS.ti©-Funktionen (Friese, 2011, S. 199-205) aufgeführt:

- *Offenes Kodieren*: Diese Funktion ermöglicht den Verweis eines markierten Textsegmentes auf einen neu definierten Kode;
- *In-Vivo-Kodieren*: Hierdurch werden Textpassagen oder Ausdrücke markiert, die bereits im Datenmaterial bzw. im Wortlaut der Gesprächsteilnehmer/innen Kodes und Ausdrücke enthalten (In-Vivo-Kodes bzw. natürliche Kodes).
- *Memos*: In dieser Arbeit wurden die jeweiligen Textstellen mit Memos verknüpft. Diese wurden als freie, eigenständige Textmemos verwendet. Sie enthalten nähere Ausführungen bzw. Interpretationen und erste Bezüge zu bereits vorhandenen Konzepten und Theorien.

ATLAS.ti© verfügt über viele weitere Funktionen, die jedoch für die vorliegende Studie nicht relevant waren bzw. aus Gründen der Sparsamkeit des Verfahrens nicht ausgewählt wurden. Die einzelnen Funktionen wurden im Projektverlauf ausgewählt und genutzt.

6.3 Darstellung der Ergebnisse

Die Ergebnisse des empirischen Teils werden im IV. Teil dargestellt. In *Punkt eins bis drei* werden drei Fallporträts dargestellt und darin die Kategorienentwicklung aufgezeigt. Das erste Fallporträt verdeutlicht, wie die Analyse gemacht wurde, und ist daher ausführlicher beschrieben. Hieran schließen das zweite und dritte Fallporträt an. In *Punkt vier* werden anschließend durch einen Fallvergleich die drei Fallporträts kontrastiv gegenübergestellt, um hierdurch Gemeinsamkeiten und

Unterschiede zu ermitteln. Anhand vorhandener und neu hinzugekommener Kategorien werden sodann weitere Befragte integriert (*Punkt fünf*). Hierfür wird der Struktur in den Fallporträts entlang der strukturierenden Kategorien (Gesundheitskonzept, Wert der Gesundheit und Gesundheitshandeln) gefolgt. So können die entwickelten Kategorien am Text überprüft werden. Darauffolgend werden im fünften Teil weitergehende Perspektiven für Theorie und Praxis behandelt. In *Punkt eins* werden theoretische Betrachtungen zur Weiterentwicklung eines Konzepts von Gesundheitskompetenz im Alter aufgeführt. Anschließend werden in *Punkt zwei* Folgerungen für die Forschung aufgeführt. Abschließend werden Empfehlungen für eine erziehungswissenschaftliche Gesundheitspädagogik abgeleitet.

6.4 Gütekriterien und Einschränkung der eigenen Arbeit

In diesem Abschnitt geht es um die Nachvollziehbarkeit der Datenanalyse und die Gegenstandsangemessenheit des Vorgehens. Die Güte qualitativer Daten kann anhand der intersubjektiven Nachvollziehbarkeit (Steinke 2000, S. 3) der einzelnen Forschungsschritte bestimmt werden. Hierzu zählt die größtmögliche Transparenz und damit die Überprüfbarkeit aller relevanter Schritte, die zu den Daten und zum Ergebnis geführt haben (Steinke, 2000, S. 2; Flick, 2006, S. 206). Im Methodenteil (Kapitel 3) wird deshalb die Umsetzung im eigenen Forschungsprozess beschrieben bzw. gezeigt, dass methodische Standards regelgeleitet angewendet wurden. Die eigene Subjektivität wurde während des Forschungsprozesses reflektiert, z. B. in der Überarbeitung des Leitfadens (S. 114 ff.).

Weiter wurden im Forschungsprozess die multiperspektive Betrachtung des Phänomens und die intersubjektive Nachvollziehbarkeit durch Interpretationen in verschiedenen, darunter interdisziplinären, Gruppen erhöht. Widersprüche dienten hier dem Erkenntnisgewinn. Die Aussagekraft der Ergebnisse umfasst in diesem Forschungsprojekt gegenstandsbezogene Aussagen, die innerhalb von Interaktionen im Interview entstanden sind. Es gilt eine Repräsentativität für das untersuchte Feld und keine populationsbezogene Repräsentativität. Dazu trug insbesondere ein zielgerichtetes Sampling zur größtmöglichen Fallkontrastierung bzw. die explizite Suche nach abweichenden und extremen Fällen bei. Es lässt sich vermuten, dass sich bei einer erneuten Studie nicht die Gleichen, jedoch ähnliche Ergebnisse herausfinden lassen. Insgesamt geht es in dieser Forschungsarbeit nicht um Theorieprüfung (Hypothesentesten), sondern um die Generierung einer gegenstandsbezogenen Theorie (Theoriebildung bzw. die Ausdifferenzierung einer Theorie), insbesondere anhand empirischer Befunde, aber auch durch theoretische Vororientierung.

6.5 Fazit

Um die Interviews für die Forschungsfrage adäquat auszuwerten, wurden zwei methodische Verfahren, die biografische Stegreiferzählung und ein gesundheitszentrierter Nachfrageteil, miteinander kombiniert. Im Vergleich zu einem rein sequentiellen oder problemzentrierten Verfahren bieten sich hierdurch zwei Vorteile. Zum einen ist das Verfahren durch eine große Offenheit gekennzeichnet, die das eigene Relevanzsystem der befragten Person herausfordert und zulässt. Zum anderen können auch strukturierte Nachfragen zu einem spezifischen Anwendungsgebiet angebracht werden. Theoriegenerierung und einzelfallbezogene Theorieprüfung werden so miteinander kombiniert. Hiermit können die unterschiedlich produzierten Daten ihrer Generierungsform nach adäquat ausgewertet werden. Die strukturierten Nachfragen bieten zudem Möglichkeiten, das Interview stärker auf das Thema der Gesundheit hin zu fokussieren und theoretisches Vorwissen gezielt einzubringen. Mit beiden ausgewählten Vorgehen wurde eine Kombination von Erhebungs- und Auswertungsmethoden gewählt, um den Anforderungen des Gegenstands möglichst gerecht zu werden.

Teil IV Empirische Befunde

Dieser Teil der Arbeit beinhaltet die spezifische Sichtweise auf Gesundheitskompetenz im Alter aus Sicht der befragten Personen. Entlang der strukturierenden Kategorien Gesundheitskonzept, Wert der Gesundheit und Gesundheitshandeln werden biografische und umweltbezogene Aspekte von Gesundheitskompetenz im Alter herausgearbeitet. Hierbei interessiert zuerst die Frage nach der Gesundheitsbiografie, die mit Hilfe narrativer Identität und den beiden Suchheuristiken Biografie und Umwelt erstellt wird. Es folgen Analysen zu den strukturierenden Kategorien, welche zum Ende an die Arbeitsdefinition von Gesundheitskompetenz zurückgebunden werden.

Drei Fallstudien werden ausführlich dargestellt. Der komplexe Einzelfall ist deshalb nötig, um individuelles Wahrnehmen, Denken und Handeln zu erforschen. Die erste Fallanalyse (Frau Nordheimer) beinhaltet als einzige, auch aufgrund ihres reichhaltigen Interviewmaterials sowie zur Verdeutlichung und Dokumentation, Zwischenschritte und Zwischenergebnisse der Analyse. Darauf folgt eine Zusammenführung bzw. Kontrastierung mit einer weiteren Fallstudie (Herr Boge). Im Anschluss an die ersten beiden Interviews wird ein drittes kontrastives Fallporträt (Frau Fechner) hinzugezogen, um weitere Kategorien zu Gesundheitserleben, Wert der Gesundheit und Gesundheitshandeln im Kontext Biografie und Umwelt aufzudecken.

7 Gesundheitskompetenz als Verlustkontrolle: Frau Nordheimer

Die zentrale Kategorie für dieses Interview ist „Verlustkontrolle", welche in diesem Porträt als Bemühen um „Zufriedenheit" durch „angestrengten Rückzug" nach einschneidenden Lebensereignissen und bei akuter gesundheitlicher Beeinträchtigung gefasst wird. Der Umgang mit Schwäche wird in diesem Fallporträt vor allem mit der strukturierenden Kategorie „Gesundheitshandeln" in Verbindung gebracht. Diese beschreibt als „angestrengter Rückzug" die Überwindung eines Zustands von Schwäche oder Krankheit durch strategisches Zurückziehen in die private und eher passive Sphäre oder mit Energie.

7.1 Kurzporträt

Frau Nordheimer ist zum Zeitpunkt des Interviews 88 Jahre alt. Sie wird 1926 in einer Stadt im damaligen Westpreußen (heutiges Polen) geboren. Sie ist das jüngste Kind von drei Mädchen und einem Jungen und sie berichtet von einer schönen Kindheit. Die Familie ist wohlhabend und in der Stadt bekannt durch die Baufirma des Vaters. Ihre Mutter stirbt, als sie drei Jahre alt ist. Sie berichtet von einer guten Stiefmutter und dem Beginn einer Ausbildung in einer Handelsschule. Nach Kriegende flieht sie ohne ihre Familie in deutsche Gebiete. Hier beginnt ihre langdauernde Suche nach guten Lebensverhältnissen. Es folgt eine Zeit der harten landwirtschaftlichen Arbeit, der Heirat und Familiengründung sowie später eigener Berufstätigkeit neben der Arbeit im Haushalt. Als sie 79 Jahre alt ist, stirbt ihr Mann. Im Interview werden ab diesem Zeitpunkt vermehrt soziale Verluste, gesundheitliche Beschwerden und Krankheiten beschrieben.
Die Zeittafel (Tabelle 2) zeichnet die Ereignisse von Geburt bis in die Gegenwart in relativ gleichbleibenden zeitlichen Abständen nach. Lediglich zwischen 1952 bis 1970 und 1970 bis 2005 erfolgen weniger Schilderungen von Ereignissen. Es ist hier die Zeit nach der Geburt der Tochter und später der Aufnahme einer Berufstätigkeit. Das Leben verläuft nun in relativ geordneten Bahnen und es wird sich eher auf die Familie konzentriert, bis sie schließlich eine Krankheitsepisode erfährt, die auch zu Arbeitsausfall führt. Der Fall zeigt biografische Bezugspunkte zu Gesundheitshandeln. Frau Nordheimer musste schon sehr früh in ihrem Leben existentielle Krisen wie z. B. den frühen Verlust der leiblichen Mutter erfahren und war dabei in starkem Ausmaß auf sich selbst angewiesen. In ihrem Leben gab es viele Handlungsanforderungen (z. B. Flucht, Leben auf dem Land, Wohnungssuche, Arbeitsstelle).

Tabelle 2: Zeittafel Frau Nordheimer

Jahreszahlen	Ereignisse
1926	Geburt; jüngste Schwester eines Bruders und zweier Schwestern
1929	Tod der Mutter; Stiefmutter
	Schulbesuch; Beginn einer Lehre
ab 1945	Kriegsende; Verlust der Baufirma des Vaters; Flucht; Familie ist auseinandergerissen; wohnt vorübergehend bei Bekannten; Tod des Vaters Arbeit auf dem Land; Kennenlernen des späteren Ehemannes
1948	Heirat; Geburt der Tochter
ab ca. 1952	Umzug nach F-Stadt; Krankheit des Mannes; Erholung des Mannes von der Krankheit; (Teilzeit-)Arbeitsstelle in einem Kaufhaus; Arbeitsstelle bei einer Bank als Zusatzverdienst; Depression
1970	Umzug in einen anderen Stadtteil; Eigentumswohnung; einjähriger Aufenthalt der Tochter in Amerika
ab 2005	Tod des Ehemannes; überraschender Tod des Schwiegersohns; Diagnose einer neurologischen Erkrankung; Bewegungseinschränkungen; Diagnose einer schweren Rückenerkrankung; Angewiesenheit auf Rollstuhl; Verlassen der Wohnung ohne Hilfe nicht möglich; Unterstützung bei Körperpflege und Haushalt durch ambulante Pflege; zunehmende Problematik beim Laufen; Schmerzen in Knien und im Rücken.

Durch die Fallanalyse wird deutlich, dass Frau Nordheimer Gesundheit in der biografischen Erzählung aus Sicht einer chronisch belasteten, aber gesunden Frau beschreibt. Im Nachfrageteil geschieht dies aus der Sicht einer chronisch kranken Frau mit stärkeren gesundheitlichen Einschränkungen. Sie selbst stellt im Interview Zusammenhänge zwischen beidem her (früher Verlust der Mutter führt zu Depression und harte körperliche Arbeit auf dem Land führt zu Problemen mit den Bandscheiben).

Dargestellt wird von ihr ein Gesundheitskonzept, das geprägt ist durch viele negative Lebensereignisse und die Bedeutung von Sicherheit und Wohlstand („harterschaffene Zufriedenheit"). Gesundheit beinhaltet für sie Bedrohungen (z. B. zunehmende körperliche Einschränkungen), aber auch die Nutzung von Kraftquellen (psychisch und alltagspraktisch). Zudem beinhaltet ihr subjektives Gesundheitserleben eine starke soziale Komponente (u. a. Freunde, Enkelkinder) sowie den Aspekt der Zufriedenheit, aber auch der Angst (z. B. vor völliger Immobilität).

Der Wert der Gesundheit für Frau Nordheimer kann als „inneres Gebot" beschrieben werden, das sie dazu veranlasst, weiterzumachen bzw. ihr Leben so gut wie möglich fortzuführen. Jedoch ist dieser Wert anfällig für Entmutigung (z. B. durch körperliche Einschränkungen und negative Gedanken) und bedarf zur Wiederherstellung sozialer Ressourcen sowie eigener Gesundheitsstrategien (z. B. disziplinierende Monologe).

Das in diesem Fallporträt herausgearbeitete Gesundheitshandeln betont, dass heute (im Gegensatz zu früher, wo kleinere Beschwerden eher nachrangig gehandhabt wurden) alles versucht wird, um Krankheiten einzudämmen, bzw. mit Krankheiten umzugehen. Wenn jedoch alles Bemühen nichts hilft, wird versucht durch Ablenken, Verdrängen und körperlichen Rückzug Verluste bestmöglich zu handhaben bzw. zu kontrollieren. Gesundheitshandeln kann so auch als Umgang mit Einschränkung bzw. Abhängigkeit beschrieben werden. *Tabelle 3* zeigt zentrale Charakteristika in den Kategorien Gesundheitskonzept, Wert der Gesundheit und Gesundheitshandeln im Fallporträt von Frau Nordheimer.

Tabelle 3: Zentrale Unterschiede in den strukturierenden Kategorien

Gesundheitskonzept	Wert der Gesundheit	Gesundheitshandeln

−Zufriedenheit
−Bedrohungen /
  Kraftquellen
−Sicherheit
−Wohlfühlen
−Altersbezug
	−Gebot
	−aktives Tun
	−Körperlicher Zustand
	−negative Gedanken
		−Anstrengung
		−Rückzug
		−„Aufrappeln"
		−disziplinierender
		  Monolog
		−Alltagshandlungen

Das Interview dauerte 74 Minuten und der Umfang der Transkription beträgt 1101 Zeilen. Noch vor Beginn des eigentlichen Interviews wird von der Gesprächsteilnehmerin das Thema des Alleinseins aufgeworfen, das ggf. auch das Motiv der Teilnahme am Interview war. Die Stegreiferzählung beginnt mit den Themen Geburt, Flucht und Tod der Eltern. Die Flucht und der Tod der Eltern sind Leitthemen, die im biografischen Teil wiederholt auftauchen. Im Interview bleibt Frau Nordheimer nicht chronologisch, sondern rutscht immer wieder in die Vergangenheit (z. B. Tod der Mutter als Einschübe).

Im Interview werden nacheinander folgend die größeren Themen Jugendzeit in Kriegszeiten (bei Ausbruch ist sie 13 Jahre alt), Familie, Wohnverhältnisse, Kindheit, Ehemann, Wohnungsbeschaffung, Familie, Berufstätigkeit, Leben im Stadtteil und Familie behandelt.

Besonders ist in diesem Interview, dass bereits recht früh in der biografischen Erzählung von der Interviewerin Nachfragen eingebracht wurden. Das lag daran, dass bereits nach kurzer Zeit im Gespräch auf die Gegenwart Bezug genommen wurde und die Interviewerin versucht hat, das Gespräch zurück in die Vergangenheit zu lenken. Eine weitere Besonderheit dieses Interviews ist, dass das Thema Wohnen (Wohnungsbeschaffung, Wohnverhältnissen, Wohnenbleiben) kontinuierlich während des gesamten Gesprächs thematisiert wird.

Die biografische Stegreiferzählung dauert in diesem Interview nach dem Erzählstimulus von Minute 1:23 bis 5:00 an. Jedoch werden im Leitfadenteil weitere biografische Episoden angebracht, welche die biografische Stegreiferzählung fortführten bis schließlich im Nachfragen-Teil die heutige Zeit erreicht wird.

Noch vor Beginn des eigentlichen Interviews spricht sie den Tod ihres Ehemannes und ihr jetziges Alleinsein an. Nach dem Gesprächsstimulus folgen chronologisch geordnet Hinweise zu ihrer Geburt, dem Familienschicksal der Flucht und dem Tod der Eltern. Es folgen die Themen Heirat, Geburt der Tochter und harte Arbeit auf dem Land. Hier wird ein erster Querverweis auf die heutige Zeit gemacht, indem sie hier Bezug nimmt auf ihre heutige Gesundheit. Anschließend erwähnt sie ihre Kindheit und das „harte Durchkommen" nach dem Ende des Zweiten Weltkriegs, worauf sie im heutigen Leben in der Erzählung angekommen ist und sie nun über ihre Enkel und Urenkel erzählt.

Es folgen hiernach fortlaufend Rückfragen, um die biografische Erzählung erneut anzuregen, wodurch die biografische Erzählung mit vielen einzelnen Themen fortgeführt wird (Minute 5:03 bis 31:48). Der biografische Teil des Interviews teilt sich in drei grobe Gliederungspunkte: Leben in der Nachkriegszeit, Sicherung der eigenen Existenz und Leben im Stadtteil und in der Familie. Beendet wird der biografische Part mit Bezug auf ihre neurologische Grunderkrankung und deren Symptome. Die Gesprächsteilnehmerin ist nun wieder im Hier und Jetzt angekommen. Die Schlusssequenz schließt nun an den Interviewbeginn, in dem sie sich als Frau, die viel allein und sehr stark eingeschränkt ist, und um die sich gekümmert werden muss, zu erkennen gibt.

Die Themen der Hauptteile der biografischen Stegreiferzählung umgreifen die Themen Flucht (1:28 bis 1:49), Arbeiten auf dem Land (2:08 bis 2:30), eigene Gesundheit (2:31 bis 2:59 und 3:33 bis 3:49) und Familie (4:01 bis 4:32). Auch das Thema Wohnen wird hier erwähnt. Im weiteren biografischen Verlauf, gesteuert mit Nachfragen, lassen sich folgende Hauptteile des Interviews bestimmen: heutiges Wohnen (5:59 bis 7:29), Flucht (12:26 bis 14:37), früheres Wohnen (15:30 bis 18:29), Berufstätigkeit (20:17 bis 22:27), Stadtteilbiografie (22:30 bis 25:32), Ehemann (26:25 bis 28:22) und Reisen (28:32 bis 31:55).

Im biografischen Teil lassen sich zu Beginn stärkere Bezüge zur Gegenwart feststellen durch die Themen Wohnung und fehlende Rampe. Anschließend werden wieder einzelne Themen der eigenen Vergangenheit fokussiert. Frau Nordheimer greift in der biografischen Erzählung, neben den zeitgeschichtlich geprägten Ereignissen ihres Lebens, typische Themen für eine Frau ihrer Zeit auf (Privathäuslichkeit, Familie und später eigene finanzielle Sicherheit). Insgesamt betrachtet umfassen die Hauptteile der biografischen Erzählung einschneidende frühere Erlebnisse sowie wichtige Aspekte der Gegenwart, die den Lebensalltag prägen.

Der Nachfrageteil beinhaltet hingegen ausschließlich Themen zu Krankheit, Gesundheit, Glück und Zufriedenheit sowie kleinere biografische Einschübe und aktuellere Berichte zur Familie. Im Vergleich zur biografischen Erzählung überwiegen hier Argumentationen, was einerseits darauf schließen lässt, dass das Thema der Gesundheit ein aktuelles und wichtiges Thema für sie ist. Andererseits zielen diese auf Nachvollziehbarkeit der eigenen Handlungen und Einstellungen und es werden gesellschaftliche Diskurse sichtbar, zu denen sich dadurch verhalten wird. Der Leitfadenteil beginnt ab Zeile 410 (Minute 32) und mehreren textimmanenten Nachfragen. Der Interviewtext weist verschiedene für das Thema interessante Eigenlogiken auf. Viele Textpassagen bzw. kleinere Themen, sowohl der biografischen Erzählung als auch des Nachfrage-Teils, werden mit einem eigenen Fazit beendet. Auffällig ist, dass es sich hier um eher belastende bzw. negative Themen handelt. Die Fazits bzw. wertenden Zusammenfassungen könnten angebracht werden, um den Erzählraum zu verlassen und auf die Meta-Ebene zu wechseln. Dies könnte darauf hinweisen, dass sie versucht sich von dem aufgeworfenen Problem zu distanzieren bzw. auch mit Verallgemeinerungen in den Fazits zu beruhigen (Entlastungsaussagen), da gewisse Dinge nicht bzw. nicht abschließend verarbeitet wurden (u. a. eigene Funktionseinschränkungen). Hier weist die Eigenlogik sowohl auf eine mögliche Strategie zum Umgang mit belastenden Themen als auch auf wirksame Altersbilder hin, die platziert in Fazits die Sichtweise der Teilnehmerin unterstreichen.

Zeile: 238-243
E: [...] Ham wir dann auch sehr lange gewohnt. Da haben wir sehr gute Freundschaft gehabt, die heute auch alle beide tot sind. [...] Die warn die eine war älter als ich die andere war jünger als ich. Und leben auch nicht mehr (--) ja, wenn man älter wird, dann lichten sich die Reihen.

Zeile: 618-621
E: Das Gehen, das ist alles und was heben, ich kann nichts aufmachen, ich bin an allem gehindert.
I: Hm=h
E: An allem. Ich hab im Knie Schmerzen, ich hab am Rücken Schmerzen, aber dann denk ich mir, du bist ja auch alt. Was willste.

Eine weitere Eigenlogik des Interviews ist, dass an belastenden Stellen der Schwerpunkt auf Familie gelegt wird. Wenn es um erlebte Verluste im Interview geht, bringt sie sowohl an biografischen Stellen mit einschneidenden Erlebnissen als auch bei belastenden Krankheitssituationen im Interview die Enkel und Urenkel in das Gespräch. Im Gegensatz zu den negativen Ereignissen aus ihrer Vergangenheit und dem für sie belastenden Gesundheitsthema ist Familie für sie verbunden mit Unterstützung und Freude. Neben den eigenen Fazits könnte dieser Themenwechsel für sie ebenso eine psychische Entlastungsfunktion im Interview darstellen und es lässt sich vermuten, dass diese Technik von ihr ggf. auch bei belastenden Gedanken im Alltag angewandt wird. Gestärkt wird dies durch das gesellschaftliche Altersbild der sorgenden bzw. liebenden Großmutter. Die genannten Eigenlogiken im Text geben also Hinweise auf den Umgang mit belastenden Ereignissen in Gesprächen.

Zeile: 47-52
E: [...] und jetzt könnts einem gutgehen und jetzt wird mer krank. Wie das, das ist so schleichend gekommen, ich weiß gar nicht wie (-------) Was kann ich denn noch erzählen? Und dann jetzt hab ich natürlich große Freude gehabt, wie meine Kleine geboren wurde. Wir haben jetzt zwei, meine Tochter, meine Enkeltochter war ja schon verheiratet, war aber noch nicht kirchlich getraut, da war die kirchliche Trauung da jetzt dieses Jahr und mein Enkelsohn hat auch geheiratet standesamtlich und nächste Woche kirchlich gleich.

Zeile: 593-598
E: [...] Wenn ich Angst hab, dass ich zu wenig oder zu viele Tabletten nehme oder so, abwiegen, wie ist alles richtig, was ich mache. Das ist schon
I: Hm=h
E: Da bin ich schon manchmal am Zweifeln. Und dann denk ich manchmal, ach, ist doch egal. (4 Sek Pause) Aber man durch die Kinder häng ich halt hier, die Urenkel, ne. Die Kleene, sag ich nur, haben se gesagt, das ist die Tick-Tack-Oma.

Als weitere Technik lassen sich Auslassungen und nicht weiter ausgeführte Themen erkennen. In der biografischen Stegreiferzählung weist der Text auffallende erzählerische Zeitsprünge auf. Von der Zeit als junge Frau auf dem Land kommt sie auf ihren heutigen Gesundheitszustand, um anschließend wieder kurz hintereinander von ihrer Kindheit, der Zeit nach der Flucht und der heutigen Situation zu erzählen. Es fällt auf, dass in diesem Textabschnitt beide Brüche durch den Wechsel auf ein belastendes aktuelles Gesundheitsthema begründet sind. Dies liefert einen ersten Hinweis, dass sie ihre aktuell belastete Gesundheit als Folgen biografischer Erlebnisse und Umstände deutet.

Zeile: 30-48
E: [...] Ich kam aus der Stadt und hab melken gelernt. Hat mir auch gut gefallen, kann ich nicht anders sagen. Aber viel arbeiten musst man halt beim Bauern. Und wenn man das nicht gewohnt ist und sicherlich, das wird auch von heute kommen, die Bandscheibe ist auch davon, kann auch damit zusammenhängen. [...] Was war

denn? Lei lei leicht hatten wirs nicht. Aber wahr, ich hatte ne schöne Kindheit, trotz allem trotz dem ich meine Mutter so früh verloren hab.
I: Hm=h
E: Kindheit war sehr schön, aber nachher hier. War halt hart durchkommen. Keine Wohnung.
I: Hm=h
E: und jetzt könnts einem gutgehen und jetzt wird mer krank. Wie das, das ist so schleichend gekommen, ich weiß gar nicht wie (-------)

Während der Textanalyse sind zudem nicht weiter ausgeführte Themen aufgefallen. Hierzu gehört z. B. eine Maßnahme, die sie selbst ergriffen hat, um nach der Flucht geeignet wohnen zu können. Was jedoch genau an dieser Stelle nicht weiter ausgeführt wurde, bleibt spekulativ, zumal keine weiteren Hinweise später folgen. Dass ihr dies jedoch keine gute Erinnerung bereitet (und sie ggf. deshalb nicht ausführlicher berichtet), wird gegen Ende des Absatzes deutlich. Die Stelle hebt die Bedeutung guten Wohnens hervor, für das auch mögliche negative Auswirkungen für sie in Kauf genommen wurden.

Zeile: 204-211
E: Und weil ich Zimmer und Küche wollte, sind wir zu dem Bauern, wo mein Mann war und der wollte uns nicht hinlassen und irgendwie, ich weiß nicht mehr, was ich da gemacht habe irgendwie haben wirs dann doch geschafft, dass wir da hinkonnten. Aber was ich da, weiß ich nicht, was ich da angestellt habe. Ihn hab ich dann nochmal wie ich hier in F-Stadt war wie ich beim M-Kaufhaus, wie ich beim M-Kaufhaus gearbeitet habe, gesehen. Hat er gesagt, wir kennen uns noch, hab ich gesagt, aber nicht in guter Erinnerung.

Wie die Eigenlogiken von Frau Nordheimer weist auch die Auslassung auf den eher verdrängenden Umgang mit negativen Ereignissen im Interview hin bzw. darauf, dass sie die negativen Ereignisse nicht detailliert schildern möchte.

7.2 Biografie vor dem Hintergrund der Gesundheit: Ein Leben mit Einschnitten

Dieses Kapitel fasst die erzählte Biografie von Frau Nordheimer vor dem Hintergrund ihrer narrativen Identität und Gesundheit zusammen. Diese beinhaltet, wie Frau Nordheimer ihr Leben aus gesundheitlicher Perspektive sieht, also den erzählten Wechsel von Gesundheit und Krankheit über die Lebensspanne, und bettet

Gesundheit bzw. Krankheit als biografisches Ereignis in die Lebensgeschichte der Person ein. Die Schilderung der Gesundheitsbiografie von Frau Nordheimer weist eindrückliche Bezüge zu der von ihr im Gespräch hergestellten narrativen Identität („gezeichnete Kämpferin") auf. Ihre Gesundheitsbiografie beschreibt sie als eine Kette von folgenreichen einschneidenden Lebensereignissen. Die Leidensprozesse in der erzählten Biografie sind hauptsächlich durch äußere Verhältnisse hervorgerufen (u. a. Tod der Eltern, Flucht, harte Arbeit, Wohnungsnot, Tod von Verwandten).

So entfaltet Frau Nordheimer ihre Biografie durch Übergangssequenzen im Kontext zahlreicher negativer, aber auch positiver Ereignisse. Im fragmentarischen Einstieg in das Interview werden bereits wichtige Lebensthemen aufgegriffen. Die Biografie von Frau Nordheimer ist gerahmt durch das damalige Zeitgeschehen der letzten Kriegstage des Zweiten Weltkriegs. Das Interview beginnt mit dem Schicksal der Flucht. Dass sie die Flucht „mitgemacht" hat, liefert einen weiteren Hinweis auf das erlittene Schicksal, das sie selbst im Anschluss als „großen Einschnitt" bezeichnet. Es folgt eine Aufreihung erfahrener materieller und immaterieller Verluste in der Familie und Not. Die Negativgeschichte beschließt sie mit dem Hinweis, dass sie als 19-Jährige von ihrer Familie getrennt wurde. Nun folgt erstmals ein Aspekt, der soziale Gesundheit aufgreift. Denn ein Wendepunkt stellt ihre Heirat mit 22 Jahren und die Geburt ihrer Tochter dar. Trotz der vielen Arbeit hat ihr Leben nun auch schöne Seiten. Doch auch hier bezieht sich Frau Nordheimer zurück auf ihre narrative Identität, und dass sie durch Arbeit viel erleiden, durchmachen und kämpfen musste. Dies wird von ihr in Verbindung gebracht mit heutigen gesundheitlichen Problemen, indem bestimmte gesundheitliche Einschränkungen mit den in der Vergangenheit liegenden Ereignissen begründet werden.

Narrative Identität dient hier als „subjektive Krankheitsätiologie" bzw. als Begründung und Rechtfertigung heutiger gesundheitlicher Einschränkungen. Im Gegensatz zu Personen, die selbst verschuldet ihre Gesundheit schädigen und nichts dafür tun diese zu verbessern, ist es aufgrund ihrer Schicksalsschläge und ihrer Bemühungen nachvollziehbar, dass sie nun im hohen Alter krank ist. Zu Beginn des Interviews sind die schicksalhaften und krankheitsbezogenen Erzählepisoden am dichtesten. Sie beschreiben zusammenfassend ihre Selbstpräsentation in Form einer Erklärung, wie sie zu der kranken und abhängigen Frau wurde, die sie heute ist. Die biografische Stegreiferzählung endet abschließend mit der Koda („Und jetzt könnts einem gutgehen und jetzt wird mer krank. (----) Wie das, das ist so schleichend gekommen, ich weiß gar nicht wie [...]", Zeile 47 f.). Hier zeichnet sie das von ihr erwartet verdiente Ende des ständigen Bemühens um bessere Lebensverhältnisse nach, die jedoch durch ihre schwere Krankheit nicht ausgekostet werden können, und dass ihr Leben nicht die von ihr erwünschte Qualität hat. Die Biografie wird an dieser Stelle mit einem Resümee ihres heutigen Lebens beendet. Eine Lesart ist, dass sie das als ungerecht empfindet. Dies wird anschließend verstärkt durch die Erzählung der einsetzenden Krankheit.

Frau Nordheimer erinnert sich an die Zeit, in der die Krankheit (ihre schwere neurologische Erkrankung) eingesetzt hat. Die Entstehung der Krankheit wird als schleichender Prozess beschrieben, der selbst nicht nachvollzogen werden kann („ich weiß gar nicht wie", Zeile 58 f.). Ihr Leben ist nun ähnlich schwierig wie zu Beginn der Jugendphase, womit sich der Kreis schließt. Das Ziel eines gesunden und sicheren Alters, auf das sie hingearbeitet hat, tritt nicht wie erwünscht ein und sie muss wieder aktiv für ihr Wohlergehen sorgen. Die krankheitsbezogenen Einschübe haben zudem die Funktion aufzuzeigen, dass sie nicht schuld an ihrer Situation ist. Denn zum einen bringt sie die harte Arbeit mit dem Bandscheibenschaden in Verbindung, zum anderen konnte aufgrund der so langsam unbemerkt einsetzenden neurologischen Grunderkrankung zu Anfang nichts unternommen werden. Die Ursachen werden vielmehr äußeren Bedingungen zugeschrieben. Hier wird die Differenz zwischen der erzählten Zeit (in der sie noch nicht um die Folgen schwerer Arbeit wusste) und der Erzählzeit (in der die schwere Arbeit als Ursache für die gesundheitlichen Beeinträchtigungen gewertet wird) deutlich. Bei der Analyse des gesamten Textes fällt auf, dass das Muster der Erklärung von Krankheiten durch einschneidende Lebensereignisse auch bei späteren Erkrankungen greift („haben angenommen, es hatte mir der Kindheit zu tun, weil ich meine Mutter so früh verloren hatte", Zeile 427-428).

Es folgt nun aus der Erzählzeit heraus berichtend (auch atmosphärisch) ein Umschwung auf das freudige Thema der Enkel und Urenkel sowie familiale Ereignisse, an denen sie teilhaben kann. Hier wird klar, wie wichtig ihr das Thema ist. Man gewinnt den Eindruck, dass nun, nach der harten Zeit des Durchkommens (als Risiko für Gesundheit) und der für sie daraus resultierenden Krankheit nun Gesundheitsressourcen im Jetzt folgen, die dazu beitragen, dass es ihr trotz der Krankheit auch gut geht.

Zeile: 45-49
E: Kindheit war sehr schön, aber nachher hier. War halt hart - durchkommen. Keine Wohnung.
I: Hm=h

E: Und jetzt könnts einem gutgehen und jetzt wird mer krank. (----) Wie das, das ist so schleichend gekommen, ich weiß gar nicht wie (9 Sekunden) Was kann ich denn noch erzählen? Und dann jetzt hab ich natürlich große Freude gehabt, wie meine Kleine geboren wurde. [...].

In ihrer Selbstpräsentation nimmt Umwelt eine größere Rolle ein. Dass es ihr nun gutgehen könnte, steht in direkter Verbindung mit Wohnen. Das Thema des Wohnens stellt sowohl in der biografischen Erzählung als auch später im Leitfadenteil eine besondere Verbindung zur Gesundheit dar. Das zentrale Thema Wohnen und Wohnbiografie wird u. a. als Mittel zur Selbstdarstellung als Frau, die für ihre Ziele kämpft, verwendet. Dabei ist das Wohnen für sie immer eng an soziale Faktoren geknüpft. Erst verliert sie durch Krieg und Flucht ihr Zuhause, in dem sie eine glückliche Kindheit verlebt hat, und ihre Familie. Die Wohnbedingungen werden eng an Lebensbedingungen geknüpft („wenn sie Arbeit suchen wollten, mussten sie Wohnung haben, wenn Sie Wohnung haben, mussten sie eine Arbeit haben", Zeile 136-137). Auf dem Land leben sie, ihr Mann und ihre Tochter, in beengten Wohnverhältnissen. Bis sie später in der Stadt schließlich in eine größere Wohnung umziehen können und ein gutes soziales Umfeld (Nachbarn/innen, Freunde) aufbauen können.

Zeile: 228-240
E: Und, na so haben wir dann da die Wohnung gekriegt. Und von dort hab ich dann wieder gekuckt, damit wir, da war des eine a-, ne dass ich ne größere Wohnung gekriegt hab. Die hab ich dann-erst hatten wir ein Zimmer und Küche, ne kleine. Und dann hab ich na Küche, bin ich als gelaufen und dann haben wir eine große Wohnung gekriegt, aber auch nicht viel größer, aber das Zimmer größer und die Küche größer. [...] Das war unser Glück. [...] Da haben wir sehr gute Freundschaft gehabt, die heute auch alle beide tot sind.

Insgesamt werden in der Biografie besondere Verluste im Interview sehr früh und sehr dicht thematisiert. So wird von der Gesprächspartnerin eine Möglichkeit geschaffen, bereits sehr früh darzustellen, wie mit Verlusten umgegangen wurde. Innerhalb dieser Rahmung beschreibt sie ihr Leben als ständiges Bemühen um bessere Lebensverhältnisse für sich und ihre Familie (insbesondere Wohnen und finanzieller Freiraum). Jedoch stellt sie sich im Gespräch nicht hauptsächlich als erduldend bzw. erleidend dar, sondern übernimmt stets auch eine aktive handelnde Rolle, um Situationen zu ändern. Im Interview beschreibt sich Frau Nordheimer anhand unterschiedlicher aktueller und vergangener Probleme über das Interview hindurch als eine aktive Frau, die ausdauernd, beharrlich und zielstrebig handelt. Ein Beispiel für die Darstellung eines handlungsfähigen Selbstbildes ist die gleich nach der biografischen Stegreiferzählung spontane Ausführung zum Einsatz für eine Rampe im Eingangsbereich des Hauses.

Zeile: 69-77
E: Ich möchte n gerne einen elektrischen [Rollstuhl] haben, aber ich kann nicht, weil wir haben keine Rampe. Das können sie ruhig schreiben, da können sie meine ne ne Adresse angeben! (lauter) Da können Sie sagen, dass die Rampe fehlt.
I: War schon das letzte Mal keine da, ne.
E: Ne, nein drei Jahr ham wir des schon laufen.
I: Ham se schon ne Weile, hm=m.
E: Drei Jahre ham sin wir schon dahinter [...]

Ein weiteres Beispiel für die Darstellung von Handlungsfähigkeit ist die vergangene Suche nach einer passenden Wohnung. Zuerst wird aufgegriffen, dass ihr Ehemann und sie schwer kämpfen mussten. Später im Absatz wird jedoch deutlich dargebracht, dass es vornehmlich ihr Kämpfen war, dass zu der gewünschten Wohnung geführt hatte.

Zeile: 199-207
E: [...] mussten wir auch schwer kämpfen, dass wir ein ZIMMER gekriegt haben. Zimmer und Küche. [...] Und weil ich Zimmer und Küche haben wollte und wir zu dem Bauern wollten, wo mein Mann war und der wollte uns nicht hinge-hinlassen und irgendwie (--), ich-ich weiß nicht mehr, was ich da gemacht habe irgendwie, ja jedenfalls, wir habens nachher geschafft, dass wir doch da hinkonnten. Aber was ich da, weiß ich nicht, was ich angestellt habe.

Es folgt nun ein größerer Teil zur Wohnbiografie, der insbesondere ihre großen Bemühungen um adäquate Wohnungen für das Paar und die spätere Familie beinhaltet. Diese endet mit der Stadtteilbiografie des heutigen Stadtteils, der jetzigen Wohnung, den Umständen des Erwerbs der Wohnung und den sozialen Kontakten durch Nachbarn/innen und Freunde/innen. Hier zeigt sich die Gesprächsteilnehmerin als eine soziale Person, die Kontakte aktiv herstellt und beibehält.

Zeile: 366-393
E: Und hab hier ne gute Nachbarschaft gehabt, hab mit niemandem - im alten Haus haben wir sechzig Jahre Freundschaft gehabt.
I: Ah, hm=h.

> E: Und die Freundschaft hielt auch noch, wie wir hier gewohnt haben.
> I: Hm
> E: Heute vor drei Jahren sind se gestorben. Die eine vor drei Jahren, die jüngere vor drei Jahren, (8 Sek) und die andere Freundin, die war zwei- zwei- einhalb Jahre älter als ich
> I: Hm=h
> E: Mit der ihren Kindern bin ich heut auch noch immer in Verbindung. Die eine wohnt hier und die andere wohnt in K-Stadt. Aber wir ham noch immer Kontakt und die kommt mich besuchen. [...] [ja, wir haben hier–] ich hab hier ein gutes Freundeskreis gehabt. Und meine Freundin, mit der ich heut noch befreundet bin. Der ihr Mann war auch aus U-Bundesland. Mein Mann war auch aus U-Bundesland. Und wir haben uns in der Straßenbahn kennen gelernt.
> I: Achja
> E: meine Freundin und ich. Wie wir beide zur Arbeit gefahren sind. Aber wir wissen beide nicht, an welchem Tag.

Auffällig ist, dass Handlungsfähigkeit und Stärke, insbesondere mit den Themen soziale Kontakte und Wohnen verknüpft sind. Es folgt ein weiterer Einbruch mit der Krankheit und dem unerwarteten Tod des Mannes. Beides stellen Wendepunkte im Leben von Frau Nordheimer dar. Von nun an wird in ihrem Leben auch Verletzlichkeit thematisiert. Dies steht in Kontrast zur Darstellung von Frau Nordheimer über das Interview hindurch als eine aktive Frau, die ausdauernd, beharrlich und zielstrebig handeln kann bzw. handelt. So werden nun die Negativthemen einer längeren beruflichen Abwesenheit durch Depression und der Tod des Schwiegersohns thematisiert, anhand derer sie sich als verletzliche Frau darstellt, die nicht selbst für sich kämpfen kann, sondern vielmehr auf Hilfe angewiesen ist und sich auch zurückzieht. Als diese geht sie auf andere Personen (insbesondere Familie) aktiv zu und nimmt professionelle medizinische Unterstützung in Anspruch. Das Muster der Konzentration auf Familie bei der Thematisierung negativer biografischer und gesundheitsbezogener Ereignisse wird beibehalten.

Die biografische Positionierung als verletzliche Frau bringt Frau Nordheimer vor allem in Textstellen der Erzählung ihrer späteren Lebensgeschichte, beginnend im späten mittleren Erwachsenenalter an. Frau Nordheimer hat vor allem in ihrer frühen Biografie viele unsichere äußere Verhältnisse erlebt und thematisiert in ihrer weiteren Biografie als Konsequenz hieraus das Ziel eine sichere Umwelt (eine finanziell gesicherte und unabhängige Existenz) zu schaffen. Frau Nordheimer ist seit der Zeit als junge Frau in unsicheren Verhältnissen großgeworden, in denen

Ressourcen knapp waren und in denen sie sich durchsetzen und aktiv handeln musste. Sie verknüpft ihre narrative Identität („gezeichnete Kämpferin") stark mit den unsicher erlebten Umweltverhältnissen bzw. präsentiert ihre narrative Identität als Folge hiervon. Gleich zu Beginn ihrer Biografie thematisiert sie den Verlust vertrauter Umwelten (sozial und physisch). Von da an geht es bis zum Ende des gesamten Gesprächs um den Aufbau neuer vertrauter bzw. sicherer Umwelten (bis zum heutigen Gedanken an den Umzug in ein Pflegeheim, das sich in der Nähe der Tochter befindet). Ihre verinnerlichte Umwelt trägt das Sehnsuchtsmotiv der Sicherheit. Mit Blick auf die Funktion der Themen für die Gesundheitsbiografie lässt sich feststellen, dass diese weitgehend durch negative Themen beeinflusst wird. Dargelegt wird im Kontext von Gesundheit ein Leben, das unter widrigen Umständen gelebt werden musste.

7.3 Verlaufskurve der erzählten Gesundheitsbiografie

Eine Verlaufskurve zur erzählten Gesundheitsbiografie nach dem Konzept der Krankheitsverlaufskurven von Corbin & Strauss (ebd., 2010, 56 ff.) soll die nachfolgenden Analyseschritte entlang bereits gebildeter Kategorien erweitern. So können u. a. biografische Relevanzen der Gesprächsteilnehmerin ermittelt werden, indem die Struktur des Interviews mit der chronologischen Abfolge der Ereignisse in ihrem Leben (Zeittafel) verglichen wird. Die Verlaufskurve der erzählten Gesundheitsbiografie zeigt bei Frau Nordheimer viele abrupte gesundheitliche Einbrüche durch kritische Lebensereignisse, die von ihr im Interview ausführlicher beschrieben werden (Abbildung 1). Diese werden nachfolgend in chronologischer Reihenfolge dargebracht.

Bereits im Alter von drei Jahren stirbt ihre Mutter. Das Kriegsende, ihre Flucht, der Verlust ihrer Familie und kurze Zeit später der Tod des Vaters sind für Frau Nordheimer tiefe Lebenseinschnitte. Jedoch stabilisiert sich das Leben dann langsam. Sie gründet eine eigene Familie, wendet viel Energie auf, eine geeignete Wohnung zu finden, und trägt neben der Arbeit für Familie und Haushalt noch zum gemeinsamen Einkommen bei, da Geld benötigt wird. Es folgen berufliche und damit einhergehend gesundheitliche Probleme des Ehemanns, die aber verkraftet werden. In ihrer Biografie ist sie stets aktiv handelnd und kämpfend, bis sie selbst an einer Depression erkrankt, von der sie sich mit Unterstützung erholt. Bis heute nicht überwunden ist der starke Einschnitt durch den unerwarteten Tod des Ehemanns, als sie ca. 79 Jahre alt ist. Einige Zeit darauf stirbt auch ihr Schwager, der sich zur Zeit der Depression sehr um sie gekümmert hatte. Ein Lichtblick stellt für sie Jahre später der lang ersehnte Kauf ihrer Wohnung dar, in der sie bis heute lebt. Jedoch folgt jetzt die Diagnose einer fortschreitenden neurologischen Erkrankung, die ihr von nun an kontinuierlich mehr gesundheitliche Einschränkungen in ihrer Mobilität bereitet. Hinzu kommt ein nicht therapierbares Rückenleiden, das ihr Schmerzen und zusätzliche Einschränkungen bereitet.

Die Abfolge der Ereignisse in der Verlaufskurve geht mit der Darstellung in der Biografie einher. In der Verlaufskurve werden die Ereignisse, für die es Hinweise gibt, dass sie bis heute nicht verarbeitet sind, mit einem schwarzen Blitz gekennzeichnet.

Im weiteren Verlauf des Fallporträts werden nun die gesundheitsbezogenen strukturierenden Kategorien vorgestellt, um abschließend aus beiden Teilen (rekonstruierte narrative Identität und kodierte strukturierende Kategorien) in die Zusammenfassung des Falls überzugehen.

Gesundheitskompetenz als Verlustkontrolle: Frau Nordheimer

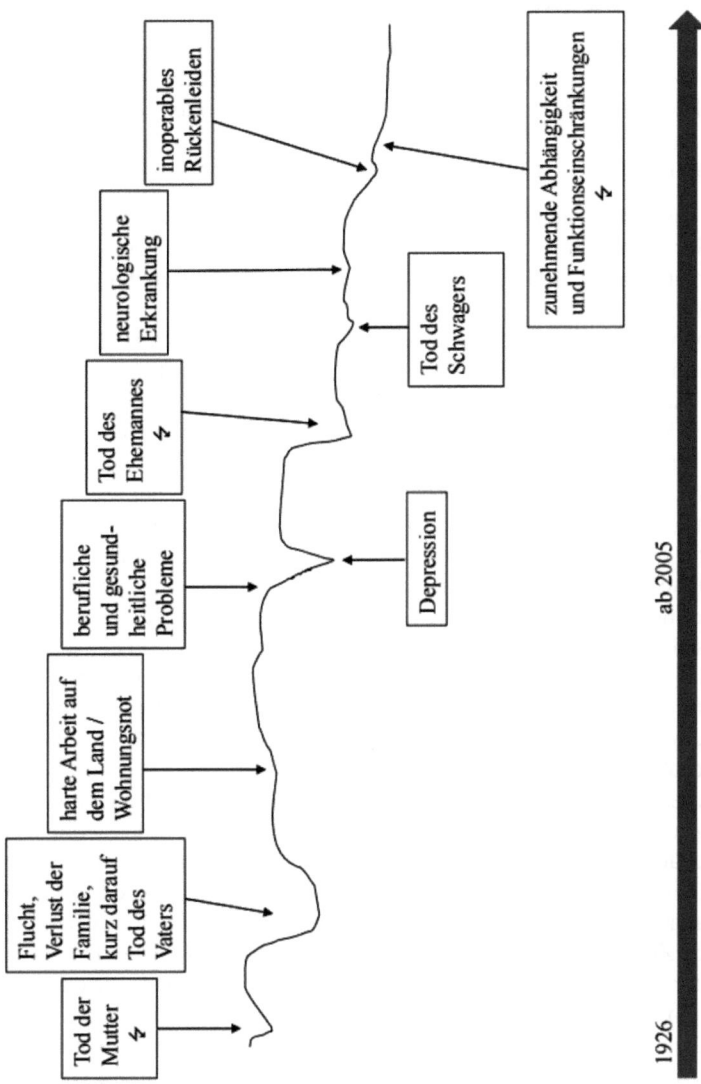

Abbildung 1: Verlaufskurve der erzählten Gesundheitsbiografie

7.4 Gesundheit als harterschaffene Zufriedenheit

Folgendes Kapitel behandelt die subjektive Bedeutung der Gesundheit für die Interviewpartnerin. Es werden hier aus der Biografieschilderung, dem Interviewverlauf und anhand der Zeittafel ersichtlich entscheidende Textstellen für Gesundheit ermittelt.

7.4.1 Einstieg in das Gesundheitsthema

Der Einstieg in das Gesundheitsthema schließt direkt an den Beginn der Biografie an. Nacheinander werden von der Gesprächspartnerin Bedrohungen und Kraftquellen, die sich auf ihr gesundheitliches Befinden und ihre Zufriedenheit auswirken, geschildert.

Als erstes Thema wird Verlust und Alleinsein aufgebracht, unter denen sie gelitten hat und noch immer leidet. So erwähnt sie bereits vor Beginn des eigentlichen Interviews den Tod ihres Ehemannes und setzt das Thema anschließend im Gespräch durch den Verlust ihrer Eltern und dem darauffolgenden Alleinsein als Jugendliche fort. Eine weitere gesundheitliche Bedrohung stellt die viele und harte Arbeit auf dem Land dar, die sie als Frau aus der Stadt nicht kannte und auch körperlich nicht gewohnt war. Es lässt sich vermuten, dass die von ihr erwähnte schwere Zeit und das „harte Durchkommen" (Zeile 45) weitere Platzhalter auch für gesundheitliche Einbußen darstellen.

Direkt an gesundheitliche Bedrohungen angereiht werden von ihr jedoch auch Kraftquellen als Gedanken an eine schöne Zeit. Diese werden in Form der schönen Kindheit und der eigenen Familie (Tochter, Urenkel) aufgeführt. Obwohl Frau Nordheimer in ihrer Biografie ebenso positive Aspekte und Zufriedenheit in ihrem Leben erwähnt, werden Verluste an zentralen Stellen im Gespräch benannt. So beginnt Frau Nordheimer das Gespräch mit ihrer Erkenntnis, dass der Verlust des Ehemanns zu Alleinsein führt (Zeile 2), was einen Hinweis gibt auf ihr Bedürfnis nach engen sozialen Kontakten. Weitere Verluste sind auch zurückgebliebene Bandscheibenschäden durch frühere harte Arbeit. Dies soll später verdeutlichen, dass Frau Nordheimer sich vorgestellt hat, dass nach der harten Arbeit und dem Erreichen von materieller Sicherheit sich eine Phase der Gesundheit anschließt („harterschaffene Zufriedenheit"). Früher war sie durch äußere Umstände belastet und nun macht ihr der eigene Gesundheitszustand zu schaffen. Eine Zufriedenheit stellt sich nicht ein („Und jetzt könnts einem gutgehen und jetzt wird mer krank.", Zeile 57). Das thematisiert sie immer wieder anhand verschiedener Beispiele und es zieht sich damit durch die gesamte Biografie von Frau Nordheimer, was sich gleich beim Interviewseinstieg andeutet.

7.4.2 Hinweise im Interviewverlauf

Die für Frau Nordheimer relevanten Aspekte von Gesundheit sind, neben Schmerzfreiheit, Zufriedenheit und Glück. Dazu zählen Ruhe und Schlaf, aber vornehmlich auch Dinge, die nicht einfach vorhanden bzw. verfügbar sind. Denn Frau Nordheimer weiß, dass man sich für finanzielles Auskommen und soziale Kontakte bemühen muss („Man muss schon ein bisschen rechnen können", Zeile 462). Beides hat sie in ihrem Leben kontinuierlich verfolgt („harterschaffene Zufriedenheit"). Sie hat immer versucht, zum finanziellen Auskommen der Familie beizutragen. Auch soziale Kontakte hat sie immer aktiv aufgebaut – auch schon während ihrer Flucht. Diese scheinen einen besonderen Stellenwert für das Gesundheitserleben von Frau Nordheimer zu haben. Gesundheit mit dem Thema Finanzen zu verknüpfen, verblüfft auf den ersten Blick, zeugt aber wahrscheinlich auch von einem Verständnis grundlegender Zusammenhänge von sozialem Status und Gesundheit.

Zeile: 451-468
I: Hm=h. Wie würden Sie persönlich Gesundheit beschreiben?
E: Wenn einem nichts wehtut, wenn man rings rundum zufrieden ist und dass ist, wenn man glücklich ist. Das macht die Gesundheit aus. [...] Ich muss nicht Reichtum, man muss Auskommen haben. Es muss kein Reichtum haben, aber man muss zum Leben haben. Dass man nicht den Pfennig umdrehen muss, aber dass man sagen kann, ich kann leben. Ich mein, nicht verschwenderisch.
I: Hm=h
E: Man muss schon ein bisschen rechnen können.
I: Hm=h. Und was ist das Wichtigste für Sie, um sich gesund zu fühlen?
E: Zufrieden sein, viel schlafen, viel Ruhe und nette Menschen um einen haben, das ist sehr, macht sehr viel aus. Wenn meine Freundin mit mir zusammen ist und so, da fühl ich mich gleich immer wohler.
I: Hm=h
E: Mein Mann hat schon immer gesagt, das ist unser Gesundbrunnen - und ich sags auch.

Das eigene Lebensalter selbst wird von Frau Nordheimer im Kontext von Gesundheit an verschiedenen Stellen thematisiert und es spielt auch eine Rolle für ihr Gesundheitskonzept. So gehören zu ihrem Verständnis von Gesundheit im Alter z. B. funktionale Einschränkungen und Schmerzen an Muskeln und Bewegungsapparat dazu. Hier lässt sich vermuten, dass gesellschaftliche Altersbilder und Gesundheitsinformationen, wie sie z. B. in den Medien und in der öffentlichen Darstellung überwiegend gezeigt werden, Einfluss nehmen.

Zeile: 618-621
E: Das gehen, is des alles und was heben, ich kann nichts aufmachen, ich bin an allem gehindert.
I: Hm=h
E: An allem. Ich hab im Knie Schmerzen, ich hab im Rücken Schmerzen, aber dann denk ich Mensch, du bist ja auch alt. Was willste.

7.4.3 Zusammenhang von Gesundheitskonzept mit Biografie: Existentielle Handlungsanlässe

Dadurch, dass ihr Leben mit negativen Einschnitten mit unsicherem Ausgang begann, wurde Frau Nordheimer in einen Handlungszwang versetzt. Ihr Leben war nicht (mehr) familial gesichert und vorbestimmt. Nach der Flucht musste sie die Gestaltung ihres Lebens selbst in die Hand nehmen. Wäre dies nicht so gekommen, hätte sie womöglich auch im Betrieb des Vaters unterkommen können. Als Frau nach dem Zweiten Weltkrieg – zumal ohne eigene Familie und Mittel – bedeuteten ihr die Ehe bzw. eine eigene Familie und Freunde bzw. eine gute Nachbarschaft finanzielles Auskommen und Sicherheit. So verwundert es nicht, dass in diesem Interview eine klare Kontinuität zwischen dem eher auf die gesicherte Existenz (finanziell und sozial) gerichteten Gesundheitskonzept und der erzählten Biografie mit unterschiedlichen negativen Lebenseinschnitten zu sehen ist.

7.4.4 Zusammenhang von Gesundheitskonzept mit Umwelt: Räumlich-soziale Gesundbrunnen

Für Frau Nordheimer ist Zufriedenheit und Glück ein wichtiger Bestandteil von Gesundheit. Untersucht man den Interviewtext auf das Vorkommen von „Glück", so steht dies oft in Verbindung mit Wohnen. Dahingegen werden frühere, schlechte Wohnverhältnisse zur Nachkriegszeit und der mögliche Verlust ihrer Wohnung von ihr im Interview als große Belastung und als Bedrohung ihrer Stabilität dargebracht („War halt hart - durchkommen. Keine Wohnung.", Zeile 45; „Mein Traum war ja, dass ich hier die Wohnung kaufen konnte. […] Aber, dass ich jetzt raus muss hier is das ist kein, das ist sehr schlimm.", Zeile 66-68). Wohnen ist ebenso wie langjährige soziale Beziehungen für sie ein wichtiger Gesundheitsfaktor. Hierzu zählt auch die Wohnumwelt, bedingt durch Nachbarschaft, Freundinnen und Familie sowie die für Anschluss an soziale Umwelten.

Zeile: 463-472
I: Hm=h. Und was ist das Wichtigste für Sie, um sich gesund zu fühlen?
E: Zufrieden sein, viel schlafen, viel Ruhe und nette Menschen um einen haben, das ist sehr, das macht sehr viel aus. Wenn meine Freundin mit mir zusammen ist, da fühl ich mich gleich immer wohler.
I: Hm=h
E: Mein Mann hat schon immer gesagt, das ist unser Gesundbrunnen – und ich sags auch.
I: Hm=h. Das ist der Gesundbrunnen, wenn
E: Jemand da ist, jemand mit mir gerne zu tun hat.

So ist z. B. der Kontakt zu Nachbarn/innen weiterhin wichtig für Frau Nordheimer. Sie ist bemüht diesen, wie früher zu der Zeit, als sie und ihr Mann in den Stadtteil neu zugezogen sind, zu halten („harterschaffene Zufriedenheit"). Doch nicht nur die Wohnräume, die von ihr physisch bewohnt wurden und werden, spielen eine Rolle für ihr Gesundheitskonzept. Gerade zu Beginn werden verinnerlichte Räume (Kindheitsraum) als Ressource geschildert, an die sie sich erinnert während des Gesprächs und einbettet in positive Lebenseinschnitte.

7.5 Wert der Gesundheit als inneres Gebot

Die Analyse zeigt, dass Frau Nordheimer den Wert ihrer Gesundheit als eine für sie innere Aufforderung und verbindliche Anweisung bzw. innere Verhaltensregel zu aktivem Tun darbringt („inneres Gebot"). Jedoch stellt Gesundheit hier kein „robuster Wert" dar. Vielmehr schwankt der Wert und ist beeinflusst vom körperlichen Zustand sowie negativen Gedanken (Zeile 588-597).

Zeile: 1008-1011
E: [...] Aber, wenn es mir kodderig geht, dann verlier ich den Mut und muss mich immer selber am Riemen reißen und sonst geht's nicht mehr. Musst du wieder nach vorne kucken.

Ein Schlüsselthema ist die Depression, die unmittelbar nach ihren Schilderungen zu ihrer eher strengen Gesundheitseinstellung im Leitfadenteil folgt. Ein möglicher Grund könnte hierfür sein, dass das damalige Zuhausebleiben im Kontext der Depression nicht vereinbar ist mit Aspekten ihrer narrativen Identität bzw. damit, dass sie weiterhin gesehen werden möchte als „gezeichnete Kämpferin". Trotz der bedeutsamen, da familial tradierten, früheren Einstellung, nicht wegen Kleinigkeiten zuhause zu bleiben bzw. zum Arzt zu gehen, gibt es im Verlauf des Lebens jedoch gesellschaftlich legitime Einbrüche, die es ihr erlauben, sich zurückzuziehen und Hilfe in Anspruch zu nehmen (hier die von den Ärzten aufgrund früher Verlusterfahrungen legitimierte Depression).

Zeile: 468-495

I: Hm=h. Ja, nachdem sie mir aus ihrem Leben erzählt haben, möchte ich nun gern mit Ihnen vertieft über das Thema Gesundheit sprechen. Wie ist Ihre Einstellung zu Gesundheit?
E: Ich hab die Gesundheit ich wir, ich war keiner, der gesagt hat bei jedem bisschen zuhause blieb. Meine Tochter ist das auch nicht. Die sagt heute immer, ich bin das von meinen Eltern nicht gewöhnt. Mein Vater und auch meine Mutter sind auch nicht daheim geblieben.
I: Hm=h hm=h
E: Aber, ich war - sechs Wochen war ich mal in der Bank weg, weil ich sehr krank war. Was hatt ich da eigentlich? Dann hatt ich meine Depressionen gehabt. Also, es ist immer so mal, aber ich hab mich immer wieder aufgerappelt. Ich hab gesagt, das DARF nicht sein, ich muss weiter machen. Ich glaub, des hat mir auch am besten, hat mir immer genügt. Hat mir auch mein Schwiegersohn damals geholfen, ist mir überall hingefahren [...] Weiß gar nicht was das damals, ja Depression warn das. Unbegründete Depression haben sie damals
I: Hm=h hm=h
E: Haben angenommen es hatte mir der Kindheit zu tun, weil ich meine Mutter so früh verloren hatte. Und da ist mein Bruder von Ameri- von Hamburg sehr oft hergekommen und hat mich zum Arzt begleitet.

Durch die Annahme gesellschaftlicher Rechtfertigungen, dass man krank sein und Hilfe in Anspruch nehmen darf, kann so ggf. mit der Einstellung leistungsfähig zu sein und hart kämpfen zu müssen für eine bestimmte Zeit gebrochen werden.

7.5.1   Einstieg in das Gesundheitsthema

Nicht bei kleinen Einschränkungen zuhause zu bleiben ist der biografische und handlungsleitende Wert, der familial tradiert ist und wird. Es zählt, weiter zu funktionieren und nicht auszufallen. Bei größeren gesundheitlichen Problemen zieht Frau Nordheimer ärztliche Hilfe hinzu und greift auf ihr „inneres Gebot" sowie soziale Unterstützung zurück, damit sie weitermachen kann. Gesundheit hat somit auch einen stark zweckgebundenen Aspekt.

Zeile: 410-420

I: Hm=h. Ja, nachdem Sie mir aus ihrem Leben erzählt haben, möchte ich nun gern mit Ihnen vertieft über das Thema Gesundheit sprechen. Wie ist Ihre Einstellung zu Gesundheit?
E: Ich hab die Gesundheit ich wir, ich war keiner, der gesagt hat bei jedem bisschen zuhause blieb. Meine Tochter ist das auch nicht. Die sagt heute immer, ich bin das von meinen Eltern nicht gewöhnt. Mein Vater und auch meine Mutter sind auch nicht daheim geblieben.
I: Hm=h hm=h
E: Aber, ich war - sechs Wochen war ich mal in der Bank weg, weil ich sehr krank war. Was hatt ich da eigentlich? Dann hatt ich meine Depressionen gehabt. Also, es ist immer so mal, aber ich hab mich immer wieder aufgerappelt. Ich hab gesagt, das DARF nicht sein, ich muss weiter machen. Ich glaub, des hat mir auch am besten, hat mir immer genügt. Hat mir auch mein Schwiegersohn damals geholfen, ist mir überall hingefahren.

7.5.2 Hinweise im Interviewverlauf

Im weiteren Verlauf des Interviews findet sich erneut eine Aufteilung zwischen Reaktionen auf kleinere Einschränkungen und größere gesundheitliche Probleme („Arztläuferin", die wegen Kleinigkeiten zum Arzt geht vs. Frau, die so krank ist, dass sie alles versucht, und nun zur „Läuferin" wird, um Hilfe zu bekommen, Zeile 518-525). So gewinnt Gesundheit mit zunehmender Schwere der gesundheitlichen Einschränkung mehr Beachtung, indem mehr Bemühungen unternommen werden, um diese zu verbessern.

Zeile: 518-525
I: Was mich auch interessiert, ist, was Sie alles erfahren haben im Zusammenhang mit Gesundheit. Erzählen Sie mir bitte von guten und schlechten Erlebnissen, die Sie im Verlauf Ihres Lebens im Zusammenhang mit Gesundheit gesammelt haben.
E: Ich war keine Arztläuferin, das sag ich Ihnen gleich, das war ich nicht.
I: Hm=h
E: Ich hab alles versucht, wie ich jetzt so krank wurde, hab ich alles erst versucht. Bin gelaufen. Meine Tochter hat auch gesagt, die hilft dir, der hilft dir (...).

7.5.3 Zusammenhang von Wert der Gesundheit mit Biografie: Gesundheitssicherung

Betrachtet man die Entwicklung des Werts zu Gesundheit über die Biografie von Frau Nordheimer hinweg, so finden sich im Vergleich der Bereiche Gesundheit mit Arbeit Parallelen. Wie im vorausgehenden Zitat dargelegt, wurde alles getan, wenn gesundheitlich etwas Ernstes vorliegt. Ein ähnliches Muster findet sich bei

Frau Nordheimer im Kontext von Existenzsicherung (insbesondere im Bereich des Wohnens), die in ihrem Leben eine große Rolle einnimmt. Hier wurde von ihr – ähnlich wie bei größeren gesundheitlichen Problemen – „alles gemacht" (Zeile 29) („[...] von dort hab ich dann wieder gekuckt [...]", Zeile 228; „[...] bin ich als gelaufen [...]", Zeile 230). Und auch im Beruf wurden verschiedene Arbeiten, u. a. auch an Feiertagen und am Wochenende und solche, für die sie nicht ausgebildet war, erledigt.

Zeile: 303-305
E: Und dann bin ich dann nachher in Kaufhof gegangen und hab so gelegentlich nicht immer dann gearbeitet, aber wenn Weihnachten war, auch samstags sonntags dann gearbeitet.

Der Wert der Gesundheit knüpft somit an biografische Überzeugungen an, bei existenziellen Problemen alles zu tun, was sie kann.

7.5.4 Zusammenhang von Wert der Gesundheit mit Umwelt: Erfordernis und Unterstützung

Der Wert von Gesundheit ist bei Frau Nordheimer insbesondere auch in den Kontext früherer Umwelten bzw. der damaligen Zeit ihrer biografischen Erzählung zu setzen. In Kriegszeiten bzw. in der Nachkriegszeit war es erforderlich, unter vollem körperlichem Einsatz Existenz zu erhalten bzw. wiederaufzubauen. Gesundheitliche Einschränkungen und ein „Arztläufer" zu sein waren zu dieser Zeit nicht funktional.

Darüber hinaus spielt die soziale Umwelt in diesem Fallporträt für den Wert der Gesundheit eine zentrale Rolle. Neben vielen Fotos von Kindern, Enkeln und Urenkeln in ihrem Wohnzimmer, die während des Interviews auch gezeigt werden, ist die Familie wiederholtes Thema im Interview und bedeutender Lebensinhalt. So wird der Wert bzw. das Erstrebenswerte von Gesundheit in Zeiten schlechter Gesundheit immer wieder durch Familienangehörige unterstützt, u. a. durch positive Ablenkung von ihrer schlechten gesundheitlichen Situation oder Lebensfreude durch ihre Enkel und Urenkel.

7.6 Gesundheitshandeln als angestrengter Rückzug

Das Gesundheitshandeln von Frau Nordheimer lässt sich ableiten aus ihrem Konzept von Gesundheit als „harterschaffene Zufriedenheit", für die man etwas tun muss, und dem Wert der Gesundheit als „inneres Gebot" weiterzumachen. Allerdings findet hier kein Weitermachen, im Sinne stetigen Fortschritts oder Verbesserung statt, sondern es gibt vielmehr feine Nuancen, die auch ein Zurücktreten beinhalten. Hier geht es darum, die Situation abzusichern bzw. zu halten, um gewohntes Leben später fortzusetzen. Kontrastiert wird ihr Gesundheitshandeln durch die beiden Strategien Anstrengung („aufrappeln", Zeile 418) und Rückzug. Durch Anstrengung möchte Frau Nordheimer wieder einen besseren Zustand erreichen. Die Anstrengungen werden unterstützt durch eine „Gegenstrategie", um bei schlechter Verfassung und negativen Gedanken sich zusammenzureißen (selbstdisziplinierende Funktion) und eigenes Verhalten zu kontrollieren. Hingegen zielt Zurückziehen darauf ab, die Situation zu halten. Interessant sind hier intraindividuelle Altersunterschiede, die auf die vermehrte Strategie des „Aufrappelns" bis ins höhere Alter und die vermehrte Strategie des Rückzugs im sehr hohen Alter hinweisen. Allgemein zeigt sich als Abfolge ihres Gesundheitshandelns:

1. Alles machen, sich durchsetzen und „aufrappeln", um weiter zu kommen, insbesondere in den Bereichen Arbeit, Wohnungsbeschaffung, Krankheit;
2. Strategie der disziplinierenden Monologe, um Schritt 1 zu unterstützen;
3. Rückzug und nur das machen, was gemacht werden muss, um die Situation im Lot zu halten, vor allem im Bereich Gesundheit.

7.6.1   Einstieg in das Gesundheitsthema: „Immer wieder aufgerappelt"

Frau Nordheimer hat in ihrem Leben die Erfahrung von vielen gesundheitlichen Einschnitten gemacht (siehe Verlaufskurve der erzählen Gesundheitsbiografie, S. 143). Die hieraus entwickelte Strategie des „Aufrappelns" ist zum einen, krankhafte Zustände oder Zustände der Schwäche mit umfassendem Handeln, insbesondere zahlreiche Kontakte zu Experten/innen (Zeile: 424-425), zu überwinden.

Zeile: 416-420
E: Aber, ich war - sechs Wochen war ich mal in der Bank weg, weil ich sehr krank war. Was hatt ich da eigentlich? Dann hatt ich meine Depressionen gehabt. Also, es ist immer so mal, aber ich hab mich immer wieder aufgerappelt. Ich hab gesagt, das DARF nicht sein, ich muss weiter machen. Ich glaub, des hat mir auch am besten, hat mir immer genügt. Hat mir auch mein Schwiegersohn damals geholfen, ist mir überall hingefahren.

Eine weitere Form, sich „aufzurappeln" sind disziplinierende Monologe, die ihr helfen, trotz augenblicklicher schlechter Lage, weiterzumachen. Auffällig ist, dass sie für sich selbst und ihre Gesundheit die Disziplin aufbringt, sich entsprechend zu den Monologen aufzurappeln. Sie macht das nicht von einem ärztlichen Rat oder Hinweisen der Kinder abhängig. In vorliegendem Fallporträt zeigt sich somit ein enger Zusammenhang zwischen dem Wert der Gesundheit als innerem Gebot und Gesundheitshandeln, insbesondere der Strategie der Anstrengung.

7.6.2 Hinweise im Interviewverlauf

Eine andere Gesundheitsstrategie in diesem Fallporträt ist die des „angestrengten Rückzugs", die in Verbindung mit Versuchen des „Aufrappelns" im höheren Lebensalter immer mehr hervortritt. Ziel ist es, einen (wenn auch belasteten) Alltag wiederherzustellen bzw. aufrecht zu halten. Die Strategie bezieht sich u. a. auch auf Arztbesuche („Jetzt geh ich nur noch zu dem Arzt, zu dem ich hinmuss.", Zeile 539-540). Vornehmlich spielen aber physischer Rückzug, Ruhe und Unterstützung (u. a. durch den Pflegedienst) eine große Rolle und damit auch die Entbindung von Aktivitäten des täglichen Lebens, die sie sonst selbst übernommen hat. Geht es ihr gesundheitlich nicht gut, so lässt sie ihre Abhängigkeit zu und akzeptiert Unterstützung dort, wo diese unbedingt benötigt wird. Der Rückzug ist selbst gesteuert und wohl „dosiert" hinsichtlich Art und Zeit des Rückzugs, da sie befürchtet, dass sich sonst die Situation verschlechtert bzw. dass Kräfte abgebaut werden. Ein vollständiger Rückzug ist auch ausgeschlossen, weil damit ihr Selbstwirksamkeitsgefühl verschwinden würde. Das Muster des „angestrengten Rückzugs" ist dabei stets gekoppelt mit stärkerer gesundheitlicher Beeinträchtigung und verdeutlicht den Übergang in einen stärker belasteten Lebensabschnitt. Hier schildert sie ihre Abhängigkeit im Vergleich zu anderen Passagen in einem höheren Auflösungsgrad und thematisiert ihren Umgang damit.

Zeile: 506-512
E: Und wenn ich dann gar nicht kann, leg ich mich halt ins Bett und dann bleib ich mal einen Tag im Bett liegen. Ruhe. Aber morgens kommt ja morgen um ei-eine Pfl-Pflegerin, die mich wäscht und anzieht und wenn ich mal sag, ich kann heute nicht, dann sagt sie, gehen Sie wieder ins Bett.
I: Hm=h
E: und machen mir mein Bett und würden mir auch mein Frühstück machen, wenn ichs gar nicht kann, aber na, ich sag immer, etwas muss ich ja auch können, ich muss ja noch wissen, dass ich da bin.

In den nachfolgenden Textstellen, in denen sie Situationen beschreibt, in denen sie gar nicht mehr kann, setzt sie sich auch mit den Grenzen ihres Lebens auseinander. Es wird die Dichotomie „weitergehen" (Zeile 494) und „nicht wieder aufwachen" (Zeile 493) bzw. im Schlaf sterben, aufgemacht. Darin enthalten ist folgende Logik: Entweder man wacht auf und das Leben geht weiter (man hat den Tiefpunkt überwunden) oder aber das Leben ist zu Ende.

Zeile: 491-497
I: Hm=h hm=h. Hat sich Ihre Einstellung zum Thema Gesundheit über Ihr Leben hinweg verändert?
E: Nein, eigentlich nicht. Ich seh immer zu, dass es weitergeht, dass ich vorwärtskomme. Wenn ich auch gar nicht kann, denk ich, legst du dich ins Bett und schläfst und morgen, wenn ich nicht aufwach, hab ich nichts gemerkt, aber wenn dann muss es weiter gehen.
I: Hm=h
E: Ich geh oft ins Bett und denk, wer weiß, ob du morgen noch einmal aufwachst. Und dann merkste nichts, aber ich wach Gott sei Dank immer wieder auf.

Frau Nordheimer ist hier schicksalsergeben, denn ob sie wieder aufwacht oder nicht, liegt nicht in ihrer Hand. Ein vom Schicksal bestimmter völliger Rückzug ist also akzeptiert. Es gibt aber auch Rückzug in Form von eingeschränkten Möglichkeiten medizinischer Behandlung, der einen klaren Altersbezug aufweist, z. B. wenn aufgrund hohen Alters aus medizinischer Sicht von einer Narkose abgeraten wird.

Zeile: 544-546
E: [...] sprechen sie mal mit denen wegen einer Operation. Und da hab ich mit dem gesprochen, hat der gesagt, Frau Nordheimer, wir können Sie nicht operieren. Sie haben die M- Krankheit und wenn sie sind, sie haben das Alter, [...]

Die Tatsache des eigenen sehr hohen Lebensalters beeinflusst also auch das Gesundheitshandeln im Jetzt. Es beeinflusst ihre Optionen und zudem wird ihr Handlungsspektrum von außen eingeschränkt – sie kann ihr Gesundheitshandeln hier nicht unabhängig von der ärztlichen Meinung entfalten.

7.6.3 Zusammenhang von Gesundheitshandeln mit Biografie: Äußere Anstrengung und innerer Rückzug

Das Handlungsmuster des „Aufrappelns" bzw. der verstärkten Anstrengung erscheint bei Frau Nordheimer nicht erst im Alter, sondern taucht bereits in ihrer früheren Biografie auf. Denn ebenfalls in anderen Bereichen ihres Lebens musste sie sich immer wieder „aufrappeln". Den vielen Einschnitten, die sie im Leben hatte, begegnete sie durch Anstrengung, z. B. bei der Wohnungssuche oder bei ihrem Zuverdienst für die Familie. Auch hinsichtlich sozialer Verluste reagiert sie mit Anstrengung, indem sie aktiv auf Menschen zugeht. Sie schließt Freundschaften und erfährt so gegenseitige Unterstützung.

Zeile: 176-179
E: Und dann kam ich zu meinem Onkel, da ham wir auch ne Weile gewohnt. Dann kamen die zwei, meine zwei Cousins ausm Krieg und da ham die den Wohnraum gebraucht ich hatt ja noch ne Bekannte von unterwegs mitgebracht, mit der ich mich angefreundet hatte. Und wir sind zusammen geflüchtet. Die hat keine Verwandten hier, und die hab ich mitgenommen [...].

In diesem Fall ist auffällig, dass biografisches Handeln, welches mit Gesundheit in Verbindung steht, auch stark auf die Sicherung der Verhältnisse, insbesondere Wohnen, ausgerichtet ist. Ihre Biografie ist stark geprägt von einer kontinuierlichen Anstrengung („kämpfen", Zeile 198) um gutes Wohnen und dem Überwinden schlechter Wohnverhältnisse.

Zeile: 198-199
E: [...] ähm mussten wir auch schwer kämpfen [mit dem Bauern], dass wir ein ZIMMER gekriegt haben. Zimmer und Küche.

Im Kontext der biografischen Erzählung finden sich aber auch Textstellen, die die Handlungsstrategie eines „inneren Rückzugs" aus schlechten Ausgangspositionen aufgreifen. So schildert sie ihre Einbindung auf dem Land dadurch begünstigt, dass sie als „wie eine von denen" (Zeile 140 f.) wahrgenommen wurde, was einherging mit innerem Rückzug, nämlich nichts über ihre Fluchtgeschichte zu erzählen. Hier ging es darum, nicht aufzufallen, nicht über belastende Dinge zu reden und alles so normal wie möglich zu halten. Im historischen Kontext betrachtet, ist dies wahrscheinlich keine Ausnahme, da es keine kollektive Aufarbeitung der Kriegs- und Fluchtschicksale, vor allem nicht in der unmittelbaren Nachkriegszeit, gab.

Zeile: 139-147
E: Sind wir aufs Land gegangen. Bei de Bauern [...] Ich habe mich da eigentlich sehr sehr wohl gefühlt, muss ich sagen. Ich - die haben alles gar nicht gewusst, dass ich dahin geflüchtet bin. Ich war also wie eine von von denen.

I: Hm=h
E: Ich habe auch nicht geheißen, wie die meisten S-Spitzname oder so, sonder immer die S-Spitzname.
I: Hm=h
E: Und da, wo ich war, die haben [...] wie ich dazu gehört habe, es war sehr schön.

Dies stärkt die Annahme, dass gewisse Dinge von ihr nicht bzw. nicht abschließend verarbeitet wurden. Zu dem inneren Rückzug zählt zudem auch die Depression im höheren Erwachsenenalter, die einer ärztlichen Vermutung nach auf den frühen Verlust der Mutter bezogen wird. Auch dieser Verlust, der in zahlreichen Stellen im Interview thematisiert wird, wurde offensichtlich bisher nicht verarbeitet.

Zeile: 491-495
E: [...] Weiß gar nicht was da damals, ja Depression. Unbegründete Depression haben sie damals
I: Hm=h hm=h
E: Haben angenommen es hatte mir der Kindheit zu tun, weil ich meine Mutter so früh verloren hatte.

Die Beispiele zeigen exemplarisch, dass das biografisch erfolgreiche Handlungsmuster, das einerseits durch Anstrengung, andererseits durch Rückzug gekennzeichnet ist, auch auf den Bereich Gesundheit übertragen wurde. Im Interview finden sich zudem Hinweise auf weiter handlungsleitende verinnerlichte Umwelten. Diese stehen in Zusammenhang mit heutigem Gesundheitshandeln hinsichtlich des Musters der Anstrengung und des Rückzugs bzw. „angestrengter Rückzug".

7.6.4 *Zusammenhang von Gesundheitshandeln mit Umwelt: Einschränkung und vertraute Hilfe*

Hingegen tritt die aktuelle Umwelt bzw. die äußere Umwelt, im Leitfadenteil stärker hervor. Vor allem im Bereich der Mobilität schildert Frau Nordheimer eindrücklich ihre Abhängigkeit von äußeren Umweltbedingungen. Über das gesamte Interview hinweg werden für sie nicht erreichbare Umwelten (u. a. Arzt, Einkaufszentrum, Beratungsstelle, unmittelbare außerhäusliche Umgebung) aufgeführt.

Zeile: 841-847

E: Der Arzt ist ja leider Gottes jetzt weggegangen. Da, der altersmäßig hat der aufgehört. Und dann ging der fort und dann hab ich einen anderen aufgesucht, aber die hatte dann so Treppen. Das konnte ich am Anfang auch noch immer laufen. Und auf einmal konnte ich es dann nicht mehr und dann bin ich ins M-Stadtviertel gegangen. Ne. Aber schöner wars wie es hier im N-Stadtteil war. Da konnte man eher mal hin.

Im Gespräch wird schon nach kurzer Zeit deutlich, dass Frau Nordheimer aufgrund gesundheitlicher Einschränkungen in stärkerem Ausmaß durch räumliche Barrieren eingeschränkt ist. Hierdurch sind verschiedene Angebote nicht bzw. nur unter erschwerten Bedingungen bzw. mit Hilfe für sie erreichbar und werden dadurch seltener bzw. gar nicht genutzt.

Zeile: 852-856
I: Ja (-). Was hat sich in Ihrem Leben verändert seit oder wie hat sich in Ihrem Alltag verändert?
E: Dass ich nicht mehr an allem teilnehmen kann durch meine Krankheit.
I: Hm=h
E: Früher bin ich aufgestanden, ach jetzt gehst du in das E-Einkaufszentrum, machstn Bummel. Des is alles vorbei. Das möcht ich nochmal gerne.

Allgemein wird räumliche Umwelt im Kontext des Gesprächs eher negativ geschildert und als etwas, das die Gesprächsteilnehmerin hindert und woran sie sich anpassen muss, z. B. indem biografische Gesundheitsroutinen aufgegeben werden müssen. Hingegen schildert sie ihre soziale Umwelt zumeist positiv, insbesondere die soziale Unterstützung, auch in Form von Ablenkung, wird von ihr hervorgehoben.

Zeile: 622-634
I: Und was hilft Ihnen im Umgang mit den Erkrankungen, mit den Symptomen, mit den Einschränkungen, die Sie haben. Was hilft Ihnen dabei?
E: Wenn ich mich ablenke. Ablenkung. Wenns ein schöner Film im Fernsehen gibt, den ich da kucke, wo ich nicht denke oder meine Freundin ist da und wir haben was Schönes. Oder sie sagt, S-Spitzname, komm, wir fahren dich heute mit dem Rollstuhl wieder aus. Was sie, nicht jeden Tag, aber doch versch-. Wirklich, da sag ich immer das ist wirklich, sieht man, dass das eine Freundin ist. Nehmen mich

mit mitm Auto und fahren mich im Rollstuhl des kann nicht von jedem. Des macht nicht jeder.
I: Hm=h
E: Das ist ne Freundin sein. Oder wenn ich auch noch an den feierlichen Teilen von der Familie, an den Feierlichkeiten teilnehmen kann, da vergeß ich auch oft, man ist abgelenkt. Man denkt nicht so sehr dran. Und wenn man dann wieder zurück, und dann sind die Schmerzen zwar größer, aber man hat mal ne Zeitlang Ruhe gehabt.

Sowohl Anstrengungen als auch Rückzug werden somit durch Familie und Freunde unterstützt. Dennoch ist soziale Unterstützung, die Frau Nordheimer erhält, oftmals auch für sie belastend. Das ist z. B. so, wenn Personen sie nicht besuchen, wenn Personen weiter weg wohnen und wenn sie um Hilfe bitten muss.

Zeile: 10-13
E: Ich hatte auch hier der Nachbarin gesagt, hatt ich das letzte Mal schon gesagt und is se nicht gekommen und heut kommt se wieder nicht. Ich hab auch einmal hab ich gesagt, aber ich bettel nicht.

Eine weitere Rolle spielt hier auch die institutionelle Umwelt beim Muster des Rückzugs, im sehr hohen Alter insbesondere Pflegedienst und Hausarzt. So unterstützt der Pflegedienst Strategien des Rückzugs („und wenn ich mal sag, ich kann heute nicht, dann sagt sie, gehen Sie wieder ins Bett", Zeile 508) und ein gutes Verhältnis zum Hausarzt erleichtert ihr die nun eingeschränkte Teilhabe am Gesundheitssystem („Ne, also nur, wenn ich Überweisungen hab von Ärzten, sonst such ich keinen Arzt auf. Mit meinem Hausarzt hab ich ein sehr gutes – der ist sehr gut.", Zeile 822-823).

Für Frau Nordheimer ist es zudem enorm wichtig, trotz zunehmend schlechter werdender Gesundheit in ihrer Wohnung wohnen zu bleiben, Hilfsmittel bestmöglich zu nutzen, Barrieren zu beseitigen und nur im äußersten Notfall den größten, selbst entschiedenen Rückzug in Erwägung zu ziehen bzw. in ein Pflegeheim umzuziehen.

Zeile: 68-71
E: Aber dass ich jetzt raus muss hier is das ist kein, das ist sehr schlimm. Da weil wir ich bin ja nur Rollstuhl, ich hab mein Rollstuhl da, ich kann nicht raus. Ich

möchte n gerne einen elektrischen haben, aber ich kann nicht, weil wir haben keine Rampe. Das können sie ruhig schreiben, da können sie meine ne ne Adresse angeben!

Ein möglicher Umzug in ein Pflegeheim wird jedoch an Bedingungen geknüpft. Das Pflegeheim müsste bezahlbar sein, sich in der Nähe zu ihrer Wohnung befinden und ihre Wohnung sollte der Familie zur Eigennutzung erhalten bleiben. Somit entstünde auch eine verbesserte räumliche Nähe zur Familie. Eigenes Gesundheitshandeln (vor allem Rückzug) wird hier also auch angepasst an das soziale Umfeld.

Zeile: 813-816
I: Hm=h. Und was ist Ihnen wichtig im Umgang mit Ihrer Gesundheit?
E: Das wär jetzt schön, wenn hier drüben das Heim gebaut wird und ich könnte da einziehen, es wäre BEZAHLBAR. Und meine Tochter wär in der Nähe. Dass sie nicht so weit von mir weg wäre. Das wär schön. Das ginge dann schön zu machen, wenn ich dann einziehen könnte und die wohnt hier. Das wäre dann schön zu machen.

Insgesamt zeichnet sich im Interview eine große Bedeutung der sozialen, physischen und technischen Umwelt für Gesundheit ab. In der Analyse des Gesprächs fällt zudem auf, dass das Gesundheitshandeln von Frau Nordheimer mit zunehmendem Alter auf mehr Unterstützung durch verschiedene Umwelten angewiesen ist.

7.7 Zusammenfassung des Falls

Im Fallporträt wird deutlich, dass die in der biografischen Erzählung geschilderten Muster Gesundheitserlebens und -handelns im stärker auf Gesundheit fokussierenden Leitfaden-Teil fortgeführt werden und dort auch aktuelle Umwelt vermehrt erwähnt wird, die darüber hinaus Einfluss nimmt auf Gesundheitserleben und -handeln. Die zur Fallrekonstruktion hinzugezogenen Suchheuristiken der Biografie und der Umwelt liefern somit weitere Fallspezifika. Dies wird umso stärker deutlich in den textinternen Vergleichen zwischen biografischer Erzählung und umweltbezogenem Leitfadenteil. Darüber hinaus gibt es deutliche Hinweise auf Zusammenhänge zwischen narrativer Identität, Gesundheitserleben, Wert der Gesundheit und Gesundheitshandeln. So beschreibt sich Frau Nordheimer im Interview als eine „gezeichnete Kämpferin" (narrative Identität), die viele negative Lebenseinschnitte erlebt hat und entsprechend immer handeln musste. Das ist leitendes Thema im Gespräch, was bereits zu Beginn des Auswertungsprozesses deutlich und im weiteren Analyseverlauf verstärkt wird. So ist sie nicht nur in der Geschichte und im gesundheitsbezogenen Nachfrageteil leidend und handelnd. Die Aushandlung und Balance der beiden Pole kennzeichnen diesen Fall.

Auch ist Gesundheit für sie als Frau im sehr hohen Lebensalter ein wichtiges Thema, das schon früh in der biografischen Erzählung platziert wird. Wesentlich für ihr Gesundheitskonzept ist eine starke aktive Komponente und – aufgrund zahlreicher existentieller Lebenserfahrungen – eine eher breitere Ausrichtung auf Rahmenbedingungen ihres Lebens, wie z. B. Wohnen und finanzielle Aspekte. Hier zeigen sich im Gespräch besonders eindrücklich verinnerlichte Umwelten, die im Gespräch mehrfach aufgegriffen werden (insbesondere im Kontext von Wohn- und Arbeitsbiografie).

Der Wert der Gesundheit von Frau Nordheimer steht im Zusammenhang mit einschneidenden Lebensereignissen und der Schaffung zufriedenstellender Verhältnisse, welche einem „inneren Gebot" gleichen, weitermachen zu müssen. Dies ist wiederum entscheidend für ihr Gesundheitserleben und -handeln. Denn Gesundheit (insbesondere in dem von ihr erweiterten Sinn) ist etwas, für das etwas getan werden muss. Hierfür gibt es biografische Kraftquellen (z. B. eine schöne Kindheit und Einbindung in die Familie), aber auch Bedrohungen (z. B. erlebte Verluste), mit denen umzugehen ist.

Das Gesundheitshandeln von Frau Nordheimer ist geprägt durch Aktivität und Rückzug und ist motivational und praktisch von einer starken sozialen Komponente gefärbt. So kann sie z. B. bei nachlassender Leistungsfähigkeit und zunehmendem Hilfebedarf – bereits als junge Frau, aber auch im hohen Lebensalter – durch ihren Lebensinhalt Familie für sich Sinn herstellen und besser mit schlechten Verhältnissen und erhöhten Kraftanstrengungen umgehen. Als weitere Strategie des Gesundheitshandelns ließen sich in diesem Fall „disziplinierende Monologe" herausarbeiten. Diese beinhalten ihr Credo, in Situationen sehr schlechter Gesundheit bzw. gesundheitlicher Krisen nicht aufzugeben. Interessant ist in diesem Porträt zudem das Handlungsmuster des Rückzugs, das sowohl innerlich durch Nichtreden (vor allem im jungen und späten Erwachsenenalter) als auch äußerlich in Form physischen Rückzugs (vor allem im sehr hohen Alter) wirksam wird und zudem auch fremdbestimmte Anteile aufweist (insbesondere angeratene Grenzen in der medizinischen Behandlung).

Umwelt wird in diesem Fallporträt einerseits belastend und einschränkend, andererseits erfreulich und unterstützend erlebt. Das verweist auf die große Bedeutung der physischen, aber ebenso der sozialen Umwelt für sie. Denn gerade physische Barrieren zwingen sie, ihr Verhalten zu ändern. Umwelt ist in diesem Fallporträt aber auch Bestandteil von Gesundheit (u. a. Sicherheit durch eigene Wohnung und wohltuende soziale Kontakte). So konnten durch die beiden Heuristiken Biografie und Umwelt in diesem Fallporträt insbesondere Anlässe und Formen erworbener Bewältigungsstrategien beleuchtet werden.

Dieses Fallporträt stellt insgesamt einen Fall von Gesundheitskompetenz im Alter dar, der sich durch Verlustkontrolle zwischen Aktivität und Rückzug auszeichnet. Es zeigen sich insgesamt Zusammenhänge zwischen allen strukturierenden Kategorien. Verglichen mit der Arbeitsdefinition zu Gesundheitskompetenz (Sørensen et al., 2012, S. 3) geht es in diesem Fallporträt beim Umgang mit Gesundheit nicht hauptsächlich um äußerlich zugängliche Gesundheitsinformationen, sondern um innerlich verankerte Erfahrungen. Diese resultieren aus dem Umgang mit einschneidenden Lebensereignissen und dem Aufbau eines zufriedenstellenden und sicheren Lebens sowie durch den Umgang mit verschiedenen unterstützenden oder hindernden Umweltbedingungen, mit denen sich vor allem im sehr hohen Alter aktiv auseinandergesetzt werden muss.

7.8 Rückbindung des Falls an die Arbeitsdefinition

Wird das Konzept Gesundheitsinformation gezielt an das Datenmaterial herangetragen, so finden sich Stellen, in denen medizinische Gesundheitsinformationen, vor allem aber Informationen zur Alltagsbewältigung (z. B. Pflegeheim in der Nähe ihrer Tochter, Rampe und der Bezug von Hilfsmitteln) eine Rolle spielen und somit das Konzept für Gesundheitskompetenz im Alter bestätigen. Sowohl in der Arbeitsdefinition zu Gesundheitskompetenz (S. 69) als auch im Interview werden zudem Fähigkeiten als Voraussetzung für die abschließende Realisierung von Gesundheitsinformationen thematisiert, die im Fallporträt auch die Fähigkeiten beinhalten, mit dem, was man im Leben zur Verfügung hat, zurechtzukommen und auf Menschen zuzugehen bzw. soziale Kontakte zu knüpfen und zu halten. Während die Fähigkeiten sich in diesem Fall nicht auf Gesundheitsinformationen im engeren Sinn beziehen, so geht es bei den Fertigkeiten auch gezielt um Gesundheitsinformationen und darum, diese konkret bzw. richtig anzuwenden („Wenn ich Angst hab, dass ich zu wenig oder zu viele Tabletten nehme oder so,

abwiegen, wie ist alles richtig, was ich mache. Das ist schon [...] Da bin ich schon manchmal am Zweifeln.", Zeile 593-596).
Darüber hinaus gibt das Interview insgesamt aber auch Hinweise, auf die Fertigkeit Hilfen und Kontakte zu organisieren und eigene Interessen durchzusetzen. Wie auch als Bestandteil der Definition, so spielt Motivation bei der Gesprächsteilnehmerin eine große Rolle. Zum einen ist diese biografisch verortet („weitermachen müssen"), zum anderen handelt es sich um eine äußere Motivation (vor allem durch Familie und Freunde), die auf Gesundheitserleben und -handeln Einfluss nimmt. Auch die in der Arbeitsdefinition genannten Informationsverarbeitungsprozesse (Finden, Verstehen, Beurteilen und Anwenden) spielen im Gespräch eine Rolle. Für den Prozess des Findens konnte ermittelt werden, dass Gesundheitsinformationen in hierfür klassischen Stellen erfragt wurden (Hausarzt, Apotheke, Beratungsstellen), was jedoch nun aufgrund körperlicher Einschränkung erschwert bzw. nicht möglich ist.

Zeile: 672-674
I: Was hilft Ihnen, sich zu informieren, was Gesundheit angeht? Da Informationen zu bekommen dazu?
E: Die in-in den Apotheken, die Zeitungen oder, die krieg ich ja nicht. Ich KANN ja selber nichts holen.
Zeile: 680-696
I: Hm=h. (---) Woher bekommen Sie noch Informationen, wenn Sie was wissen möchten?
E: Ich WOLLTE mal in so ne Beratungsstelle gehen. Da war ich auch einen Tag dort.
I: Hm=h
E: Da ist mir so schlecht gegangen. Da bin ich VIERMAL hingefallen. [...]
E: Aber wie gesagt, da wollt ich jede Woche einmal hin oder zweimal die Woche hingehen.

Weiterhin nehmen auch Gesundheitsinformationen in Form von Risikokommunikation, u. a. in Beipackzetteln, Einfluss auf Gesundheitshandeln.

Zeile: 642-645
I: Hm=, ja. Nehmen Sie nicht so regelmäßig die Tabletten

E: Nein. Steht immer dabei man soll nicht so viel nehmen, weil weil die die Nebenwirkungen les ich dann immer, Niere, Leber, das alles - will ich dann nicht auch noch kriegen.

Der Prozess des Verstehens und Beurteilens von Gesundheitsinformationen wurde auf Nachfrage hin thematisiert und Schwierigkeiten hierbei geschildert. Im ersten Beispiel geht es um eine Fehlinterpretation einer gedruckten Information aufgrund eines Verständnisproblems. Im zweiten Fall wird die Schwierigkeit bei der Beurteilung der richtigen Medikamentendosis geschildert.

Zeile: 593-596
E: Wenn ich Angst hab, dass ich zu wenig oder zu viele Tabletten nehme oder so, abwiegen, wie ist alles richtig, was ich mache. Das ist schon [...] Da bin ich schon manchmal am Zweifeln.

Darüber hinaus konnten Hinweise für den Informationsverarbeitungsprozess des Anwendens und für benötigte Fertigkeiten gefunden werden. In diesem Fall spielt die Organisation von Hilfe (z. B. die Suche nach einer ambulanten Physiotherapie), aber auch technische Hilfsmittel bzw. deren konkrete Beschaffung eine Rolle (z. B. „Medikamentenuhr", Rampe). Insgesamt gibt der Fall also erste Hinweise für die Bedeutung aller in der Arbeitsdefinition genannten Informationsverarbeitungsprozesse für Gesundheitskompetenz im Alter.

Zudem konnten die in der Definition dargelegten Domänen der Krankheitsbewältigung, Krankheitsprävention und Gesundheitsförderung im Fallporträt ermittelt werden. So geht es im vorliegenden Porträt um Krankheitsbewältigung, insbesondere in Form des Umgangs mit negativen biografischen Lebenseinschnitten, aber auch, vor allem im hohen Lebensalter, um solche, die durch Krankheit bedingt sind. Thema ist dann auch der Umgang mit chronischen Einschränkungen (z. B. Schmerzen). Weiterhin geht es im Bereich Gesundheitsförderung um die Aufrechterhaltung biografischer Gesundheit (Treffen mit Freunden und Ausflüge) sowie im Bereich Prävention darum, eine Verschlechterung ihrer Erkrankung (z. B. durch Physiotherapie und Ernährung) zu vermeiden. Als Parallele zum Ziel guter Gesundheitskompetenz der Arbeitsdefinition, „Lebensqualität während der gesamten Lebensspanne", können in vorliegendem Fall u. a. die individuellen Komponenten Wohnenbleiben bzw. Wohnungserhalt, Schmerzfreiheit, sozialer Austausch und finanzielle Sicherheit angeführt werden. Zusammenfassend können somit die in der gewählten Arbeitsdefinition aufgeführten Komponenten „Fähigkeiten", „Fertigkeiten" und „Motivation" sowie die Informationsverarbeitungsprozesse in den Domänen der Krankheitsbewältigung, der Krankheitsprävention und der Gesundheitsförderung bestätigt werden. Nach den ersten Hinweisen in diesem Fallporträt bedarf die Arbeitsdefinition jedoch hinsichtlich der Engführung auf Literacy weiterer Ergänzung.

Abschließend werden die hier ausgearbeiteten Kategorien, ergänzt um weitere differenzierende Subkategorien aus weiteren Analyseprozessen, in Abbildung 2 dargestellt. Die zentralen Kategorien finden sich jeweils neben den strukturierenden Kategorien in den Überschriften. Subkategorien sind anhand von Spiegelstrichen darunter aufgeführt. Kategorien zu Biografie und Umwelt sind dem angefügt.

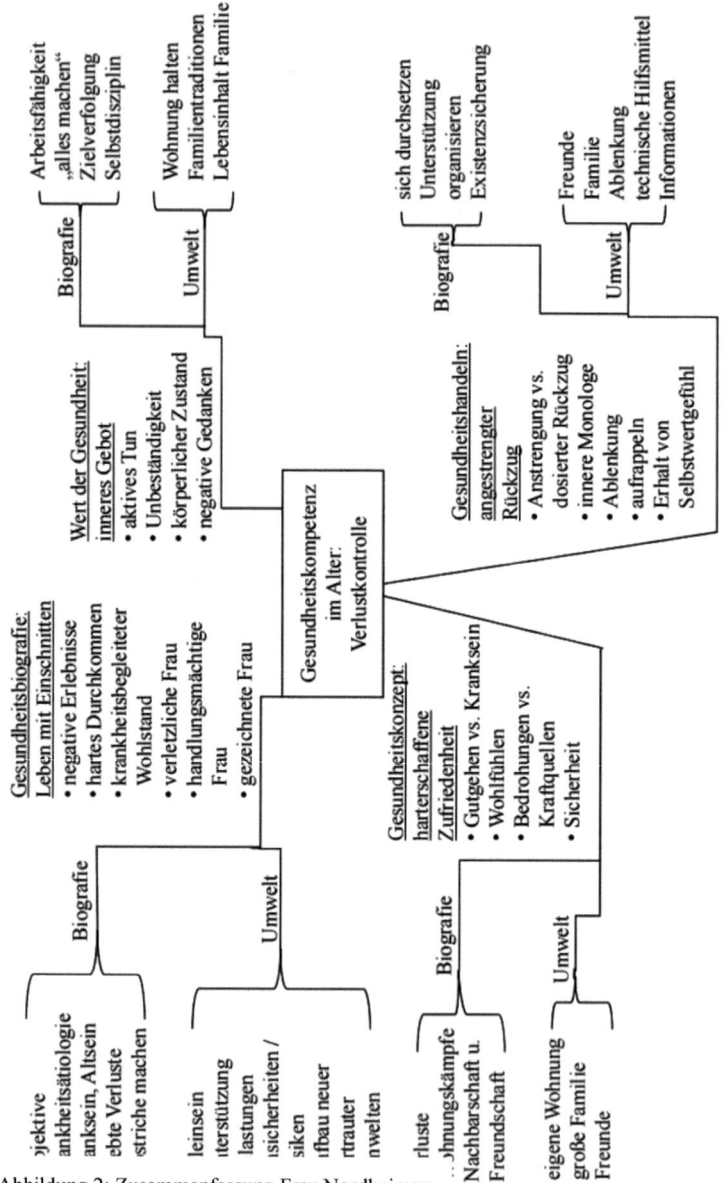

Abbildung 2: Zusammenfassung Frau Nordheimer

8 Gesundheitskompetenz als Normalverhältniserhalt: Herr Boge

Die zentrale Kategorie für dieses Interview ist „Normalverhältniserhalt". Sie beschreibt, dass einerseits das Verhältnis zu sich selbst (Selbstbild) erhalten wird. Andererseits wird der gewohnte Alltag („das Leben wie bisher") trotz Veränderungen aufrechterhalten. Beides unterliegt auch gesellschaftlichen Einflüssen, die u. a. bestimmen, was als „normal" angesehen werden kann („Dinge, die dazu gehören"). Zu den weiteren zentralen Kategorien zählen in diesem Porträt „Hilfeerfahrung" (vor allem durch das soziale Umfeld, aber auch durch Gesundheitsdienstleistungen) und „pragmatisches Handeln", welches in diesem Fall auf eher sachliches Handeln abzielt.

8.1 Kurzporträt

Herr Boge wurde 1930 als drittes Kind (zwei Schwestern) in einer großen Stadt Hessens geboren und wohnt dort bis heute. Als Sohn und Nachfolger eines Handwerksmeisters mit eigenem Betrieb hat er seine Kindheit im angestammten städtischen Kontext verbracht. Kindheit und Jugendzeit waren geprägt durch den Zweiten Weltkrieg sowie durch soziale und kulturelle Einflüsse von Soldaten und der amerikanischen Besatzung. Herr Boge erwarb ein Hochschuldiplom und legte eine Meisterprüfung ab. Mit 36 Jahren heiratete er. Er übernahm den Schreinerbetrieb des Vaters Ende der 80er Jahre und arbeitete dort bis 1996. In der Zeit nach der Hochzeit und dem Hausbau unternahm er viele kulturell geprägte Urlaubsreisen. Herr Boge ist Vater zweier Töchter und eines Sohnes. Mittlerweile hat er zwei Enkelkinder. Seine Erzählung über Gesundheit beginnt mit Krankheiten im Kindesalter. Es folgen längere Episoden ohne Krankheit. Mit zunehmend höherem Lebensalter erleidet er zwei Krankheitsepisoden und betreibt aktive Gesundheitsvorsorge. Er lebt bis heute mit seiner Frau zusammen in einer Wohnung in dem Haus, das ihm und seiner Familie gehört, und wo weitere Wohnungen von ihm vermietet werden. Die Zeittafel (Tabelle 4) zeichnet die Ereignisse von Geburt bis in die Gegenwart in relativ gleichbleibenden zeitlichen Abständen nach. Lediglich zwischen 1964 bis zum Ende der 80er Jahre erfolgen etwas weniger Schilderungen von Ereignissen. Es ist die Zeit verschiedener Urlaubsreisen nach der Ausbildung, Hochzeit und des Hausbaus. Das Leben verläuft nun in geordneten Bahnen und das Augenmerk wird verstärkt auf Familie und Versorgung gerichtet. Anschließend wird die Erzählung fortgesetzt mit Krankheit und Tod der Eltern, beruflichen

Umbrüchen und eigenen gesundheitlichen Beschwerden, Krankheiten und gesundheitsbezogen-vorsorgendem Handeln.

Tabelle 4: Zeittafel Herr Boge

Jahreszahlen	Ereignisse
1930	Geburt; Magenschwierigkeiten;
1936 / 1937	aufgrund einer ansteckenden Kinderkrankheit Quarantäne im städtischen Krankenhaus; Mittelohrvereiterung;
1936 oder 1937	Operation in der Ohrenklinik mit anschl. Krankenhausaufenthalt;
1941	Bombeneinschlag auf das Haus der Familie; Einsturz des Luftschutzkellers über der Familie; Tod der Schwestern;
ca. 1941-1943	Vorübergehende Einquartierung im benachbarten Viertel;
1943	Umsiedlung nach V-Mittelgebirge;
1944	Einzug zum Volkssturm;
1945	Rückkehr in die Stadt; wohnt bei den Großeltern;
1945–1951	Umbau des Hinterhauses; Umzug in das Hinterhaus;
	Mittlere Reife; Ausbildung und Berufsschule; Gesellenprüfung; Diplom und Meisterprüfung;
1963	Hochzeit;
1964	Hausbau;
	zahlreiche internationale Reisen; Geburt der Kinder;
Anfang der 80er bis Anfang der 90er Jahre	Auftrags-Boom im Handwerksbetrieb des Vaters („Museums-Boom");
	lebensbedrohliche Erkrankungen der Eltern; Tod der Eltern;
Ende der 1980er Jahre	Übernahme des Betriebs; Auseinandersetzung mit Technik wie Faxgerät und Computer; Messebesuche; Anschaffungen;
1996	Auflösung des Schreinereibetriebes; Renteneintritt;
2011	Sturz mit Muskelschaden und bleibender leichter Gehbeeinträchtigung.

Der Fall zeigt deutliche biografische und umweltbezogene Bezugspunkte zu Gesundheitserleben und -handeln. So beschreibt sich Herr Boge als Person, die im Kindesalter viele Krankheiten erlitten hatte („kränklich"), was später auch in Zusammenhang mit seiner Jugend gebracht wird („schwächlich"). Diese Erfahrungen werden jedoch begleitet durch die umfassend erlebte Unterstützung durch seine Eltern. Sein Gesundheitshandeln beschreibt Herr Boge einerseits aus einem Handlungsmuster aus der Nachkriegszeit heraus, das auf Ablenkung und Lebensfreude gerichtet war, als „lax". Dem hingegen betont das herausgearbeitete Muster für Gesundheitshandeln im Alter einen rationalen und umfassenden Umgang mit (möglichen) körperlichen Beeinträchtigungen und Krankheit. Gesundheitshandeln schließt zudem auch Aspekte von Distinktion ein, u. a. durch die betonte Darstellung als Privatpatient und der Abgrenzung zu ihm schlechter gestellten Gruppen. Das Gesundheitskonzept ist gekennzeichnet durch „Normalität" bzw. normale Körperfunktion ohne „Störungen". Bleibende häufig auftretende bzw. „normale altersbedingte Veränderungen" und reversible Erkrankungen werden von Krankheit abgegrenzt. Neben dem eher mechanischen Körperverständnis werden auch psychosoziale Komponenten von ihm einbezogen. Der Wert der Gesundheit bewegt sich zwischen „Selbstverständlichkeit" und fernem „Altersrisiko". Denn vor allem gegen Ende des Gesprächs wird klar, dass die erwähnte Normalität mit dem höheren Alter eine zeitliche Begrenzung findet. Immer wieder werden Zukunftsängste hinsichtlich gesundheitlicher Verschlechterungen geäußert.

Tabelle 5 zeigt die im Fallporträt herausgearbeiteten zentralen Charakteristika in den Kategorien Gesundheitskonzept, Wert der Gesundheit und Gesundheitshandeln.

Tabelle 5: Zentrale Unterschiede in den strukturierenden Kategorien

Gesundheitskonzept	Wert der Gesundheit	Gesundheitshandeln
- Normalität - Störungsfreiheit - Körper und Seele - Wohlbefinden	- Selbstverständlichkeit - Nebensache - Altersrisiko	− Ignorieren / „lax" − Vorsorge − Geschäftsmäßige Nutzung − Weitermachen − Distinktion

Das Interview dauert 93 Minuten und der Umfang der Transkription beträgt 1608 Zeilen. Der Erzählteil des Interviews teilt sich in fünf Grobgliederungsaspekte auf: Krankheitsbiografie von Geburt an, Kindheit und Jugend im Krieg, Leben nach dem Krieg, Berufsbiografie, Reisen und Kultur. Die biografische Stegreiferzählung dauert in diesem Interview nach dem Erzählstimulus von Minute 2:01 bis 8:37 an und beinhaltet die Themen: Krankheiten in frühester Kindheit, schwerer Bombenanschlag auf Wohn- und Geschäftsgebäude der Familie und Auswirkungen, Gallenerkrankung, Sturz und chirurgische Eingriffe. Hier sind die Erzählepisoden am dichtesten und enden mit der ersten Koda („Und des ist der Stand von heute.", Zeile 125).

Nach einer ersten textimmanenten Rückfrage wurde die Erzählung von Minute 8:21 bis 28:50 fortgesetzt. Hier wird nun stärker auf Themen außerhalb von Gesundheit fokussiert, u. a. Beruf, Zahnprobleme, Wohnen, Schule, Musik und Feste, Berufsausbildung, Arbeiten im Betrieb, heutige und frühere Bürotätigkeit. Nach einer weiteren textimmanenten Rückfrage wurde die Erzählung erneut fortgesetzt (von Minute 29:16 bis 49:17) mit den Themen Bezug zur Musik, Jungen und Männer in der NS-Zeit, Kunst in der Nachkriegszeit und Krankheiten im Alter. Die Hauptthemen der Biografie sind somit Krankheiten ab Geburt an, Kindheit im Krieg, akute und bedrohliche Krankheitsereignisse sowie nicht-bedrohliche Beschwerden, Beruf und Arbeit bis heute, Wohnen, Schule, Musik und Feste, Kunst in der Nachkriegszeit und Krankheiten im Alter. Der Leitfadenteil beginnt ab Zeile 785 und ab Minute 49 nach der ersten Erzählkoda und mehreren textimmanenten Nachfragen. Im Text finden sich einige gesprächsanalytische Auffälligkeiten bzw. Eigenlogiken. Häufig, wenn eine eher ernsthafte Situation im Kontext eigener Gesundheit dargestellt wird, lässt sich ein lässiger und stärker dialektgefärbter sprachlicher Ausdruck erkennen. Ebenso finden sich Textstellen, wo eine eher ernsthafte Schilderung mit einem Lachen beendet wird. Dies könnte eine Männlichkeitspräsentation darstellen, die Stärke und Überlegenheit impliziert bzw. Schwäche negiert und von der Schilderung eigener Gefühle ablenken möchte.

Zeile: 47-73
E: [...] bin dann- nach de:r Quarantäne gleich im: städtischen Krankenhaus äh: in der Ohrenklinik operiert wordn un da (---) blieb ich dann auch so drei, vier Wochen ja. (-) un dann dann wa:rs zu ende un njah bin ich dann wieder in die Schul gegang ahja und während der Zeit hab ich dann verl- v- versäumt wahrscheinlich äh die Bruchrechnung mitzu- mitzukriegn ja ((lacht))

Häufig enden einzelne Passagen mit einer Argumentation. Angeführt werden hier sehr häufig Bewertungen und Einschätzungen, u. a. durch Vergleiche, die Positionierungen beinhalten (Selbstzuschreibung als Experte für Technik, Abgrenzung zu anderen Personen).

Zeile: 15-30
E: [Ja ich hab auch] so 'n Ding, aber etwas: größer, [zum Digitalisieren] [von] Tonband hab ich mir sowas

I: [Ja]   [Ja]   Ja
E: angeschafft [...] Und hab da Musik uffgenomme und lauter so
I: H=hm
E: Sachen und da hab ich e paar Bänder, die ich äh nicht wegschmeißen wollt, die hab ich dann digitalisiert, [weil] man
I: Ah [ja]
E: ja: äh: wenn des Gerät kaputt is, is niemand mehr da, der's richtig reparieren kann, ja. 'S aus (--)

Zeile: 413-420
E: (-) Der Fortschritt der Messtechnik, der Fortschritt in der Computerauswertung. Des wirkt sich darauf aus, dass da no- 'n zusätzliche, neue, verfeinerte Gesetze gemacht werden. Äh die Trinkwasserverordnung wird verfeinert, ja. Und dann äh: freuen sich die Schornsteinfeger drüber [und alle mögliche Handwerker freuen] sich drüber. Und
I: [((lacht))]
E: des gibt dann wieder so ne kleine Konjunktur. (--) Ja. (-)

Bei der Textanalyse sind jedoch auch mögliche wichtige Themen aufgefallen, die nicht weiter ausgeführt wurden. So ist z. B. auf die emotionalen Auswirkungen der tödlichen Erkrankungen beider Elternteile für ihn und für die Familie im Interview nicht näher eingegangen worden.

Zeile: 1331-1333
E: [...] mein Vater
I: h=hm
E: ist auch an der an an Darmkrebs gestorben, war schlimm.

Ähnlich verhält es sich auch, wenn die ernste Krankheit der Ehefrau erwähnt, jedoch nicht weiter ausgeführt wird (z. B. Art und Dauer der Erkrankung). Möglich sind hier jedoch auch Gründe der Diskretion und der Rücksichtnahme auf die Ehefrau.

Zeile: 1005-1008
E: Wenn ich meine FRAU betrachte, (--) die wirklich (-) <<traurig>krank ist>.
Die sagt immer (-) äh: (--) i- sie will
I: h=hm
E: nicht daran erinnert werden, ja.

Die Sequenzen lassen dennoch Vermutungen zu einer erlernten Trauerkultur zu. So könnte man annehmen, dass die Trauer um die beiden im Luftschutzkeller umgekommenen Schwestern die Familie des Informanten stark belastet hat, was jedoch im Interview nicht erwähnt wird. Es stellt sich hier die Frage, ob man zu Kriegszeiten eher mit Wiederaufbau beschäftigt war, so dass Trauer nicht zugelassen wurde. Damals war Herr Boge elf Jahre alt und noch heute kann er sich an den Tag genau erinnern. Auch könnte es sein, dass empfundene Trauer nicht mit dem verinnerlichten Männlichkeitsideal der Nationalsozialisten („Des entsprach also nicht dem Ideal eines deutschen [Jungen]. [...] hart wie Kruppstahl und was da net alles so gab.", Zeile 516-520) einherging.

Die Nicht-Thematisierung könnte eine von ihm so verstandene Selbstverständlichkeit darstellen oder aber einen so tiefen Schmerz, der nicht durch Erzählung im Rahmen eines Interviews vertieft werden möchte. Anschlussfähig ist diese Haltung an den Umgang mit der Krankheit seiner Frau. Hier könnte also sowohl einerseits der Wunsch der Ehefrau, nicht daran erinnert zu werden, oder auch ein erlerntes Muster der Ablenkung durch Konzentration auf notwendige äußere Dinge zutage treten.

8.2 Ein Leben zwischen Hilfserfahrung und pragmatischem Handeln

Herr Boge entfaltet seine Biografie vor dem Hintergrund von Gesundheit ab Geburt an. Besonders zu Beginn seines Lebens im frühen Kindesalter wird Krankheit als ein besonderes Thema dargestellt (Geschichte des „kränklichen Kindes" als erste biografische Stegreiferzählung). Als „kränkliches Kind" bzw. Kind, das immer wieder krank war, bedurfte er besonderer Aufmerksamkeit und Pflege seitens der Familie und der Ärzte, um wieder einen „normalen Zustand" zu erreichen. Offen bleibt hier, ob ihm die Geschichte des „kränklichen Kindes" in seiner Familie erzählt wurde, vielleicht als ein Zeichen der damaligen Sorge und des Kümmerns der Eltern. Was aus der Erzählung klar hervorgeht, ist jedoch, dass die Eltern für ihn da waren und sich gekümmert haben, wenn er krank war und, dass auch Geld da war, um das Kind (mehrfach) zu verschiedenen Ärzten zu bringen. Es lässt sich daraus schließen, dass er seine narrative Identität als „begünstigter Pragmatiker" eingangs durch die durch gute Pflege überstandenen Krankheiten im Kindesalter begründet.

Zeile: 36-53
E: Oh ((lacht)) ja::: (-) ja: also ((räuspern)) (3 Sekunden) ich mein (---) von Geburt an (-) äh war ich ein KRÄNKLICHES KIND, des heißt Magenschwierigkeiten

(-) äh (-) die äh meine Eltern und äh (-) auch die ÄRZTE un so äh doch eh bissche in trab gehalten ham und des hat sich dann gegeben irgendwie durch Milch oder was weiß ich auf jeden Fall äh: bin ich dann NORMAL aufgewachsn [...]

Die Geschichte des kränklichen Kindes dient im weiteren Gesprächsverlauf als Rechtfertigung für spätere Vergleiche seiner eigenen „schwächlichen" Konstitution mit der anderer Jungen seines Alters und deren Verhalten. Gängiges Gesundheits- und Männlichkeitsideal war damals Stärke und Robustheit („hart wie Kruppstahl"), angelehnt an das damalige deutsche Jungenideal, das dem Jungenideal des NS entsprach. Dies wurde einerseits zu einem gewissen Ausmaß von ihm verinnerlicht, weshalb er sich im Gespräch rechtfertigt. Andererseits wurde es von ihm aktiv abgelehnt und bis heute als sinnlos für sich selbst betrachtet, z. B. durch die Ablehnung von Sport („ich kann net sagen, dass ich durch äh: durch äh: (--) TURNEN o- SPORT und so weiter, dass ich mich da wohler fühlen würde.", Zeile 826-828).

Zeile: 508-527
E: En Bub der Zuhaus am Klavier
I: h=hm
E: [sitzt des] war verpönt damals, gell. (-) Des gab's zwar
I: [h=hm]
E: noch, aber des äh:: war also net unbedingt 'n Kriterium, mit dem man glänzen konnte [damals], ja.
I: [h=hm] Wie weit verpönt?
E: Äh naja, weil des e- eben es is bisschen verweichlichte äh Sache war, ja. Des entsprach also nicht dem Ideal eines deutschen [Jungen].
I: [h=hm] Dass da aussah:
E: Ja:, die die ähm (---) hart wie Kruppstahl und was da net alles so gab. (-) Und da ham, viele ham da s- gerne
I: h=hm
E: mitgemacht. Ich war immer so 'en bisschen schwächlich, [wissen sie]. Und da: hab ich immer meine Last gehabt ein
I: [h=hm]
E: [bisschen damit], ja. (-) Im Zeltlager und so: (--) U::nd
I: [h=hm]
E: des hat vielen hat des gefallen, SEHR gut gefallen, ja.

Hingegen wird im Gesprächsverlauf die Beschäftigung mit Kunst und Musik hervorgehoben, die beide für ihn nachhaltig wichtig sind im Leben.

Zeile: 584-612
E: (--) was ich vielleicht auch noch an merken kann is äh: (-) äh: (---) die: äh: die Beschäftigung mit der Kunst, (--) ja. (-) [...] da kamen dann so langsam die Amerikaner, mit ihrer, mit ihrer äh informellen Kunst und so weiter und des is natürlich hier AUCH gemacht worden und da ham wir mitgemacht [...] Ja und des hat uns gebildet, ja. Und da ham wir dann also äh äh Vernissagen besucht.

Herr Boge beschreibt sich in der biografischen Erzählung als Person, die in ihrem Leben viel Unterstützung (Hilfe und Förderung) erfahren hat. Insbesondere in seiner Gesundheitsbiografie wird, begonnen mit der Eingangserzählung „kränkliches Kind", gute empfangene Hilfe und medizinische Versorgung hervorgehoben. Es folgen weitere Kinderkrankheiten sowie das dauerhafte Problem der schlechten Zähne, um die sich mit Hilfe der Eltern durch medizinische Behandlungen gekümmert wird. Die Sorge der Eltern für ihre Kinder wird aber auch deutlich am Beispiel der Ausquartierung, die im Vergleich zu anderen sehr früh stattfand und die die Kinder vor erneuten Angriffen schützen sollte.

Zeile: 159-164
E: Und äh: (-) die die Erfahrung (---) mit der mit dem (--) äh:: mit der Ausbombung hier, hat mein- meine Eltern bewogen (-) schon bevOR des so richtig mit dem mit dem äh Ausquartieren (-) äh::m (-) mit der Evakuierung losging, schon uns äh nach Vo- in V-Gebiet äh: umge- umgesiedelt, Neunzehnhundertdreiundvierzig [...].

Im Gespräch wird durchgehend berichtet, dass gute Hilfe und Versorgung immer verfügbar sind, auch bei Unfällen und außerhalb des häuslichen bzw. familialen Bereichs. So blickt Herr Boge in seiner Biografie zurück auf ein Leben der Meisterung eigener gesundheitlicher Einschränkungen. Selbst potentiell lebensbedrohliche und akute Situationen konnten so mit Hilfe anderer und mit entsprechenden Ressourcen ohne größere Schwierigkeiten überwunden werden.

Zeile: 892-900
*E: zum Beispiel auch bei der äh Gallenblaseentnahme. (-) Des wurde hier i:n dem D-Krankenhaus gemacht, (-) von einem Professor, der zum ERSTEN Mal mit diesem (-) äh::ha mit dieser intra- äh <<lachend>
I: [h=hm h=hm]*

Gesundheitskompetenz als Normalverhältniserhalt: Herr Boge

E: Art und Weise des äh gemacht hat. (-) Des war so, dass ich
I: h=hm
E: nach zwei Tagen konnt ich schon wieder uffstehn, ja, [des] war also ganz toll.

Hieran schließt ein Muster „erlernten Vertrauens" in die medizinischen Möglichkeiten an, welches auch die Entlastung von übertriebener Beschäftigung mit Krankheit mit sich bringt.

Zeile: 1350-1363
I: h=hm h=hm h=hm Was bedeutet für sie persönlich, gut informiert zu sein oder gut aufgeklärt zu sein über die eigene Gesundheit oder Gesundheit im Allgemeinen?
E: Ja. (-) Eigentlich (-) äh:: bedeutet es mir (1,5 Sekunden) ein ganz normales Verhältnis, (-) keine übertriebene Sucht, um: um spezielles Wissen. (2,5 Sekunden) Sondern (-) Vertrauen in die medizinischen (-) Möglichkeiten, die uns geboten sind, (-) ja.
I: h=hm
E: Und möglichst wenig (-) an Krankheit erinnert zu werden,
I: h=hm h=hm
E: ja. (-) Denn Krankheit gehört zum Leben d- dazu, aber
I: h=hm
E: m: möglichst wenig, [((lacht)) ja].

Aber auch die Berufsbiografie weist zahlreiche Stellen zu Gesundheit auf, die ihn im Vergleich zu abhängig Beschäftigten als bevorteilt hervorhebt. So ist seine Laufbahn im Vergleich zu anderen, die sich aktiv um Ausbildung und Arbeit bemühen mussten und teils beschwerlicher Arbeit nachgehen mussten, bereits seit der Kindheit angebahnt und durch den Betrieb seines Vaters gesichert. Er bezeichnet sich daher auch durch seine Herkunft als bevorteilt (bereits durch den Vater private Krankenversicherung, gutes Einkommen, gute Lebens- und Arbeitsverhältnisse).

Zeile: 925-956
E: [...] ich hab ja äh gelernt und gearbeitet im Betrieb meines Vaters. Man kann also nicht sagen, dass ich in unselbstständiger Arbeit gewesen war, sonder ich hab ja immer mit der Familie engsten Kontakt [gehabt]. Ich war also immer selbstständig, [ja]. Des-
I: [h=hm]   [h=hm]

E: wegen, (--) von meinem Vater her, bin ich also freiwillig in der Krankenversicherung. [...]
Und des ist auch ein Ausdruck äh:: von FreiWILLIGkeit, [möchte ich sagen], ja.
Äh:
I: [h=hm]   h=hm
E: ich äh fühle mich dadurch etwas erhaben über [diese] über
I: [h=hm]
E: diese Niederungen [der] der der der der der der äh:
I: [h=hm]   h=hm
E: ärztlichen Versorgung [und und] was net da alles da kommt.
I: [h=hm]
E: Und ich muss ehrlich sagen, ich bin auch ganz froh, wenn ich gleich dran komm, (-) ja.

Im Gespräch positioniert sich Herr Boge zudem vielfach als „pragmatisch Handelnder", der sein Tun nach den tatsächlichen Gegebenheiten praktisch und zielorientiert ausrichtet. Bereits als Kind schildert er anstatt Weinens und Schreiens bei einer belastenden Kinderkrankheit und in einer Notsituation kluge pragmatische Handlungen, die seine Eltern dazu veranlassten, ihm zu helfen.

Zeile: 57-67

E: [...] Sechs Wochen Quarantäne (-) und während dieser sechs Wochen kam dann am Wochenende konntn äh konnte man Besuch empfangn, aber nur von AUSSEN (-) die Besucher ham von außen durchs Fenster geguckt und ihre Kinder gesehn man konnte nicht miteinander reden, man man, weil die Fenster dazwischen warn und ich hab dann durch e::hm: äh durch Blatt wo ich druff geschriebbe hab ‚Ich hab Ohrweh' (-) hab ich gezeigt, (-) worauf dann meine Eltern tätig gewordn sin un da hat sich herausgstellt, dass ich ä::h als Folge dieses Scharlachs eine MITTLOHRentzün- äh Mittelohrvereiterung hatte.

Als pragmatisch handelnder Mensch bewahrt er den Blick für das Machbare und Zu-Machende und behält dabei zudem guten Geschäftssinn. So werden anstehende Sachen, die erledigt werden müssen, erledigt. Die pragmatische Haltung in der Biografie kommt ebenso hervor in einer späteren ernsten Krankheitsepisode, der Gallenblasen-Operation, welche „erledigt" wurde.

Zeile: 897-905

E: Des war so, dass ich

I: h=hm
E: nach zwei Tagen darf ich schon wieder uffstehn konnt, ja, [des] war also ganz toll. (--) Und da hat man so, da hat
I: [h=hm]
E: ich halt so vorher so bisschen Angst gehabt, weil da dann (1 Sekunde) STUHL-gang und UrI:N [ganz] DUNKELbraun [und so weiter
I: [h=hm]   [h=hm h=hm]
E: ja]. (--) A:lso: und dann war des (-) erledigt.

Jenseits der eher pragmatischen Lebensweise nimmt Musik einen großen Teil von Herrn Boges Leben ein. Ab den Schilderungen der Nachkriegszeit taucht das Thema immer wieder auf durch die ausführlichen Beschreibungen bestimmter, nach dem Krieg aufkommender, Musikstile und prominenter Künstler. Herr Boge stellt sich als Experte hierfür heraus. Neben Genuss hatte die Musik auch eine positive Wirkung auf das damalige noch vom Krieg gekennzeichnete Lebensgefühl, so dass sich eine „Liebe zur Musik" entwickelt hat, die bis heute anhält. Interessant ist in diesem Kontext auch die Aufteilung des Lebens in „sein Leben" und „das Leben". „Sein Leben" erscheint hier als Musik-Welt, als „menschlicher Takt" begeisterter Menschen, der Emotionen auslöst („[...] Und das Tanzen und so weiter des is nun mal äh:: v- von der von der Musik her so abgeleitet und so im: äh: im menschlichen äh: Takt vielleicht, dass äh: dass äh:: viele Menschen äh: doch äh: äh: äh elektrisiert hat sozusagen, ja, [...])", Zeile 437-440), wohingegen „das Leben" eher rational und auf allgemeine erforderliche Dinge des Lebens, auf Arbeit und Geldverdienen, ausgerichtet ist.

Zeile: 213-244
E: [...] Da warn also
I: h=hm
E: (---) f- äh fünf s- Leute so in wie in meinem Alter, so zwanzig: Jahre, Zwanzig, Zweiundzwanzig (--) und alle anderen waren ehemalige Soldaten. (-) Die also im Krieg waren. (--) Es war für uns äh::: (-) des war f- die hat- die ham natürlich äh: uns f- äh für uns warn die 'n bisschen Vorbild, ja, in ihrer Lebensweise, in ihrer äh: Art äh: jetzt froh zu sein, äh: (-) des Kriegsleben äh überstanden zu haben, ja. (-) UND (--) dann kam also die (--) des in- äh die (--) äh (-) die die f- die Liebe zur (--) <<dt.>Jazz>musik dazu. [...] und seitdem: äh:
I: [h=hm]

E: (-) b- bin ich also <<dt.>Jazz>-Fan, (-) ja. Und (-) äh:: muss sagen, dass das äh ein wesentlicher Inhalt meines äh: ähm: na: (4 Sekunden) net des Lebens, aber so s- naja: also was man so: (-) braucht an ((unverständlich)) Arbeit und Geld verdienen. ((lacht))

Die Musik steht in Verbindung zu der seelischen Gesundheit und es lässt sich annehmen, dass hierdurch auch der Umgang mit verdrängten Traumata beeinflusst wurde. Die biografische Erzählung von Herrn Boge weist zudem durch die Aufzählung von Krankheiten vielfältige Bezüge zu körperlicher Gesundheit auf. Bereits als kleines Kind erfährt er in einer Serie körperliche Schwäche. Hier möchte er einerseits als Person gesehen werden, die sich aus einem kränklichen Kind heraus im Lauf des Lebens mit vielfältiger Hilfe, Unterstützung und Förderung selbst entwickelt hat. Andererseits beschreibt er sich – bereits von Kindesalter an – als Person, die mit Aufgaben und Anforderungen pragmatisch, also zielgerichtet und praktisch, umgeht und diese erledigt. Zudem nehmen soziale Vorbilder eine große Rolle in seinem Leben ein.

Weitere umweltbezogene Aspekte umfassen den zeitlichen Kontext, aus dem heraus erzählt wird (Kriegs- und Nachkriegszeit) sowie das erzählte gesellschaftliche Narrativ des damaligen Männerideals. Darüber hinaus beschreibt sich Herr Boge anhand guter Lebens- und Arbeitsbedingungen, die ihm u. a. den Zugang zu verschiedenen Umwelten (insbesondere Kunst, Musik und Architektur) ermöglichten, als die Person, die er heute ist. Interessant ist hier zudem die Schilderung zweier verschiedener Lebensräume, die emotionales und rationales Leben trennen, jedoch beides auch bewusst ermöglichen (Musik vs. Familie und Arbeit).

Bei näherem Blick auf das gesamte Interview erscheint die Krankheitsbiografie in Form einer Kurve (Abbildung 3), die allgemein Krankheitsepisoden von Geburt an, gesundheitliche Beeinträchtigungen durch Kriegsereignisse, Krankheit und Tod von Verwandten sowie nachlassender Funktionalität im höheren Alter erkennen lässt. Die Krankheiten beginnen ab Geburt mit Magenschwierigkeiten, Scharlach, und Mittelohrvereiterung. So bedurfte er besonderer ärztlicher Begutachtung und elterliche Pflege. Als elfjähriger Junge erlebt er einen Bombenangriff, bei dem seine beiden Schwestern ums Leben kommen, er hingegen bis auf eine seelische Schädigung, die bis heute anhält, körperlich unverletzt war. Ansonsten verläuft sein Leben nach dem Krieg entlang einer Normalbiografie recht geschützt und in geordneten Bahnen mit den Stationen: Schule, Studium / Berufsausbildung, Beruf, Heirat, Kinder und Rückzug aus dem Berufsleben. Jedoch können in diese Zeit-

spanne auch die schweren Erkrankungen und der Tod der Eltern sowie die Erkrankung seiner Ehefrau fallen (geschätztes Datum). Es ist ebenso anzunehmen, dass die Gallenblasen-Operation und der von ihm geschilderte Sturz in die Zeit danach fallen sowie auch eigene körperliche Veränderungen hier einzuordnen sind.
Als besonders kritisch erscheinen die beiden Ereignisse des Bombenangriffs und der Krankheit der Ehefrau. Hier gibt es Hinweise im Interview, dass diese Ereignisse nicht vollständig verarbeitet wurden ([...] die ham mich dann ausgebuddelt, so dass ich also DA eigentlich KEIne Schädn davongetragen habe. [...] (-) Schädigung der Seele is dann natürlich was anneres, des HÄLT AN, Zeile 84-89; [...] Wenn ich meine FRAU betrachte, (--) die wirklich (-) <<traurig>krank ist>, Zeile 1005-1006). Insgesamt erscheint die berichtete Kurve zu Krankheiten über den Lebensverlauf mit nur wenigen großen Einbrüchen als recht konstant, auch im höheren Lebensalter. In der Verlaufskurve werden die Ereignisse, für die es Hinweise gibt, dass sie bis heute nicht verarbeitet sind, mit einem schwarzen Blitz gekennzeichnet.

170 Empirische Befunde

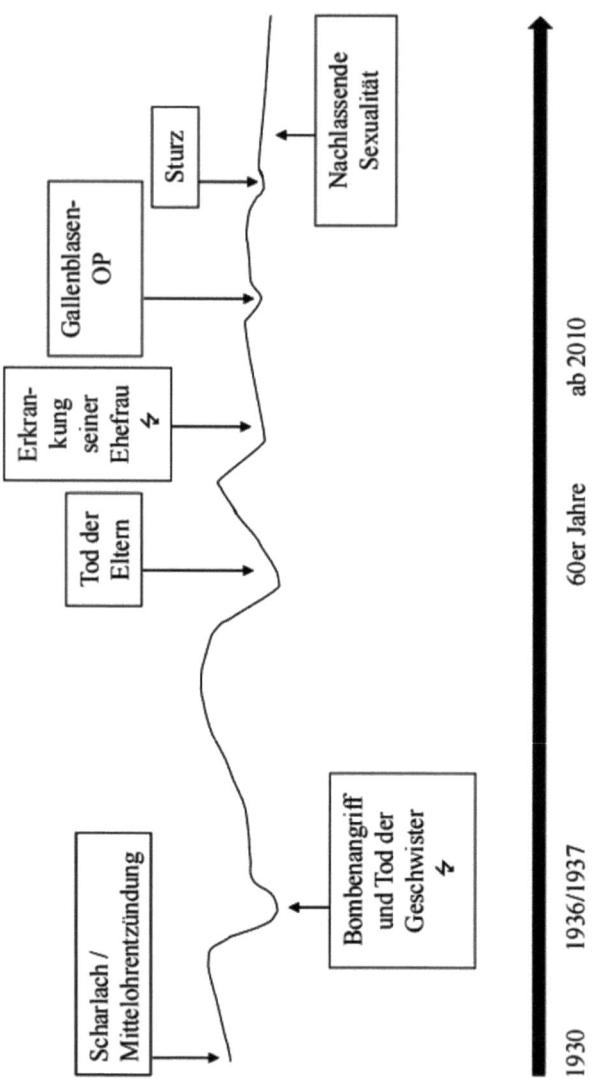

Abbildung 3: Verlaufskurve der erzählten Gesundheitsbiografie

8.3 Gesundheit als altersgemäße Norm

Gleich zu Beginn der biografischen Stegreiferzählung werden zwei Gegensätze aufgemacht: krankes Aufwachsen (u. a. Kinderkrankheiten, Kriegserlebnisse) und normales Aufwachsen (u. a. gesund sein, frei sein von Störungen) bzw. Krankheit und Normalität. An dieser Stelle wird nicht von Gesundheit, sondern von Normalität, das heißt von einem normalen Zustand, gesprochen. Das deutet nicht nur auf die subjektive Relevanz von Gesundheit hin, sondern verweist auch auf deren Qualität, als etwas der Norm Entsprechendes ohne auffällige Abweichungen oder Störungen („Krankheiten (-) und Behinderungen (-) empfinde ich als Störung [...]", Zeile 980-981). Innerhalb dieser Normalität kann es für ihn zu altersbedingten Abweichungen kommen, die allgemein oder „eigentlich dazugehören" (Zeile 992-993). Hierzu zählen nachlassende Sexualität und Denkvermögen, die auch in Altersdiskursen breit aufgegriffen und hier in den eigenen Normalitätsbegriff einbezogen werden (Zeile 1198-1212).

Zeile: 48-73
E: [...] von Geburt an (-) äh war ich ein KRÄNKLICHES KIND, des heißt Magenschwierigkeiten [...] und des hat sich dann gegeben irgendwie durch Milch oder was weiß ich auf jeden Fall äh: bin ich dann NORMAL aufgewachsn un hab dann ä::hm:: so:: im Alter von s- sieben, acht Jahrn Scharlach bekomm (---) [...] (-) un dann dann wa:rs zu ende un njah bin ich dann wieder in die Schul gegang ahja und während der Zeit hab ich dann verl- v- versäumt wahrscheinlich äh die Bruchrechnung mitzu- mitzukriegn ja ((lacht))

Krankheit wird zudem generell unterteilt in altersabhängige und altersunabhängige Krankheiten. Zu den altersunabhängigen Krankheiten zählen die, die jeder bekommen kann und die (weitgehend) bewältigt werden können. Demgegenüber stehen altersbedingte Krankheiten, die an höheres Lebensalter gebunden sind und zu denen degenerative und chronische Erkrankungen zählen.

Zeile: 625-632
E: Mit Krankheit im Alter ich kann also eigentlich nicht sagen, dass DIE Krankheiten, die ich bis jetzt bewältigt haben, des sind Krankheiten, die eigentlich jeder äh bekommen kann und so, oh:ne Rücksicht aufs Alter, ja. Da spielt's Alter keine Rolle. Diese Alterskrankheiten des sind meistens (-) Gelenke, Muskel und so weiter, wo dann anfängt, äh weh zu und [HERZ] vielleicht noch, ja. (-) schwaches Herz.

Zum Gesundheitskonzept zählen hier jedoch nicht nur körperliche Krankheiten, sondern auch psychosoziale Aspekte, wie z. B. seelische Gesundheit. So wird durch die existentielle Erfahrung des Bombenangriffs und den Verlust von Geschwistern bereits in jungen Jahren großes seelisches Leid erfahren, welches im Verlauf des Interviews nicht mehr aufgegriffen wird und das Leben (still) begleitet.

Zeile: 84-89
E: Un die ham mich dann ausgebuddelt, so dass ich also DA eigentlich KEIne Schädn davongetragen habe. außer, dass eh Mund un Nase un alles voll mit Staub war (---) war also (-) eigentlich keine:: SCHÄdigung des Körpers dabei gewesn. (-) Schädigung der Seele is dann natürlich was anneres, des HÄLT AN ((lacht)).

Sein Gesundheitskonzept schildert Herr Boge als Negativdefinition primär krankheitsorientiert unter Einbezug vornehmlich körperlicher Aspekte. Gesundheit steht für ihn als Norm der Abwesenheit von Krankheit und Behinderung. Jedoch gibt es hier im Gegensatz zu gängigen Negativdefinitionen Besonderheiten durch die Entwicklung einer eigenen Norm, welche altersbedingte Veränderungen und weitgehend reversible altersunabhängige Krankheiten in sein Gesundheitskonzept einschließen. Herr Boge positioniert sich somit als gesund und ist darauf bedacht, sich von kranken Personen abzugrenzen (siehe auch Anhang V, Postskriptum, S. 2).

Biografische Einflüsse hierauf lassen sich erkennen durch pflegerisch und medizinisch unterstütztes normales Aufwachsen, die Erfahrung der (weitgehenden) Bewältigung gesundheitlicher Beschwerden und Erkrankungen (Herstellung von „Normalität") sowie ebenso früher existentieller Erfahrungen als Kind, die u. a. zu einem erweiterten Gesundheitsverständnis beitragen. Darüber hinaus spielen Umweltbedingungen, wie eine gesicherte Existenz, erlebte gute Arbeitsverhältnisse (selbstständiges und selbstbestimmtes Arbeiten) sowie der zeitliche Aspekt des Lebensverlaufs mit einhergehenden gesundheitlichen Veränderungen eine Rolle für das hier ermittelte Gesundheitskonzept.

8.4 Wert der Gesundheit als riskante Selbstverständlichkeit

Gesundheit wird im Interview als „Selbstverständlichkeit" bezeichnet. Dies wird wenig später im Gespräch nochmals bestätigt, indem auch Krankheit im Leben als eine „Nebensache" bezeichnet wird, die anderen Dingen (Arbeit, Musik und Kunst) bewusst untergeordnet wird.

Gesundheitskompetenz als Normalverhältniserhalt: Herr Boge

Zeile: 972-985
I: Ja, ja. (-) Ja (---) Was würden sie sagen, hat sie im Denken und Handeln im Hinblick auf Gesundheit geprägt?
E: Im Hinblick auf Gesundheit [eigentlich] gar nichts. [Denn]
I: [h=hm]   h=hm [h=hm]
E: die Gesundheit (1,5 Sekunden) habe ich bis heute (1,5 Sekunden) als
I: h=hm
E: eine Selbstverständlichkeit empfunden. (2,5 Sekunden) Krankheiten (-) und Behinderungen (-) empfinde ich als Störung, an die ich am liebsten nicht denke, dass sowas auch kommen KÖNNTE, denn es kommt bestimmt mal was noch, ja. Aber äh: eben äh: d- <<schleifend>> Krankheit empfinde ich als äh Nebensache.

Im Gespräch wird anhand einer Eigentheorie begründet, warum Gesundheit für ihn selbst nicht das herausragende Kriterium sein kann. Wenn das Leben bisher normal bzw. gesund verlaufen ist, dann kann Gesundheit auch nicht das herausragende Kriterium des Lebens sein.

Zeile: 986-1005
I: Was mich auch interessiert, ist, was sie alles erfahren haben im Umgang mit Gesundheit. Erzählen sie mir bitte von guten und schlechten Erfahrungen, die sie im Laufe des Lebens im Zusammenhang mit Gesundheit gesammelt haben. (--)
E: Hm. (--) Des ist eigentlich alles normal verlaufen. (1 Sekunde) Unter normal versteh ich die Umstände, die eigentlich äh: dazu gehören, ja. (---) A::lso hm. (2,5 Sekunden) Ne also da kann ich eigentlich gar nichts dazu sagen, [muss ich ihnen] ehrlich sagen. (2 Sekunden) Weil eben die
I: [h=hm]   h=hm
E: Gesundheit für mich nicht DAS Kriterium des Lebens ist, [ja].
I: [h=hm] h=hm
E: Viele Leute denken <<schleifend>> doch sehr an ihre Gesundheit, waRUM, weil sie viel[leicht auch] öfter krank
I: [h=hm]
E: sind. (--) Und je kränker man ist, umso mehr [...].

Die Einstellung wird im Gespräch zudem auch daran deutlich, dass bei Gesundheitsthemen an mehreren Stellen im Verlauf des Gesprächs Ausführungen zu Architektur, Reisen, seinem erlernten Handwerk oder Musik angeführt werden. Anhand der Dominanz dieser Themen im Gespräch wird deutlich, dass dies für ihn

wichtige Inhalte des Lebens sind, die er im Interview darstellen möchte (Zeile: 833-869).
Herr Boge beschreibt Gesundheit für sich als Selbstverständlichkeit, was unter näherer Betrachtung biografische Verbindungen aufweist. In seiner Gesundheitsbiografie (S. 168-175) werden ab der Kindheit bis ins späte Erwachsenenalter hinein keine Krankheiten geschildert („[...] u::nd äh: äh dann= hab ich seit dieser Zeit (--) eigentlich [1 Sekunde] in Bezug auf Krankheit [1 Sekunde] nix mehr, nix mehr gehabt. [...]", Zeile 89-91). Die daran anschließenden reversiblen Krankheiten und altersbedingten Veränderungen beeinträchtigen seine Einschätzung gesund zu sein nicht.

Zeile: 1190-1195
I: h=hm h=hm (--) Was würden sie sagen, bereitet ihnen im Umgang mit Gesundheit Freude? Gibt's da was [ihnen Freude bereitet?]
E: [<<verschleifend>i> im Umgang] mit Gesundheit [Freude]? Ja,
I: [h=hm]
E: dass ich gesund bin. [((lacht))]
Dass Gesundheit so bewertet wird, könnte auch an der erlebten guten Verfügbarkeit und Effizienz von Therapien liegen.
Zeile: 792-798
E: Ich nehme, äh Dinge, die äh 'ne 'ne Krankheit ankündigen oder so zunächst mal nicht wahr (-) Und wenn's dann mehr wird oder so oder wenn's dann irgendwo weh tut, dann sag ich naja gut, ich muss mal zum Doktor. (---) Und dann ist
I: h=hm
E: es dann auch meistens behandelt worden und dann (-) weggegangen.

Doch jenseits von Normalität wird Gesundheit auch als Altersrisiko betrachtet, denn Herr Boge weiß, dass Gesundheit kein Dauerzustand ist und sich im Lebensverlauf durchaus trotz bisherigen „Noch-Nicht-Habens" („[...] hab ich noch nicht. [...]", Zeile 636) ernste und dauerhafte Krankheiten in Zukunft einstellen können. Hiernach können nicht alle gesundheitlichen Risiken (z. B. Zahnprobleme, Zeile 142-147) ausgeschaltet werden und im hohen Lebensalter erhöht sich das Risiko für spezifische Krankheiten.

Zeile: 630-638
E: Diese Alterskrankheiten des sind meistens (-) Gelenke, Muskel und so weiter, wo dann anfängt, äh weh zu und [HERZ] vielleicht noch, ja. (-) schwaches Herz

Gesundheitskompetenz als Normalverhältniserhalt: Herr Boge

I: [h=hm]
E: [un-] und diese [Dinger]. (--) Des
I: [h=hm]   [h=hm]
E: hab ich noch nicht. (---) [Denke] ich, dass ich noch
I: h=hm [h=hm]
E: bissche (--) Zeit hab dazu. (---) ((lacht)) (2 Sekunden)

Demgegenüber steht jedoch der für ihn leichte Zugang zum Gesundheitssystem und erlebtes effizientes Handeln von Ärzten/innen. Hier wurde seine Gesundheit wiederhergestellt und erhalten. Für ihn hat das Gesundheitssystem bisher gute Arbeit geleistet. Der Wert der Gesundheit ist somit zwischen Sicherheit und Unsicherheit bzw. zwischen Selbstverständlichkeit und fernem Altersrisiko angesiedelt.

8.5 Gesundheitshandeln als pragmatische Anpassung

Das Gesundheitshandeln von Herrn Boge ist gekennzeichnet durch pragmatisches Handeln. Schon seit Kindheit an, ist das eine Haltung, die er gelernt hat und die sich für ihn bewährt hat. So berichtet er, dass sein Vater nach der Zerstörung (die u. a. mit dem Verlust der beiden Geschwister einherging) sofort wieder mit dem Aufbau der Firma angefangen hat, so dass es „weiterging".

Zeile: 154-158
E: Also: durch Brandbomben war dann alles weg, ja. (-) Des heißt also, mein Vadder, der ja hier eine Schreinerei betrieb äh betrieb- betrieben hat, äh hat sofort dann wieder angefangen und äh mit dem Aufbau und so, also jedenfalls, es ging weiter, ja. (--)

Das Leben im „Hier und Jetzt" weiterzuleben ist für ihn charakteristisch. Diese Einstellung hat er von Soldaten übernommen, die er im weiteren Gespräch als Vorbild darstellt. Hierzu zählt das Leben ohne Passivität, Rückzug und Trauer bzw. tieferer Auseinandersetzung fortzuführen, sondern vielmehr mit Freude etwas überstanden zu haben. Gemeinsam mit Peergruppen der Jazz und Swing-Jugend möchte man die andere Lebensweise, die stark durch Musik geleitet war, zu seiner eigenen machen. Das Leben wird nun verstärkt von einer angenehmeren Seite betrachtet und das Denken wurde positiver bzw. der nun neuen Lebensweise angeglichen. Es ist wahrscheinlich, dass mit der belastenden Kriegsvergangenheit bzw. dem Kriegsalltag und den Problemen der Nachkriegszeit so gebrochen werden konnte. Er konzentriert sich darauf, was in der Gegenwart hilft bzw. weiterzumachen.

Zeile: 213-223
E: Da warn also [...] (---) f- äh fünf s- Leute so in wie in meinem Alter, so zwanzig: Jahre, Zwanzig, Zweiundzwanzig (--) und alle anderen waren ehemalige Soldaten. (-) Die also im Krieg waren. (--) Es war für uns äh::: (-) des war f- die hat- die ham natürlich äh: uns f- äh für uns warn die 'n bisschen Vorbild, ja, in ihrer Lebensweise, in ihrer äh: Art äh: jetzt froh zu sein, äh: (-) des Kriegsleben äh überstanden zu haben, ja. (-) UND (--) dann kam also die (--) des in- äh die (--) äh (-) die die f- die Liebe zur (--) <<dt.>Jazz>musik dazu.

Dass sich diese Einstellung auch später auf den Bereich der Gesundheit auswirkt, zeigt sich im Kontext des geschilderten Umgangs mit der Krankheit seiner Ehefrau. Auch hier soll das Leben weitergehen und Herr Boge passt sich durch Ablenkung und Abtrennung von Gesundheit von „dem Leben" an die Situation an („nicht daran erinnert werden", Zeile 1008).

Zeile: 1005-1013
E: Wenn ich meine FRAU betrachte, (--) die wirklich (-) <<traurig>krank ist>. Die sagt immer (-) äh: (--) i- sie will
I: h=hm
E: nicht daran erinnert werden, ja. (--) Dann äh <<schleifend>> m:acht sie ihre Sachen weiter und äh: un- schluckt ihre Tabletten und so. Aber das Leben soll weiter
I: h=hm
E: gehen. (--) Und so denke ich, würde es mir auch ergehen, wenn ich sowas hätte.

Nicht an Krankheit erinnert werden zu wollen und möglichst wenig mit Krankheit zu tun haben zu wollen, wird im Leitfadenteil als „laxe" Einstellung zur Gesundheit beschrieben, die u. a. so beschrieben wird, dass Frühsymptome ignoriert werden. Erst, wenn Symptome nicht mehr ignoriert werden können, wird ein Arzt aufgesucht.

Zeile: 790-798
I: Wie ist Ihre Einstellung zu Gesundheit? (1,5 Sekunden)
E: ((räuspern)) Eigentlich (1 Sekunde) etwas (---) LAX. Das heißt (--) äh:: ich nehme, äh Dinge, die äh 'ne 'ne Krankheit ankündigen oder so zunächst mal nicht

wahr (-) Und wenn's dann mehr wird oder so oder wenn's dann irgendwo weh tut, dann sag ich naja gut, ich muss mal zum Doktor. (---) Und dann ist
I: h=hm
E: es dann auch meistens behandelt worden und dann (-) weggegangen.

Noch eine Lesart ist hier die beabsichtigte Darstellung als „Mann", der es sich leisten kann, in Sachen Gesundheit eher zu lässig handeln und nicht „wegen jeder Kleinigkeit zum Arzt zu rennen" sowie eine weitere Abgrenzung zum höheren und stärker belasteten Alter. Bereits das vorherige Textbeispiel verweist zudem auch im Leitfadenteil auf einen eher pragmatischen und praktischen Umgang mit Gesundheit bzw. mit Störungen von Gesundheit. Wenn gehandelt wird, wird gezielt auf offensichtlich vorliegende Gegebenheiten reagiert.

Mit zunehmendem Alter wird die beschriebene „laxe" Einstellung jedoch aufgeweicht bzw. angepasst an veränderte Bedarfe im Alter. Er erkennt dann auch medizinische Normen an und handelt dann nach dem, was gemacht werden muss. Hierzu zählen auch die im Alter regelmäßig durchgeführten Vorsorgeuntersuchungen („da habe ich also mir gesagt du musst dir äh Koloskopie des [ist ähm] diese diese Darmuntersuchung äh […] machen. Und des hab ich jetzt schon vier Mal gemacht.", Zeile 1075-1078).

Herr Boge hebt im Gespräch besonders hervor, dass er für sein Gesundheitshandeln ein gutes Gesundheitssystem benötigt, und dass er über dies Bescheid weiß. Zudem spielen auch Gesundheitsinformationen, die durch das nähere soziale Umfeld (insbesondere Tochter und Mieter/innen bzw. Nachbarn/innen, Zeile 1119-1146) bezogen wurden, eine Rolle, wie die beiden folgenden Textbeispiele verdeutlichen.

Zeile: 1245-1259
E: Was würden sie sagen, was brauchen sie, was benötigen sie, um in Sachen Gesundheit handeln zu können?
E: Handeln zu können? Ich brauch 'n Hausarzt, den ich jederzeit ansprechen kann. (-) Äh::: ((über die Lippen ausatmen)) (-) Ich äh (2,5 Sekunden) habe und brauche deshalb auch meine Kinder, die ich ansprechen kann, wenn was ist. Eine meiner Töchter, äh unsrer Töchter, ist Apothekerin. Wenn d- also 'n Arzt was verschreibt, dann frag ich sie, weißt du, was das ist. [((lacht))] U:nd äh: (-) ja also wie gesagt
I: [h=hm h=hm]
E: jederzeit, äh die uns hier in unserer Bundesrepublik gebotenen Möglichkeiten ausnutzen zu können. (-) Net nich- nicht ausnutzen, sondern nutzen, […]

Gesundheitsleistungen werden in diesem Fallporträt entweder als familiale Unterstützung oder Dienstleistungen, für die bezahlt wird, angesehen. Letzteres ist anschlussfähig an ein eher männliches Bewältigungsmuster, das Hilfe selbstbestimmt unter einem Dienstleistungsgedanken nutzt.
Gesundheitshandeln reicht weit in den Alltag hinein, indem z. B. manche Tätigkeiten nach schlechten Erfahrungen und zur Sicherheit aufgegeben werden. Hierzu zählen große Reisen und Radfahren. Durch Umdeutungen wird auch hier Verhalten sachlich und pragmatisch-vernünftig an vorhandene Gegebenheiten angepasst, z. B. indem große Reisen nun zu „Übertreibungen" gezählt werden (Zeile 1134-1141), die Gesundheitsrisiken bergen. Das Radfahren wird mit normalen über die Lebensspanne erscheinenden Unsicherheiten in Verbindung gebracht und das Augenmerk wird nun auf andere Tätigkeiten des „Hauptlebens" (z. B. seine Tätigkeiten als Vermieter) gelegt.

Zeile: 1275-1282
E: Ja. Radfahren geht nicht mehr (--) Unsicherheit,
I: [h=hm]　　h=hm　　　　　h=hm h=hm
E: (--) ähm man man ist nicht mehr so sicher im Fahren, ja. Des sind halt Erscheinungen, die so im Lauf der Zeit kommen. Aber ansonsten die Haupt- die HAUPTtätigkeit, die HAUPT-, die des HAUPTLEBEN f- funktioniert noch nach wie vor.

Ein weiteres Beispiel für „pragmatisches Anpassen" stellt das Thema Ernährung dar. Die im Gespräch genannten Ernährungsregeln werden einerseits begründet durch und pragmatisch angepasst an prägende biografische Erfahrungen (z. B. fehlende Butter zu Kriegszeiten). Andererseits wurde die Ernährung auch umgestellt hinsichtlich einer gesünderen Lebensweise. Insgesamt stellt auch das Thema der Ernährung wieder eine starke Abgrenzung gegenüber anderen Personen seines Alters („Ham halt zu viel geraucht. […] UND zu viel gearbeitet. UND zu […] viel gesoffen", Zeile 1376-1380) und eine Positionierung hinsichtlich der Zugehörigkeit zu einer gesundheitsbewussten und dahingehend aufgeklärten Gruppe dar.

Zeile: 798-817
E: Das heißt, das Thema Gesundheit hängt auch zusammen mit der Ernährung und DA: achten wir natürlich drauf, ja. Die Ernährung (-) ist uns insofern als Grundlage eines gesunden Lebens, der Gesundheit, äh wichtig, ja. I- ich hab äh: von Geburt an nicht geraucht. (-) Äh:: während des
I:　　　　　　　　　　　h=hm

E: *Studiums in O-Stadt hamma oft mal einen drauf gemacht und so, a:be:r (-) später und so (-) WEnig Alkohol, nur bei Festen oder so (-) und, äh: wenn wir mal ne Flasch Wein anbrechen, die hält die hält zwei Wochen und dann schmeckt se nix mehr, dann schütten wir 'n fort. Also (-) WENIG Alkohol, NICHT*
I: *h=hm*
E: *rauchen, (--) WENIG Fleisch essen [((lacht))] <<lachend> also wenig fettes Fleisch>]*
E: *Also morgens, äh: Butterbrot, muss ich mithabe, weil ich weil äh B- äh Brot o- mit Gelee drauf, ohne Butter drunter, des schmeckt nix. (-) Des hamma im Krieg äh: gemacht, aber [war froh] wie des zu Ende war, [ja ((lacht))]*

Insgesamt lässt sich das Gesundheitshandeln im Alter von Herrn Boge auch anhand einer Abfolge darstellen:

1. möglichst nicht an potentielle Krankheiten denken; Ein maßvolles Leben zur Vermeidung von Krankheiten und ggf. Verhaltensänderung; Wahrnehmen von Vorsorgeuntersuchungen aufgrund konkreter Hinweise wie z. B. Familienanamnese;
2. bei ernsten Anzeichen für Krankheit, Erledigung durch Kontakt mit dem Gesundheitssystem;
3. bei Misserfolg möglichst wenig Gedanken an Krankheiten und das Leben weiterleben.

Interessant ist, dass bei ihm Handeln mit explizitem Bezug zu Gesundheit nur zu körperlichen Aspekten stattfindet und gesellschaftlich anerkannte und verbreitete Strategien beschreibt. Demgegenüber wird seelisches Leid anderswo „behandelt" bzw. verarbeitet (z. B. emotional durch die Liebe zur Musik) und im Gespräch nicht explizit mit Gesundheit verbunden.
Zusammenfassend weist das Gesundheitshandeln des Interviewten starke biografische Verbindungslinien auf, vor allem hinsichtlich erlernten pragmatischen Handelns, welches auf den Bereich der Gesundheit übertragen wird. Anstatt einer tieferen Auseinandersetzung wird von belastenden Themen abgelenkt und nur die nötigsten Dinge angepasst. Es wurde von klein auf gelernt, dass im Notfall auf (medizinische und familiale) Hilfe vertraut werden kann. Besonders in den Bereichen Ernährung, Mobilität und körperliche Aktivität lässt sich pragmatisch ausgerichtetes Handeln der Beibehaltung und Anpassung finden. Eine biografische Zäsur für die Anpassung seines Gesundheitshandelns ist der Tod der Eltern von

Herrn Boge, der die Aufnahme von verschiedenen Vorsorgeuntersuchungen einleitet. Das Gesundheitshandeln des Interviewten weist darüber hinaus auch umweltbezogene Verbindungslinien auf. So lassen sich z. B. viele Textstellen erkennen, die einen Hinweis auf die soziale Umwelt geben. So könnte die Einstellung der Ehefrau zu Gesundheit bzw. deren Umgang mit Erkrankung von Herrn Boge angenommen worden sein. Es könnte aber auch sein, dass sich biografisch entwickelte Gesundheitseinstellungen auf diese Strategie umgelegt haben. Zudem hat er als abgrenzendes Negativbeispiel die Entwicklung von Verwandten, Bekannten und Freunden und deren (eher schädigendes) Gesundheitshandeln beobachtet und sieht die Zusammenhänge mit deren vorzeitigem Tod. Aber auch hinsichtlich konkreter Gesundheitsinformationen nimmt sein soziales Umfeld, insbesondere sein familiales und nachbarschaftliches, eine wichtige Rolle ein, z. B. indem seine Tochter ihm Sicherheit im Umgang mit Arzneimitteln gibt. Zudem ist die technische Umwelt für seine Gesundheitsförderung wichtig. Hier geht es jedoch weniger darum, Gesundheitsinformationen (z. B. im Internet) zu finden, sondern vielmehr die für seine psychische Gesundheit wichtige Musik zu hören und zu bewahren. Mehrfach erwähnt werden hingegen die strukturellen Umwelten, in denen er sich selbst als privilegierte Position erlebt, und die Sicherheit durch die Privatversicherung. Medizinische Notwendigkeiten werden befolgt und die vielen Möglichkeiten des Gesundheitssystems werden aus dieser Position heraus bewusst wahrgenommen.

8.6 Zusammenfassung des Falls

Zusammenfassend wird in diesem Fallporträt Gesundheitskompetenz im Alter als „Normalverhältniserhalt" kategorisiert. Dieser zielt zum einen darauf ab, das gewohnte Verhältnis zu sich selbst zu erhalten (Selbstbild). Zum anderen geht es darum, äußere Verhältnisse bzw. den Alltag möglichst unbeschwert trotz Veränderungen der eigenen Person, aber auch nahestehender Bezugspersonen, aufrecht zu halten. Der Fall ist gekennzeichnet durch die narrative Identität, die einerseits durch eine gute soziale Position bzw. gute Voraussetzungen von Geburt an sowie Unterstützung von außen, andererseits durch eigenes pragmatisches Handeln gekennzeichnet ist („begünstigter Pragmatiker"). Beides hilft dabei, normale Verhältnisse im Kontext von Gesundheit zu erhalten. Das Gesundheitskonzept gründet sich auf einer Zweiteilung zwischen Normalität bzw. Gesundheit und Störungen bzw. Krankheit. Psychosoziale Aspekte sind Teil des Gesundheitskonzepts, jedoch wird eher auf körperbezogene eingegangen. Krankheit wird zudem unterteilt in (schwere) altersabhängige Krankheiten und (leichtere) altersunabhängige Krankheiten und Veränderungen, die jeder bekommen kann. Aus dieser Warte heraus wird es leichter möglich, Veränderungen für die eigene Person anzunehmen. Der Wert der Gesundheit wird hier einerseits als „Selbstverständlichkeit" bezeichnet, andererseits aber auch als „fernes Altersrisiko" in seiner Selbstverständlichkeit abgeschwächt. Als Selbstverständlichkeit beeinflusst Gesundheit sein (normales bzw. nicht krankheitsfokussiertes) Denken und Handeln nicht. Doch jenseits von Normalität wird Gesundheit auch als Altersrisiko betrachtet. Denn Herr Boge weiß, dass Gesundheit kein Dauerzustand ist und dass sich im Lebensverlauf durchaus trotz des bisherigen Verschontbleibens ernstere und dauerhafte Krankheiten in Zukunft einstellen können.

Insgesamt wird sich Gesundheit mit einem eher männlichen Expertenstil genähert. Mit Gesundheitsexperten/innen wird selbstbewusst umgegangen und Herr Boge handelt selbstbestimmt. Hier erscheint das biografische Leitmotiv des „Weitermachens", das bisher im Umgang mit extremen Umständen hervortrat. Starke umweltbezogene Ressourcen treten immer wieder in der Ermöglichung Gesundheitshandelns hervor. Allgemein lässt sich feststellen, dass – wie auch in der biografischen Selbstdarstellung – ein eher pragmatischer Umgang mit Gesundheit beschrieben wird, der sich an allgemeinen Normen bzw. Notwendigkeiten orientiert. Die Handlungsstrategien sind diejenigen der Beibehaltung und der Anpassung. In diesem Fall zeigen sich Zusammenhänge zwischen allen strukturierenden Kategorien, jedoch insbesondere im Vergleich der narrativen Identität als „begünstigter Pragmatiker" mit Gesundheitshandeln als „pragmatische Anpassung", da es hier bei beidem auch um sicheres zielgerichtetes und anwendungsbezogenes Handeln geht. Die weiteren Kategorien, sein Konzept von Gesundheit als „altersgemäße Norm" sowie sein Wert der Gesundheit als „riskante Selbstverständlichkeit", liefern hierzu weitere Informationen. So lässt sich z. B. medizinisch geleitetes pragmatisches Handeln gut auf Symptome „normaler Gesundheit" und deren „Störung" ausrichten. Die Abgrenzung zu Personen, denen es schlechter geht, geht einher mit einem Wert der Gesundheit als „Selbstverständlichkeit" und der Abgrenzung von einem fernen Altersrisiko („riskante Selbstverständlichkeit"). Im Fallporträt wird so deutlich, dass Muster in der biografischen Erzählung, beginnend in der Erzählung vom Kindesalter an, im Bereich Gesundheit fortgeführt werden. Dies wird umso stärker in den textinternen Vergleichen zwischen biografischer Erzählung und dem Leitfadenteil deutlich. Zudem heben die in beiden Teilen herausgearbeiteten umweltbezogenen Einflüsse die Bedeutung kontextbezogener Bedingungen (insbesondere gesundheitliche Versorgung) für diesen Fall deutlich hervor.

8.7 Rückbindung des Falls an die Arbeitsdefinition

Verglichen mit der Arbeitsdefinition zu Gesundheitskompetenz (Sørensen et al., 2012, S. 3) geht es in diesem Fallporträt übergreifend um die Fortführung und Anpassung von Gesundheitserleben und -handeln, um gewohnte Lebensqualität zu erhalten. Auch in der Auswertung dieses Gesprächs konnten die Informationsverarbeitungsprozesse (Finden, Verstehen, Beurteilen und Anwenden) belegt werden. Für den Prozess des Findens ist für diesen Fall charakteristisch, dass hier nur die wichtigsten Informationen bezogen werden wollen, die zum Handeln (bzw. pragmatisch) benötigt werden. Hinzu kommt die Komponente des Vertrauens in Experten, die genau diese Vorgehensweise stützt. Die eigene Beurteilung von Gesundheitsinformationen ist in diesem Fallporträt jedoch auch geprägt durch biografisches Gesundheitswissen (z. B. eigenes Verhältnis zu Sport und Ernährung). Auch konnten im Gespräch Hinweise hinsichtlich der Anwendung von Gesundheitsinformation bzw. Fertigkeiten gefunden werden. So geht es auch darum, über die gebotenen Möglichkeiten des Gesundheitssystems Bescheid zu wissen, um diese dann konkret zu nutzen, z. B. durch Kontaktaufnahme mit einem nahegelegenen Krankenhaus. Das bestätigt die Abfolge der Informationsverarbeitungsprozesse wie in der Definition angebracht.

Der Fall eröffnet zudem einerseits die Möglichkeit, den Umgang mit Gesundheitsinformationen unter dem Aspekt der Distinktion zu betrachten (Privatpatient, Abgrenzung von Bedürftigkeit). Andererseits zeigt der Fall, dass auch Aspekte von Männlichkeit in die Informationsverarbeitungsprozesse hineinspielen (z. B. geschäftsmäßiger Umgang mit Ärzten/innen). Sowohl in der Definition als auch im Interview werden zudem Fähigkeiten als Voraussetzung für die abschließende Realisierung von Gesundheitsinformationen thematisiert. In diesem Fall geht es insbesondere um die Fähigkeit der Anpassung alltagsbezogener Routinen, z. B. hinsichtlich eines maßvollen und sicheren Lebens im Alter. Als Motivation für Gesundheitskompetenz (siehe Definition) zählt in diesem Fall biografisch erlerntes Vertrauen und die biografische Bedeutung des „Weitermachens". Zudem konnten in recht ausgewogener Verteilung alle in der Definition dargelegten Domänen, die der Krankheitsbewältigung, Krankheitsprävention und Gesundheitsförderung, im Fallporträt ermittelt werden. Als Teil des Ziels „Lebensqualität während der gesamten Lebensspanne" kann im vorliegenden Fall insbesondere der Aspekt der „Beibehaltung eines normalen Verhältnisses zu sich selbst", genannt werden. Abschließend werden die hier ausgearbeiteten Kategorien, ergänzt um weitere differenzierende Subkategorien aus weiteren Analyseprozessen, in Abbildung 4 dargestellt. Die zentralen Kategorien finden sich jeweils neben den strukturierenden Kategorien in den Überschriften. Subkategorien sind anhand von Spiegelstrichen darunter aufgeführt. Kategorien zu Biografie und Umwelt sind dem angefügt.

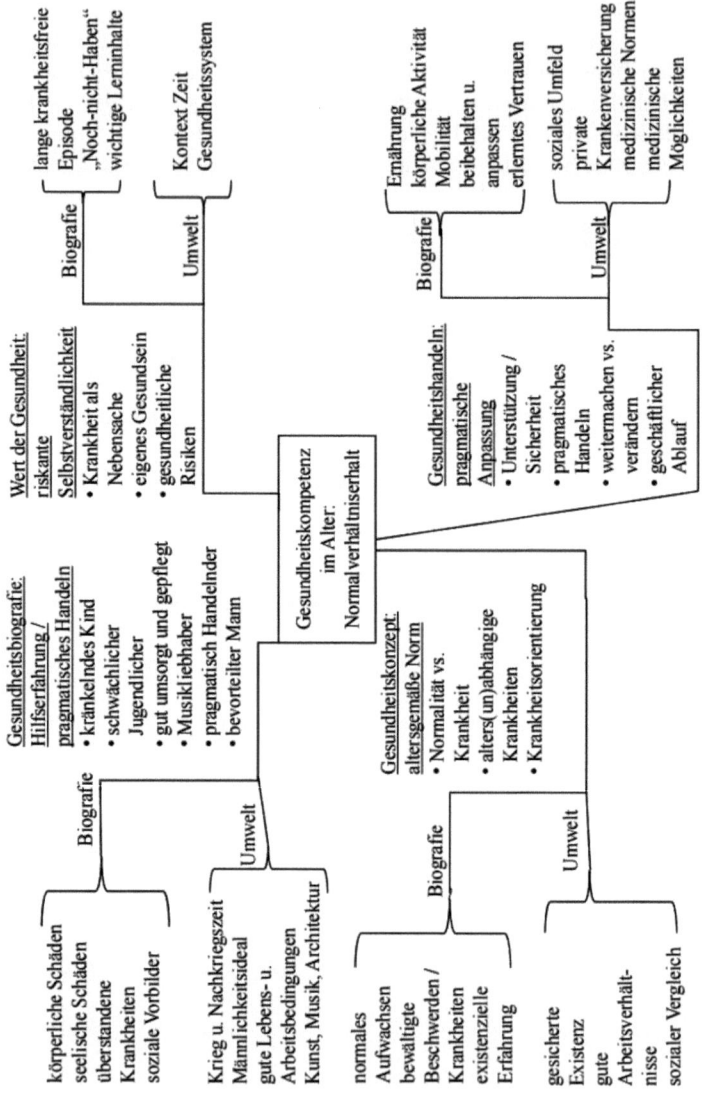

Abbildung 4: Zusammenfassung Herr Boge

9 Gesundheitskompetenz als Selbstständigkeitswille: Frau Fechner

Die zentrale Kategorie für dieses Interview ist „Selbstständigkeitswille", welche in diesem Porträt die Art und Weise beschreibt, wie Frau Fechner in ihrem Leben gehandelt hat und dies im Kontext von Gesundheit im Alter weiter tut. Diese beinhaltet auch die Integration gesellschaftlicher Erwartungen, insbesondere hinsichtlich Funktionieren-Müssens, die verinnerlicht wurden.

9.1 Kurzporträt

Frau Fechner wurde 1934 in einer großen Stadt in Sachsen geboren. Sie stammt aus einer Familie höheren gesellschaftlichen Status. Der Vater arbeitete in einer Baufirma in leitender Position. Sie hat einen jüngeren Bruder und eine jüngere Schwester. Ihre Kindheit ist gezeichnet durch Flucht, eine auseinandergerissene Familie und weitere belastende Kriegserlebnisse. Nach Kriegsende flieht die Familie nach Westdeutschland und kommt dort bei der Familie ihrer Mutter unter. Zu der Zeit war sie zwölf Jahre alt.

Bei der Berufswahl fügt sie sich erst dem für sie von ihrer Familie ausgesuchten Beruf und beginnt gegen ihren Willen die Ausbildung zur Apothekerin. Diese bricht sie später ab für eine selbstgewählte Anstellung als Bürohilfe, die sie kurze Zeit behält, da sie heiratet und von der Zeit an vornehmlich für den Haushalt und die Karriere ihres Mannes da ist. Damit wechselt sie nun in ein eher konventionelles Leben für eine Frau zu dieser Zeit. Die Erfüllung des Wunsches nach einem eigenen Kind scheitert. Frau Fechner hat eine Adoptivtochter, die jedoch bis auf einen Hinweis im Gespräch von ihr nicht weiter erwähnt wird. Als sie 45 Jahren alt ist, stirbt ihr Ehemann. Sein Tod folgt auf lange schwere Krankheit. Sie wohnt nun allein mit ihrem Hund. Neben der jetzt alleinigen finanziellen Verantwortung für das erworbene Haus fordert ihre Mutter zunehmend Betreuung durch Frau Fechner ein, bis diese aufgrund eigener Krankheitsepisoden die Pflege nicht mehr übernehmen kann. Nach dem Tod der Mutter treten eigene gesundheitliche Probleme in den Vordergrund. Die nachfolgende Zeittafel (Tabelle 6) fasst die Ereignisse zusammen.

Tabelle 6: Zeittafel Frau Fechner

Jahreszahlen	Ereignisse
1934	Geburt; älteste Schwester eines Bruders und einer Schwester; als Kind wohnhaft in einer großen Stadt Sachsens mit Eltern, Geschwistern, Hausmädchen, „Säuglingsschwester"
1946	Vorübergehende Unterkunft in Nachbarstadt des zukünftigen Wohnorts; Schulbesuch in späterem Wohnort;
	Umzug in ein Haus ihres jetzigen Wohnortes; Beginn der
	Ausbildung zur Apothekerin; Annahme einer Stelle als Bürohilfe; Kennenlernen des zukünftigen Ehemannes;
	Hausfrauentätigkeit und Schreibarbeiten f. d. Ehemann; Begleitung bei Geschäftsreisen; Adoption einer Tochter
1985 / 1986	Schwere Erkrankung und Folgeerkrankungen des Ehemannes
1989 / 1990	Verwitwung; Arbeit in einer Großkanzlei aufgrund finanzieller Sorgen; Pflege ihrer Mutter; Starke Migräneproblematik; Herzinfarkt
2003	Riss der Achillessehne; weitere Problematik an Bein; Eigener Aufenthalt in einem Pflegeheim; Operationen mit partieller Entfernung des Fußes
2005	Tod der Mutter mit 97 Jahren;
	Schmerzhafte Rückenprobleme
2013	Autounfall; Sturz

Wie in den beiden vorangegangenen Fallporträts, sind auch in dieser Zeittafel die Ereignisse von der Geburt bis in die Gegenwart in recht gleichbleibenden zeitlichen Abständen aufgeführt. Der Fall zeigt biografische und umweltbezogene Verbindungen zwischen der Gesundheitsbiografie, dem Wert der Gesundheit und dem Gesundheitshandeln von Frau Fechner.

Die untenstehende Tabelle zeigt zentrale Charakteristika in den Kategorien Gesundheitskonzept, Wert der Gesundheit und Gesundheitshandeln im Fallporträt von Frau Fechner.

Tabelle 7: Zentrale Unterschiede in den strukturierenden Kategorien

Gesundheitskonzept	Wert der Gesundheit	Gesundheitshandeln
− Leistungsfähigkeit − funktionierender Alltag − Wohlbefinden	− Gesellschaftliche Einflüsse − Persönlicher Fokus − „Alles dafür tun müssen" − Existenzsicherung − Wohnenbleiben	− eigene Zuständigkeit − Einstellung / Wille − eigene Leistung − funktionale Kompetenz − Nichtreden − Umweltanforderungen

Das Interview dauert 118 Minuten und der Umfang der Transkription beträgt 2739 Zeilen. Der eigentliche Hauptteil der biografischen Erzählung beginnt nach einem kurzen Abriss ihres Lebens von Kindheit an bis zu der Erzählkoda („Das ist so mein Leben in kurzen zwei.", Zeile 233). Nach dem Gesprächsstimulus folgt in einer geordneten chronologischen Folge die biografische Stegreiferzählung von Minute 1:07 bis 10:40. Die erzählte Zeit beginnt in der Kindheit. Sie und ihr Bruder sind Kinder, die jüngere Schwester ein Säugling. Die Themen der Stegreiferzählung beinhalten die Beschreibung ihrer Herkunftsfamilie (Stand, Eigenschaften von Mutter und Vater), die Kindheit in einer „zerrütteten Familie", Kindheit im Krieg, Beruf, Heirat, Leben als Hausfrau, Unterstützung ihres Mannes, Kinderlosigkeit, Haustiere, unbestimmte Zukunft am Beispiel eines Autounfalls. Nach mehreren textimmanenten Rückfragen wurde die Erzählung von Minute 11 bis 70 fortgesetzt. Die weiteren Erzählteile des Interviews teilen sich in sechs Grobgliederungsaspekte auf: Kindheit und Jugend im Krieg, „andere" und „heutige" Zeiten im Stadtteil, Geschwister und Flucht der Familie, Beruf und Karriere des Mannes, finanzielle Probleme nach dem Tod des Mannes, Pflege der Mutter und Beschreibung ihrer Mutter.

Es folgt ein zweiter Erzählstimulus, der die Informantin u. a. auf das Aufwachsen in der Kindheit fokussiert. Der Leitfadenteil beginnt ab Zeile 1652 (insgesamt 2639) und ab Minute 70 nach der zweiten Erzählkoda („Das war also so [...] <<lachend> so Nebenerlebnisse>, ja. Gell A., was mir [...] alles erlebt haben.", Zeile 1636-1640) und einer daraufffolgenden Interaktion mit ihrem Hund.

Auch in diesem Fallporträt finden sich relevante Textauffälligkeiten. Eine stellt dar, dass negative Ereignisse und Bedingungen positiv umgedeutet werden. Besonders interessant ist hier die Deutung von als schicksalhaft bewerteten Ereignissen. Zum Beispiel wird nach der dramatischen Schilderung des Autounfalls und des Verlusts des bisherigen bevorzugten Autos angeführt, dass das neue Auto

praktikabler ist („[...] Ich muss mich [...] halt] wie gesagt daran [gewöhnen], ja, dass ich 'n [...] leichten Wagen [habe und] keinen schweren Wagen, [ja]. [...] hat auch Vorteile.", Zeile 190-196). Eine ähnliche Umdeutung negativer Aspekte findet statt in der Schilderung der damaligen Schulzeit zu Kriegszeiten, die vor allem im Turnunterricht teilweise gefährliche Situationen für die Kinder beinhaltete („[...] hat doch etwas zur Disziplin [...] beigetragen, ja. [...] mussten wir alle [...] schwimmen, ja. Also gegen den Strom, wir [hamma uns] [...] gar nicht halten können, [denn wir waren ja alle] dünn und [...] klein.", Zeile 436-472).
Anhand des Inventars konnte allgemein herausgearbeitet werden, dass Frau Fechner sehr viele Argumentationen über gesellschaftliche Veränderungen bzw. Kontraste von damaligen mit heutigen gesellschaftlichen Verhältnissen anbringt. Es erfolgt von Anfang bis Ende des Interviews eine durchgängige Trennung zwischen „ihrer" Zeit und der heutigen Zeit. So vergleicht sie z. B. ihre damalige schulische Bildung mit der heutigen und kontrastiert die Zeit ihres Aufwachsens im Krieg und in der Nachkriegszeit mit der heutigen anhand des Verhaltens von Lehrlingen. Insgesamt dienen diese Argumentationen dazu, die Zeit, in der sie aufwuchs, als die gesellschaftlich bessere, sowohl in Auswirkungen für die einzelne Person als auch für die Gesamtgesellschaft, herauszustellen. Weitere Abgrenzungen und Anschlüsse an damalige und heutige Gegebenheiten finden sich im nachfolgenden Kapitel (3.2).
Bei der Textanalyse sind auch mögliche wichtige Themen aufgefallen, die nicht weiter ausgeführt wurden. So wird die vorhandene Adoptivtochter distanzierend eingeführt über die Rationalisierung der für sie damaligen unvermeidbaren Mehrfachbelastung durch den Beruf und die Pflege ihrer Mutter und wird dann nicht weiter im Gespräch erwähnt. Demgegenüber wird im Gespräch die Beziehung zu ihren Hunden vielfach hervorgehoben.

9.2 Ein Leben zwischen Disziplin und Proaktivität

Frau Fechner entfaltet ihre Biografie vor dem Hintergrund ihrer Erziehung ab Kindheit an (soziale Rahmung). Das Thema der Gesundheit taucht bereits in der ersten Stegreiferzählung in den Schilderungen über ihre Herkunftsfamilie auf.
Sie beginnt das Interview damit, die gesellschaftliche Position ihrer Herkunftsfamilie zu beschreiben. Gleichzeitig nimmt sie eine Abgrenzung zu anderen Familien vor und führt an, dass es ihr trotz des materiellen Wohlstands nicht besserging als anderen Kindern. Die Familie hatte Personal, das sich auch um die Kinder kümmert. Hingegen fehlte die emotionale Betreuung durch die Mutter („[...] wo

unsere Mutter war, wissen wir gar nicht [...]", Zeile 23-24; "[...] wo war sie als [...] WIR Kummer hatten.", Zeile 24-26) und die Beziehung mit ihr wird auch im weiteren Verlauf seitens der Mutter eher distanziert und streng geschildert, was auch an damalige Erziehungsideale anschließt. Durch die Aufgabenverteilung und das zusätzliche Personal gab es insbesondere für die Kinder die Mutter nicht als klassische (alleinige oder deutlich wahrnehmbare) Bezugsperson. Sie hatten von klein an für verschiedene Bedürfnisse wahrscheinlich verschiedene Ansprechpartner. Hier erfolgt eine Anklage an die Mutter. Die (biologische) Familie ist vielleicht daher weniger eng zusammengewachsen. Eine gute Kindheit und gutes Überstehen des Krieges werden von ihr – trotz guter objektiver Versorgungslage – deshalb verneint („auseinandergerissene" Familie, Zeile 34).

Zeile: 5-34
I: In der bevorstehenden Unterhaltung möchte ich sie einladen, mir aus ihrem Leben zu erzählen. Wir interessieren uns im Projekt zu Fragen zur Gesundheit. Menschen haben zu Gesundheit ja unterschiedliche Vorstellungen. Ich habe mich gefragt, wie dies eigentlich kommt. Mich interessiert daher ihre persönliche Meinung. Vielleicht können sie mir zunächst weiterhelfen, indem wir zunächst damit beginnen, dass sie mir einfach ein wenig aus ihrem Leben erzählen. Jetzt wollte ich sie bitte, einfach mal anzufangen, zu erzählen, wie so alles in ihrem Leben gekommen ist und wie sie zu der Person wurden, die sie heute sind.
E: (2,5 Sekunden) Ab wann soll man da anfangen. (---)
I: Das obliegt ihnen, das
E: Also ich komme aus einem gut situierten Haushalt oder Haus, ja. Wir hatten immer ein ständiges Hausmädchen, ein wechselndes und für meine Schwester eine Säuglingsschwester, [ja]. Das heißt aber nicht, dass wir als Kinder des
I: [h=hm] h=hm
E: besser gehabt haben, nämlich, wo unsere Mutter war, wissen wir gar nicht, [ja]. Mein Bruder sagt immer, wo war sie als
I: [h=hm]
E: WIR Kummer hatten. Ist bös, nicht, ne. Und so also sieht
I: h=hm   h=hm
E: das gar nicht so l- aus, ja, wenn a:ch ihr habt den Krieg gut überstanden, hamma auch nicht, ja. Aber es ist anders
I: h=hm
E: vielleicht f- äh::m: in anderen Familien anders, aber besser ist es nicht, wenn man so viel Personal hat. Weil die
I: h=hm

E: Familie auseinandergerissen ist damit, [ja].

In der obenstehenden Interviewpassage präsentiert Frau Fechner ihre frühkindlichen Erlebnisse und die Familienstrukturen als einen Einfluss ihrer Selbstdeutung. Insbesondere sticht hier zum ersten Mal der erlernte Umgang mit eigenen Bedürfnissen (hier gehört z. B. dazu getröstet zu werden bei Kummer) hervor.
Dass eine disziplinierende Funktion auch in der Schule ausgeübt wurde, tritt im Gespräch deutlich hervor. Im Gespräch wird mehrfach der Turnunterricht und dessen Ziele hervorgehoben, nämlich zum einen Gehorsam und Disziplin, zum anderen eine bestimmte Form von Gesundheit als körperliche Ertüchtigung („gesunder Geist im gesunden Körper", Zeile 434-436) zu fördern. Der Einstieg in das Gesundheitsthema erfolgt über das übergeordnete Thema unterschiedlicher gesellschaftlicher Verhältnisse. Näher ausgeführt werden diese durch ein weiteres Beispiel, das Sammeln von Kartoffelkäfern. Auch hier wird damalige Erziehung durch Disziplin deutlich („antreten müssen", Zeile 411-413).
In diesem Kontext wird nun das Thema der Gesundheit zum zweiten Mal im Interview erwähnt. Dies geschieht aus gesellschaftlicher Warte in Form der Schilderung eines von ihr wahrgenommenen gesellschaftlichen Wandels. Im Gespräch wird Gesundheit nun fortgesetzt mit der Einführung in zeitabhängige gesellschaftliche Vorstellungen von Krankheiten. Die Informantin argumentiert für die damalige Leibeserziehung und Disziplin und für eine gesunde Gesellschaft und kontrastiert den damaligen Turnunterricht mit dem schlechten körperlichen Zustand einiger heutiger Kinder.

Zeile: 434-455
E: [...] man lästert immer, [lästert immer], gesunder Geist im
I: [h=hm]
E: gesunden Körper,   aber man hat doch etwas zur Disziplin
I: h=hm
E: beigetragen, ja. Hier, wer nicht turnen will, muss
I: h=hm   h=hm
E: nicht turnen. (-) [Das hier] Schule, die hat nur sechs
I: [h=hm]
E: Klassen, [ja].   Die gehen hier bei mir vorbei, [die]
I: [h=hm] ja   [h=hm]
E: Kinder. Wenn sie sehen würden,   wie in der Jugend oder in
I: h=hm

E: der Kindheit die schon nicht mehr. Die sind so dick [...] Und die können auch nicht RENNEN, [ja]. Die
I: *[h=hm]*
E: werfen die Beinchen so, [ja].

Gegenüber den geschilderten heutigen und von Frau Fechner als krankmachend interpretierte Verhältnisse, musste im Gegensatz dazu im damaligen Turnunterricht an körperliche Grenzen herangetreten werden (körperliche Disziplinierung). Dies wird von der Gesprächsteilnehmerin im Nachhinein als „in Ordnung" bewertet (461-479). Neben der emotionalen und körperlichen Disziplinierung durch die Familie und Schule schildert Frau Fechner, dass auch der gesellschaftliche Umgang mit Krankheiten eine große Rolle spielte. So wird im Gespräch immer wieder von ihr betont, dass in der Zeit ihres Aufwachsens außerhalb, aber auch innerhalb der Familie, nicht über Krankheit geredet wurde, sondern vielmehr ein allgemeiner gesellschaftlicher „vollkommener Wille" (Zeile 1785) so schnell wie möglich wieder gesund zu sein gegeben war. Dies wird damit begründet, dass Menschen nicht auffallen bzw. in ihren Funktionen nicht ausfallen wollten, wie z. B. im Berufsleben (Zeile 1786-1789). Aufgrund fehlender Orientierungsmöglichkeiten durch Medien und aus Angst etwas Falsches zu sagen, und dementsprechend hart sanktioniert zu werden bzw. zu „verschwinden" (Zeile 384) wurde damals (vorsichtshalber) „über alles nicht geredet" (Zeile 382-383).

Zeile: 1753-1763
E: Das war nicht wie jetzt, ja.
I: *ja*   *h=hm h=hm*
E: Es war auch so, das innere Gefühl war, nur nicht krank werden. Ich entsinne mich, meine Großeltern haben nicht
I: h=hm
E: gewusst, wie viel falsche Zähne der andere hat. Ja.
I: *ah ja h=hm*
E: Solche Sachen ist man übergangen. [Man hatte] sie und
I: *[ja]*
E: Schluss, [hat man] nicht drüber geredet. [...]

Mit dem Nichtreden über Krankheit hängt auch die Aufklärung hierüber zusammen. Da Krankheiten aus den oben genannten Gründen in Zeiten des Krieges und der Nachkriegszeit versteckt wurden, konnten auch keine Informationen bzw. Wissen hierüber geteilt werden, so dass auch nichts darüber gelernt werden konnte.

Zeile: 1797-1801
E: Es waren ganz andere Zeiten, ganz andere. Man hat auch nicht so viel über Krankheiten
I: ja
E: gewusst, weil man ja nicht darüber gesprochen hat, ja.

Dass neben den Erfahrungen in der Kindheit die strenge Erziehung von Frau Fechner auch nach dem Krieg in ihrer Jugend fortgeführt wurde, wird anhand der gezwungenen Berufswahl geschildert. Hier passte sie sich anfangs an den Wunsch der Familie an bzw. stellte ihr eigenes Bedürfnis nach beruflicher Selbstverwirklichung zurück und begann die Ausbildung zur Apothekerin.

Zeile: 63-66
E: Ne ich hab
I: h=hm
E: gegen meinen Willen Apotheker äh: angefangen zu lernen, war aber nicht meine Idee.

Dass Frau Fechner eine Frau ist, die ihr eigenes Leben an das anderer und den damaligen gesellschaftlichen Verhältnissen angepasst und eigene Wünsche und Bedürfnisse eher übergangen hat, geht in weiteren Textstellen als biografisches Muster hervor. Hier zeigt Frau Fechner eine hohe Rollenerfüllung als Tochter, Ehefrau und Arbeitnehmerin. So hat sich Frau Fechner als junge Frau trotz des später erkämpften, aber nur kurz ausgeübten eigenen Berufs, wie für eine Frau in den fünfziger Jahren üblich, nach der Karriere ihres Mannes ausgerichtet. Sie hat ihn in seiner Arbeit aktiv unterstützt, ihn auf beruflichen Reisen begleitet und sich um den Haushalt gekümmert. Die längere Erzählung über die Zeit ihrer Ehe beschließt sie daran anknüpfend mit dem Resümee: „Ja, das war so MEIN Leben [daneben], ja." (Zeile 1169).

Im Leitfadenteil werden später die Krankheiten des Ehemanns bis zu seinem Tod erzählt, was sich als eine Verkettung unglücklicher Zustände darstellt, unter denen sie sehr gelitten hat. Nach dem Tod ihres Mannes macht sie sich Gedanken um ihre finanzielle Versorgung und beginnt deshalb erneut zu arbeiten. Auch als Arbeitnehmerin behält Frau Fechner die Rolle derjenigen bei, die ihr eigenes Leben hinter das der anderen stellt und z. B. Nächte für andere durcharbeitet, obwohl sie

Gesundheitskompetenz als Selbstständigkeitswille: Frau Fechner

die Zeit auch für eigene Angelegenheiten benötigen würde oder sie unter starker Migräne leidet (Zeile: 1256-1264). Frau Fechner ist zu der Zeit körperlich stärker belastet und versucht alles alleine zu kompensieren. Zudem findet ihr „Leben daneben" (Zeile 1169) seinen Fortgang neben ihrer Mutter, die nach dem Tod ihres Mannes zunehmend Hilfe von ihr einfordert („Und meine Mutter [...] [reagierte] darauf, jetzt bist du nur noch für mich da.", Zeile 2247-2249). Sie hat später ihre Mutter gepflegt und war seitdem einer Doppelbelastung bzw. Mehrfachbelastung ausgesetzt, die schwere gesundheitliche Folgen nach sich zog.

Zeile: 1288-1297
E: [...] Hab ich gearbeitet und, ja. Und wie gesagt dann, dann hat ich 'n Herzinfarkt. Ich hatte meine Mutter, und meine Mutter war SEHR, sehr, sehr schwer, [ja].
I: h=hm   [h=hm] h=hm
E: Und, dann hab ich das nicht mehr geschafft. Mutter,
I: h=hm
E: hier das Haus und da   dem Arbeiten, also. (-) das
I: h=hm   h=hm
E: ging dann nicht mehr.

Während des Gesprächs beschreibt sich Frau Fechner als eine Frau, die eigeninitiativ handelt und so verschiedenen Situationen in ihrem Leben nicht reagierend und sich anpassend begegnet ist, sondern diese gezielt selbst in die Hand genommen bzw. aktiv herbeigeführt hat. Als erwachsene Frau wird eigeninitiatives Handeln in der biografischen Erzählung vor allem im finanziellen Bereich (finanzieller Sicherheit) ersichtlich. Um finanziell unabhängig zu sein, hätte sie „alles gemacht" (Zeile 1307). Von außen betrachtet ist denkbar, dass sie alternativ auch ihren Bruder oder ihre Familie um Hilfe bitten gekonnt hätte. Stattdessen bewirbt sie sich zweimal in ihrem Leben „kühn und frech" (vgl. Zeile 75 und 310-313) auf eine Stelle, für die sie erst einmal nicht qualifiziert genug ist, um nach erfolgreicher Einstellung die fehlenden Qualifikationen eigeninitiativ nachzuholen, z. B. durch einen selbst ausgesuchten Computerkurs (Zeile: 1307-1321).

Zeile: 75-82
E: Und kühn hab ich mich dort beworben, da [...] Da stand zwar also [...] Französisch, ich hab fast gar kein Französisch gekonnt.
I: h=hm

E: Englisch ok, ja. Und wurde auch genommen, vielleicht wegen meiner Frechheit, ich weiß [es nicht].

Ein weiteres Beispiel im Kontext Sicherheit zeigt, dass auch hier eine Situation bzw. ein Problem durch proaktives Handeln gelöst werden konnte. Bei der geplanten Erledigung eines Bankbesuchs werden auffällige Menschen vor dem Eingangsbereich bemerkt, die von Frau Fechner als eine potentielle Gefahr gedeutet werden. Durch einen Anruf bei der Bank wird dies gemeldet (Zeile: 800-812).
Die biografische Erzählung wird beendet mit Erzählungen über die letzte gemeinsame Zeit mit ihrer Mutter, insbesondere der Einschränkungen ihres Lebens durch ihre Mutter, z. B. durch Bestimmung über ihr Privatleben („Und dann wollte ich gern Italienisch lernen. […] Aber da hat meine Mutter dann so einen Terror gemacht […]", Zeile 1348-1351). Weiter wird erzählt von der schwierigen Pflege ihrer Mutter und ihrer Unterbringung in einem Pflegeheim, die eingeleitet wird durch eine Phase eigener ernster Krankheit von Frau Fechner. Erst dann, als sie selbst überhaupt nicht mehr konnte, hat sie die Pflege ihrer Mutter abgegeben (hohe familiale Rollenerfüllung als Tochter).
Es folgen anschließend weitere Erzählungen über die letzte Zeit der Mutter sowie zu Erlebnissen, die den Umgang der Mutter mit ihrer Tochter charakterisieren, z. B. die Kontrolle des Privatlebens (Zeile 1600-1631). Dass die Mutter in Frau Fechners Leben eine entscheidende Rolle spielt, wird neben der biografischen Stegreiferzählung hier nochmal deutlich. Ebenso wird das Ende des Interviews so anschlussfähig an den Interviewbeginn, der von einer gut situierten Kindheit handelt, in der jedoch kindliche Bedürfnisse vernachlässigt wurden. Dies gibt zudem Hinweise darauf, dass die Handlungsorientierungen, die Frau Fechner im Kindes- und Jugendalter vornehmlich durch disziplinierende Erziehung angeeignet hat, über den weiteren Lebensverlauf beibehalten werden. Die Zurückstellung eigener Bedürfnisse und somit auch die Härte gegen sich selbst sind zentrale Motive, die durch Episoden von Proaktivität, in der eigene Bedürfnisse beinhaltet sind, unterbrochen werden.
Biografische Bezüge in der Darstellung von Frau Fechner lassen sich so hinsichtlich des Umgangs mit ihren eigenen Bedürfnissen aufzeigen, die sich auf Aspekte ihrer Erziehung und Sozialisation zurückführen lassen. Hier wurde ihr seitens Familie, Schule und Gesellschaft vermittelt, dass körperliche Anzeichen von Krankheit und Schwäche zugunsten äußerer Zwecke übergangen werden. Dadurch wurde bei ihr ein eher diszipliniertes Handeln begünstigt. Auch ihr Leben, das

primär auf die Bedürfnisse anderer wie z. B. Ehemann, Mutter und Arbeitskollegen/innen eingeht, wird so einerseits durch frühe biografische Erlebnisse begünstigt. Andererseits fordern die Personen ihrer sozialen Umwelt das Handeln von Frau Fechner heraus bzw. wird das Handeln so von ihr erwartet. Hier lassen sich biografische und umweltbezogene Einflüsse nicht trennen. Demgegenüber provozieren umweltbezogene Aspekte bei ihr auch proaktives Handeln. Dies erfolgt vor allem bei mangelnder eigener Sicherheit und wird von Frau Fechner vermehrt zu ihrer Zeit als Erwachsene geschildert (z. B. finanzielle Schwierigkeiten, mangelnde eigene Fähigkeiten und Fertigkeiten sowie Aspekte persönlicher Sicherheit).

Im Interview analysierte Zusammenhänge von Disziplin mit Gesundheit zeigen sich auch in der Gesundheitsbiografie, die die Form einer Kurve hat, die sehr viele negative Ereignisse beinhaltet und mit zunehmendem Alter weiter negativ abfällt (Abbildung 5). Der Abfall der Kurve könnte zum einen darin begründet sein, dass im Interview kein familiales unterstützendes Umfeld thematisiert wird und zum anderen, weil auf Belastung bis zum Tod ihrer Mutter biografisch, das heißt mit vermehrter Disziplin und der Zurückstellung eigener Bedürfnisse reagiert wird. Beim Blick auf die Kurve stellt sich die Frage, wo längere Phasen der Gesundheit in ihrem Leben sind, was anschließt an ihre narrative Identität als Frau, die eigene Bedürfnisse zurückstellt. Die somatische Krankheitsserie in der Kurve beginnt im höheren Lebensalter mit der Krankheit ihres Mannes. Davor handelte es sich eher um Aspekte psychischer Gesundheit. Hierzu zählen die damals auseinandergerissene Familie und Kriegserlebnisse wie ein schwerer Angriff auf ihre Heimatstadt, bei dem sehr viele Menschen verbrannt sind. Darunter leidet sie bis heute. In der Verlaufskurve werden die Ereignisse, für die es Hinweise gibt, dass sie bis heute nicht verarbeitet sind, mit einem schwarzen Blitz gekennzeichnet.

196   Empirische Befunde

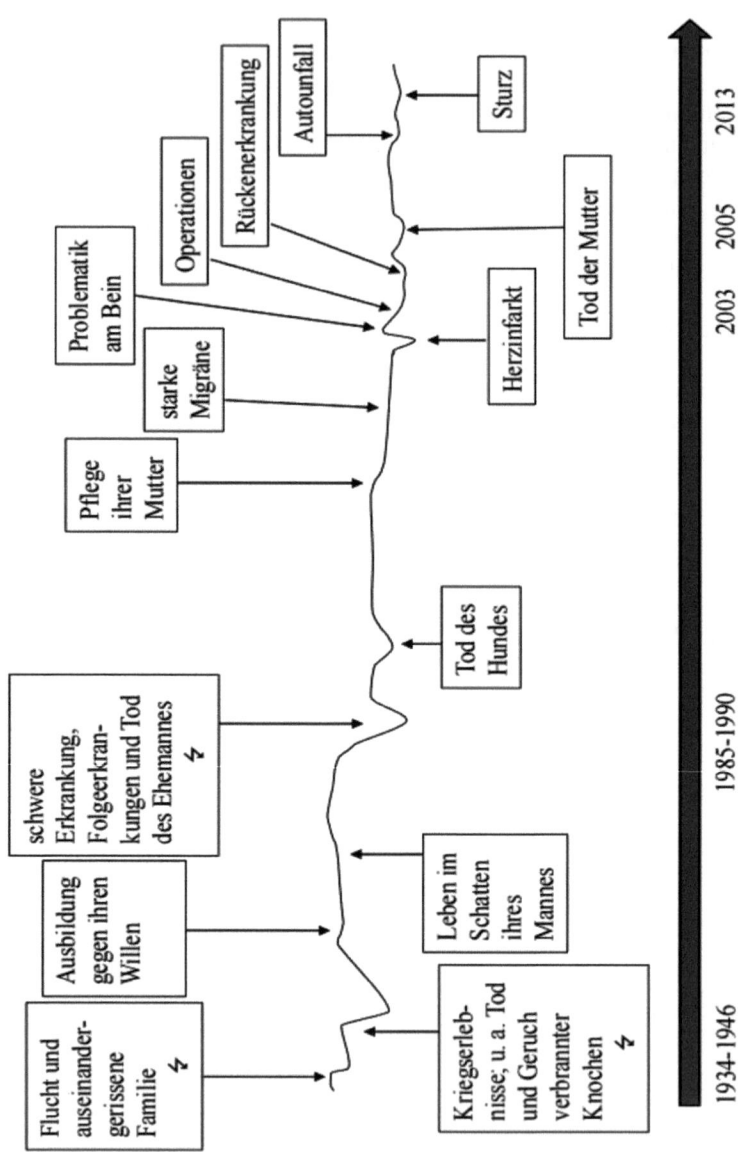

Abbildung 5: Verlaufskurve der erzählten Gesundheitsbiografie

Insgesamt lassen sich ab dem höheren Lebensalter viele sehr kurz hintereinander folgende gesundheitliche Einbrüche ablesen, die sich mit steigendem Lebensalter durch Überlastung von Frau Fechner sowie wegfallenden wichtigen Ressourcen (Ehemann, Hund) zunehmend verstärken und vereinzelt bis heute nicht verarbeitet sind. Hierzu zählen neben Kriegserlebnissen insbesondere die Phasen der Erkrankungen und der Tod des Ehemanns („Ich hab so 'n inneren Groll, aber ich will ihn gar nicht hoch kommen [lassen], ja. [...] Aber, man kann's Rad nicht mehr zurückdrehen.", Zeile 2225-2231). Es folgen eigene schwerwiegende und chronische Erkrankungen, die bis heute Probleme verursachen (Rückenschmerzen, Sturz).

9.3 Gesundheit als funktionierendes Wohlbefinden

Im gesamten Gespräch behandelt Frau Fechner Gesundheit einerseits aus einer zur Zeit des Krieges und der Nachkriegszeit gesellschaftlichen Perspektive, andererseits aus einer eher gegenwärtigen und auf ihre eigene Lebenssituation bezogenen Sicht heraus. So schildert sie aus gesellschaftlicher Perspektive bereits während der biografischen Erzählung im Vergleich damaliger mit heutigen Kindern deutlich den Zusammenhang zwischen körperlicher Leistungsfähigkeit und Gesundheit (S. 195 f.). An einer anderen Stelle zieht sie eine Verbindung zwischen ihrer Zuverlässigkeit im Berufsleben und dem Umgang mit eigenen Bedürfnissen bzw. ihrer strengen Erziehung sowie den gesellschaftlichen Verhältnissen, in denen sie aufwuchs (Zeile 1788-1795). In anschließenden Erzählungen zu ihrem späteren Berufsleben treten diesbezügliche weitere Zusammenhänge deutlich hervor (siehe auch Gesundheit als „Pflicht", S. 206 ff.). Sich „schwach und schlecht" fühlen kennzeichnet Krankheit bzw. einen (medikamentös) Behandlung bedürftigen Krankheitszustand bzw. mangelnde Leistungsfähigkeit.

Zeile: 2551-2561
E: Und man kann mit
I: ja   [ah ja]   h=hm
E: dieser Tablette wie gesagt, man kann Routine arbeiten,
I: h=hm
E: [ja].   Und das find ich schon toll. [Und] ich mein,
I: [h=hm] h=hm   [h=hm]
E: das [war] ja, das war zu der gleichen Zeit, wo ich in
I: [ja]   h=hm
E: der Kanzlei war, [ja]. Und das hat mir enorm [gut], dass
I: [ja]   [ja]

E: ich mich nicht so: schwach und schlecht gefühlt habe.

In dem vorangegangenen Zitat geht es darum, dass Frau Fechner nicht möchte, dass man merkt, dass sie krank ist. Hieran knüpft auch ihr Denken über Gesundheit an. So beschreibt sie, dass Krankheit von ihr abgelehnt wurde mit der Einstellung „einfach nicht krank sein zu wollen" (Zeile 1831), das heißt mit dem Willen nicht krank zu werden. Dass dies im Leben beibehalten wurde, wird durch den Hinweis deutlich, dass es sie jetzt ärgert, wenn Krankheit merklich in den Vordergrund tritt (1834-1835).

Zeile: 1828-1835
I: [h=hm] (-) Was hat Sie im Denken und im Handeln im Hinblick auf Gesundheit geprägt? (5 Sekunden)
E: Des kann ich Ihnen gar nicht sagen. [Weiß ich] - ja. Ich wollte einfach nicht krank sein,
I: [h=hm]   h=hm   h=hm [h=hm] h=hm
E: [ja].   Sp- und ärger mich, dass ich jetzt manchmal man doch merkt, dass ich krank bin, ja.

Wohingegen für Frau Fechner aus einer früheren gesellschaftlichen Warte der Kriegs- und Nachkriegszeit heraus betrachtet Gesundheit vor allem durch Leistungsfähigkeit geprägt war, kommen in Schilderungen zur Gesundheit im Alter daran anknüpfend hauptsächlich Aspekte funktionierenden Alltags vor. Zur Gesundheit zählen Routinen des eigenen Wohlbefindens, wie z. B. die morgendliche Dusche. Hier wird Müdigkeit weggenommen, so dass die Sinne wach werden und der Körper aktiv wird bzw. sodass man wieder funktionieren kann.

Zeile: 2064-2070
I: [((lacht))] Was bereitet Ihnen bei Ihrer Gesundheit am meisten Freude?
E: Die Dusche morgens, [((lacht)) <<lachend>ja>].
I: [h=hm h=hm]   h=hm [ja, ja]   [h=hm ((lacht))]
E: [Also, wenn] ich noch halb schlafend [rein gehe] und dann als Mensch raus [<<lachend>komme>. Ja, ja].

Ein weiterer Aspekt von Wohlbefinden wird im Postskriptum geschildert. Frau Fechner erzählt gleich nach der Begrüßung von ihrer Vorliebe für klassische Musik und erzählt davon, wie sie im Alltag gemeinsam mit ihrem Hund die Musik genießt (Anhang V, Postskriptum, S. 2).
Doch die aktuelle Wohnumwelt, in der Frau Fechner lebt, hat auch negative Einflüsse auf ihr Wohlbefinden. So wird sie insbesondere durch bestimmte Gerüche (Leichenverbrennung auf dem Friedhof, verbrennende Knochen durch Grillen) an traumatische Kriegserlebnisse erinnert, was sie sehr stark belastet. Auch hier handelt sie eigeninitiativ, indem sie Fenster einsetzen ließ, „wo absolut [...] KEIN Geruch mehr" (Zeile 2702-2704) durchkommt.
Ein weiterer nachbarschaftlicher Aspekt zu Wohlbefinden stellt der Austausch mit Nachbarskindern dar. So ist Frau Fechner insbesondere durch ihren Hund im Stadtteil bekannt und auch bei Kindern beliebt („Die Kinder kennen den Hund, ja. (--) Und da war auch, die Kinder waren da und haben Blätter gesammelt von dem Ahorn. Und die sollte ich bewundern, [was ich] [...] natürlich [ha:be und] [...]", Zeile 605-609) und sie genießt diesen lustigen Austausch auf ihren Spazierwegen.

Zeile: 686-698
E: Und das ist der Weg, wo wir
I: [h=hm] h=hm
E: dann zurücklaufen. Aber dann muss ich zuerst zu den kommen, dann werfen sie ihren Ball rüber, [damit ich ja komme](...) [ja. Die ham] ihre
I: [h=hm <<unverständlich>>]
E: Freude und ich muss [lachen drüber, ja].

Jedoch sind auch diese Erzählungen eingebettet in einen breiteren und eher negativen Kontext des Vergleichs der heutigen mit der damaligen Gesellschaft und es werden hier insbesondere die Möglichkeiten des heutigen Austauschs von Nachbarskindern mit Nachbarn/innen bemängelt („[...] Es ist nicht erwünscht, dass die Kinder mit Vorbeigehenden sich unterhalten. (-) [Oder reden]. [Ah] da hab ich gedacht, [...] die Kindergärtnerinnen wohnen hier in der Gegend, die Kinder wohnen hier in [der Gegend]. Was soll das." [...], Zeile 616-621). Hier liegt also gleichzeitig eine Förderung und Einschränkung des Wohlbefindens je nach Umweltkontext vor.
Im Interview finden sich weitere Hinweise, dass neben körperlicher Leistungsfähigkeit auch die Sicht auf Gesundheit vorherrscht, die sich auf Wohlbefinden bezieht. Dazu gehört für Frau Fechner Schmerzfreiheit und sich trotz ihrer Schmerzen, die sie sehr einschränken, bewegen zu können, was insbesondere wichtig ist

für einen funktionierenden Alltag mit Hund. Trotz Anratens durch die behandelnde Ärztin wird der Rollator zugunsten der Mobilität mit Hund abgelehnt. Der Hund ist somit für ihr Wohlbefinden wichtiger als sich durch einen Rollator zu entlasten und die Mobilität zu erleichtern.

Zeile: 1673-1821
I: Wie würden Sie persönlich Gesundheit beschreiben?
E: Dass alle meine Schmerzen weg sind. Ja. Ich hab 'ne sehr, sehr
I: h=hm   h=hm
E: sch- äh: schmerzhafte Krankheit, Glie- Dings, in den Beinen. [Was], was mich sehr und trotzdem. Meine Ärztin
I: [h=hm]   h=hm
E: sagt immer zu mir, Frau Fechner nehmen sie
I: [h=hm]   h=hm (-) h=hm
E: einen Rollator. Sag ich, wie soll ich mit Hund und Rollator gehen. Meine Mutter hat auch 'en Rollator.
I: h=hm hilft ihnen die Aussage. H=hm   h=hm h=hm
E: Ja. Hat <<lachend>keinen Hund>, ja

Ein wichtiger Aspekt funktionierenden Alltags stellt zudem das Wohnenbleiben dar. Sie berichtet von einer psychologischen Stärke, ihrem „Überlebenswillen" (Zeile 2314), mit dem Ziel so lange in ihrem Haus zu leben (und damit ihren Alltag zu leben bzw. zu bewältigen) wie möglich. Gesundheit ist hier gleichzeitig Voraussetzung für Selbstständigkeit bzw. Privatwohnen.

Zeile: 2301-2317
I: h=hm (5 Sekunden) ja:, nun möchte ich gern mit ihnen über die Art und Weise ihres Umgangs mit Gesundheit sprechen. Damit mein ich, inwieweit Gesundheit zu ihrem Leben dazu gehört. Bitte erzählen sie mir davon.
E: Ja, im Alter gehört Gesundheit, ist die Hauptsache, ja. Dass
I: h=hm
E: es, dass man auch, ja, dass man gesund bleibt, ja.
I: h=hm
E: Sonst endet man in 'nem Alten[<<lachend>heim>], ja.
I: [h=hm]   h=hm h=hm h=hm   h=hm
E: Das ist für mich a-, ja. Der Überlebenswille ist, so lange hier in diesem Haus leben, wie's geht, ja. Und dazu muss ich

I: h=hm h=hm
E: einigermaßen gesund sein, auch mein Kopf muss gesund sein.

In dieser Passage wird deutlich, dass Gesundheit auch im höheren Alter auf den Körper bezogen bleibt bzw. nun auf die Kognition bezogen wird. Durch das „einigermaßen" deutet Frau Fechner an, dass eine „vollständige" Gesundheit unrealistisch ist und sie mit Einschränkungen und Verschlechterungen rechnet. Des Weiteren wird das Pflegeheim als negativ besetzte Alternative zum Privatwohnen dargestellt.

Aber auch die Nachbarn/innen von Frau Fechner sind Teil ihres funktionierenden Alltags, z. B. indem ihre Haustürschlüssel aufbewahrt werden oder in Form praktischer Hilfe, wie der Unterstützung beim Autokauf. Dabei hebt Frau Fechner hervor, dass sich die Nachbarn/innen in ihrem Quartier alle untereinander kennen und gegenseitige Hilfe geleistet wird (Zeile 728-732).

Das Gesundheitskonzept von Frau Fechner weist biografische Bezüge auf. So wurde die Gleichsetzung (sichtbarer) körperlicher Leistungsfähigkeit mit Gesundheit bereits in Kindheit und Jugend, u. a. im Turnunterricht, vermittelt. Die Einstellung wird im weiteren Lebensverlauf von ihr beibehalten und anhand ihres Arbeitslebens geschildert. Auch lässt sich der bei Frau Fechner vorhandene Wille nicht krank zu werden als biografisch gewachsen deuten. Denn in ihrem Leben spielt Nichtreden über Krankheit und Willensstärke zur Gesundheit (u. a. „der vollkommene Wille so schnell wie möglich gesund sein", S. 1785 f.) über den Interviewverlauf hinweg eine große Rolle.

Zudem gibt es im Gespräch Hinweise auf umweltbezogene Aspekte zu Gesundheit. Zum einen steht Wohlbefinden in Zusammenhang mit Nachbarschaft. Diese wirkt sich in vorliegendem Fallporträt dahingehend sowohl negativ (Geruchsbelästigung) als auch positiv (intergenerationelle Kontakte) aus. Die Wohnumwelt von Frau Fechner nimmt jedoch auch unmittelbaren Bezug zu dem gesundheitlichen Aspekt funktionierenden Alltags. So steht vor allem das Wohnen in ihrem eigenen Haus als ihr „Überlebenswille" (Zeile 2314) für Frau Fechner in direkter Verbindung zu Gesundheit. Gesundheit beschreibt hier die Voraussetzung für das Privatwohnen und die Fortführung eines funktionierenden Alltags.

9.4 Wert der Gesundheit als Pflicht

Aus früherer gesellschaftlicher Warte, die geprägt war durch die Ideologie des Nationalsozialismus, und besonders in ihrem Vergleich von früheren mit heutigen

Verhältnissen, stellt Gesundheit für Frau Fechner eine „Pflicht für alle" dar. Die Kernaussage im Gespräch zum Wert der Gesundheit, die in unmittelbare Beziehung zu ihrer Erziehung und Sozialisation steht, lautet:

Zeile: 1652-1654
E: Ohne Gesundheit geht nichts. D- also, man muss alles
I: h=hm
E: dafür tun, dass man gesund bleibt, [jeder].

Die „Pflicht zur Gesundheit" bezog sich auch im Leben von Frau Fechner in der Kriegs- und Nachkriegszeit vor allem auf Arbeitsfähigkeit. Im Gegensatz zu der von ihr beschriebenen heutigen Jugend hat sie aufgrund ihres übernommenen Pflichtgefühls damals alles getan, um arbeitsfähig zu sein.

Zeile: 1725-1753
E: H=hm hat sich ihre Einstellung zum Thema Gesundheit über ihr Leben hinweg verändert? (3 Sekunden) Denken sie heute anders darüber als früher?
E: Nein ich denke eigentlich genauso darüber. Nur hab ich früher gar nicht daran gedacht, ja. Ich meine, ähm m-
I: h=hm
E: meine Jugend oder so, das war nicht so, wie ihre Jugend, ja. [...] N- Wenn wir so richtig gefeiert hatten, manchmal bis morgens, dann hat man geduscht, warm, kalt und hat sich angezogen und ist wieder (---) zur Arbeit oder zur Schule gegangen oder was, ja. Das war nicht wie jetzt, ja.

Im Gegensatz hierzu ist Frau Fechner im Alter von der Rolle als Arbeitnehmerin entbunden. Gesundheit gilt nun als eigene zweckgebundene „Hauptsache" (Zeile 2306). Wenn Gesundheit nicht mehr gegeben ist, werden weitergehende Einbußen gefürchtet, insbesondere was das private Wohnen angeht. Eine gesonderte Bedeutung hat für sie nun auch das Gesundbleiben bzw. die zeitliche Perspektive (Zeile 2308). Die „Hauptsache" der Gesundheit steht im Kontext der für sich erwarteten verbleibenden Lebenszeit.

Zeile: 2301-2310
I: [...] nun möchte ich gern mit ihnen über die Art und Weise ihres Umgangs mit Gesundheit sprechen. Damit mein ich, inwieweit Gesundheit zu ihrem Leben dazu gehört. Bitte erzählen sie mir davon.
E: Ja, im Alter gehört Gesundheit, ist die Hauptsache, ja. Dass

Gesundheitskompetenz als Selbstständigkeitswille: Frau Fechner 203

I: *h=hm*
E: es, dass man auch, ja, dass man gesund bleibt, ja.
I: *h=hm*
E: Sonst endet man in 'nem Alten[<<lachend>heim>]
Zeile: 2405-2410
I: Was bereitet ihnen Sorgen? (3 Sekunden)
E: *Dass man immer anfälliger wird, [ja]. Des, ja.*
I: [h=hm] h=hm   h=hm
E: Es ist jetzt noch äh ein Teil und ähm dann, der letzte Teil, [der kommt jetzt. ((lacht))]

Aus biografischer Sicht dominiert in diesem Fallporträt, dass Gesundheit als eine „Pflicht für Alle" der damaligen Gesellschaft von ihr moralisch aufgenommen und bis heute so bewertet wird. Den Wert der Gesundheit stellt ein übernommenes Pflichtgefühl des Funktionierens dar.
Darüber hinaus gibt es umweltbezogene Aspekte, u. a. durch zwei zeitliche Kontexte. Zum einen lässt sich Gesundheit als Pflicht für alle klar in damalige gesellschaftliche-politische Strömungen einordnen (Beutelspacher, 1988, S. 59). Zum anderen weist Gesundheit als (persönliche) Hauptsache im erwarteten Übergang zum Vierten Lebensalter (S. 25) vielmehr Bezüge zu Frau Fechners aktuellem Leben auf. Gesundheit wird hier in Verbindung gebracht mit zunehmenden umweltbezogenen Bedrohungen (wie z. B. dem ungewollten Umzug in ein Pflegeheim) und der nachlassenden körperlichen Kraft umweltbezogenen Anforderungen zu begegnen.

9.5 Gesundheitshandeln als selbstzuständige Leistung

In vorliegendem Fallporträt wird Gesundheitshandeln fortlaufend unter der Prämisse eigener Zuständigkeit und Leistung beschrieben. Erst dann, wenn eigenes Handeln nicht mehr weitergeführt werden kann, wird die Zuständigkeit für eigene Gesundheit Experten/innen übertragen oder dem Schicksal überlassen.
Sehr eindrücklich wird in folgendem Textbeispiel das Gefühl von Frau Fechner dargestellt, dass sie sich in ihrem Leben „für alles selbst zuständig" (Zeile 1707-1708) gefühlt hatte. Erst, als die Krankheit bis zum äußersten fortgeschritten war (es drohte eine Amputation, Zeile 1704-1705), gestand sie sich ein, dass sie nun selbst nichts mehr machen kann. Medizinische Versorgung wird hier erst relevant, als sie sich selbst nicht mehr helfen konnte. Die Hilflosigkeit vergleicht sie mit

einer Situation des Kontrollverlusts (Autounfall, Zeile 1714-1718), in der das Schicksal entschieden hat.

Zeile: 1701-1720
I: Beschreiben sie mir bitte, wann und wie sie das erste Mal in ihrem Leben bewusst über Gesundheit nachgedacht hatten. Wann wurde das das erste Mal (-) bewusst Thema?
E: Vielleicht als man mir den Fuß abnehmen wollte. Naja. Denn sonst war ich
I: h=hm   h=hm
E: immer, m- (-) hab ich mir eingebildet, ich bin für alles selbst zuständig,   ja. Nur wie das dann kam, da war hab
I: h=hm   h=hm
E: ich nicht mehr das selbst   lich-, ja, machen können.
I: h=hm   h=hm (1 Sekunde) h=hm   h=hm
E: Ja. (---)   Konnt ich nicht mehr das konnt ich dann nicht mehr z-. (-) Das ist so wie diese Auto-
I: h=hm
E: -unfall.   Ich konnte das nicht bremsen, ich konnte nichts
I: h=hm
E: dafür tun. [Ich konnte] gar nichts. Ich konnte nur warten,
I: [h=hm]
E: dass das Schicksal an mir vorbei geht, ja. (1 Sekunde)

Dass jedoch für Gesundheit (erst einmal) selbst zuständig zu sein weiterhin ihr Gesundheitshandeln bestimmt, wird im Interviewverlauf deutlich. Unterschiedliche Textstellen zeigen, dass sie im Bereich von Gesundheitsversorgung überwiegend Enttäuschungen erfahren hat, u. a. indem nicht auf ihre Bedürfnisse eingegangen wurde. Ähnlich wurde sie als Kind von ihrer Mutter nicht ernstgenommen bei Kummer und Sorgen. So fällt sie in gelernte biografische Muster des Verdeckens und der Eigenverantwortlichkeit zurück („Aber auch, wie gesagt, diese [...] alte Erziehung ist, was soll ich darüber reden [...]", Zeile: 1808-1821). Das kommt auch am Ende des Gesprächs in der letzten Frage hervor, die auf den eigenen abschließenden Gedanken der Gesprächsteilnehmerin eingeht. Hier geht es ihr darum nicht übertrieben empfindlich („wehleidig", Zeile 2619-2620) zu sein und zu versuchen Dinge erst mit sich selbst zu klären. Implizit wird erneut zur Bekräftigung ihres Arguments der Vergleich zwischen heute und früher bedient, hier am Beispiel der „Halbjugend " (Zeile: 2617-2625).

Ein Submuster zu Gesundheitshandeln in diesem Kontext, welches im Interview fortlaufend aufgegriffen wird, stellt Nichtreden über Gesundheit dar. Interessant ist zwar, dass dies im Interview weitgehend aufgehoben ist und hier auch über eigene Krankheiten (auf Nachfrage) gesprochen wird, jedoch auf ihre weitere Außendarstellung bezogen noch Gültigkeit hat ([...] ärger mich, dass ich jetzt manchmal man doch merkt, dass ich krank bin [...], Zeile 1834-1835). Dies wird mit der „alten Erziehung" (Zeile 1810) und der Zweckmäßigkeit begründet, dass Reden über Krankheiten nichts bringe. Erfahrung mit der Umwelt lehrten sie, dass es auch nichts bringt, darüber zu reden, wenn man doch keine adäquate Hilfe bekommt bzw. nicht ernst genommen wird. Hier verstärkt Umwelt biografische Handlungsmuster.

Zeile: 1803-1820
I: H=hm, wie würden sie ihren eigenen Gesundheitszustand beschreiben? (--)
E: Ich möchte fast sagen <<lachend>miserabel>, ja. Also ich hab enorme Baustellen
I: h=hm h=hm
E: und (-), ja. Also. (2 Sekunden) Aber auch, wie gesagt, diese
I: h=hm
E: alte Erziehung ist, was soll ich darüber reden. Wenn
I: h=hm   h=hm
E: ja die Mutter meiner <<lachend>Ärztin auch krank ist, ist doch beruhigend>.

Wer jedoch merken darf, dass sie krank ist und wem davon erzählt wird, wenn es ihr nicht gut geht, ist ihr Hund. Dies wurde nach dem Ende des Gesprächs erwähnt und im Postskriptum festgehalten (Anhang V, Postskriptum, S. 2). Es kann angenommen werden, dass sie hier keine Reaktion im Sinne einer Abwertung der eigenen Befindlichkeiten erwartet oder fürchten muss, so dass die ausbleibende wörtliche Reaktion des Hundes sie ermutigt, über ihre Gesundheit zu sprechen. Zudem erwähnt Frau Fechner die Bedeutung eigener Körpersignale, die Aufschluss geben über ihre Gesundheit bzw. gesundheitliche Beschwerden. So berichtet sie, dass für das Handeln benötigte Informationen vom Körper selbst gesendet werden, z. B. in Form von Schmerzsignalen.

Zeile: 2466-2480
E: Wo lernen sie am meisten über ihre Gesundheit?
E: Wenn ich mich schlecht <<lachend>fühle>, ja. Es gibt keinen Ort, wo
I: h=hm h=hm

E: *ich was lerne, [ja].*
I: *h=hm [h=hm] oder wie lernen sie am meisten über ihre Gesundheit? Wie findet das statt? Wo kriegt man die Informationen her? (-)*
E: *Des der Schmerz sagt's, ja. Das sagt der Schmerz und. [Man] braucht da kein*
I: *h=hm h=hm (--)[h=hm]*
E: *m-, [ja. Der] Körper meldet sich, [ja]. Hör auf, [jetzt]*
I: *[h=hm h=hm]   [h=hm]   [h=hm]*
E: *wird's genug, [ja], so ungefähr.*

Der Textauszug verweist zudem auf einen Lernprozess im Leben von Frau Fechner. Wohingegen sie früher, vor allem in beruflichen Kontexten, Körpersignale (Schmerzen) medikamentös überspielt hat, empfängt sie heute Signale, die ihr anzeigen, wann ihr Körper Ruhe braucht. Hier geht es also nicht um Gesundheitsinformationen, die die Person „von außen" bekommt, sondern um solche, die „von innen" bzw. aus dem eigenen Körper heraus wahrgenommen werden.

Demgegenüber spielen wissenschaftliche Gesundheitsinformationen, insbesondere hinsichtlich geprüfter pharmakologischer Informationen eine größere Rolle im Leben von Frau Fechner. So informiert sie sich selbst über einen Narkose-Zusatz und Migräne-Medikamente. Die hierfür relevanten Informationen eignet sie sich selbstorganisiert, u. a. mit Hilfe vertrauter Fachliteratur, an. Ausgangspunkt für die fundierte Informationsbeschaffung sind berufsbiografische Anschlüsse durch ihre begonnene Ausbildung zur Apothekerin und den Beruf ihres Mannes (Zeile: 2097-2103).

Ein weiteres Submuster zu Gesundheitshandeln von Frau Fechner stellt die Umdeutung dar. Ähnlich wie im biografischen Teil des Interviews werden teilweise schwierige Situationen im Kontext von Gesundheit (z. B. Autounfall) umgedeutet bzw. wird ein Sachverhalt neu bewertet (z. B. wird die ungewohnte Situation des Selbstspritzens eines Medikaments durch einen absurden Vergleich in einen lustigen Gedanken überführt, Zeile 2518-2530), was nicht nur das Denken über die Situation, sondern auch das weitere Handeln für Frau Fechner erleichtert.

Zeile: 2518-2530
E: *Später hab ich's dann*
I: *[h=hm]*
E: *nochmal als also das war Spritzen, [ja], muskulär. [Konnt]*
I: *[h=hm]   [h=hm]*

E: *ich aber-. Meine ersten Spritzen hab ich am Bett gesessen und die Beschreibung gelesen und die Spritze angekuckt und die Beschr-. Und dann hab ich gedacht, <<lachend>was würde> so*
I: *h=hm*
E: *'n <<engl.>Junkie> sagen, [wenn er] mich sieht,*
I: *[h=hm]*   *<<lachend>h=hm [ja]>*
E: *[ja]. Unter diesem Lachen konnt ich mir die [Spritze machen].*

Eindrücklich klar wird das Muster der Umdeutung auch am Beispiel des Todes ihres Mannes, was nach Frau Fechner dazu geführt haben könnte, dass sie so aus dem Schatten des Mannes hervorgekommen und durch die ganze Situation stärker geworden sei. Die Umdeutung könnte hier als eigene psychologische Hilfstechnik bei selbstständiger Bewältigung von gesundheitlichen Problemen bzw. Krankheit dienen.

Zeile: 2292-2300
I: *Ja (-) was glauben sie, wie haben SIE sich durch diese Situation verändert? (4 Sekunden)*
E: *Vielleicht bin stärker geworden,*   *ja. [vielleicht] bin ich stärker geworden. Denn solange mein*
I: *[h=hm]*   *h=hm*
E: *Mann gelebt hat, bin ich glücklich in seinem Schatten gegangen,*   *ja.*   *[Aber], aber es ist 'n bitterer Weg,*
I: *h=hm h=hm [h=hm] h=hm*
E: *[ja]. 'N sehr bitterer Weg, ja.*

Zu Gesundheitshandeln in diesem Fallporträt zählt aber auch die eigene Förderung von Wohlbefinden, z. B. durch Lesen im Sessel, den Genuss einer allmorgendlichen Dusche und klassischer Musik zum Entspannen. Ein weiteres Beispiel, an dem biografische Handlungsmuster deutlich werden, stellt eigeninitiatives Handeln zur Herstellung von Funktionalität dar. Dies zielte von der Zeit ihrer Jugend an bis heute auf die Sicherung ihrer Existenz (arbeiten können und selbstständig wohnen können). So nahm sie z. B. an einer Medikamenten-Studie teil, von der sie sich Linderung ihrer extremen Migräneschmerzen versprach. Frau Fechner hatte hierfür nach einer selbstgewählten Alternative zu bisherigen Behandlungen gesucht, dazu recherchiert und sich für diese Herangehensweise an ihr gesundheitliches Problem entschieden, was ihr schließlich auch Erfolg brachte, denn sie konnte daraufhin wieder „Routine arbeiten" (Zeile 2547). Demgegenüber handelt sie gesundheitlich nicht proaktiv, sofern sie ihre Rollen erfüllen kann (Pflege der Mutter bis zum Herzinfarkt).

Zeile: 2513-2561
E: Und habe, war Proband für ein Medikament, was noch nicht in Deutschland zugelassen war. Aber der Hersteller, m- weiß ich, dass der Hersteller also kein [Waschküchen]betrieb war. Und
I: [h=hm]   h=hm
E: das hat mir sehr geholfen, [ja]. [...] Und ich kann diese
I: h=hm
E: Tabletten, wenn einer unter echter Migräne leidet, nur
I: h=hm
E: empfehlen,   [ja]. Man kann auf diese Tabletten (-)
I: h=hm [h=hm]
E: wieder Routine arbeiten. (...) Und das hat mir enorm [gut], dass
I: [ja]   [ja]
E: ich mich nicht so: schwach und schlecht gefühlt habe.

Eigeninitiativ handelt sie auch hinsichtlich Wohnraumanpassung, da sie erwartet, dass sich ihr gesundheitlicher Status in den nächsten Jahren verschlechtern wird. Sie nimmt für sich vorweg, dass ihre körperliche Kraft weniger werden wird und sie dem durch Technik entgegensteuern kann.

Zeile: 2320-2329
E: [...] Ich hab jetzt alles machen lassen, was sonst, was
I: [h=hm]   [h=hm ja]
E: [vielleicht gar] nicht nötig [wär neue] Rollläden, [elektrifiziert, damit ich nur noch auf'n Knopf drücken muss]
I: [h=hm h=hm ah:]   h=hm   [h=hm] ja   h=hm
E: All [das], weil ich, ich mein ma-, ich werd nächstes Jahr achtzig. [Ich] werd also die Gesundheit [oder]
I: [h=hm]   h=hm   [h=hm]
E: die Kraft, die man hat, [wird] weniger.

Im Nachfrageteil finden sich weitere Beispiele für proaktives Handeln von Frau Fechner, wie z. B. Absprachen zur Zimmerbelegung und bezüglich des Narkoseverfahrens im Vorfeld eines Krankenhausaufenthaltes. Hier geht es u. a. darum, dass sie weiß, dass es gewisse Medikamente gibt, die Narkosemedikamenten zugesetzt werden können, um Übelkeit zu verringern. So bringt sie dieses Anliegen im Voraus der Behandlung an, damit es ihr im Nachhinein nicht schlecht geht. Jedoch berichtet sie, dass dies nicht berücksichtigt wurde, wodurch es ihr eine Woche lang nach der Narkose nicht gut ging (Zeile: 1867-1878). Insgesamt lässt sich das Gesundheitshandeln von Frau Fechner anhand einer Abfolge darstellen:

1. Eigene Zuständigkeit für Gesundheit: Nichtreden und Selbst-Handeln (u. a. mit Hilfe von Gesundheitsinformationen und eigenem Gesundheitswissen);
2. Einbezug professioneller medizinischer Hilfe bei Misserfolg;
3. Bei weiterbestehenden Problemen Umdeutung negativer Aspekte und Abwarten des Schicksals.

Gesundheitshandeln weist auch in diesem Fallporträt biografische Bezüge auf. Insbesondere das biografische Handlungsmuster der Proaktivität wird auch im Bereich Gesundheit fortgeführt. Hier geht es darum, auf Situationen gesundheitlicher Verschlechterung vorbereitet zu sein. Eine weitere Verknüpfung zur Biografie stellt die geschilderte Erziehung und Sozialisation von Frau Fechner dar, welche als dominantes Thema das Nichtreden über Gesundheit mit anderen Menschen beinhaltet. Dieses Muster hat die Gesprächsteilnehmerin bis heute beibehalten bzw. wieder aufgegriffen und sie ist bis heute darauf bedacht, dass ihre gesundheitlichen Einschränkungen anderen Personen ihres sozialen Umfelds nicht auffallen. Des Weiteren konnte auch die Subkategorie der Umdeutung von schwierigen Situationen im Bereich des Gesundheitshandelns ermittelt werden. Diese dient dazu, schwierigen und problematischen Situationen leichter zu begegnen.
Umweltrelevante Bezüge lassen sich für die Kategorie der biografischen Proaktivität herleiten. So findet proaktives Handeln im Bereich von Gesundheit auch aufgrund von Umweltanforderungen (z. B. Routine arbeiten zu müssen, Alltagsbewältigung bei nachlassender Kraft) statt. Mit zunehmendem Alter ist Frau Fechner deshalb auch gezwungen vorauszudenken, um die erwartete körperliche Schwäche zu kompensieren oder aufgrund anderweitiger sich einstellender Schwierigkeiten, wie z. B. Migräneschmerzen und Einschränkungen der Mobilität handlungsfähig zu bleiben. Hier verbinden sich die beiden Kategorien Biografie und Umwelt, indem proaktives Handeln durch Biografie geprägt ist und sich in Umweltzusammenhängen zeigt. Weiterhin wird in diesem Porträt deutlich, dass soziale Umwelt

und ebenso die für das Gesundheitshandeln von Frau Fechner wichtigen Angebote der Gesundheitsversorgung das proaktive Handeln auch würdigen bzw. darauf eingehen müssen. Aber auch wissenschaftlich produzierte Gesundheitsinformationen zählen zu den umweltbezogenen Aspekten des Gesundheitshandelns von Frau Fechner. Auf diese werden vornehmlich im Bereich der Medikamentenanwendung zurückgegriffen, was wiederum biografische Bezüge aufweist (begonnene Ausbildung zur Apothekerin, Beruf des Ehemanns als Chemiker in einer pharmazeutischen Firma). Auch hier sind die beiden Kategorien der Biografie und der Umwelt miteinander verwoben. Ein weiterer wichtiger Umweltaspekt kommt in diesem Porträt in der Mensch-Tier-Beziehung zutage, die maßgeblich zum Wohlbefinden von Frau Fechner beiträgt und aufgrund dessen, dass Frau Fechner und ihr Mann immer Hunde hatten, auch beide Kategorien, Biografie und Umwelt, beinhaltet.

9.6 Zusammenfassung des Falls

Die Fallanalyse zeigt, dass Frau Fechner Gesundheit in der biografischen Erzählung aus Sicht einer Frau erzählt, die stark geprägt wurde durch gesellschaftliche und familiale Verhältnisse zur Zeit ihres Aufwachsens. Das Verhältnis von Frau Fechner zu Gesundheit, also ihr Gesundheitserleben und -handeln, kann zusammenfassend als „Selbstständigkeitswille" betrachtet werden, der zwischen gesellschaftlicher Norm und (individueller) Proaktivität verortet ist.
Innerhalb der biografischen Selbstdarstellung (narrative Identität) beschreibt sich Frau Fechner als Frau, die durch Erziehung und Sozialisation diszipliniert wurde und so das Befolgen gesellschaftlicher Werte verinnerlicht hat. Diese umfassen Leistung, Anstrengung und Rollenerfüllung, was im Gespräch kontinuierlich unter starker Abgrenzung zur heutigen Zeit hervorgehoben wird. Zudem fordern die Verhältnisse, in denen Frau Fechner gelebt hat und lebt, proaktives Handeln, wie z. B. ihre sehr hohe Einsatzbereitschaft für finanzielle Unabhängigkeit und Wohnenbleiben.
Im Gespräch berichtet Frau Fechner zu Gesundheit vornehmlich aus gesellschaftlicher Warte. Zudem wird das Gesundheitskonzept im Gespräch einerseits aus früherer (Kriegs- und Nachkriegszeit), andererseits aus heutiger Perspektive geschildert. Vorrangig bedeutete Gesundheit für die Gesprächsteilnehmerin in jüngeren Jahren Kraft, Stärke und Leistungsfähigkeit. Hingegen rücken die Aspekte Wohlbefinden und funktionierender Alltag mit dem Kraftverlust im höheren Alter in den Vordergrund. Der Wert der Gesundheit ist in diesem Fallporträt einerseits

gesellschaftlich geprägt als „Pflicht zur Gesundheit", andererseits ist für Frau Fechner Gesundheit im Alter auch „Hauptsache", da sie so ihr gewohntes Leben, insbesondere das privathäusliche Wohnen, beibehalten kann. Insgesamt zeigen sich auch in diesem Fallporträt Zusammenhänge zwischen allen strukturierenden Kategorien. Als Frau, die durch Disziplin und Proaktivität zu der Frau wurde, die sie heute ist, überträgt sie entsprechende Handlungsmuster auch auf den Bereich Gesundheit. Dies tritt insbesondere im Gesundheitshandeln hervor, das ebenso aufgespalten ist in die Aspekte Disziplin und Proaktivität.

Im Vergleich der gesundheitsrelevanten Kategorien mit der biografischen Darstellung von Frau Fechner lässt sich für dieses Fallporträt insbesondere eine Kontinuität zwischen Biografie und Gesundheitshandeln feststellen: Zum einen wird eher reagierendes Handeln auf erlernte gesellschaftliche Normen beibehalten, zum anderen werden biografisch-erlernte proaktive Handlungsmuster auch im Bereich der Gesundheit im Alter fortgeführt. Ebenso schließt der Wert der Gesundheit an Gesundheitshandeln an, indem der internalisierte Leitgedanke der „gesellschaftlichen Pflicht" von Frau Fechner in eigene Zuständigkeit und eigene Leistung umgelegt wird. Besonders hervorzuheben ist jedoch, dass sich Aspekte ihrer eher disziplinierenden Erziehung und Sozialisation in allen strukturierenden Kategorien finden lassen.

Als charakteristisch für den von der Gesprächspartnerin empfundenen Übergang in ein ressourcenarmes Lebensalter erscheint Gesundheitshandeln hier vor allem in den Bereichen der Vorbereitung auf die zunehmenden körperlichen Einschränkungen (z. B. Wohnraumanpassung, Kauf eines kleineren und handlicheren Autos), der Förderung von funktionierendem privathäuslichen Alltag, sozialer Unterstützung (Nachbarschaft), aber auch von Wohlbefinden. Es geht hier eher um basale Grundbedürfnisse, wie z. B. Schmerzfreiheit, Mobilität, Entspannung, Ansprache und Sicherheit.

Die Rolle der Umwelt in diesem Fallporträt ist besonders interessant, da die einzelnen strukturierenden Kategorien sowohl auf geschilderte Umwelt im Biografieteil als auch auf die eher aktuelle Umwelt im Nachfrageteil verweisen, z. B. damalige und heutige reaktivierte Kriegserlebnisse. So zeigt sich frühere bzw. verinnerlichte Umwelt in heute geschildertem Gesundheitserleben und -handeln. Vergangene Umwelt ist geprägt durch die disziplinierende familiale und gesellschaftliche Umwelt, durch Verhältnisse in der Kriegs- und Nachkriegszeit sowie später frühe Verwitwung und finanzielle Alleinverantwortung. Gleichzeitig spiegelt sich die aktuelle Umwelt, die Umwelt im Alter, in allen strukturierenden Kategorien zu Gesundheitserleben und -handeln wider. Hier geht es vor allem um erhöhte

Umweltanforderungen, denen bei gleichzeitig nachlassender körperlicher Kraft begegnet werden muss, aber auch um unterstützende und Wohlbefinden fördernde Strukturen. Zusammenfassend können durch die beiden Heuristiken der Biografie und Umwelt in diesem Fallporträt Kontinuitäten und Diskontinuitäten der gesundheitsrelevanten Lebensführung zwischen gesellschaftlichem Einfluss und individuellen Bedürfnissen beleuchtet werden.

9.7 Rückbindung des Falls an die Arbeitsdefinition

Verglichen mit der Arbeitsdefinition zu Gesundheitskompetenz (Sørensen et al., 2012, S. 3) geht es in diesem Fallporträt beim Umgang mit Gesundheit neben verinnerlichter Erziehung und Sozialisation, die sich sehr stark auf Gesundheitserleben und -verhalten auswirken, auch um äußerlich zugängliche Gesundheitsinformationen. Sowohl in der Definition als auch im Interview werden zudem Fähigkeiten als Voraussetzung für die abschließende Realisierung von Gesundheitsinformationen thematisiert, die im Fallporträt vor allem die Fähigkeit beinhalten, proaktiv zu handeln und sich Gesundheitsinformationen zu besorgen (Rote Liste). Hier zeigt sich eine Verwobenheit von verinnerlichten Präferenzen und biografischen Mustern mit der Fähigkeit die Informationen zu verstehen, diese zu interpretieren, insbes Berufsbiografie

Wie auch als Bestandteil der Definition, so spielt Motivation hier ebenso eine Rolle. Diese ist einerseits biografisch-gesellschaftlich angelegt (Gesundheit als Pflicht), andererseits geht es um die Beibehaltung der Erfüllung eigener Bedürfnisse, deren Voraussetzung (ein gewisses Maß an) Gesundheit darstellt (insbesondere Wohnenbleiben).

Ferner spielen die in der Arbeitsdefinition genannten Informationsverarbeitungsprozesse in diesem Porträt eine Rolle. Für den Prozess des Findens konnte ermittelt werden, dass hier auch biografisch-gesellschaftliche Komponenten eine Rolle spielen (u. a. Nichtreden, das in der Folge Nichtwissen begünstigt). Zudem gibt es hier weiteren biografischen Anschluss hinsichtlich einschlägiger eigener Berufsausbildung und relevanter Kompetenzen im nahen sozialen Umfeld, die das Finden von Gesundheitsinformationen erleichtern. Darüber hinaus werden durch informellen Austausch mit Freunden und Nachbarn/innen eher allgemeine Gesundheitsinformationen (Gesundheitsangebote) oder Informationen zu den Krankheiten anderer erfahren. Aber auch Veranstaltungen zu bestimmten Krankheitsbildern liefern in diesem Fallporträt Informationen. Daneben stehen Informationen über den eigenen Körper, die nicht von außen herangetragen, sondern von innen heraus durch Aufmerksamkeit für sich selbst empfangen werden. Insgesamt lässt sich für den Prozess des Findens in diesem Fall feststellen, dass dieser hier wichtig ist und hauptsächlich selbstorganisiert stattfindet. Dies lässt sich auch auf die Prozesse des Verstehens und Beurteilens von Gesundheitsinformationen übertragen, die, ggf. begünstigt durch die eigene Berufsbiografie und der des Ehemanns, selbstständig stattfinden (Expertin für sich selbst). Der Prozess des Anwendens von Gesundheitsinformationen im Alter ist in diesem Interview maßgeblich geprägt durch vorsorgendes Handeln sowie durch Umweltfaktoren (zunehmender Umweltdruck hinsichtlich des Wohnens und der Sorge um den Hund, aber auch Unterstützung durch Nachbarn/innen). Insgesamt liefert auch dieses Fallporträt konkrete Hinweise für die Bedeutung aller in der Arbeitsdefinition genannten Informationsverarbeitungsprozesse für Gesundheitskompetenz im Alter.

Zudem konnten die in der Definition dargelegten Domänen der Krankheitsbewältigung, Krankheitsprävention und Gesundheitsförderung ermittelt werden. Hinsichtlich Prävention geht es hier um Verhaltensprävention hinsichtlich der Verbesserung des körperlichen Zustands (u. a. Beweglichkeit, Schmerzen und Sturzprophylaxe), aber auch um Verhältnisprävention (vor allem hinsichtlich Wohnraum- und Wohnumfeldgestaltung). Eine weitere Rolle nimmt Gesundheitsförderung ein durch die Verbesserung von Wohlbefinden, vor allem durch biografische Ressourcen wie Musik hören, Lesen und Haustierhaltung, aber ebenfalls durch soziale Kontakte. Hingegen spielt Krankheitsbewältigung (Therapie) im Gespräch im heutigen Leben eine untergeordnete Rolle ein.

Die in der gewählten Arbeitsdefinition von Gesundheitskompetenz aufgeführten Kompetenz-Komponenten der Fähigkeiten, Fertigkeiten und Motivation, der Informationsverarbeitungsprozesse und die Domänen der Krankheitsbewältigung, der Krankheitsprävention und der Gesundheitsförderung konnten mit Hilfe des ersten Fallporträts bestätigt werden. Auch das Ziel von Gesundheitskompetenz für diesen Fall kann unter den breiten Begriff der Lebensqualität gefasst werden. Jedoch liefert auch dieses Fallporträt Hinweise, dass die Arbeitsdefinition, insbesondere hinsichtlich der Engführung auf die Grundlage allgemeiner Literacy, für das sehr hohe Alter aufgrund obiger Ausführungen zu biografischen und umweltrelevanten Aspekten angepasst werden sollte.

Abschließend werden die hier ausgearbeiteten Kategorien, ergänzt um weitere differenzierende Subkategorien aus weiteren Analyseprozessen, in Abbildung 6 dargestellt. Die zentralen Kategorien finden sich jeweils neben den strukturierenden Kategorien in den Überschriften. Subkategorien sind anhand von Spiegelstrichen darunter aufgeführt. Kategorien zu Biografie und Umwelt sind dem angefügt.

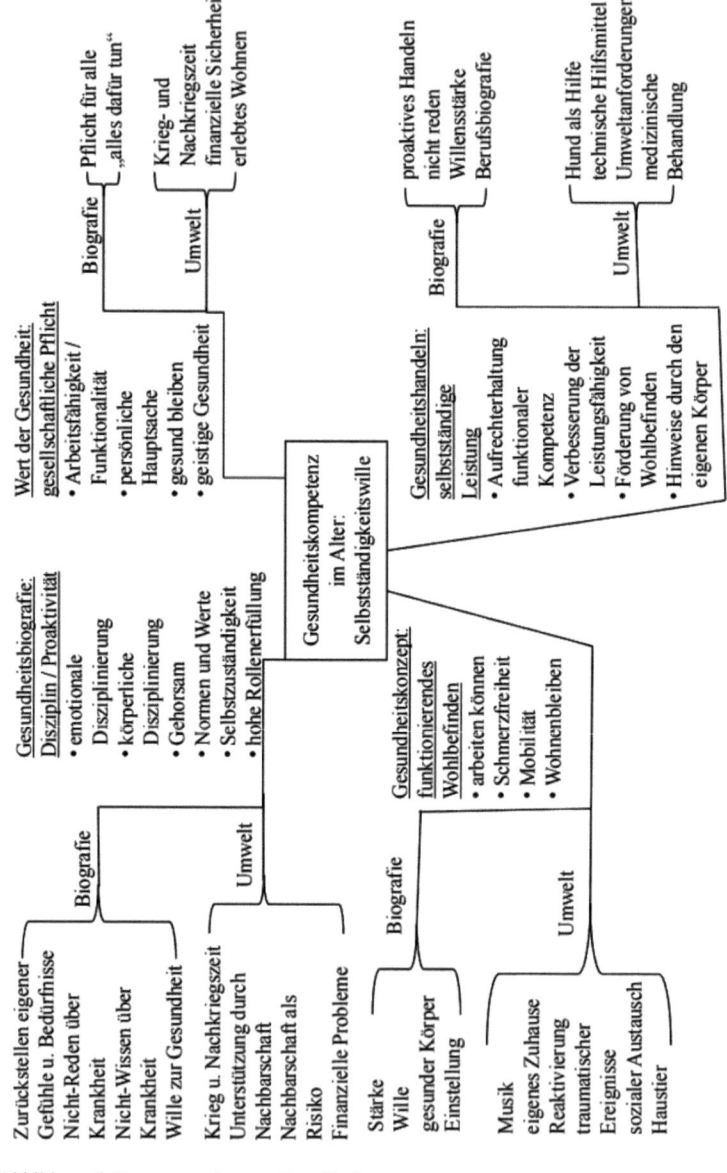

Abbildung 6: Zusammenfassung Frau Fechner

10 Fallvergleich

Der Fallvergleich verknüpft die in den drei Fallporträts ermittelten Formen von Gesundheitskompetenz im Alter über die strukturierenden Kategorien zu Gesundheitserleben (Gesundheitskonzept und Wert der Gesundheit) und Gesundheitshandeln und die darin bereits ausgearbeiteten Kategorien. Die gebildeten Kategorien sind durch Kursivschrift gekennzeichnet.

Zu Beginn (4.1) wird nach der Reihenfolge der Auswertung der Interviews, die eine größtmögliche Kontrastierung verfolgt, sowie aus Gründen der Übersichtlichkeit erst ein Vergleich zwischen den ersten beiden Fallporträts vorgenommen. Dieser befasst sich zunächst (4.1.1) mit dem Vergleich der Gesundheitsbiografien. Sodann (4.1.2) werden die strukturierenden Kategorien zu Gesundheitserleben und -handeln in Beziehung gebracht. In zwei nächsten Schritten (4.1.3 und 4.1.4) werden die Beziehungen der strukturierenden Kategorien mit den Konzepten Biografie und Umwelt herausgearbeitet. Daran anschließend (4.2) wird das dritte Fallporträt diesem Schema folgend in Bezug gesetzt. Es folgt (4.3) ein Zwischenfazit und daraufhin (4.4) die Rückbindung der Fälle an die Arbeitsdefinition. Den Abschluss des Kapitels (4.5) bilden erste theoretische Ableitungen.

10.1 Fallvergleich Frau Nordheimer und Herr Boge

Entlang der vorgenommenen Analysen werden im Folgenden zunächst Frau Nordheimer und Herr Boge gegenübergestellt und die herausgearbeiteten Merkmale zueinander in Verbindung gebracht. Die Schwerpunkte des Vergleichs sind Ungleichheit der Lebensverhältnisse, erlebte Verluste über den Lebensverlauf, Anzahl und Verlauf eigener Krankheiten und funktionale Einschränkungen im Alter.

10.1.1 Unterschiede in den Gesundheitsbiografien

Beide Gesundheitsbiografien sind im Kontext von Krieg durch existentielle Krisen und Verlusterfahrungen gekennzeichnet. Jedoch gibt es starke Unterschiede in Ausmaß und deren Bewältigung. Während Herr Boge als Kind sein angestammtes Wohnumfeld und seine Familie nur kurzfristig zu seinem Schutz verlassen musste, erfuhr Frau Nordheimer im frühen Jugendalter sowohl den Verlust ihres angestammten Wohnumfelds als auch den ihrer Herkunftsfamilie. Das Leben von Frau Nordheimer ist anschließend durch Wohnungsnot, harte Arbeit und Existenzsicherung, aber auch private Selbstverwirklichung durch Familiengründung sowie für sie wichtige Freundschaften gekennzeichnet. Hingegen eröffnet sich für Herrn Boge neben gemeinsamen Wiederaufbau der Existenz durch die Familie und Zeit für individuelle (Familiengründung) auch berufliche Selbstverwirklichung. Im Verlauf der Biografie schildern beide die Erfahrung von Krankheit und Tod in der Familie, wobei Frau Nordheimer hier durch den Tod ihres Ehemanns einer besonderen Belastung ausgesetzt ist, u. a. durch Alleinsein. Im Hinblick auf erlittene Krankheiten lässt sich feststellen, dass Frau Nordheimer durch chronische Leiden und starke gesundheitlicher Beeinträchtigung gezeichnet ist, während Herr Boge ausschließlich von reversiblen Krankheitsepisoden berichtet. Insgesamt betrachtet lässt sich festhalten, dass die Gesundheitsbiografie von Frau Nordheimer stärkere negative Einschnitte im Vergleich zu Herrn Boge aufweist und sie zudem, vor allem aufgrund der Flucht und Trennung von ihrer Herkunftsfamilie, über weniger finanzielle Ressourcen und Sicherheiten im Leben als Herr Boge spricht.

10.1.2 Unterschiede der Zusammenhänge zwischen Gesundheitserleben und Gesundheitshandeln

Auch die jeweiligen Zusammenhänge zwischen Gesundheitserleben und -handeln schließen unmittelbar an unterschiedliche Sicherheiten und Risiken sowie Krankheitserfahrungen über die Lebenszeit an, wobei bei Herrn Boge zudem gesellschaftliche Einflüsse auf sein Bild von Gesundheit im Alter eine Rolle spielen. Insgesamt geht es bei Frau Nordheimer bei Gesundheitserleben und -handeln um Reaktionen auf Ereignisse, die sich zerstörend auf bisherige Lebensverhältnisse auswirken und sie zwingen, die negativen Einschnitte zu bewältigen bzw. neue zufriedenstellende Verhältnisse unter teils großer Anstrengung herzustellen (Gesundheitskompetenz als Verlustkontrolle). Im Gegensatz hierzu geht es bei Herrn

Boge in allen Gesundheitsaspekten darum, sein Leben so fortzuführen wie es ist und (kleinere) eingetretene Veränderungen möglichst ohne „Störung" in sein Leben zu integrieren. Zudem wird darauf abgezielt gute Verhältnisse fortzuführen sowie das eigene Verhältnis zu sich selbst, das durch Kultur, Abgrenzung von finanziell und gesundheitlich schlechter gestellten Personen gekennzeichnet ist, trotz Veränderungen zu erhalten (Normalverhältniserhalt).
Starke Kontraste ergeben sich hieraus auch für die jeweiligen Gesundheitskonzepte. So hebt harterschaffene Zufriedenheit klar auf Aspekte außerhalb der eigenen Person ab, während Gesundheit als altersgemäße Norm in Bezug gebracht wird mit gesellschaftlich bestimmten gesundheitsbezogenen Vorstellungen. Bereits durchlebte Krankheiten werden hier als Normalität gewertet, die jüngeren Menschen auch passieren können, das heißt, die Verbindung zwischen Alter und Krankheit wird hier im Gegensatz zu Frau Nordheimer nicht hergestellt, was u. a. darauf hinweist, dass er eine vertiefte Auseinandersetzung mit dem Alter, das für ihn negativ besetzt ist, vor sich wegschiebt und sich im Gegensatz dazu auf die Gegenwart konzentriert.
Das Gesundheitshandeln zeichnet sich in beiden Fällen durch Kontakt mit Gesundheitsexperten/innen aus (eher Therapie und Palliation bei Frau Nordheimer vs. eher Prävention und episodenhafte Krankheitsbewältigung bei Herrn Boge). An die unterschiedlichen gesundheitlichen Voraussetzungen anknüpfend ist Gesundheitshandeln für Frau Nordheimer mit (teils großer) Anstrengung und Rückzug verbunden (angestrengter Rückzug). Die Strategie wählt Frau Nordheimer, um einerseits verbliebene Autonomie zu erhalten, andererseits schlechte Episoden zu überstehen und Kraft zu schöpfen. Im Gegensatz dazu benötigt Herr Boge generell weniger Anstrengung, um seine Gesundheit zu stabilisieren. Hier geht es eher darum bisherige Aktivitäten so beizubehalten wie früher, aber auch ausgewählte Aktivitäten (vorsorglich) an den Gesundheitszustand anzupassen (gemäßigte Anpassung).
Das Gesundheitshandeln von Frau Nordheimer folgt im Vergleich zu Herrn Boge einer größeren Dringlichkeit (inneres Gebot) zum Weitermachen. Denn sie hat Angst verbliebene Autonomie zu verlieren, wenn sie einmal aufhört. Sie setzt sich dadurch selbst unter Druck. Hingegen wird Gesundheit von Herrn Boge als Selbstverständlichkeit bewertet, was einerseits gesellschaftlich-normativ beeinflusst ist (z. B. Gehhilfe als Stigma benachteiligter und kranker alter Personen, von denen er sich möglichst kontrastiv abgrenzen möchte), andererseits durch ein ihm bewusstes Risiko für bestimmte Krankheiten (z. B. Demenz) abgeschwächt wird (riskante Selbstverständlichkeit). Der Fallvergleich zeigt somit für die Kategorien

starke Kontraste in Gesundheitserleben und -handeln. Nachfolgend werden Bezüge zu Biografie in beiden Fällen aufgezeigt.

10.1.3 Bezüge zu Biografie

Während Frau Nordheimer Dinge in ihrem Leben weitgehend nur mit Anstrengung bzw. selbst organisierter Unterstützung erreicht hat, hat Herr Boge von Kindheit an Unterstützung von seinen Eltern erfahren und ist dem Weg gefolgt, den die Familie für ihn vorgesehen hat und der gesellschaftlich anerkannt war. Im Gegensatz zu Frau Nordheimer konnte er negativen Einschnitten durch stärkere Ablenkung (u. a. durch Peers und Musik) begegnen. Die noch heute aktiven Strategien der Anstrengung und Ablenkung sind bei beiden nicht spezifisch für das Alter, jedoch stellen sie eine wichtige Ressource für dieses dar, um sich für eigene Gesundheit einzusetzen.

Beide deuten es zudem so, dass Gesundheit auch mit dem vergangenen Leben zusammenhängt. Frau Nordheimer bezieht ihren schlechten Gesundheitszustand vornehmlich auf biografische Aspekte, wie den frühen Verlust ihrer Mutter, sowie frühere harte Arbeit. Hingegen bringt Herr Boge an dieser Stelle gute frühere Familien- und Arbeitsverhältnisse an und führt seine Gesundheit auf seinen guten sozialen Status über seine Lebenszeit zurück. Darüber hinaus wird durchgängig die Bedeutung sozialer Kontakte als biografische Kraftquelle für Gesundheit („Gesundbrunnen") bei Frau Nordheimer hervorgehoben, während Herr Boge erst im Alter verstärkt und eher pragmatisch (pragmatische Anpassung) zumeist auf professionelle Hilfe für (körperliche) Beschwerden zugeht. Hierein spielt auch männliche Sozialisation, insbesondere in Form eines verdeckten Umgangs mit seelischer Gesundheit. Demgegenüber hat sich Frau Nordheimer von weiblichen Rollenerwartungen weitgehend distanziert, um sich für ihre Gesundheit, die in engem Zusammenhang mit Existenzsicherung steht, einzusetzen, z. B. indem sie in den 50er und 60er Jahren arbeiten ging, was für eine verheiratete Frau mit Kind zur damaligen Zeit zumeist nicht auf Wertschätzung traf .

Eine Gemeinsamkeit in beiden Fällen ist, dass das Motiv des „Weitermachens" bzw. „Weitergehens", welches in der biografischen Erzählung im Umgang mit extremen Lebensumständen wie Flucht, Tod und Zerstörung hervortrat, über den Lebensverlauf beibehalten wird. Dies zeigt sich z. B. bei Frau Nordheimer im Alter im Umgang mit gesundheitlichen Einbrüchen (Verlustkontrolle) und bei Herrn Boge im Kontext von Ablenkung von der schweren Erkrankung seiner Frau und eigenen Kriegstraumata (Normalverhältniserhalt).

Darüber hinaus finden sich in beiden Fällen weiter wirksame verinnerlichte Umwelten, die in Verbindung stehen mit Gesundheitserleben und handeln im Alter.

Auch hier gibt es Gemeinsamkeiten, wie z. B. die Stadtteilbiografie. Es fällt hier auf, dass internalisierte Umwelten bei Frau Nordheimer eher mit Familie und Freunden in Verbindung stehen, wohingegen diese bei Herrn Boge immer wieder auf Kontexte „seines Lebens" im Zusammenhang mit der damaligen Musik (z. B. Musikrichtungen, bekannte Musiker) und Kunst verweisen. Neben prägenden Verlusterfahrungen sind positiv konnotierte internalisierte Umwelten somit auch biografische Kraftquellen, derer man sich später bedienen kann und die, im Gegensatz zu äußeren Ressourcen, nicht von anderen Personen weggenommen werden können.

Zeile: 393-398 (Frau Nordheimer, 88 Jahre alt)
I: Ah. Und sie waren auch einmal in Amerika gewesen?
E: Ich? Dreimal. Dreimal warn wir dort. Die ganze Familie. Meine Tochter mit Mann und zwei Kindern und wir. Warn wir vier Wochen glaub ich, vier Wochen.
I: Hm=h
E: Vier oder sechs Wochen, weiß ich jetzt gar nicht. Es war ein schöner teurer Spaß, aber wir habens gemacht und es nimmt-hat uns keiner genommen.

Hinsichtlich biografischer Bezüge zu Gesundheitserleben und -handeln geht es somit in beiden Fällen um angeeignete Muster und Strategien durch Sozialisation und einschneidende Lebensereignisse bzw. Erfahrungen.

10.1.4 Bezüge zu äußerer Umwelt

Bei Frau Nordheimer ist die äußere Umwelt ein essentieller Bestandteil ihres Gesundheitserlebens, insbesondere ihre eigene Wohnung bzw. der Wohnungserhalt und ihre soziale Umwelt bzw. die soziale Teilhabe. Bei Herrn Boge tritt diesbezüglich die gute finanzielle Situation durch eigene Immobilien, die Angebotsvielfalt im Quartier und dadurch verschiedene Möglichkeiten für Teilhabe, sowie soziale Vergleiche hinsichtlich der Gesundheit im Gespräch in den Vordergrund. Mit Blick auf das Gesundheitshandeln zeigt sich, dass in beiden Fällen das familiale Umfeld eine große Rolle spielt. Unterschiedlich zwischen beiden ist jedoch das Ausmaß von unterstützenden bzw. einschränkenden Umweltbedingungen, nicht zuletzt aufgrund der unterschiedlichen Gesundheit.

So greift Herr Boge im Vergleich zu Frau Nordheimer häufiger Möglichkeiten außerhalb der Wohnung zurück (Nutzung des PKW, Konzerte, Veranstaltungen und Gesundheitsdienstleistungen), wohingegen Frau Nordheimer stärker von sozialen Ressourcen (engen Freundschaften und enge Familienverhältnisse, die sie von ihrem schlechten Gesundheitszustand ablenken und sie motivieren, weiterzumachen), aber auch von technischen Hilfsmitteln (Medikamentenuhr, um an nötige Handlungen erinnert zu werden; Rampe und Rollstuhl für Mobilität und Aktivitäten) berichtet. Demgegenüber erwähnt Herr Boge Aspekte der sozialen Umwelt auch hinsichtlich der Einschränkung des eigenen Gesundheitshandelns (schwere Krankheit der Ehefrau). Dies lässt sich neben anderen Unterschieden, wie insbesondere der Mobilität, auch auf häufig anzutreffende männliche / weibliche Unterschiede zurückführen. Insgesamt zeigt der Vergleich, dass in den beiden Fällen die unterschiedlichen Umwelten auch in Verbindung stehen mit der jeweiligen Lebensphase und den verfügbaren Ressourcen. Weiterhin haben die Fälle hier gemeinsam, dass neben dem Kontextfaktor Geld, auch die Zeit eine Rolle spielt. So werden von Herrn Boge altersbezogene Risiken für die Verschlechterung seiner Gesundheit erwähnt, wohingegen Frau Nordheimer beim Thema Gesundheit auch Bezug nimmt auf ihr Lebensende.

10.2 Vergleich beider Fälle mit Frau Fechner

Für ein drittes Fallporträt wurde Frau Fechner ausgewählt. Dieses kontrastiert die bisherigen Fälle vor allem im Kontext familialer Unterstützung, die bisher als starke Kategorie im Kontext Gesundheit im Alter ermittelt werden konnte. Die Einbindung von Frau Fechner in den Vergleich der Fälle orientiert sich wie im vorangegangenen Teil an den strukturierenden Kategorien zu Gesundheitserleben und -handeln.

10.2.1 Verlauf der Gesundheitsbiografie im Vergleich zu Fall 1 und 2

Die Gesundheitsbiografie von Frau Fechner beinhaltet ähnlich viele negative Ereignisse wie bei Frau Nordheimer, die sich auch bei Frau Fechner mit zunehmendem Lebensalter häufen. Gemeinsam mit den beiden anderen Fällen ist, dass zu Beginn ihres Lebens psychosoziale Belastungen im Kontext von Krieg eine große Rolle spielen (wie Herr Boge erlebte sie den Krieg als Kind). Diese gesellschaftlichen Ereignisse bilden den Rahmen der drei Gesundheitsbiografien. In allen drei Fällen wird die Biografie mit Kriegserfahrungen eingeleitet, wobei Frau Nordheimer und Frau Fechner Fluchterfahrungen schildern. Im Gegensatz zu Frau Nordheimer behält Frau Fechner den Anschluss an ihre Herkunftsfamilie. Stärkere gesundheitliche Einschränkungen beginnen bei ihr im Vergleich zu den beiden anderen Fällen früher (spätes mittleres Erwachsenenalter) und als Reaktion auf die Doppelbelastung durch Berufstätigkeit und die Pflege ihrer Mutter.

Im Vergleich zu Herrn Boge gibt es bei Frau Fecher – wie auch bei Frau Nordheimer – mehr Lebensereignisse, die nicht überwunden wurden. Berufliche Selbstverwirklichung wird aufgegeben und die nicht-stattgefundene individuelle Selbstverwirklichung durch Familiengründung wird bedauert. Ähnlich wie Herr Boge, kann sie sich beschützt, jedoch weniger frei entwickeln und musste vielmehr als Frau im Kontext damaliger gesellschaftlicher Verhältnisse eigene Bedürfnisse zurückstellen und für andere funktionieren. Als kontinuierliche Unterstützung verweist Frau Fechner ausschließlich auf Nachbarn und ihre Hunde, die die Rolle von Begleitern und Tröstern einnehmen. Beide Frauenbiografien sind zudem beeinflusst durch erhöhte Anstrengungen zur Existenzsicherung, die jedoch bei Frau Fechner erst mit dem Tod des Ehemanns verstärkt hervortreten. Eine weitere Gemeinsamkeit ist die im Gegensatz zu Herrn Boge starke gesundheitliche Belastung durch irreversible und chronisch fortschreitende Erkrankungen, die auch die Mobilität stärker bzw. stark beeinflussen. Gleichwohl können die Erfahrungen aller drei Personen im Zusammenhang mit der eigenen Geburtskohorte auch als internalisierte Umwelterfahrung interpretiert werden (z. B. S. 131 und 192 als Flucht und S. 288 als „gemeinsamer Takt").

10.2.2 Unterschiede der Zusammenhänge zwischen Gesundheitserleben und Gesundheitshandeln

Einerseits schließen die jeweiligen Zusammenhänge von Gesundheitserleben und -handeln auch hier an verfügbare Ressourcen über die Lebensspanne an. Andererseits knüpfen diese wie bei Herrn Boge auch an eine stärkere gesellschaftliche Komponente an (hier funktionieren als Pflicht). Insgesamt geht es bei Frau Fechner bei Gesundheitserleben und -handeln um den Willen selbstständig zu sein und zu funktionieren sowie darum entsprechend zu handeln (Selbstständigkeitswille). Im Vergleich mit den beiden vorausgegangenen Fällen fällt auf, dass bei Frau Fechner Funktionalität im Vordergrund steht. Diese ist auch gekoppelt an gute Gefühle (Entspannung, Genuss von Musik, Schmerzfreiheit) (funktionierendes Wohlbefinden). Wie bei Frau Nordheimer geht Gesundheit für Frau Fechner mit großer Alltagsrelevanz einher, z. B. wohnen bleiben zu können, sich selbst und ihren Hund versorgen zu können. Hieran schließt sich das Motiv der „Selbstständigkeit" an. Denn während (dauerhafte) Einschränkungen von Funktionalität für Herrn Boge kein Thema darstellen und Einschränkungen in der Alltagsselbstständigkeit bei Frau Nordheimer und Hilfe bis zu einem gewissen Ausmaß akzeptiert sind, ist Frau Fechner stark um den Erhalt von Funktionalität und damit Selbstständigkeit bemüht. Im Gegensatz zu Herrn Boge, der eine schlechte Gesundheit als fernes Altersrisiko betrachtet, sehen Frau Fechner und Frau Nordheimer diese und mögliche weitere gesundheitliche Veränderungen in Verbindung mit ihrer gegenwärtigen Situation als alter Mensch und nahes Altersschicksal. Im Gegensatz zu den beiden anderen Fällen beschreibt sich Frau Fechner in einem Stadium des Übergangs in einen letzten Lebensabschnitt, der durch stärkere Anfälligkeit geprägt sein wird.

Zeile: 2403-2410 (Frau Fechner, 79 Jahre alt)
I: Und was [...] missfällt ihnen im Umgang mit ihrer Gesundheit? Was bereitet ihnen Sorgen? (3 Sekunden)
E: Dass man immer anfälliger wird, [ja]. Des, ja.
I: [h=hm] h=hm   h=hm   Es ist jetzt noch äh ein Teil und ähm dann, der letzte Teil, [der kommt jetzt. ((lacht))] Weiß net [...]

Beide Frauen teilen die Angst nicht mehr zuhause wohnen bleiben zu können und reagieren darauf vor allem mit (gewünschten) Wohnraumanpassungen, um Selbstständigkeit zu erhalten. Hilfe von außen spielt hingegen stärker bei Frau Nordheimer eine Rolle.

Wie bei Herrn Boge ist der Wert der Gesundheit gesellschaftlich gefärbt (Pflicht). Bei Frau Fechner geht es jedoch nicht um ein konkretes gesellschaftliches Altersbild, sondern eher um eine erlernte Haltung (Pflicht). Dies steht im Gegensatz zu eigener Motivation für Gesundheit aufgrund individueller äußerer Umstände wie bei Frau Nordheimer. Gemeinsam mit Frau Nordheimer ist, dass Gesundheitshandeln mit Anstrengung einhergeht, die jedoch bei Frau Fechner weniger soziale Unterstützung erfährt, zumal auch keine familiale Unterstützung zur Verfügung steht (selbstzuständige Leistung). Nachfolgend werden die herausgearbeiteten Kategorien in Bezug auf Biografie beleuchtet.

10.2.3   Bezüge zu Biografie

Im Kontrast zu Herrn Boge erfuhr Frau Fechner als Kind weniger sorgende Unterstützung durch ihre Eltern bei gesundheitlichen Schwierigkeiten (unklar ist dies bei Frau Nordheimer). Vielmehr erfuhr sie emotionale und körperliche Disziplinierung durch Familie und Schule, worunter auch der Umgang mit Krankheiten (Nichtreden, funktionieren müssen) fällt. Insbesondere im Gegensatz zu Frau Nordheimer steht bei ihr im Vordergrund Krankheit möglichst, auch mit professioneller Hilfe, zu verbergen. Entlang gesellschaftlicher Erwartungen, die ihr in ihrer Jugendzeit beigebracht wurden, handelt sie diesbezüglich in stärkerem Ausmaß eigenständig und proaktiv als die beiden anderen Fälle. Das durch Familie, Schule und damalige Gesellschaft anerzogene Pflichtgefühl, selbst für die eigene Gesundheit verantwortlich zu sein, sowie das von ihr übernommene Frauenbild, das die Unterordnung eigener Bedürfnisse beinhaltet, wird fortgeführt (wirksame internalisierte Umwelten). So ist für sie die Pflege ihrer Mutter auch eine gesellschaftliche Norm, die sie erfüllen musste, was negative Folgen für ihr eigenes Leben hatte (Doppelbelastung, Krankheit). Um im Alter weiter entlang des Pflichtgefühls selbstverantwortlich handeln zu können, ist es ihr deshalb besonders wichtig, auf Situationen gesundheitlicher Verschlechterung vorbereitet zu sein. Dies geschieht auch mit Hilfe von Gesundheitsinformationen, die ihr im Vergleich zu den beiden anderen Fällen aufgrund ihrer eigenen Berufsbiografie und der ihres Mannes keine Schwierigkeiten bereiten.

Während bei Frau Nordheimer verlustreiche biografische Lebenseinschnitte (Erfahrungen) und bei Herrn Boge neben Lebenseinschnitten vor allem Erfahrungen mit Peers hervorgehoben werden, erscheint bei Frau Fechner als roter Faden der Einfluss von Erziehung bzw. Disziplinierung sowie gesellschaftliche Einflüsse, durch die sie zu der Person wurde, die sie heute ist. Im Vergleich zu den beiden anderen Fällen ragt im Fall von Frau Fechner besonders prägnant der durch Erziehung und Sozialisation gelernte Umgang mit eigenen Bedürfnissen und mit der Außendarstellung eigener Krankheit heraus.

10.2.4 Bezüge zu äußerer Umwelt

Kontrastierend zu Frau Nordheimer und Herrn Boge, die beide im Alter auf familiale Hilfe zurückgreifen können, ist Frau Fechner seitdem sie 55 Jahre alt ist fast ausschließlich auf sich allein gestellt. In diesem Kontext tritt ein wichtiger für diesen Fall spezifischer Umweltaspekt zutage, nämlich das Haustier bzw. die Mensch-Tier-Beziehung, die maßgeblich zum Wohlbefinden von Frau Fechner beiträgt. Weiterhin werden – wie auch bei Frau Nordheimer – die private Wohnumwelt und das soziale Umfeld bei Frau Fechner in unmittelbaren Bezug zu Wohlbefinden bzw. Gesundheit gebracht. So steht vor allem die Möglichkeit, in ihrem eigenen Haus wohnen zu bleiben, für Frau Fechner in direkter Verbindung zur eigenen Gesundheit, besonders gute geistige Gesundheit. Im Vergleich zu Herrn Boge, der ausschließlich von Familienmitgliedern als Bezugspersonen berichtet, ist beiden Frauen zudem gemeinsam, dass von familialen und außerfamilialen Kontakten berichtet wird.

Gesundheit ist für sie, insbesondere aufgrund des von ihr selbst erlebten Übergangs in ein ressourcenarmes Lebensalter bzw. des Kontextfaktors Zeit, die Voraussetzung für Privatwohnen und Fortführung funktionierenden Alltags. Gesundheit wird hier – wie bei Frau Nordheimer – in Verbindung gebracht mit zunehmenden umweltbezogenen Bedrohungen (z. B. inner- oder außerhäusliche Barrieren) und der nachlassenden körperlichen Kraft, um umweltbezogenen Anforderungen zu begegnen. Diese stehen zudem – wie bei Frau Nordheimer – auch in Verbindung mit proaktivem Handeln, um erwartete zunehmende körperliche Schwäche zu kompensieren und handlungsfähig zu bleiben. Die beiden Fälle, Frau Nordheimer und Frau Fechner, zeigen, dass eigenes Gesundheiterleben bei eingeschränkter oder schlechter Gesundheit in enger Verbindung mit der (Bedrohung der) eigenen Häuslichkeit steht.

Im Gegensatz zu Herrn Boge gibt es bei Frau Fechner und Frau Nordheimer insgesamt mehr Ausführungen, in denen die äußere Umwelt Gesundheit bzw. Gesundheitsförderung auch verhindert (z. B. unsicherer Stadtteil, zu lange Wartezeiten, Treppen zur Arztpraxis). Die medizinische Versorgung spielt bei beiden Frauen eine noch größere Rolle als bei Herrn Boge und es wurden bei beiden Frauen auch bereits Grenzen in den Behandlungsmöglichkeiten bzw. in der Therapie ihrer gesundheitlichen Beschwerden erfahren. Insgesamt betrachtet, handelt es sich, auch im Hinblick auf äußere Umwelt, um drei sehr unterschiedliche Fälle, was sich insbesondere mit Blick auf die soziale Umwelt und die eigene Häuslichkeit zeigt.

10.3 Zwischenfazit

Durch den Vergleich der Kategorien aus den drei Fallporträts (siehe Tabelle 8) konnte Gesundheitserleben und -handeln als biografisch „gewachsen" rekonstruiert werden. Es konnte weiter bestätigt werden, dass Muster Gesundheitserlebens und -handelns mit weiter wirksamen internalisierten Umwelten, z. B. vergangene Freundschaften und Urlaube (Frau Nordheimer), Peergruppe zur Zeit des Aufwachsens (Herr Boge) und gesellschaftliche Normen (Frau Fechner) in Zusammenhang stehen. Weiter konnte herausgefunden werden, dass internalisierte Umwelten in Verbindung stehen mit den drei Komponenten der vergangenen Erziehung, Sozialisation und Erfahrungen. Die verschiedenen Einflüsse gehen jeweils mit unterschiedlichen Handlungsanlässen, gesellschaftlichen Handlungsaufforderungen und individuellen Handlungsstrategien im Kontext von Gesundheit einher. So zeigen sich bei Frau Nordheimer besonders deutliche Zusammenhänge zwischen negativen Lebensereignissen (negativen Erfahrungen) und biografischem Gesundheitserleben und -handeln. Hierdurch konnte sie u. a. die Bedeutung der

Sicherung der eigenen Existenz lernen. Besonders deutlich werden sozialisatorische Einflüsse für Gesundheitserleben und -handeln im Fall von Herrn Boge. Hier wurde u. a. erfahren, wie von negativen Kriegsereignissen abgelenkt werden kann, um Normalität zu erhalten und das Leben weiterzuleben. Im Fall von Frau Fechner treten die Einflüsse von Erziehung, Disziplinierung und gesellschaftlichen sozialisatorischen Einflüssen klar hervor. Im Vergleich zu den beiden anderen Fällen sticht hier der erlernte Umgang mit eigenen Bedürfnissen, mit der Außendarstellung eigener Krankheit sowie der Bedeutung von Funktionalität und Wohlbefinden für Gesundheit hervor. Weiterhin konnte herausgefunden werden, dass sich die jeweiligen Formen von Gesundheitskompetenz (Normalverhältniserhalt, Selbstständigkeitswille und Verlustkontrolle) hinsichtlich unterschiedlicher gesundheitlicher Ressourcenlagen unterscheiden. Hierzu zählen vor allem eigene Gesundheit, Funktionalität und Wohlbefinden.

In die konkreten Anforderungssituationen für den Umgang mit Gesundheit spielen jedoch auch aktuelle Umweltbedingungen hinein, durch die biografisches Gesundheitserleben und -handeln beeinflusst, das heißt verstärkt bzw. gefördert oder verhindert werden können (Ermöglichungs- bzw. Verhinderungsstrukturen). So unterstützen z. B. die eigenen Urenkel oder die Gewissheit, dass die eigene Tochter die Wohnung übernehmen wird, Gesundheitserleben als harterschaffene Zufriedenheit. Hingegen verhindert eine fehlende Rampe im Wohneingangsbereich die Nutzung verschiedener Gesundheitsangebote und somit Gesundheitshandeln als angestrengter Rückzug, der sich dadurch auszeichnet, dass die Dinge, die selbstständig durchgeführt werden können, aufrechterhalten werden. Die Kategorien zu Gesundheitserleben und -handeln und die abgeleiteten Formen von Gesundheitskompetenz werden nachfolgend zur Übersicht in einer Tabelle fallbezogen aufgeführt (Tabelle 8). Die in der Tabelle aufgeführten Kategorien sowie die Kategorien Erziehung, Sozialisation und Erfahrung, internale Umwelt, gesundheitliche Ressourcenlage sowie Ermöglichungs- und Verhinderungsstrukturen werden in die nachfolgenden Analysen einbezogen.

Tabelle 8: Übersicht über die Kategorien aus den ersten drei Fallporträts

Gesundheitskompetenz	Verlustkontrolle	Normalverhältniserhalt	Selbstständigkeitswille

Name	Gesundheits-konzept	Wert der Gesundheit	Gesundheits-handeln
Frau Nordheimer	Hartetschaffene Zufriedenheit	Inneres Gebot	Angestrengter Rückzug
Herr Boge	Altersgemäße Norm	Riskante Selbstverständlichkeit	Gemäßigte Anpassung
Frau Fechner	Funktionierendes Wohlbefinden	Pflicht	Selbstzuständige Leistung

Die abgeleiteten Kategorien werden nachfolgend an die für die vorliegende Studie ausgewählte Arbeitsdefinition zu Gesundheitskompetenz (Sørensen et al., 2012, S. 3) zurückgebunden.

10.4 Rückbindung der Fälle an die Arbeitsdefinition

In den drei Fällen werden unterschiedliche Themen im Kontext von Gesundheitsinformationen erwähnt. So geht es bei Frau Nordheimer primär um Gesundheitsinformationen zur Bewältigung von Barrieren und gesundheitlichen Einbußen (z. B. Zugang zu medizinischer Versorgung, Installation einer Rampe, Umgang mit technischen Hilfsmitteln). Hingegen finden bei Herrn Boge eher expertengestützte Informationen Interesse, um den Gesundheitszustand zu erhalten und für Frau Fechner sind wissenschaftlich produzierte Gesundheitsinformationen relevant, die bei ihr zudem starke Bezüge zu biografischen Mustern von Gesundheitshandeln und beruflicher Biografie aufweisen. Die drei Fallporträts geben darüber hinaus Hinweise, dass Bildung (eigene und die des Ehemanns von Frau Fechner) sowie soziale Kontakte beeinflussen, wie und ob Gesundheitsinformationen gefunden werden und wie mit ihnen umgegangen wird. Zudem finden sich in den drei Fallporträts Hinweise, dass physische Umwelt durch Barrieren nicht nur den Zugang zu Gesundheitsinformationen, sondern auch deren Umsetzung (z. B. in Form eines Beratungsbesuchs) behindert. Wie Gesundheitsinformationen erworben und genutzt werden, ist somit durch soziale, aber auch durch physische Aspekte bestimmt. In den drei Fallporträts konnten zudem Hinweise gefunden werden, dass es Schwierigkeiten bereitet Gesundheitsinformationen zu verstehen und zu bewerten, insbesondere in den Fällen, wo kein berufsbiografischer Anschluss zu Gesundheit (in der Familie) vorhanden ist. Insgesamt zeigen die drei Fälle unterschiedliche Umgangsweisen mit Gesundheitsinformationen, die sich neben Umweltfaktoren im Vergleich auch auf biografische Einflüsse zurückführen lassen bzw. ob die Person Laie ist, expertenorientiert handelt oder selbst Experte/in ist.

10.5 Erste theoretische Ableitungen

Rückgebunden an die Suchheuristiken Biografie und Umwelt sowie die Arbeitsdefinition zu Gesundheitskompetenz lässt sich durch den Vergleich der drei Fallporträts insgesamt feststellen:
1. Es gibt verschiedene Formen von Gesundheitskompetenz im Alter;
2. Durch die Fallporträts konnten die Formen Verlustkontrolle, Normalverhältniserhalt und Selbstständigkeitswille rekonstruiert werden;
3. Für die Fälle zeigt sich, dass Erziehung, Sozialisation und Erfahrungen Gesundheitserleben und -handeln prägen;
4. Die Fälle lassen sich zudem nach ersten Hinweisen entlang verschiedener Phasen im Alter, die mit unterschiedlichen Ressourcen einhergehen, einsortieren;

5. Biografie und Umwelt lassen sich in den Interviews nicht trennen. Die drei Fallporträts verweisen darauf, dass Umwelt auch Teil der erzählten Lebensgeschichte bzw. Biografie ist. Genauer konnte in den Fallporträts gezeigt werden, dass weiter wirksame „internalisierte Umwelten" Teil der erzählten Biografie sind;
6. Weiter präsente bzw. verinnerlichte Umwelten stehen in den Interviews in Austausch mit der Person und sind für Gesundheit im Alter erlebenswirksam. Daraus ableitend wird Prägung von Gesundheitserleben als Austausch von Person (P) mit internalisierter Umwelt (E_i) gefasst (Gesundheitserleben = PxE_i);
7. Gesundheitserleben im Alter wird neben anhaltenden biografischen Erfahrungen auch durch äußere Umwelt beeinflusst. So können im Austausch mit äußerer Umwelt weitere Erfahrungen gesammelt werden, die auf Gesundheitserleben rückwirken (z. B. gesellschaftliche Altersbilder);
8. Gesundheitshandeln wird neben biografischen Gesundheitsroutinen durch „externale Umwelt" beeinflusst. Ob gesundheitsbezogene Erlebens- und Handlungsmuster in Handlungen umgesetzt werden, hängt somit auch von äußeren Voraussetzungen im Kontext mit der konkreten Anforderungssituation bzw. externaler Umwelt (E_e) ab. Die Performanz von Gesundheitshandeln kann somit als Austausch von Person mit äußerer Umwelt gefasst werden (Gesundheitshandeln = PxE_e);
9. Gesundheitserleben und -handeln stehen über Biografie und Umwelt miteinander in Verbindung;
10. Biografische und umweltbezogene Aspekte beeinflussen den Umgang mit Gesundheitsinformationen. Erlernte biografische Muster durch Erziehung, Sozialisation und Erfahrung beeinflussen es, wie Gesundheitsinformationen gefunden, verstanden, bewertet und angewendet werden. Ob diese jedoch umgesetzt werden können, wird durch ermöglichende bzw. verhindernde Umweltbedingungen bestimmt, die ebenfalls dazu beitragen können, dass biografische Muster (z. B. sich Gesundheitsinformationen selbstständig zu beschaffen) unterstützt bzw. aufgegeben werden müssen.

11 Integration der weiteren Fälle

In der Fallintegration werden neue Kategorien aufgezeigt. Das Kapitel schließt an die empirischen Befunde aus den vorausgegangenen Fallvergleichen (Kapitel 4) an. Ziel des Kapitels ist die Zusammenführung aller Ergebnisse in einem Modell zu Gesundheitskompetenz im Alter aufzuzeigen. Vor dem Hintergrund der Ergebnisse werden die gebildeten Kategorien (in Kursivschrift) dargelegt und mit Beispielen illustriert.

Im Einzelnen beinhaltet die Integration der weiteren Fälle (5.1) die abgeleiteten Typen, sodann (5.2) die Prägung Gesundheitserlebens und (5.3) die Performanz Gesundheitshandelns. In Punkt 5.2 und 5.3 werden die einzelnen Kategorien zu Gesundheitserleben (Gesundheitskonzept und Wert der Gesundheit) und Gesundheitshandeln der neu hinzugekommenen Fälle kontrastiv gegenübergestellt, um Gemeinsamkeiten und Unterschiede aufzuzeigen. Alle Verallgemeinerungen basieren auf diesen Fallvergleichen. Das Kapitel schließt (5.4) mit einer Fallübersicht und (5.5) der Darstellung des abgeleiteten Modells zu Gesundheitskompetenz im Alter.

11.1 Typen von Gesundheitskompetenz im Alter

Nachfolgend werden die gebildeten Typen von Gesundheitskompetenz im Alter beschrieben und rückgebunden an deren Formen, die ermittelt wurden durch intensiven kontrastiven Vergleich der strukturierenden Kategorien (5.2.1 und 5.3.1). Um die Typen zu bilden, wurde zunächst versucht, weitere Interviews (Fälle) in die bereits gebildeten Formen aus den Fallporträts (Verlustkontrolle, Normalzustandserhalt, Selbstständigkeitswille) zu integrieren. Wo dies nicht gelang, wurden neue Formen gebildet. Anschließend wurden durch Zusammenfassung der Formen und weitere Abstraktion Typen gebildet.

11.1.1 Selbstvergewisserung

Dieser Typ von Gesundheitskompetenz im Alter ist dadurch gekennzeichnet, dass die Sicht auf sich selbst als die Person, die man immer gewesen ist, aufrechterhalten wird. Dazu gehört auch eigenes Gesundheitserleben. Objektive Diagnosen werden in das Selbstbild und wie man gesehen werden möchte, nämlich als Gesunde/r, integriert. Biografische Gesundheitsroutinen im Stadtteil und in gut erreichbaren Orten zur Gesundheitsförderung werden fortgeführt und neue Möglichkeiten bzw. Orte werden erschlossen. Dennoch spielt auch zukünftig mögliche gesundheitliche Verschlechterung und Abhängigkeit („wenn sie eintreten sollte") im Gesundheitserleben eine Rolle. Gesundheit soll unter aktivem Zutun bleiben wie sie ist. Regelmäßige Kontrolluntersuchungen dienen hierfür zur Prävention und als Gesundheitsbeweis, weshalb die institutionelle Umwelt hier eine wichtige Rolle einnimmt. Der Typ Selbstvergewisserung wurde gebildet durch die beiden Formen Gesundheitsbestätigung (Frau Schlüter) und Lebensgefühl (Herr Schmitt).

11.1.1.1 Gesundheitskompetenz als Gesundheitsbestätigung (Frau Schlüter)

Die Form Gesundheitsbestätigung beinhaltet, dass eigenes Gesundheitserleben und -handeln stark an generational tradierte bzw. gesellschaftliche Regeln zur Zeit der Kindheit und Jugend von Frau Schlüter rückgebunden sind. So lange entlang dieser Regeln mit gesundheitlichen Veränderungen umgegangen und die tradierten Werte (hier stark und sozial eingebunden zu sein) aufrechterhalten werden können, ist eigenes Gesundheitserleben (abgehärtete Teilhabe) nicht beeinträchtigt. Eigenes, durch die Familie und Autoritätspersonen vermitteltes sowie erfahrungsbasiertes, Gesundheitshandeln wird selbst bestätigt und Frau Schlüter lässt sich durch fremde Einschätzungen (Gesundheitsexperten/innen und Laien) bestätigen (bestätigtes Folgen). Dies gibt Sicherheit im Umgang mit Gesundheit, insbesondere bei Veränderung. Selbstvergewisserung wird zum Handeln benötigt. Wenn Frau Schlüter sich bestätigt sieht, kann sie Ratschlägen bzw. Vorschlägen folgen (gewohnte Sicherheit). Gesundheitsroutinen können jedoch auch situationsgemäß durch Schlüsselereignisse und äußere Bestätigung geändert werden. Berichtet wird im Interview durchgängig so, dass die eigene Sicht und eigenes Handeln hinsichtlich Gesundheit bestätigt wird.

Zeile: 502-542 (Frau Schlüter, 77 Jahre alt)
I: Ja, nachdem sie mir jetzt viel aus ihrem Leben erzählt haben, möchte ich mit ihnen vertieft über das Thema Gesundheit sprechen und zu Beginn möchte ich sie fragen, wie ist ihre Einstellung zum Thema Gesundheit?
E: Eigentlich hab ich ne gute Einstellung. Ich bin auch in dem Sinne so erzogen worden. Ich hab f-früher viel mit Mandelgeschichte gehabt. Also Mandelabszesse. [...] und äh geh auch immer zur Untersuchung, wird ke, wird Blut abgenommen, aber ich denke mir nix dabei, ich mach mir auch gar keine Gedanken darüber. Wenns kommen soll, kommts. Fertig. Gell, ne also, ich bin dieser Hinsicht bis sin wir ALLE, also meine Geschwister sin sin mir alle ein bisschen, vielleicht macht das auch die Erziehung, ge. Meine Mutter, de des warn ja alles Bauern.
I: Hm=h. Ahja.
E: Da geht man ja net gleich zum Arzt und das alles ne,
I: Hm=h.
E: und äh aber, ja und dann nachm Krieg wurden wir ja auch laufend immer geimpft, ne. Un alles Mögliche, aber. Ich mach mir, sagen wir mal so wie viele sich Gedanken über ihre Krankheit machen, mach ich mir überhaupt net. Ich mach meinen Sport noch, ich geh schwimmen. Un ich fühl mich wohl dabei, ge.
I: Hm=h hm=h
E: Und wenn ma irgendwas sein sollte, dann geh ich halt hin.

11.1.1.2 Gesundheitskompetenz als Lebensgefühl (Herr Schmitt)

Gesundheitskompetenz im Alter zielt hier darauf, das bisherige Lebensgefühl fortzusetzen und sich dessen zu vergewissern. Das Lebensgefühl wird maßgeblich durch Gesundheit als erhaltene Bewegungsfähigkeit bestimmt, die es ermöglicht, biografische Leidenschaften (u. a. Sport und Reisen) aufrechtzuerhalten. Hierzu zählt auch das Gefühl, dass gesundheitliche Veränderungen bewältigt werden können bzw. das Leben im Griff zu haben. Ohne Gesundheit wäre das eigene Leben nicht denkbar (Gesundheit als höchstes Gut). Verschlechterungen in der Gesundheit und damit einhergehende veränderte Routinen werden in das Lebensgefühl integriert, um es dadurch möglichst lange zu erhalten. Auch objektive Diagnosen bzw. chronische Einschränkungen werden in das eigene Selbstbild und wie er gesehen werden möchte, nämlich als gesund, angepasst. Um das Lebensgefühl zu erhalten, greift biografisches Gesundheitshandeln (sportliches Durchstehen). Das übergeordnete Thema ist hier ein glückliches und gutes Leben trotz teils widriger Umstände, in denen zur Bewältigung das Lebensgefühl auftaucht.

Zeile: 698-715 (Herr Schmitt, 92 Jahre alt)
I: Wie glauben Sie (--) haben Sie sich (--) durch verschiedene Krankheitssituationen in Ihrem Leben verändert? (---)
E: Ich hab mich nicht verändert (---) ich bin der gleiche geblieben ja, denn ähm (2 Sekunden) wie gesagt Augen auf und zu- und durch, also das gibt es nichts (5 Sekunden)
I: Hm=h. Nun möchte ich gern mit Ihnen über die Art und Weise Ihres Umgangs mit Gesundheit [sprechen]
E: [Ja]
I: Damit meine ich inwieweit Gesundheit zu Ihrem Leben gehört (---)
E: Ja (--)
I: Bitte erzählen Sie mir davon, in wieweit Gesundheit zu Ihrem Leben gehört (2 Sekunden)
E: Ja also (---) das ist das A und O nicht (--) denn äh (.) in dem Moment, wo man krank wird, ist man gehandicapt nicht und da ich (--) da ich äh (--) gesund bin nicht, habe ich keine Schwierigkeiten das Leben zu meistern (4 Sekunden) Ja.

11.1.2 Normalitätserhalt

Eigene Vorstellungen gesundheitlicher Normalität, die auch gesellschaftliche Anteile aufweisen, stehen beim Typ Normalitätserhalt im Vordergrund. Dieser Typ von Gesundheitskompetenz im Alter zeichnet sich zudem dadurch aus, dass sich Gesundheit aus eigener Sicht etwas verschlechtert hat. Biografische Gesundheitsroutinen können zwar größtenteils fortgeführt werden; sie werden jedoch auch aufgrund veränderter äußerer Umstände pragmatisch angepasst. Dennoch beschreiben sich die zugeordneten Personen wie im vorangegangenen Typ Selbstvergewisserung als die, die sie immer waren und die im Alltag in großem Ausmaß handlungsfähig sind (auch für andere Personen im Umfeld). Auch hier spielen erlebte mögliche, jedoch auch bereits erlebte zunehmende gesundheitliche Veränderungen im Verhalten eine Rolle. Die drei Personen, die diesen Typ kennzeichnen, können diese aber durch moderate Anpassung und erhöhte Aufmerksamkeit kontrollieren. Auch hier spielt der Kontakt mit dem Gesundheitssystem eine Rolle für die eigene Gesundheitsvergewisserung und Prävention. Zu diesem Typ zählen die Formen Normalverhältniserhalt (Herr Boge; siehe hierzu Fallporträt Kapitel 4) und Normalzustandserhalt (Herr Allendorf und Herr Schuller).

11.1.2.1 Gesundheitskompetenz im Alter als Normalzustandserhalt (Herr Allendorf und Herr Schuller)

Gesundheitskompetenz im Alter als Normalzustandserhalt konnte zwei Fällen zugeordnet werden (Herr Allendorf und Herr Schuller). Die Fälle werden zusammen unter der Kategorie Normalzustandserhalt vorgestellt.
Beide Fälle zeichnen sich durch große Zufriedenheit mit dem eigenen Gesundheitszustand aus. Herr Allendorf und Herr Schuller sind bemüht, den gesundheitlichen Zustand so zu erhalten, wie er ist. Zum normalen Zustand zählen bei Herrn Allendorf insbesondere körperliche Aspekte, wie der Anschluss an die frühere Konstitution im Jugendalter und Leistungsfähigkeit (körperliche Stabilität).

Zeile: 234-251 (Herr Allendorf, 85 Jahre alt)
E: Mich gesund zu fühlen? (-) Alles zu machen was, (...), im Grunde muss ich sagen ich persönlich hab alles regelmäßig gemacht, aber nicht übertrieben, denn ich hab heut noch das gleiche Gewicht, was ich mit siebzehn Jahre hatte. Fünfundachtzig Kilo, die hab ich heute noch, und die hatt ich die ganze Zeit durch. I: Stabil. [...] Auch heute denke ich. Ich b-, wenn. Durch meine Frau bin ich sehr belastet. Ich persönlich nicht.

Im Gegensatz zu Herrn Allendorf bezieht Herr Schuller das eigene Alter bzw. altersbezogene Veränderungen in seine Wahrnehmung gesundheitlicher Normalität und Stabilität ein (Zeile 2085-2089) und setzt sich aktiv und in großem Ausmaß für die Beseitigung bzw. Linderung der Veränderungen ein (Zeile 606-623, 2017-2053). Beide legen sehr viel Wert auf ihren gesundheitlichen Zustand und das äußere Erscheinungsbild (Gepflegtheit und Ästhetik). In beiden Fällen beinhaltet Gesundheit zudem auch einen starken sozialen Aspekt, z. B. in die Nachbarschaft integriert zu sein (integrierte Makellosigkeit) und weiter am gesellschaftlichen Leben teilnehmen zu können. Die gute körperliche Verfassung bei beiden ermöglicht weiterhin soziale Aktivitäten (z. B. Reisen), von denen kranke Menschen ausgeschlossen sind (Handlungserlaubnis). Gesundheit wird in beiden Fällen auf Maßhalten und Sorge in bereits jungen Jahren zurückgeführt (kumulierte Lebensleistung) und es geht darum, Gesundheit durch Maßhalten (z. B. Ernährung und Alkoholkonsum) und Regelmäßigkeiten (z. B. Arztbesuche und Schlaf) zu erhalten (maßvolle Regelmäßigkeit).

Zeile: 1581-1585 (Herr Schuller, 83 Jahre alt)
I: Ja. Wie würden Sie persönlich Gesundheit beschreiben?
E: Ja, also maßvoll leben. Sich nie übermäßig, ich ess mich schon satt, aber äh (-) der Gedanke, ach mer könnt ja doch noch was e des des des gibt's nicht.

Weiter geht es darum, Zustandsveränderungen möglichst zügig abzuwenden („informierte Besorgtheit"). Gesundheitliche Kontrollen dienen bei beiden dem Zustandserhalt.

11.1.3 Veränderungsakzeptanz

Bei dem hier beschriebenen Typ ist bereits eine andauernde gesundheitliche Veränderung eingetreten. Im Gegensatz zu den beiden vorangegangenen Typen beeinträchtigt Krankheit das Leben, so dass die beiden Personen, die den Typ repräsentieren, fühlen reagieren zu müssen. Deshalb wird hier spezifisch zu den Einschränkungen gehandelt. Beide sind durch die eingetretenen gesundheitlichen Veränderungen auch zu einer anderen Person geworden und dessen sind sie sich bewusst. Zudem werden hier eine gesundheitlich unbestimmte Zukunft und erwarteter Verlust von Selbstständigkeit im Alltag stärker thematisiert als in den vorausgegangenen Fällen. Eine große Rolle spielt hier gelernt zu haben, mit Veränderungen als Teil der Person zu leben. Hierbei unterstützen erworbene gesundheitsbezogene Erlebens- und Handlungsmuster. Doch obwohl Krankheiten weitgehend angenommen werden, geht es weiterhin auch um Versuche, krankhafte Veränderungen aufzuhalten bzw. den gesundheitlichen Ist-Zustand bestmöglich zu erhalten (siehe Typ Normalitätserhalt). In diesem Zusammenhang wird die Bedeutung der Familie bzw. des sozialen Umfelds für Hilfe und Unterstützung hervorgehoben. Die beiden Formen hierzu sind Grenzverschiebungsakzeptanz (Frau Neumann) und Zustandswechselakzeptanz (Herr Geri).

11.1.3.1 Gesundheitskompetenz als Grenzverschiebungsakzeptanz (Frau Neumann)

Diese Form beinhaltet einerseits mit gesundheitlichen Einschränkungen („Grenzen"), die nicht geändert werden können, zu leben. Andererseits gehört hier dazu, für veränderbare Einschränkungen gute Unterstützung innerhalb der eigenen Verantwortlichkeit zu finden. Gesundheit ist, physisch, psychisch und sozial nicht so stark von Schmerzen beeinträchtigt zu sein, damit Frau Neumann ihr – wenn auch eingeschränktes – Leben möglichst lange fortführen kann (ganzheitliche Leidakzeptanz).

Zeile: 1059-1069 (Frau Neumann, 74 Jahre alt)
I: Hm=h hm=h (6 Sekunden) Hat sich Ihre Einstellung zum Thema Gesundheit über Ihr Leben hinweg verändert?
E: Ja, (---) ja eben von äh nicht drüber nachdenken bis Optimismus da kann man doch was doch machen. Und ich such ja immer noch, also ich. Gut. Aber mir wird das immer deutlicher, dass jetzt wahrscheinlich n=n=nur noch so oder so ein bisschen zu verschieben ist allenfalls. Aber es hat sich dahingehend verändert, dass ich gelernt habe das zu AKZEPTIEREN. Dass es da allenfalls um ein mehr oder weniger geht.

Aus der akzeptierenden Haltung heraus und um den Kontakt mit anderen Menschen und die selbstständige Alltagsbewältigung aufrechtzuerhalten (selbstständige Teilhabe) werden (berufs-)biografisch anschlussfähige Anstrengungen zur kurzfristigen Verbesserung des Zustands (instabiles Aufrichten) unternommen, z. B. alternative Heilmethoden.

11.1.3.2 Gesundheitskompetenz als Zustandswechselakzeptanz (Herr Geri)

Dieser Fall weist auf Gesundheitskompetenz als Fähigkeit, mit wechselnden gesundheitlichen Zuständen im Alter umzugehen. Hier geht es insbesondere um den positiven Umgang mit schwankenden psychischen Zuständen.

Zeile: 833-850 (Herr Geri, 83 Jahre alt)
E: [Mir isch mir isch schwer gewesen zwei Jahre. Zu schwer gewesen. Ich träume immer und äh stehe auf und des. Nun jetzt ist äh gewohnt geworden halt. (2 Sekunden) Jetzt - das Leben geht doch weiter. Hm. [...] Nun alles alles im Leben bekommen, Spaß haben, kannst lachen, kannst weinen. Nun, das Leben geht weiter.

Es geht hier aber auch um Aspekte, wie verbliebene Möglichkeiten zur Bewegung bei körperlichen Verlusten und soziale Aktivitäten (positive Vitalität).
Dass Gesundheitskompetenz zudem auch an gesellschaftliche Bedingungen rückgebunden ist, wird hier hervorgehoben durch die Bedeutung eines Gesundheitssystems, das wertschätzend mit älteren und alten Personen umgeht (gesellschaftliche Legitimation). Die Akzeptanz sowohl positiver als auch negativer gesundheitlicher Zustände ist gekoppelt an eigene biografische Regeln und Routinen, die dazu dienen negative Zustände aktiv zu verändern (aktive Mithilfe). Es geht hier

zum einen um die körperliche Gesundheitsförderung, Optimismus und Lebensfreude, zum anderen darum, bewusst und aktiv schlechte Zustände zu durchleben.

Zeile: 599-608 (Herr Geri, 83 Jahre alt)
E: Das Wichtige das, bewegen sich un un immer positiv denken, nicht immer schlecht äh äh, schlimm und der Mensch muss LEBEN mit dem, was ihm passiert. Wenn der Mensch lebt immer, alles gut, is gut, (1 Sekunde) isch auch nicht gut. Der Mensch muss leben heut is schlecht, musst denken, morgen du kannst ansehen, kannst lachen, was man Spaß bekommt. Kannst weinen <<lachend>, wann schlimm ist. Wann, wann Fußball gespielt wird, sitze und schaue an und äh <<lachend> und werde verrückt und wann Boxen is ich spiele mit, ich bekomme Schläge ((herzliches Lachen)). Noch, noch [lebendig, ja.]

11.1.4 Selbstständigkeitsinitiative

Diesen Typ von Gesundheitskompetenz im Alter kennzeichnet, dass den hier zugeordneten Personen bewusst ist, dass der gesundheitliche Zustand schlecht ist, nach Selbsteinschätzung nur noch schlechter werden kann und diesbezüglich aus Sicht der Person gehandelt werden muss. Die gesundheitlichen Veränderungen wurden akzeptiert und gehören zur eigenen Person dazu (siehe Typ Veränderungsakzeptanz). Auf weitere Einbußen der Gesundheit und Selbstständigkeit wird sich vorbereitet. Es wird sehr aktiv reagiert durch psychische Anpassung, Anpassung von Aktivitäten und Umweltanpassung (u. a. häusliche Umwelt und verstärkte Nutzung technischer Umwelten). Ziel ist es, die äußeren Umstände zu verbessern und sich vorzubereiten, um zukünftige Selbstständigkeit zu fördern und privates Wohnen im Alter zu erleichtern bzw. zu erhalten. Auch bei schlechtem gesundheitlichem Zustand spielen verbreitete gesundheitsfördernde und präventive Handlungen – wie im vorausgegangenen Typ – für die Förderung von Gesundheit und Wohlbefinden eine Rolle. Hierzu zählen die beiden Formen Selbstständigkeitswille (Frau Fechner; siehe hierzu Fallporträt, S. 189 f.) und Altersgesundheitsinitiative (Frau Lauterbach).

11.1.4.1 *Gesundheitskompetenz als Altersgesundheitsinitiative (Frau Lauterbach)*

Gesundheitskompetenz fokussiert in diesem Fall auf die Fähigkeit zu vorausschauendem und synergetischem Handeln („Initiative"). Aus unterschiedlichen Quellen werden Informationen eingeholt, bevor Frau Lauterbach handelt. Aufgrund umfassender Erfahrungen von Kindheit an zählt zu Gesundheit auf körperlicher, psychischer und sozialer Ebene keine Ängste und Sorgen zu haben (ganzheitliche Unbeschwertheit). Hier wird Gesundheit und Krankheit dichotom gefasst und eigene Gesundheit aufgrund von Erkrankung ausgeschlossen (vergängliches Gut). Um (trotzdem) möglichst unbeschwert zu Altern gilt es, das eigene Leben anzunehmen (Zeile 2615-2616) (siehe Typ Veränderungsakzeptanz) und Dinge zu tun, um gesund zu bleiben bzw. einer Verschlechterung vorzubeugen. Zudem werden aufgrund von altersbedingten Einschränkungen bestimmte Aktivitäten aufgegeben. Darüberhinausgehend wird angedacht, wie damit umgegangen werden kann, wenn weitere Einschränkungen auftauchen (Selbstständigkeitsorganisation), insbesondere im Kontext von Wohnen und eigener Versorgung im Stadtteil.

Zeile: 1640-1659 (Frau Lauterbach, 76 Jahre alt)
I: Was hilft Ihnen im Umgang mit ihrer Gesundheit? Was hilft Ihnen, bestimmte Dinge diesbezüglich zu erledigen?
E: Ständiges drüber nachd- also- nicht ständig, aber, VIEL drüber nachdenken, [wie] kann ich, (--) einfache Sachen erleichtern. [...] Ich könnte [ihnen] äh:
I: [h=hm]   [ja]   [ja]
E: jetzt viele Beispiele nennen. [Unsre gan-] unser ganzes
I: [h=hm h=hm]
E: Haus ist umgestellt worden. [...]

11.1.5 Ohnmachtsvermeidung

Dieser Typ von Gesundheitskompetenz im Alter beinhaltet starke gesundheitliche Verluste und beeinträchtigtes Wohlbefinden. Dies steht auch in Verbindung mit dem Verlust sozialräumlicher Umwelten (gewohnter Stadtteil). Gesundheitshandeln ist darauf gerichtet, mit der schlechten gesundheitlichen Situation, zurechtzukommen. In den Fällen hier wird sich zudem konkret mit bereits eingetretener oder in unmittelbarer Zukunft erwarteter steigender Abhängigkeit auseinandergesetzt, die sich vor allem in der Angst, nicht mehr privat wohnen bleiben zu können bzw. dem Verlust der eigenen Häuslichkeit zeigt. Es geht darum, Selbstbestimmung und Würde nicht zu verlieren, z. B. durch Bettlägerigkeit, starke kognitive Einbußen oder durch Handlungen gegen den eigenen Willen.
Hier greifen insbesondere biografische nicht breit etablierte Strategien zum Umgang mit Verlust (z. B. disziplinierende Monologe, Selbstironie und die aktive Erinnerung an positive internalisierte Umwelten). Dahingegen funktionieren gesellschaftlich anerkannte und verbreitete Strategien (z. B. gute Ernährung und Bewegungsförderung) nur bedingt bzw. haben keine Relevanz für die Person. Vielmehr

treten die Überwindung physischer Barrieren und der Aspekt der Wohnraumanpassung deutlich hervor. Wie im vorausgegangenen Typ Selbstständigkeitsinitiative ist Wohnenbleiben und die unmittelbare außerhäusliche Umwelt ein dominierendes Thema, das sich in diesem Typus jedoch zuspitzt, indem Wohnenbleiben hier mit noch mehr Anstrengung verbunden bzw. umkämpft ist. Auf bedrohtes Privatwohnen wird unterschiedlich reagiert (u. a. Nutzung bzw. Ablehnung von Hilfe und Wohnraumanpassung). Hierzu gehören die Fälle Verlustkontrolle (Frau Nordheimer, siehe hierzu Fallporträt, Kapitel 4), Gesundheitsbilanz (Herr Tufan) und Selbstschutz (Frau Angel).

11.1.5.1 Gesundheitskompetenz als Gesundheitsbilanz (Herr Tufan)

Dieser Fall von Gesundheitskompetenz ist gekennzeichnet durch einen stärkeren kognitiven Umgang mit Gesundheit und deren erlebten Verlust. Gesundheit im Alter wird hier ausschließlich zuspitzend-negativ gefasst (Bedrohung). Dies steht im Kontext mit einer (stereotyp männlichen) Biografie, die sich durch die verinnerlichten gesellschaftlichen Werte des sportlich-körperlichen und beruflichen Erfolgs auszeichnet (Imperativ). Es geht hier um rationales Abwägen zwischen medizinischen Möglichkeiten und gesundheitlichen Bedrohungen im Alter bzw. darum zu bilanzieren, wie der jetzige Zustand ist und was sich Herr Tufan von der nahen Zukunft (noch) erwarten kann (intellektuelles Abwägen). Weiter geht es darum, mit Maßnahmen, die sich extrem unterscheiden, möglichst handlungsfähig zu bleiben (Freitod vs. körperliches Training und Wohnraumanpassung) (siehe auch Typ Selbstständigkeitsinitiative). Die Kategorie Gesundheitsbilanz kennzeichnet insbesondere distanzierte, sachliche und rationale Problemlösungen.

Zeile: 286-352 (Herr Tufan, 87 Jahre alt)
E: ((lachend)) I=ich denke, ich denke langsam sogar ganz negativ (-) Schluss zu machen. (11 Sekunden) Ich denke so jetzt äh, einige Spezialisten haben studiert menschliche Knochen, Gelenke und so weiter (-) festgestellt, dass normale Leben ist fünfzig sechzig. Aber es geht neunzig, hundert und so weiter also (--) künstlich verlängert. (1,5 Sekunden) [...]
Also, dass sie (1,5 Sekunden) bettlägerig seien und so weiter, das das lieber nicht erleben, oder. [...]
E: Wenn man im Leben alles erlebt und (5 Sekunden) erwarte NICHT mehr. (3 Sekunden) Natürlich, wenn einer (--) Lottogewinn sowas hat, das aber
I: Ja, das wär
E: ((lachend)) (12 Sekunden)

[...] Ich versuche immer noch (--) Verbesserung ((lachend)) durch Ärzte ((anknüpfend kurz lachend)).
I: Machen die was, die Ärzte? Können die
E: Also Operation möchte ich nicht, weil (--) keine Bekannte ist zufrieden mit Operation nach diese Alter. Aber mit einer Salbe oder Tablette oder so, helfen die nicht.
[...] E: Ich denke auch manchmal diese (1,5 Sekunden) wie sagt man LIFTER, sitze und ((lachend))
I: Ja, genau. Ja ja
E: Andere Seite, die sagen auch, das ist gut wenn man trotzdem auch Treppe auf und runter.

11.1.5.2 Gesundheitskompetenz als Selbstschutz (Frau Angel)

Gesundheitskompetenz im Alter als Selbstschutz verweist auf die Aspekte Trost, Ausblendung von Belastungen, Angst vor Konfrontation sowie dem weiteren Verlust von Eigenständigkeit. Indem das Gesundheitskonzept hier der schlechten Situation angepasst ist (stabile Erträglichkeit), kann trotz starker Einschränkung Anschluss an Gesundheitsförderung hergestellt werden. Die verbliebenen gesundheitlichen Möglichkeiten und Ressourcen werden dazu aufgewendet, biografisch bedrohte Eigenständigkeit, auch hinsichtlich des Verbleibs in der eigenen Wohnung, zu bewahren (verbliebene Autonomie). Dies geschieht durch biografisch bewährte Strategien in der gewohnten eigenen Häuslichkeit, die helfen mit Belastungen und Angst umzugehen, wie z. B. Lachen, Briefe schreiben, mit Haustieren sprechen (psychische Entlastung).

Zeile: 1372-1377 (Frau Angel, 73 Jahre alt)
E: (-) Lachen ist immer des Schönste für mich. [...]
E: Kann mir 's noch so dreckig gehen, dann (-) Stell mich manchmal dann vor 'n Spiegel, guck mich an (-) streck mir die Zunge raus und lach. (--) Dann geht's mir wieder gut. Hab ich wieder alles vergessen.

Der Fall wurde mit Selbstschutz kategorisiert, da sich im Interview an vielen Stellen sowohl eine Haltung als auch Verhalten findet, die Auseinandersetzung und Reflexion vermeidet und vielmehr darauf ausgerichtet ist, etwas Positives hinzuzuziehen bzw. Negatives zu vermeiden (u. a. belastende Gedanken an Fluchterlebnisse mit Soldaten) oder sich zu wehren, um sich zu schützen.

Die nachfolgende Tabelle 9 zeigt die fünf Typen von Gesundheitskompetenz und darunter die dazugehörigen Formen, aus denen diese abgeleitet wurden.

Tabelle 9: Die fünf Typen von Gesundheitskompetenz und deren Formen

1. Selbstvergewisserung	- Lebensgefühl - Gesundheitsbestätigung
2. Normalitätserhalt	- Normalverhältniserhalt - Normalzustandserhalt
3. Veränderungsakzeptanz	- Zustandswechselakzeptanz - Grenzverschiebungsakzeptanz
4. Selbstständigkeitsinitiative	- Selbstständigkeitswille - Altersgesundheitsinitiative
5. Ohnmachtsvermeidung	- Verlustkontrolle - Gesundheitsbilanz - Selbstschutz

Während der Analysen konnten Zusammenhänge der Typenabfolge hinsichtlich abnehmender Ressourcen bzw. ein Verlauf von einem ressourcenreichen zu einem ressourcenarmen Lebensalter ermittelt werden. Das gibt Hinweise darauf, dass sich Gesundheitskompetenz im Alter bei den untersuchten Fällen von einem ressourcenreichen zu einem ressourcenarmen Lebensalter hin verändert.

Werden zudem Kriterien des zielgerichteten Samplings einbezogen, zeigt sich, dass ab dem Typ Veränderungsakzeptanz zunehmend, jedoch vor allem in den Typen Selbstständigkeitsinitiative und Ohnmachtsvermeidung, von schlechter körperlicher, psychischer und sozialer Gesundheit berichtet wird. Somit gibt auch die aktuelle Einschätzung der eigenen Gesundheit Hinweise auf die Zuordnung zu einem Typ. Hingegen lassen sich aus berichteten Diagnosen im Verlauf der Gesundheitsbiografie für die befragten Personen allein keine Rückschlüsse ziehen.

Es geht hier also vielmehr um aktuelle Beschwerden und stärkere Einschränkungen, insbesondere der Mobilität (im Typ Veränderungsakzeptanz: Frau Neumann; im Typ Selbstständigkeitsinitiative: Frau Fechner, Frau Lauterbach; im Typ Ohnmachtsvermeidung: Frau Nordheimer, Herr Tufan, Frau Angel) sowie berichteter Schwäche (Ohnmachtsvermeidung: Frau Nordheimer, Herr Tufan, Frau Angel). Auch das objektive Alter allein gibt keine Hinweise auf die Zuordnung zu einem Typus. So findet sich der Fall mit dem höchsten Lebensalter (92 Jahre, Herr Schmitt) im Typ Selbstvergewisserung und der Fall mit dem niedrigsten Lebensalter (73 Jahre, Frau Angel) im Typ Ohnmachtsvermeidung, der auch zwei Personen

über 85 Jahre enthält. Ansonsten sind Personen bis 85 Jahre in den vorausgehenden Typen (Selbstvergewisserung bis Selbstständigkeitsinitiative) vertreten.
Darüber hinaus verändern sich die Themen von Gesundheitserleben und -handeln über die Typen hinweg. Hinsichtlich Gesundheitserlebens lässt sich feststellen, dass ab dem Typ Veränderungsakzeptanz Alter mit Kranksein verbunden und beides stärker problematisiert wird. Zunehmend werden also in der Typenabfolge von den Personen Verluste mitgedacht bzw. in Gesundheitserleben und -handeln integriert und das Thema Abhängigkeit wird stärker und konkreter thematisiert. Hinsichtlich Gesundheitshandelns lässt sich feststellen, dass sich dies mit ansteigendem Typus von „bewahrend" bis „verändernd" zeigt. Gesundheitshandeln konzentriert sich vor allem im Typ Ohnmachtsvermeidung auf den innerhäuslichen Raum und folgt (dann) weniger gesellschaftlich anerkannten und verbreiteten Strategien.
Mit ansteigendem Typus und abnehmenden Ressourcen nehmen gesundheitsbezogene Anstrengung im Gesundheitserhalt, Umgang mit Krankheit sowie bei Einschränkungen und Belastungen zu. Es fällt dahingehend auf, dass in allen Typen soziale Unterstützung, insbesondere (nicht vorhandene) Familie eine Rolle für Gesundheitshandeln spielt (sich helfen lassen vs. selbstständig handeln müssen).
Die nachfolgende Tabelle 10 zeigt die fünf Typen von Gesundheitskompetenz mit den dazugehörigen Formen im Kontext verschiedener Lebensphasen von einem ressourcenreichen bis zu einem ressourcenarmen Lebensalter.

Tabelle 10: Typen und Formen von Gesundheitskompetenz in Relation mit Ressourcen

Selbstvergewisserung – Lebensgefühl – Gesundheitsbestätigung	ressourcenreiches Lebensalter
Normalitätserhalt – Normalverhältniserhalt – Normalzustandserhalt	
Veränderungsakzeptanz – Zustandswechselakzeptanz – Grenzverschiebungsakzeptanz	
Selbstständigkeitsinitiative – Selbstständigkeitswille – Altersgesundheitsinitiative	
Ohnmachtsvermeidung – Verlustkontrolle – Gesundheitsbilanz – Selbstschutz	ressourcenarmes Lebensalter

11.1.6 Zwischenfazit

Zusammen mit den Fällen aus den drei Fallporträts konnten insgesamt elf verschiedene Fälle von Gesundheitskompetenz im Alter ermittelt werden, aus denen fünf Typen von Gesundheitskompetenz gebildet wurden. Diese sind (1) Selbstvergewisserung, (2) Normalitätserhalt, (3) Veränderungsakzeptanz, (4) Selbstständigkeitsinitiative und (5) Ohnmachtsvermeidung. Die einzelnen Typen beschreiben jeweils Strategien für den Umgang mit Gesundheit im Alter. Sie sind jedoch nicht trennscharf voneinander zu betrachten; vielmehr lassen sich Übergänge annehmen.

11.2 Prägung von Gesundheitserleben

Als Gesundheitserleben (Gesundheitskonzept und Wert der Gesundheit) und dessen Bezüge zu Biografie und Umwelt analysiert wurden, wurde zunehmend deutlich, dass es hier um Prägungen der Person durch Erziehungs- und Sozialisationsprozesse, insbesondere im Kindes- und Jugendalter, und Erfahrungen über die Lebensspanne geht. Nachfolgend wird gezeigt, dass die Prägung biografischen Gesundheitserlebens als Austausch der Person mit internalen Umwelten gefasst werden kann (PxE_internal).

11.2.1 Differenziertheit von Gesundheitserleben im Alter

In dem nachfolgenden Abschnitt werden die herausgearbeiteten Kategorien zu Gesundheitserleben nach den beiden strukturierenden Kategorien Gesundheitskonzept und Wert der Gesundheit gegenübergestellt. Durch den gewählten kontrastierenden Vergleich sollen Fallspezifika und fallübergreifende Aspekte ermittelt werden. Durch minimale Vergleiche werden Kategorien zu Gesundheitserleben und -handeln zusammengeführt, durch maximale Vergleiche getrennt.

11.2.1.1 Gesundheitskonzept

Zunächst werden kontrastiv die gebildeten Kategorien zu den Gesundheitskonzepten aus den hinzugekommenen Fällen eingeführt und miteinander verglichen, indem auch die in den Fallporträts gebildeten Kategorien einbezogen werden. Um diese im Kontext von Prägung näher zu beleuchten, werden die jeweiligen Gesundheitskonzepte an die Gesundheitsbiografie rückgebunden. Wo nötig, wurde für die Kategorien, die in den Fallporträts (Kapitel 4) näher beschrieben werden, Platzhalter gesetzt.

11.2.1.1.1 Harterschaffene Zufriedenheit vs. erhaltene Bewegungsfähigkeit

Gemeinsam mit dem Gesundheitskonzept harterschaffene Zufriedenheit (Frau Nordheimer, siehe hierzu Fallporträt, Kapitel 4), ist dem der erhaltenen Bewegungsfähigkeit (Herr Schmitt), dass nicht an dem Allgemeinplatz der Krankheitsfreiheit orientiert wird. Im Gegensatz zur harterschaffenen Zufriedenheit, die insbesondere Wohlstand, Zufriedenheit, Familienglück und Schmerzfreiheit bei starker Einschränkung der Bewegungsfähigkeit beinhaltet, empfindet sich Herr Schmitt mit Gesundheit als erhaltene Bewegungsfähigkeit als krank, wenn aus den Krankheiten bewegungseinschränkende Behinderungen resultieren. Er empfindet sich hingegen als gesund, wenn Krankheiten weiterbestehen ohne Behinderung bzw. Einschränkung. Ein weiterer Kontrast ist, dass bei Herrn Schmitt die Bedeutung, sich im höheren Alter bewegen zu können, stark hervortritt. Gesund zu sein heißt somit, sich auch im hohen Alter gut bewegen zu können, wodurch hier auch allgemeine Altersdiskurse zu Gesundheit beinhaltet sind.

Zeile: 495-501 (Herr Schmitt, 92 Jahre alt)
I: Und was zählt alles für Sie zur Gesundheit? (5 Sekunden)
E: Tja (3 Sekunden) erstens das ich mich- mich gut bewegen kann (---) dann (--) dass ich eine gute Ernährung habe (---) ich koche jeden Tag (2 Sekunden) und äh (4 Sekunden) Bewegung mindestens wie die Ärzte das auch sagen (--) eine halbe Stunde am Tag (--) ich geh also einkaufen (---) und äh (3 Sekunden) Das sind dann ne Stu- das ist dann ne tunde (--) also (--) wie gesagt ich bewege mich. (3 Sekunden)

Als „erfolgreich Aktiver" schildert Herr Schmitt eine Gesundheitsbiografie, die durch Sportsozialisation bzw. Sport seit Kindheit an sowie beruflichen Erfolg gekennzeichnet ist. Weiteren Anschluss bietet die Berufsbiografie als Sportlehrer. In den relevanten Abschnitten für die Rekonstruktion seines Gesundheitskonzeptes treten detailliert unterschiedliche Umwelten hervor, u. a. sein Elternhaus, das Raum und Gelegenheiten für freudige Bewegung bot, das Militär, wo Mannschaftssport bereits eine große Rolle für ihn spielte, und Vertreter/innen des Gesundheitssystems, die ihm halfen sich wieder besser zu bewegen. Zudem kennzeichnen unterschiedliche Krankheiten die Gesundheitsbiografie (Sehverlust, Krebserkrankung), die jedoch für ihn aufgrund professioneller Hilfe keine Bedrohung sind.

11.2.1.1.2 Positive Vitalität vs. Bedrohung

Zum Gesundheitskonzept der positiven Vitalität (Herr Geri) zählt ein Leben mit ausreichend körperlicher Bewegung und unterschiedlichen Stimmungen, die nach Herrn Geri zu einem gesunden Leben dazugehören. So zählt zu Gesundheit neben regelmäßiger körperlicher Betätigung, ebenso zu lachen und zu weinen, Spaß zu haben sowie glücklich und optimistisch zu sein. Positive und negative emotionale Zustände gehören hiernach zu Gesundheit dazu.

Zeile: 565-577 (Herr Geri, 83 Jahre alt)
E: [...] Ja. Des Gesundheit ist auch von dem besteht was du, wie du sich bewegst. Un aber du liegst und immer denkst oh wei oh wei ich wer krank. Ui ui, des mir is schlimm. Das is schlecht. Der Mensch im Alter musst auch Spaß haben. Er kann lachen, kann weinen, kann sowas passieren nicht immer Sonne, Sonne - gibt's auch trüben Tage. Aber wenn du denkst immer Schlimmste, werd schlimm. Aber wenn du denkst, oi heute is schlimm, morgen wird's vielleicht besser <<lachend> ja h=m.

Die Gesundheitsbiografie beinhaltet eine seit jungen Jahren belastete Vergangenheit, in der bedrohliche Lebensumstände erfahren wurden (Verlust nahestehender Personen, Vertreibung aus seinem Herkunftsland, Erfahrung von Benachteiligung in der Schule und im Beruf, Verlust des Elternhauses und der eigenen Wohnung und Flucht nach Deutschland). Damalige negative gesamtgesellschaftliche Rahmenbedingungen und konkrete Lebensverhältnisse werden aufgegriffen und mit heutigen Verhältnissen, mit denen Herr Geri als „bescheidener Fremder" zufrieden ist (u. a. Wohnung, Ärzte, Gesundheitssystem), kontrastiert. Das positive Gefühl als Teil von Gesundheit ist zudem beeinflusst durch seine soziale Umwelt bzw. Familienmitglieder („Wann [...] bei ihne schlecht, schlimm geht, werds mir auch schlimm.", Zeile 113 f.).
Demgegenüber steht Gesundheit als verlustreiche Bedrohung (Herr Tufan), die im Gegensatz zum vorausgegangenen Verständnis keine positiven Aspekte beinhaltet. Hier wird Gesundheit im (hohen) Alter vom Gesundheitsdiskurs ausgeschlossen. Genauer geht es hier um negatives Alterserleben, welches nicht in neue Relationen gesetzt wird bzw. Einschränkungen nicht annimmt, da der Vergleich zu früherer Leistungsfähigkeit und Erfolg aufrecht gehalten wird. Hier existieren in einem Fall zwei Gesundheitskonzepte, die ein Gesundheitsverständnis aus der Perspektive jüngerer Personen von dem aus Altersperspektive abgrenzen. Zum Ersten zählt vor allem männliche Rollenerfüllung (Verantwortung für finanzielle Versorgung, keine „unnötigen Müdigkeiten" und körperliche Arbeit, Zeile 157-162, 495-496). Das Gesundheitsverständnis aus Altersperspektive, das durch ein negatives Altersbild geprägt ist, ist demgegenüber gekennzeichnet durch körperliche, geistige, psychische und soziale Verluste. Die Lebensphase Alter kann nicht positiv

gedeutet werden. Hier wird eine „Erlebens-Altersgrenze" beschrieben, wonach bereits alles Wichtige im Leben erlebt wurde.

Zeile: 873-875 (Herr Tufan, 87 Jahre alt)
E: Fast neunzig.
I: Hm=h (5 Sekunden)
E: Wenn man im Leben alles erlebt und (5 Sekunden) erwarte NICHT mehr. (3 Sekunden)

Alter und Gesundheit stehen hier in Widerspruch und die Lebensphase Alter hat keine eigene Qualität bzw. wurde hier kein Weg gefunden, Sinnhaftigkeit aufzubauen.

Zeile: 751-753 (Herr Tufan, 87 Jahre alt)
E: [So RICHTIG gut ich fühle mich nicht ((lachend)) könnte sein, aber weiß ich nicht Alterserscheinung. Man kann sich NICHT MEHR gut fühlen ((lachend)), ich meine SEHR GUT fühlen.].

Als „erfolgreich Aktiver" kennzeichnet die Gesundheitsbiografie Anstrengung, Kompetenz, Stärke und Wettbewerb. Hier wird deutlich, dass beim Thema der Gesundheit auch der Kontext von Migration und der Einfluss der Berufsbiografie weiterwirken (präsente Herkunftsumwelt, Sportumwelten und Berufsumwelt). Ab dem Eintritt der Rente werden zunehmend gesundheitliche Verluste thematisiert. Hierzu zählt auch der Verlust eines geliebten Stadtteils, in dem er gearbeitet hatte, wo mehr Leben war als im heutigen Stadtteil und wo Herr Tufan Menschen kannte.

11.2.1.1.3 Altersgemäße Norm vs. stabile Erträglichkeit

Das Gesundheitskonzept der altersgemäßen Norm (Herr Boge, siehe hierzu Fallporträt, Kapitel 4) beinhaltet eigene Vorstellungen gesundheitlicher Normalität in Abgrenzung zu kranken und sichtlich beeinträchtigten Personen des eigenen Alters. Im Gegensatz dazu geht es im Gesundheitskonzept stabile Erträglichkeit (Frau Angel) darum, dass Gesundheit Stabilität bedeutet bzw. ein gesundheitlicher Zustand ist, der nicht schlechter wird. Das heißt, dass hier im Vergleich zu Herrn Boge die Grenze des Erträglichen erreicht wurde. Gesundheit wird zum einen über Erleben erschlossen und beinhaltet ein erträgliches Körpergefühl. Das Körpergefühl wird aus einer Negation heraus beschrieben („dass nicht immer alles weh tut", Zeile 1293) und beinhaltet sich trotz Schmerzen „gut" (Zeile 1292) zu fühlen.

Zeile: 1316-1323 (Frau Angel, 73 Jahre alt)
I: Ja. (6 Sekunden) Und was ist das Wichtigste für Sie, um sich gesund zu fühlen?
E: (3 Sekunden) Das Wichtigste.
I: H=hm.
E: (6 Sekunden) <<leise>> Ja. (--) Das es mir eben so geht, wie es jetzt ist. Das es net schlechter wird.
I: H=hm.
E: (--) So, wie es jetzt zurzeit ist, (--) ist es gut.

Gesundheit ist hier etwas, was man fühlen kann. Zum anderen wird Gesundheit über Funktionalität erschlossen und ist ein körperlicher Zustand, der nicht schlechter wird. Hierzu zählen basale Körperfunktionen wie Atmung und die verbliebene Beweglichkeit (Zeile: 1729-1731).
Die Gesundheitsbiografie beinhaltet in diesem Fall insbesondere die kritische Erfahrung der Flucht und des Aufwachsens in schlechten familialen und finanziellen Verhältnissen (harte Arbeit, schlechtes Verhältnis zu den Eltern, versuchter Unterdrückung der Entfaltung der eigenen Person, Mangelernährung). In Kindheit und Jugend musste körperlich und psychisch viel ertragen werden und Frau Angel hat sich von anderen Menschen abgesondert. Auf die Gesundheit des Kindes wurde wenig Rücksicht genommen. Bereits hier zeichnet sich als Gegenreaktion die Bedeutung von Autonomie bzw. Eigenständigkeit ab (Zeile 179-181) („eigenständig Randständige"). Dennoch sind die damaligen Verhältnisse aus heutiger Sicht für Frau Angel akzeptabel, da diese ausgehalten werden konnten und sie sich zudem ihre Eigenständigkeit (Zeile 1023-1055) bewahren konnte. Das schließt an heutiges Gesundheitserleben an. Solange sie sich Eigenständigkeit bewahren kann, kann sie schlechte Gesundheit ertragen. Es gibt Hinweise im Gespräch, dass kritische Lebensereignisse im Kontext Krieg (insbesondere während der Flucht) nicht verarbeitet wurden. Ein weiteres einschneidendes Ereignis in der Biografie ist der Tod des Ehemanns, dessen Schmerz bis heute nicht überwunden werden konnte und der nun im Alter stabilere Phasen von Erträglichkeit durchtrennt (Zeile 938-961).

11.2.1.1.4 Funktionierendes Wohlbefinden vs. ganzheitliche Leidakzeptanz

Wohingegen es im Gesundheitskonzept des funktionierenden Wohlbefindens (Frau Fechner, siehe hierzu Fallporträt, Kapitel 4) hauptsächlich um körperliches Funktionieren geht, welches mit Aspekten psychischen Wohlbefindens gekoppelt ist, werden im Gesundheitskonzept ganzheitliche Leidakzeptanz (Frau Neumann) stärker soziale und psychische Anteile von Gesundheit hervorgehoben. Weiterhin beinhaltet Letzteres, körperlich, psychisch und sozial nicht so stark von Schmerzen beeinträchtigt zu werden, so dass ein akzeptiertes eingeschränktes Leben möglich ist (1098-1100), das soziale Teilhabe erlaubt.

Zeile: 1022-1030 (Frau Neumann, 74 Jahre alt)
I: Was ist Gesundheit für Sie?
E: Ich kenn die Definition von der Weltgesundheitsbehörde so im Groben, aber also naja der körperliche Aspekt. MÖGLICHST keine Schmerzen <<lachend> und halt auch der der seelische, also dass man naja, lernt, damit umzugehen durch psychische PSYCHOLOGISCHE Methoden und dann der soziale Aspekt der zum Wohlbefinden zur Gesundheit einfach beiträgt, ne. Ja, und das Gef- ja, also es ist ein ganz umfassender Begriff und eigentlich teile ich den. (2 Sekunden) Ja.

Die Gesundheitsbiografie ist geprägt durch traumatische Erfahrungen in der Kindheit und Jugendzeit, die zu berufsbiografischen Suchbewegungen im Kontext des Verstehens des eigenen Lebens, Helfens und Heilens geführt haben (Zeile 156-173). In diesem Zusammenhang erfährt sie auch von politischen Gesundheitsdefinitionen, auf die sie sich bezieht („Weltgesundheitsbehörde"). Alle darauf hin ausgeübten Berufe gehen einher mit dem Ziel kontinuierlicher geistig-seelischer Weiterentwicklung als Teil von Gesundheit („offen Weiterentwickelnde"), insbesondere durch Austausch mit anderen Menschen. Hier und innerhalb Engagements in der Peergruppe bzw. politischen Bewegungen geht es auch darum, Dinge zu akzeptieren, die man nicht ändern kann (Zeile 999-1002). Weitere belastende Einschnitte im mittleren Erwachsenenalter im sozialen Umfeld beeinträchtigen ihre Gesundheit. Seit dieser Zeit konzentriert sich Frau Neumann zunehmend auf eigene Beschwerden und deren Akzeptanz.

11.2.1.1.5 Abgehärtete Teilhabe vs. integrierte Makellosigkeit

Charakteristisch für das Gesundheitsverständnis der abgehärteten Teilhabe (Frau Schlüter) ist zum einen die Differenzierung von Krankheiten in solche, denen durch regelmäßige Kontrolle und Behandlung begegnet werden kann und solche in nicht ernst zu nehmende und temporäre „Wehwehchen" (Zeile 1093-1096), denen Frau Schlüter insbesondere mit Sport und körperlicher Abhärtung begegnen kann. Gesundheit ist hier einerseits dadurch gekennzeichnet, dass man sich nicht seinen Beschwerden hingibt. Hiernach ist Gesundheit hauptsächlich selbst machbar. Solange sich Frau Schlüter wohl und stark fühlt, ist sie nicht krank.

Zeile: 812-834 (Frau Schlüter, 77 Jahre alt)
I: Wie würden sie persönlich Gesundheit beschreiben, was das ist.
E: [...] (4 Sekunden) Joah. Gut, wenn man auch 'n Wehwehchen hat, dann äh sowas mal hat, aber. Wie gesagt, ich mach mir da gar keinen Gedanken darüber. Ich geh-. Ich treibe immerhin noch Sport und das hilft viel, gell. [...] Ne, aber i- äh ich muss ihnen a ehrlich sagen, also (1 Sekunde) es ist gut. Ich bin vom Barren schon geflogen, hab aber sechs Wochen dann auf'm harten Brett gelegen. Hatt mir aber nix au- hab, hab noch nix gebrochen gehabt. Und äh:, aber ich hab immer weiter gemacht, gell. Ah ja.

Zu Gesundheit zählt andererseits aber auch der Anschluss an ein gutes soziales und infrastrukturelles Umfeld und daran teilzuhaben (Einkaufen, Angebote im Stadtteil, Vereine, Sport). Gesundheitshandeln und hierfür relevante äußere Umwelten stehen hier mit Gesundheitserleben in Verbindung.

Zeile: 1016-1026 (Frau Schlüter, 77 Jahre alt)
I: Ja. (--) Was würden sie sagen ist das Wichtigste für sie in ihrem Leben, um sich gesund zu fühlen?
E: (3 Sekunden) Äh:: die Umgebung muss stimmen.
I: Inwiefern die Umgebung, wenn sie [das noch sch-]
E: [Äh::] ja. Also äh::, dass man mit den Menschen gut auskommt, (-) ne. Und äh: ja (3 Sekunden) Was noch? (3 Sekunden) Weiß ich- kann ihnen weiter gar net beantworten jetzt, was. (-) Also vor allen Dinge die Umgebung muss stimmen, um. Vor allen Dingen, wenn man Lust hat, kann man irgend woanders mal hingehen, gell. Des ist es, gell. Und äh. Aber sonst hab ich da keine Probleme mit. Hab ich eigentlich noch nie <<lachend>Probleme mit> ((lacht)).

Gesundheitserleben ist stark geprägt von der Zeit des Aufwachsens, mit der sich Frau Schlüter bis heute als „starke Frau vom Land" identifiziert. Der erzieherische Einfluss auf Gesundheit durch Familie und Schule ist ihr bewusst. Krankheiten werden im Interview durch Erziehung in der Familie eröffnet und „gute Einstellung" zu Gesundheit wird mit Erziehung begründet (Zeile 506-507). Hier wurde gelernt, dass soziale Kontakte wie auch körperliche und psychische Robustheit zu einem „normalen" gesunden Leben dazugehören (Zeile 53-69, 207-211).
Im Gegensatz hierzu schließt das Gesundheitskonzept integrierte Makellosigkeit lediglich altersbedingte Verschleißerscheinungen und leichtes zeitlich-schwankendes Unbehagen ein. Die vorhandenen Einschränkungen bzw. Veränderungen stellen jedoch für Herrn Schuller keinen gesundheitlichen „Makel" dar, sondern

werden entweder als normale Veränderungen (658-659) bezeichnet oder durch temporäre Umwelteinflüsse (z. B. Vollmond) begründet (Zeile 1990-2008). Dennoch wird alles versucht, die Einschränkungen bzw. Veränderungen schnell und umfassend zu beheben bzw. zu verbessern, teils mit hohen finanziellen Kosten. Zudem wird auch viel Wert gelegt auf das äußere Erscheinungsbild und Ästhetik (z. B. Zähne, gründliche Rasur, guter Körpergeruch). Neben den genannten eher körperbezogenen Aspekten sind hier auch soziale beinhaltet. Dies tritt in der Bedeutung sozialen Anschlusses für Gesundheit hervor, insbesondere der Kontakt mit und die Akzeptanz durch Familie und Nachbarschaft.

Zeile: 1230-1329 (Herr Schuller, 83 Jahre alt)
E: Und dann brauchen die [Geschäft im Stadtteil] ein Cent und zwei Cent [...] Manchmal gehen die aus, gell, aber dann fahr ich halt schnell, also wenns wenn eilig ist, fahr ich halt schnell mal nach I-Stadtteil und hol e paar [...] Ja und dann äh für meine Schwester und ihr Mann da muss ich fast jeden Tag einkaufen [...]. So komm, so komm ich halt auch da hin, ge. Ja, und meine, meine Verwandte, meine meine Großcousine [...] die fährt heut zwanzig bis fünfundzwanzig Mal im Jahr weg [...] Und ja, da muss ich, wenn sie weg ist, muss ich jeden Tag hin. [...] Ja jaja <<lachend> ja, doch, mach ich auch gern. Ja, man kann sich mit ihr über alles unterhalten. Des is halt des Schöne.

Der Fall schließt an das zweite Fallporträt (Herr Boge) an, da auch hier die komplette Gesundheitsbiografie von Kindheit an berichtet wird. Wie auch dort wird trotz verschiedener Diagnosen über den Lebenslauf angebracht, dass die jeweilige erlebte Krankheit nach guter Sorge wieder wegging. Weiter ist mit dem Fall von Herrn Boge gemeinsam, dass Reaktionen der Mutter von Herrn Schuller auf seine Gesundheitsprobleme als Kind eine Rolle für sein Gesundheitserleben spielen. So wurde die Mutter in beiden Fällen als sehr sorgsam erlebt, auch, indem professionelle Hilfe aufgesucht und Geld aufgewendet wurde, um die Gesundheit des Kindes zu verbessern (Zeile 158-164 und 1647-1654). Sehr ausführlich und positiv konnotiert werden bei Herrn Schuller Orte der Gesundheitsförderung in Kindheit und Jugend (z. B. Kurorte und Bäder), aber auch positive Erfahrungen mit Ärzten/innen und medizinischen Möglichkeiten im Erwachsenenalter, geschildert. Dies alles trägt für ihn dazu bei, dass von vergangenen Diagnosen heute nichts mehr ersichtlich ist.

11.2.1.1.6 Körperliche Stabilität vs. Ganzheitliche Unbeschwertheit

Gesundheit wird als körperliche Stabilität (Herr Allendorf) eher auf den körperlichen Zustand bezogen gefasst. Es geht dabei um alltägliche und eher altersunabhängige Zustände (u. a. Schmerzfreiheit, Auto fahren können, regelmäßige Verdauung, schlafen und den Körper nach eigenem ästhetischem Empfinden pflegen zu können). Hier spielt Gesundheit bzw. körperliche Stabilität eine Rolle, um zu funktionieren. Gezielt werden daran anschließend alle Formen schwerer Krankheit ausgeklammert.

Zeile: 224-231 (Herr Allendorf, 85 Jahre alt)
I: Wie würden Sie persönlich Gesundheit beschreiben? Was ist das? Was, wie würden Sie das beschreiben?
E: Gesundheit? Dass man normalen Appetit hat, dass man nicht zu dick wird, dass man äh (-) naja beweglich ist und vor allem, dass man keine Schmerzen hat, Bauchschmerzen, Kopfschmerzen oder sonst irgendwie und dass man gesund bleibt und nicht von irgendeiner schweren Krankheit betroffen wird. Das ist ein gesunder Mensch.

Zudem zählen zu Gesundheit Kontinuitäten wie gleiches Gewicht und gleiche Ausdauer im Vergleich zu sich selbst in jüngeren Jahren. Eine große Bedeutung nimmt hier Stabilität, insbesondere der Erhalt körperlicher Merkmale (Gewicht) und Funktionen (lange Autofahren oder Luft anhalten können) ein. Weiterhin hängt das Gesundheitskonzept zusammen mit der Gesundheit nahestehender und hilfebedürftiger Personen (Zeile 250-251), und seiner Erfahrung als Hilfeerbringer, der hierfür auf eigene körperliche Stabilität angewiesen ist (siehe Wert der Gesundheit, S. 261).

Im Gesundheitskonzept der ganzheitlichen Unbeschwertheit (Frau Lauterbach) sind Gesundheit und Krankheit zwei Pole, die sich ausschließen und nicht zusammen gedacht werden können (Zeile 769-770, 1220-1231). Zu Gesundheit zählen, wie im Gesundheitskonzept der harterschaffenen Zufriedenheit und der ganzheitlichen Leidakzeptanz, körperliche, psychische und soziale Aspekte, insbesondere jedoch keine Ängste und Sorgen zu haben. Der körperliche Aspekt umfasst nach diesem Gesundheitsverständnis einerseits organische Gesundheit, die behandelbar ist, andererseits gesundheitliche Gebrechen, die Einschränkungen verursachen und mit denen Frau Lauterbach leben muss (Zeile 1220-1249). Zur psychischen Unbeschwertheit zählt ohne Sorgen und Ängste zu leben und die Gedanken auf schöne Dinge zu richten (Zeile 766-775). Gesundheit ist hier zudem stark mit der eigenen Familie verwoben. So wird Teilhabe an Gesundheit trotz körperlicher und psychischer Einschränkungen ermöglicht und Aspekte wie Schmerz und Niedergeschlagenheit verlieren somit an Macht über Gesundheit. Indem die soziale Komponente betont wird, ist es zudem möglich, sich im Gegensatz zu erlebter alters- und schicksalsbedingter Krankheit aktiv für Gesundheitsförderung einzusetzen (Zeile 825-851).

Zeile: 772-788 (Frau Lauterbach, 76 Jahre alt)
E: Es:[gemeint ist Gesundheit] [...] ist, (--) unbeschwert durch's Leben zu gehen. Keine (--) Ängste zu haben, (-) dass sich etwas verschlimmern könnte oder s- so ähm. Is- ist auch ähm für ein für ein Familienleben ähm (---) wichtig. Ein ganz großes Glück ist wie, hab ich grade heut schon mal, ham wir das besprochen, gesunde Kinder zu haben. Das bezeichnen wir als ganz [großes] Glück [ähm]. [...] Ja, einen lieben Ehepartner äh, mit dem man wirklich durch durch: viele Jahrzehnte gehen kann [...] [auch, ist] ist ein Stück weit Gesundheit.

Die Gesundheitsbiografie ist zu einem großen Teil geprägt durch Erfahrungen vergänglicher Gesundheit und Tod. Die Erfahrung schildert Frau Lauterbach auch im Kontext ihrer ehrenamtlichen Arbeit im Hospiz. Doch bereits als Kind wurden kriegsbedingt Tod erlebt und Mängel erfahren (Nahrungsmittel und hinsichtlich kindlicher Bedürfnisse, z. B. zu spielen). Später wurde eine gesunde Kindheit nachgeholt in kirchlichen Kinderfreizeiten, in denen trotz gesundheitlicher Einschränkungen von Teilnehmern/innen ein unbeschwertes Miteinander erlebt wurde. Als „sozial engagierte Gläubige" liegt in diesem Fall, neben eigenen Erkrankungen, ein großer Fokus auf sozialem Miteinander in der Gesundheitsbiografie.

11.2.1.1.7 Zwischenfazit

Insgesamt betrachtet, geht es hier um differenzierte subjektive Gesundheitskonzepte, die in unterschiedlichem Ausmaß aus eher individueller oder gesellschaftlicher Warte berichtet werden und zu unterschiedlichen Anteilen körperliche, psychische und soziale Komponenten beinhalten. Die meisten Konzepte sind positiv formuliert, was darauf abzielt, trotz teils starker Einschränkung am Gesundheitsdiskurs teilzuhaben. Die analysierten Fälle bieten unterschiedliche Sichtweisen auf Gesundheit im Alter, was darauf hinweist, dass es viele Konzepte von Gesundheit gibt, die von starken subjektiven Deutungen gefärbt sind.

Integration der weiteren Fälle 253

Die Konzepte schließen an die unterschiedlichen Biografien an. In den Gesundheitsbiografien wird von prägenden Erziehungs- und Sozialisationsprozessen sowie Erfahrungen über den Lebenslauf berichtet, die mit Gesundheitserleben im Alter in Verbindung stehen. Darüber hinaus stehen die berichteten prägenden Erziehungs- und Sozialisationsprozesse sowie Erfahrungen über den Lebenslauf in Verbindung mit weiter wirksamen und teils belastenden verinnerlichten Umwelten. Hierzu zählen die Herkunftsfamilie, Schule, Militär, Personen und Dinge während der Flucht, Lebensverhältnisse und Gesundheitssystem im Herkunftsland, verstorbene Personen, Arbeitswelt, Urlaube und Freizeiten, politische Gruppen und Peergruppen.

11.2.1.2 Wert der Gesundheit

Aufgeführt werden hier die aus den hinzugekommenen Fällen entwickelten individuellen Konzepte der strukturierenden Kategorie Wert der Gesundheit. Der Wert bezieht sich entweder auf die Entstehungsbedingungen von Gesundheit, deren Wertigkeit oder auf erstrebenswerte Aspekte von Gesundheit. Um diese im Kontext von Prägung näher zu beleuchten, werden auch hier die jeweiligen Konzepte zu den Werten an die Gesundheitsbiografie rückgebunden. Wo nötig, wurde für die Kategorien, die in den Fallporträts beinhaltet sind, ein Verweis angebracht.

11.2.1.2.1 Inneres Gebot vs. Pflicht

Siehe Fallvergleich Frau Nordheimer und Frau Fechner, Kapitel 8.

11.2.1.2.2 Riskante Selbstverständlichkeit vs. Lebensleistung

Im Unterschied zur riskanten Selbstverständlichkeit (siehe hierzu Fallporträt Herr Boge, Kapitel 4) konzentriert sich der Wert der Gesundheit als kumulierte Lebensleistung (Herr Schuller) auf vergangene gesundheitsbezogene Leistungen von Jugend an. Eigene Gesundheit entsteht durch gesundheitliche Sorge und Vorsicht im Leben. Deshalb ist Herr Schuller heute gesund und er führt dies darauf zurück, weil seine Mutter und er schon immer „vorsichtig" mit seiner Gesundheit waren. Er als „selbstsorgend Helfender" grenzt sich zudem bewusst ab von Personen aus seiner Vergangenheit, die gesundheitlich „unvorsichtig" handelten und aufgrund dessen seiner Meinung nach bereits verstorben sind. Gesundheit im Alter wird so als Ergebnis lebenszeitlicher aktiver Gesundheitssorge betrachtet.

Zeile: 1526-1529 (Herr Schuller, 83 Jahre alt)

I: ((2 Sekunden)) Wie ist ihre Einstellung zu Gesundheit?
E: Ach, an für sich ja, da ich ja gar net äh krank bin, ja ich dann ja sag mer wieder, äh, wenn man im in jungen Jahren seine Gesundheit nicht pflegt, ge
I: Hm=h
E: Ja, (-) und ich war schon immer vorsichtig mit mir, ja [...]

11.2.1.2.3 Gewohnte Sicherheit vs. vergängliches Gut

Der Wert der Gesundheit gewohnte Sicherheit (Frau Schlüter) beinhaltet ein unbeschwertes Verhältnis zu Gesundheit, das mit einem eher handlungsorientierten Verhältnis zu Krankheit einhergeht. Durch Erfahrungen mit Krankheit, bei denen gewohnte Abhärtung und Handlungsroutinen halfen, wird Sicherheit gewonnen. So muss sie sich weiter keine eigenen schweren Gedanken machen wie die eigene Gesundheit zu verbessern oder Krankheiten zu vermeiden sind und vertraut weiter in bewährte familiale Gesundheitsstrategien. Eigene Erfahrungen bzw. Entwicklungsprozesse im Kontext von Gesundheit und daraus resultierende Erfahrungswerte werden in die bereits angeeigneten Regeln integriert. Indem das, was Gesundheit ausmacht, biografisch durch Erziehung und Sozialisation vermittelt und angenommen wurde, entsteht Sicherheit im Handeln. Eine darüberhinausgehende Auseinandersetzung mit Gesundheitshandeln ist somit obsolet. Anschluss an früheres Gesundheitserleben wird als erfolgreich und funktional wahrgenommen.

Zeile: 1238-1275 (Frau Schlüter, 77 Jahre alt)
I: Als nächster Teil möcht ich gern mit ihnen über die Art und Weise ihres Umgangs mit Gesundheit sprechen. Also, damit mein ich, inwieweit Gesundheit zu ihrem Leben gehört. [Können sie-].
E: [...] Wie gesagt, ich mach mir darüber auch weiter keine Gedanken. Ich fühl mich wohl. Ich geh auch alle viertel Jahr zum Augenarzt. Lass mir meine Augen kontrolliere. Hals-Nasen-Ohren-Arzt äh:. Ich darf kein Wasser in die Ohren kriegen, da: werden die dann gereinigt. Und da hab ich jetzt auch so Tropfen. Brauch ich auch kein Hörgerät eben <<lachend>momentan>. Und äh, ne, f- äh, wie gesagt, ich geh durch den Zucker, geh ich auch alle viertel Jahr zum Augenarzt, der kontrolliert das [...] Und ich geh lieber gleich, lass das immer kontrollieren, dann weiß man, wo man dran ist, ne. Und deswegen f- fühl ich mich auch dann so gell. [...] Also, ich ich weiß net, das ist auch von von zuhause aus so gewesen. Man ging halt (-) zum Arzt.

Hingegen ist Gesundheit als vergängliches Gut (Frau Lauterbach) ein Thema über „Haben und Verlieren" von Gesundheit. Gesundheit kann man nach Ansicht von Frau Lauterbach mit zunehmendem Alter hauptsächlich verlieren. Der eigentliche Wert von Gesundheit wurde Frau Lauterbach jedoch erst klar, als sie selbst ernstlich krank wurde. Als „sozial Engagierte" erlebte sie zudem in unterschiedlichen sozialen Umwelten (Hospiz, Bekanntenkreis) Vergänglichkeit von Gesundheit. Wie auch bei riskanter Selbstverständlichkeit (Herr Boge) ist auch hier gewiss, dass ein Risiko des Verlusts der Gesundheit besteht. Jedoch ist die Wertschätzung von Gesundheit hier stärker hervorgehoben, da Verluste bereits eingetreten sind und weitere gesundheitliche Einbußen in näherer Zukunft von ihr erwartet werden.

Zeile: 814-825 (Frau Lauterbach, 76 Jahre alt)
I: Wann wurde das, das erste Mal großes Thema, Gesundheit? (--)
E: Man denkt m- man denkt eigentlich nicht äh so bewusst über Gesundheit nach, aber man denkt sehr bewusst über die an- ersten Anzeichen von Krankheit nach. Und ich würde das
I: h=hm
E: sagen, ähm dass man vIEl mehr me- den Verlust der Gesundheit [empfindet], als die Gesundheit [wirklich. Die]
I: [h=hm]   h=hm   [h=hm h=hm]
E: ist was, das hat man.   Das ist selbstverständ[lich,
I: h=hm   [h=hm
E: denkt man].

11.2.1.2.4 Gesellschaftliche Legitimation vs. Höchstes Gut

Gesundheit als gesellschaftliche Legitimation (Herr Geri) versteht die Lebensphase Alter als einen zeitlichen Abschnitt, in dem Gesundheitsversorgung gesellschaftlich gewollt ist. Hierzu zählt aufgrund biografischer Erfahrungen als alter (und kranker) Mensch gesellschaftlich anerkannt zu sein. Gesundheit wird hier wegen negativer Vorerfahrungen als etwas erlebt, deren Berechtigung maßgeblich von der Gesellschaft gesteuert wird. Gesundheit ist somit auch gekennzeichnet durch Vertrauen in medizinische Versorgung.

Zeile: 515-527 (Herr Geri, 83 Jahre alt)
I: (2 Sekunden) Beschreiben Sie mir bitte, was Ihnen zum Thema Gesundheit einfällt. Was kommt Ihnen da in den Sinn, wenn Sie an Gesundheit denken?

E: Wenn ich an Gesundheit denke, denke ich immer Gott sei Dank, ich bin in in Deutschland. Das ist das Erste. Do des äh äh immer, wenn hätt gelebt in U-Land oder in P-Land, bin ich schon lang gestorben. Des isch auch (1 Sekunde) so mit dem, mit dem Krank- mit dem Herzkrankheit. Ham ähm, ham achtzig Jahr, bin achtzig Jahr alt geworden. Und dort haben sie gar nichts gemacht. Wenn du dort kommst in Krankenhaus und sagst wieviel Jahr alt bist du. achtzig Jahr, oh Mann, achtzig Jahr, was willst du noch, du musst schon sterben, ne.

Gesundheit als höchstes Gut (Herr Schmitt) ist im Gegensatz eine individuell erreichbare Ressource und steht in Verbindung damit, sein Leben aktiv selbst zu bewältigen.

Zeile: 710-715 (Herr Schmitt, 92 Jahre alt)
I: Bitte erzählen Sie mir davon, in wieweit Gesundheit zu Ihrem Leben gehört (2 Sekunden)
E: Ja also (---) das ist das A und O nicht (--) denn äh (.) in dem Moment, wo man krank wird ist man gehandicapt nicht und da ich (--) da ich äh (--) gesund bin nicht, habe ich keine Schwierigkeiten das Leben zu meistern (4 Sekunden) Ja.

Bewegungsfähigkeit gilt hier als Gesundheit, was mit einer lebenslang sportbegeisterten Person korrespondiert (Zeile 1112-1127). Beinhaltet ist hier zudem eine erfahrungsbasierte Abfolge einer Eigentheorie, wie sich der Wert von Gesundheit mit zunehmenden gesundheitlichen Einbußen verändern kann: Ohne bewegungsbezogene Einschränkungen ist Gesundheit das höchste Gut, da man sich dann trotz hohem Alter gut bewegen kann (1. Regel). In der zweiten Stufe ist man krank, was dadurch gekennzeichnet ist, dass man in seiner Bewegungsfähigkeit gehandicapt ist und Schwierigkeiten hat, sein Leben zu meistern. Hier verliert Gesundheit an Wert (Regel 2). Es folgt das Bedrohungsszenario der Bettlägerigkeit, die aufgrund schwerer Krankheit entsteht und die er im Kontext der Pflege seiner Frau erlebt hat. Gesundheit hat für ihn dann keinen eigenen Wert mehr (Regel 3).

Zeile: 491-542
I: Wie würden Sie persönlich Gesundheit beschreiben? (--) Was das ist?
E: Das höchste Gut der (--) das höchste Gut des des Menschen (---) Gesundheit (2 Sekunden)
I: Und was zählt alles für Sie zur Gesundheit? (5 Sekunden)
E: Tja (3 Sekunden) erstens das ich mich- mich gut bewegen kann (---) [...]
I: Wann wurde das das erste Mal (---) bewusstes Thema? (3 Sekunden)

E: *Ja (4 Sekunden) ich würde sagen als die Hüftoperationen begangen (--) ja da (--) ich habe Schmerzen gehabt (---) in der linken Hüfte ja das rechte war noch in Ordnung [...] und dann bin ich ins B-Krankenhaus, also in in in das Krankenhaus an der F-Ort*
I: *Ja*
E: *Und äh (---) habe dort die erste Operation hinter mich gebracht und dann achtundfünfzig die zweite (--) da hab ich eigentlich (---) und und hab gedacht (--) na wie wird das dann werden nicht. Dann hat man also also die Operation dann muss man ne Gehhilfe haben*
I: *Ah genau ja*
E: *Und äh (---) und dann wird das so langsam langsam langsam nicht war und dann (--) schmeißt man die Gehhilfen weg und dann kann man wieder laufen. [...]*
I: *Hat sich Ihre Einstellung zum Thema Gesundheit über Ihr Leben hinweg [verändert]?*
E: *[Nein], nein nein nein (--) ich- ich kann nur sagen (--) Gesundheit ist, ist alles, wenn ich also (---) sagen wir mal durch irgendeine Krankheit in in bett- bettlägerig werden würde ja (--) ich glaube dann (--) würde ich wahrscheinlich (---) sagen jetzt ist Schluss (3 Sekunden)*

11.2.1.2.5 Selbstständige Teilhabe vs. Handlungserlaubnis

Selbstständige Teilhabe (Frau Neumann) weist auf erstrebenswerte Aspekte im Zusammenhang mit Gesundheit. Im Gegensatz zu Krankheit, die das Leben hindert und Frau Neumann vom Leben „abhängt", bedeutet Gesundheit selbstständige Versorgung im Alltag und die Möglichkeit, aktiv an der Nachbarschaft teilzunehmen und soziale Kontakte aufrechtzuerhalten. Letzteres schließt an ihre Biografie als Theologin, Krankenhausseelsorgerin, Psychotherapeutin und Heilpraktikerin sowie ihrem bisherigen Privatleben, in dem sie verschiedenen Menschen geholfen hat, an.

Zeile: 1109-1229 (Frau Neumann, 74 Jahre alt)
I: *Ja, was ist für Sie das Wichtigste in Ihrem Leben, um sich gesund zu fühlen?*
E: *Hm <<lachend> au ja. Also für mich WÄRE, aber im Konjunktiv, wäre mal das wichtigste ähm dass die Schmerzen mich nicht so plagen, weil die, die hindern ja mein ganzes Leben, ich. Das wäre mal die <<Grundlage>lachend>. Und wozu ich dann im GEMÜT und im Kopf noch Lust hätte, weiß ich nicht weil ich jahrelang, also abgehängt bin.*
I: *Hm=h*

E: Also das wär das Wichtigste, aber wenn ich jetzt so denk, wenn ich mich selber ernst nehme und sage ja, es gibt ein mehr oder weniger, dann würd ich sagen ja, sehr sehr wichtig is mir, dass ich trotz geplagt also kontaktfähig bin, dass ich nicht nur so, sondern dass ich auch kucke, wer ist da rechts und links, wer ist da noch im Fahrstuhl, wer hat ein Hund, wem gehts schlechter, als das sonst war. Also so hier im Haus mit den Menschen noch freundlichen Kontakt haben kann und so dass die sozialen Kontakte im Umfeld und auch in meinem Freundeskreis, wenn Sie dann auch oft per Telefon sind, das ist mir unheimlich wichtig, dass da ein hin- und her ist. (--) [...]
I: Hm=h hm=h hm=h Was bereitet Ihnen in Bezug auf Ihre Gesundheit am meisten Freude?
E: <<Dass ich trotz allem <<lachend> noch dies oder jenes erleben kann. (---) In Bezug auf meine Gesundheit <<lachend> hm (2 Sekunden) [...]) und (-) ja, wenn ich meinen KRAM machen kann. Das bereitet mir ja auch Freude. Wenn ich mich um mich selber versorgen kann und (1,5 Sekunden) Schwierigkeiten eben, wenn ich dies nicht kann in Phasen wo ALLES liegenbleibt und (2 Sekunden) joh.

Die positive Schilderung von Alltagsselbstständigkeit schließt an soziale Werte an. Gleichzeitig kann sich Frau Neumann aber auch von sozialen Werten und normativen Vorstellungen zu Gesundheit abgrenzen, z. B. von bestimmenden gesellschaftlichen Werten und Idealen von Gesundheit im Alter, indem der Diskurs und zugehörende gesellschaftliche Leitbilder infrage gestellt werden.

Ganz andere gesundheitliche Voraussetzungen hat Herr Allendorf. Hier ist der Wert der Gesundheit helfende Handlungserlaubnis. Einerseits gilt Gesundheit hier als körperbezogene Handlungsvoraussetzung für Aktivitäten, die auf die eigene Person gerichtet sind. Nur aufgrund guter Gesundheit hatte Herr Allendorf im Leben Erlebnisse, die an körperliche Anstrengung gebunden waren und an die er sich gern erinnert (u. a. Tauchen, Ralleyfahrten). Andererseits ist Gesundheit als guter körperlicher Zustand (so wie früher) heute die Voraussetzung, um nahestehenden Menschen helfen zu können.

Zeile: 507-510 (Herr Allendorf, 85 Jahre alt)
I: Hm=h. Und (1,5 Sekunden) Was half Ihnen (-) persönlich in der Situation als Ihre Frau so krank wurde, als Ihre Frau betroffen war von
E: Gott sei Dank, dass ich gesund war.

11.2.1.2.6 Imperativ vs. verbliebene Autonomie

Der Wert der Gesundheit folgt hier dem Prinzip Imperativ – „Sei gesund!" (Herr Tufan). Gesundheitliche Einschränkungen und Altersveränderungen werden entweder in „Kleinigkeiten", die „kommen und gehen" oder als große Sachen, für die es sich zu rechtfertigen gilt, eingeteilt.

Zeile: 135-140 (Herr Tufan, 87 Jahre alt)
E: (3 Sekunden) Ich, ver-, ich versuche immer, mich gesund halten. Ja, aber Kleinig-Kleinigkeiten kommen und gehen. (2 Sekunden) Gott sei Dank keine größeren Sachen. (2 Sekunden) Ja, was kann sonst <<lachend>. (2 Sekunden) Ja, mit meine alter natürlich des Prostata-Operation und so <<lachend> sonst hab ich was Großes nicht gehabt gesundheitlich <<lachend>

Die durch Sozialisation übertragene Verantwortung für die eigene Gesundheit liegt hier bei Herrn Tufan selbst, der „achtgeben" (Zeile 304) muss, z. B. durch Impfungen. Obwohl er sich in fortgeschrittenem Alter mit Pflegebedürftigkeit und dem Ende seines Lebens auseinandersetzt, hält er am gesellschaftlichen Imperativ fest. Das liegt daran, dass Herr Tufan Krankheit von Altsein trennt. Gegen Krankheit kann hiernach weiter mit medizinischer Hilfe angegangen werden, gegen Altsein nicht. Seine Theorie wird begünstigt durch Erfahrung (z. B. Bettlägerigkeit, Demenz in der Familie) sowie Informationen in den Medien. „Veränderungsakzeptanz" bezieht sich somit bei ihm auf Veränderungen, die er auf das Alter, nicht aber auf seine Krankheiten, bezieht.

Im Gegensatz hierzu geht es bei verbliebener Autonomie (Frau Angel) nicht um gesellschaftliche Werte, sondern vielmehr um die aktuell verbliebenen Entscheidungs- und Handlungsmöglichkeiten bei sehr starker körperlicher Einschränkung und Erfahrungen der Abhängigkeit im Alltag. Eine große gesundheitliche Bedeutung haben hier die verbliebene Beweglichkeit, Möglichkeiten der Selbsthilfe und der Erhalt von Selbstbestimmung. Die Bedeutung des Erhalts von Eigenständigkeit steht hier hauptsächlich in Verbindung mit Erfahrungen der aktuellen gesundheitlichen Situation bzw. Abhängigkeit.

Zeile: 1229-1262 (Frau Angel, 73 Jahre alt)
E: Da hab ich dann (-) die (-) ich hab ja den Notruf da ne.
I: H=hm.
E: Und dann hab ich die angerufen. Die kamen dann an und da haben die gesehen, dass ich mich kaputt lach hier unten auf dem Boden [...] Und gesagt "Sollen wir Sie nicht ins Krankenhaus fahren?" Hab ich gesagt "Ne".

I: Ja=a.
E: Ich hätt bald net angerufen, nur weil ihr mich wieder fortbringen wollt.
I: Hm::
E: (-) Sagt er "Ne, wenn Sie net wollen."
I: [H=hm.]
E: ["Und] es tut Ihnen nichts weh." Hab ich gesagt "Mir tut nur die Hintern weh und da können Sie nichts machen." ((lacht)) 'nen blauen Hintern gehabt.

11.2.1.2.7 Zwischenfazit

In den integrierten Fällen traten verschiedene Formen des Werts der Gesundheit hervor. So geht es in unterschiedlichen Anteilen um den individuellen bzw. gesellschaftlichen Stellenwert von Gesundheit (inneres Gebot, riskante Selbstverständlichkeit, höchstes Gut bzw. Pflicht, Imperativ), deren Entstehungsbedingungen (kumulierte Lebensleistung, gesellschaftliche Legitimation), oder aber auch um individuell erstrebenswerte Aspekte, (gewohnte Sicherheit, vergängliches Gut, selbstständige Teilhabe, verbliebene Autonomie, helfende Handlungserlaubnis). Insgesamt betrachtet, geht es hier um Werte, welche körperliche, psychische und soziale Komponenten von Gesundheit sowie auch zeitliche Aspekte (kumulierte Lebensleistung, vergängliche Habe) beinhalten.

Wie bei den Gesundheitskonzepten hat sich auch hier gezeigt, dass die ermittelten individuellen Werte von Gesundheit mit Biografie, insbesondere prägenden Erziehungs- und Sozialisationsprozessen sowie Erfahrungen über den Lebenslauf in Verbindung stehen. Die herausgearbeiteten Werte von Gesundheit stehen somit über die Biografie auch mit den Gesundheitskonzepten in Verbindung. Ebenfalls finden sich in den subjektiven Werten zu Gesundheit Belege für den Einfluss weiter präsenter internalisierter Umwelten. Hierzu zählen u. a. kranke- und pflegebedürftige Personen, vertraute oder misstraute medizinisch-pflegerische Versorgung, wichtige soziale Kontakte oder vergangene Situationen eigener Leistungsfähigkeit bzw. Krankheit. Die analysierten Fälle bieten unterschiedliche Sichtweisen auf den Wert von Gesundheit im Alter, was darauf hinweist, dass es auch hier viele Konzepte gibt, die von individuellen Gesundheitsbiografien gefärbt sind.

11.2.2 Prägung von Gesundheitserleben als Person-Umwelt-Transaktion

Durch die Integration der weiteren Fälle konnte biografisches Gesundheitserleben (Gesundheitskonzept und Wert der Gesundheit) in Verbindung mit Erziehungs- und Sozialisationsprozessen sowie Erfahrungen über den weiteren Lebensverlauf gebracht werden. Weiter zeigte sich, dass die Personen im Gespräch internalisierte

Umwelten aktiv und sinnhaft für die Darstellung von Gesundheitserleben und -handeln hinzuziehen. Prägungen des Gesundheitserlebens werden somit in den Gesprächen deutlich in Form von Erziehung, Sozialisation und (einschneidenden) Erfahrungen im Leben, die in den Interviews mit konkreten und weiter wirksamen internalisierten Umwelten in Verbindung stehen. Folglich zeigt sich Prägung von Gesundheitserleben in den Interviews durch Austausch von Person mit internaler Umwelt und wird im Fortgang vorliegender Arbeit als solcher gefasst.

Die nachfolgende Tabelle 11 zeigt die gebildeten Kategorien zu Gesundheitserleben und setzt diese in Bezug zu Prägung als Austausch zwischen der Person mit internalisierter Umwelt (PxE_internal).

Tabelle 11: Teilmodell zu Prägung und Gesundheitserleben

	Gesundheitserleben	
	Gesundheitskonzept	*Gesundheitswert*
Prägung (PxE_internal)	– Erhaltene Bewegungsfähigkeit – Abgehärtete Teilhabe	– Höchstes Gut – Gewohnte Sicherheit
	– Altersgemäße Norm – Körperliche Stabilität – Integrierte Makellosigkeit	– Riskante Selbstverständlichkeit – Handlungserlaubnis – Lebensleistung
	– Positive Vitalität – Ganzheitliche Leidakzeptanz	– Gesellschaftliche Legitimation – Selbstständige Teilhabe
	– Funktionierendes Wohlbefinden – Ganzheitliche Unbeschwertheit	– Pflicht – Vergängliches Gut
	– Harterschaffene Zufriedenheit – Bedrohung – Stabile Erträglichkeit	– Inneres Gebot – Imperativ – Verbliebene Autonomie

11.3 Performanz von Gesundheitshandeln

Als Performanz wird in der vorliegenden Arbeit die in den Interviews berichtete Aktualisierung biografischer Muster zu Gesundheitshandeln in konkreten Anforderungssituationen gefasst. Es wird nachfolgend gezeigt, dass die Performanz biografischer Gesundheitshandlungen im Alter als Austausch der Person mit externalen Umwelten (Ermöglichungs- bzw. Verhinderungsstrukturen) gefasst werden kann (PxE_external).

11.3.1 Differenziertheit von Gesundheitshandeln im Alter

In dem nachfolgenden Abschnitt werden herausgearbeitete Kategorien zu Gesundheitshandeln gegenübergestellt. Durch den kontrastierenden Vergleich sollen auch hier Fallspezifika und fallübergreifende Aspekte ermittelt werden.

11.3.1.1 Angestrengter Rückzug vs. Selbstständige Leistung

Siehe hierzu den Fallvergleich zwischen Frau Nordheimer und Frau Fechner (Kapitel 4).

11.3.1.2 Informierte Besorgtheit vs. Sportliches Durchstehen

Gesundheitshandeln als informierte Besorgtheit (Herr Schuller), zeichnet sich durch große Sorge und Engagement für die eigene Gesundheit aus. Der Umgang mit Gesundheit ist einerseits informationsbasiert, andererseits erfahrungsbasiert. So werden verschiedene allgemeine Informationen zu Krankheiten durch informelle Kontakte und Medien erworben. Hingegen werden relevante krankheitsspezifische Informationen im Austausch mit Ärzten/innen nach Eintritt von Krankheit und Beschwerden erlangt. Die Information durch Experten/innen wird als handlungsrelevant interpretiert. Der Aspekt der „Besorgtheit" hingegen kennzeichnet die erfahrungsbasierte Vorgehensweise, die dadurch gekennzeichnet ist, vorsichtig mit sich selbst zu sein. Diese beinhaltet auch, dass Probleme zügig und gründlich medizinisch abgeklärt werden und dass Herr Schuller alles macht, damit diese bestmöglich therapiert werden können. Hiermit ist auch verbunden, gesundheitlichen Gefahren vorzubeugen (u. a. kaum Alkohol, guter und ausreichender Schlaf, keine Überanstrengung). Dies schließt an frühe biografische Erfahrungen an. Bereits von Kindheit an wurde gute Sorge um die eigene Gesundheit erfahren und gesundheitliche Probleme wurden mit Experten/innen abgeklärt.

Zeile: 1640-1651 (Herr Schuller, 83 Jahre alt)

E: *[...] den gibt's ja schon Jahrtausende, ein großes Freibad und da konnten wir natürlich auch ins Wasser für Kinder und ja und äh und da isch schon als Kind immer e bische viel ängstlich immer äh ja und da hat ich schon immer blaue Lippen (-)*
I: *A=h*
E: *und meine Mutter war auch ein bisschen besorgt dann und darf ich überhaupt ins kalte Wasser es is ja doch kühl des Wasser in einem Freibad und da bin ich schon und da is meine Mutter mit mir äh zum zum Schularzt und hat gefragt wegen der blauen Lippen ob ich da in des Wasser darf und ja und es warn gar keine Bedenken, aber die blauen Lippen habe ich HEUTE noch.*
I: *Hm=h hm=h*
E: *Immer wenn ich ein bisschen aufgeregt bin oder bisschen schnell wohin muss, und leider bin ich schon e paarmal angesprochen worden und äh aber es war, es is nie weggegangen*
I: *Hm=h hm=h*
E: *Und meine Hausärztin hat mich dann emal äh vor paar Jahre zum ähm zum Ultraschall geschickt. Des kann ja vom Herz kommen.*
I: *Hm=h hm=h*
E: *Und aber äh, ja. War nichts festzustellen, nichts Nachteiliges und da hat der, da hab ich nachgefragt wieso ich blaue Lippen (-) und da sagt der einfach ((leicht lachend)), weil der eine hats der andere nicht <<lachend>*

Das Zitat zeigt, dass medizinische Versorgungsstrukturen in der Kindheit und im Alter Teil biografischen Gesundheitshandelns sind. Weiterhin nimmt auch soziale Umwelt Einfluss auf den Umgang mit eigener Gesundheit. Wie bei Hrn. Boge, wird ein „maßvolles Leben" und „darauf zu achten, dem Körper nicht zu schaden" im Gespräch gemeinsam mit negativen Anschauungsbeispielen aus dem nahen sozialen Umfeld behandelt. Weiterhin umfasst gesundheitliche Besorgtheit auch für andere zu sorgen bzw. geht es auch darum, gebraucht zu werden. Um in den Stadtteil als ein allein lebender und homosexueller alter Mann eingebunden zu sein, kümmert sich Herr Schuller auf umfassende und vorbildliche Weise um seine Familie und Nachbarn/innen, wodurch auch engere soziale Kontakte hergestellt bzw. aufrechterhalten werden können. An dieser Stelle zeigt sich durch die Bedeutung sozialer Integration eine Verbindung mit seinem Gesundheitserleben („integrierte Makellosigkeit"). Eigen- und Fremdsorge sind somit in täglicher Praxis miteinander verwoben. Dieser Mechanismus wird besonders eindrücklich in der biografischen Erzählung erwähnt als Sorge um eine Person, die vor Suizid bewahrt wurde.

Gesundheitshandeln findet hier alltäglich sowohl in der eigenen Häuslichkeit als auch im Stadtteil statt. Für das Engagement im Stadtteil werden passende Umweltstrukturen benötigt, die ehrenamtliches Engagement bzw. Mithilfe ermöglichen (u. a. Infrastruktur, soziales Miteinander, Familie).

Neben routiniert stattfindendem außerhäuslichem Engagement zählen auch innerhäusliche Alltagsroutinen zu Gesundheitshandeln („Und äh ja, aber wenn ich dann mit allem fertig bin. Mit em rasieren, Zähne putzen und Waschen und Frühstück und äh, dann schlaf ich nochmal zwei Stund [...] im Sessel", Zeile 1616-1620).

Insgesamt ist biografisches Gesundheitshandeln darauf ausgerichtet, seine gewohnte sichtbar gute Gesundheit sowie einen funktionierenden Alltag zu erhalten (Normalzustandserhalt).

Dem gegenüber kennzeichnet Gesundheitshandeln als sportliches Durchstehen (Herr Schmitt) weniger Besorgtheit, weder im Vorfeld von Beschwerden und Erkrankungen noch im Nachhinein. Gesundheitshandeln hat hier eine stärkere körperliche Komponente. So beinhaltet Gesundheitshandeln körperliches Training bzw. Sport, der routiniert durchgeführt wird. Hier wird einerseits an Diskurse zu Gesundheit im Alter angeschlossen, die Bewegung im Alter proklamieren („eine halbe Stunde am Tag", Zeile 93). Andererseits ist sportliche Betätigung gleichzeitig auch die Konstante im Leben, die sich seit Kindheit an durch die Biografie hinweg zieht und als solche auch bewusst wahrgenommen wird („Sport, Sport, Bewegung, Bewegung, Bewegung von JUGend an und (.) das das hat mich das muss ich noch sagen [...] Das hat mich geprägt", Zeile 1112-1115). Hier zeigen sich klare Verbindungslinien zwischen Gesundheitserleben (erhaltene Bewegungsfähigkeit) und -handeln. Gesundheitshandeln ist aber auch psychisches Durchstehen, insbesondere bei schwerwiegenden Erkrankungen. So ist hier ein großer Teil des Umgangs mit Gesundheit gekennzeichnet durch „Augen zu und durch". Es wird hier nicht ängstlich, vorsichtig oder mit vielen Bedenken reagiert, sondern eher handlungsbereit (Zeile 701-703). Danach wird wieder zum Alltag übergegangen. Um derart handeln und gesundheitliche Krisen durch sportliches Durchstehen überwinden zu können, wird ärztliche Hilfe benötigt.

Zeile: 656-667 (Herr Schmitt, 92 Jahre alt)
I: Was half Ihnen (2 Sekunden) bei der Situation zum Beispiel als Sie die (--) Diagnose genannt bekamen bezüglich der Augen (--) was half Ihnen in dieser Situation? (---)
E: Bei mir ist das so Augen, Augen (--) zu und durch (---) also (---) ich ich ähm (--) ich bin ein Mensch nicht wahr (---) auch als auch als mir gesagt wurde Prosta-

takrebs nicht das ist doch alles normalerwei Krebs nicht wahr da kriegt man Herzflattern und und bei mir ist das so nicht wahr Herr Doktor (--) was können wir da tun und dann mach und dann ok, dann ist es bei mir (--) geh ich zum täglichen äh Leben über (--) also (---) keine ich hab kei- keine großen Sorgen (--) mit mit Krankheiten WENN wenn Krankheiten kommen.

Auch Selbst- und Fremdbestätigung (insbesondere durch Ärzte/innen) spielen hier eine Rolle, u. a. hinsichtlich der eigenen Gesundheit („Ja wie gesagt (.) ich bin gesund gesund gesund gesund. Das ist es, nicht.", Zeile 911-912). Zudem wird unter Verweis auf fremde Aussagen bestätigt, dass hinsichtlich Gesundheit richtig entschieden bzw. richtig gehandelt wurde (Zeile 591-597) (Selbstvergewisserung). Um das Gefühl, gesund am Leben teilzuhaben, Krankheitsepisoden durchzustehen bzw. zu überstehen, und sein Lebensgefühl aufrechtzuerhalten, wird passende Unterstützung benötigt. Hierzu zählen soziale Unterstützung, ein Stadtteil, der passende Versorgungsstrukturen bietet sowie innerhäusliche Möglichkeiten der Bewegung durch Technik.

11.3.1.3 Instabiles Aufrichten vs. Psychische Entlastung

Die Form Gesundheitshandelns instabiles Aufrichten (Frau Neumann) beinhaltet regelmäßig-tägliche Gesundheitspraktiken, die benötigt werden, um im Alltag handlungsfähig zu sein. Neben körperlichen Übungen und Diät zählt hierzu auch die Verbindung mit der geistlichen Welt (Transzendenz), um psychische Gesundheit zu erhalten, bzw. sich unterstützt und gefördert zu fühlen. Hier greift die Haltung als „offen Weiterentwickelnde", indem Suchbewegungen zu Gesundheitshandeln eine große Rolle spielen. Zudem ist sozialer Austausch relevant, der Wohlbefinden und Freude fördert.

Zeile: 1276-1307 (Frau Neumann, 74 Jahre alt)
I: Ja, ich möcht noch gern mit Ihnen über die Art und Weise Ihres UMGANGS mit Gesundheit sprechen. Damit mein ich, inwieweit Gesundheit zu Ihrem Leben dazugehört. (-) Können Sie mir davon erzählen, (-) inwieweit die Gesundheit in Ihrem Leben dazugehört? Wie Sie das wahrnehmen?
E: <<Ja, die gehört auf alle Fälle dazu>>lachend> in jeder Hinsicht, (-) also beim Körperlichen angefangen, wenn ich nicht täglich m=m=m gewisse gymnastische Übungen mache, dann bin ich überhaupt nicht aufn Beinen. Wenn ich nicht Diät <<lachend> so <<wie das geht>>lachend> einhalte, bin ich AUCH nicht

auf den Beinen. Ähm, wenn ich nicht diese oder jene Hilfe regelmäßig suche, Osteopathie oder so (-) ähm ginge es mir auch schlechter.
I: Hm=h
E: Das zum <<körperlichen Teil>>lachend>. Ähm, zum psychischen Teil. Wenn ich nicht täglich so (--) naja Übungen machen würde=e=e zum Loslassen (-) oder mich mit der jenseitigen Welt zu verbinden, ginge es mir auch wahrscheinlich schlechter. Und (1,5 Sekunden) ja, der seelische und der soziale Aspekt also. [...] dass ich nicht nich erwarte andere teilen groß meine WELT, aber ich versuche, deren Welt zu teilen, so rum ne und freue mich wenn Sie mich von sich aus anrufen, weil Sie wissen das tut mir gut und da freue ich mich drüber und dann (-) ok. (3 Sekunden) Der soziale Aspekt.

Weiterhin zählt hierzu der aktive Austausch mit dem eigenen Körper. Hier geht es darum, körperliche und psychische Grenzen bzw. negative Reaktionen (z. B. Nervosität) durch aufmerksames „Hinspüren" (Zeile 1484-1504) zu erfahren. Gesundheitshandeln steht hier in enger Verbindung mit gesundheitsbezogener-einschlägiger beruflicher Sozialisation sowie Erfahrungen über die Lebensspanne (u. a. als Seelsorgerin, schmerzerfahrene Frau und Patientin). Mit ihrer akzeptierenden Einstellung, dass sie stark eingeschränkt ist und es innerhalb dessen nur um ein „Mehr und Weniger" gehen kann („Veränderungsakzeptanz"), wird Frau Neumann trotzdem nicht passiv, sondern sie sucht aktiv weiter nach möglichen Hilfen. Sie ist sich zudem bewusst, dass irgendwann eine „Grenze" erreicht sein wird, bei der sich ihr Leben mit zunehmender Unselbstständigkeit „drastisch" (Zeile 1576) verändern wird. Hier werden Möglichkeiten innerhalb des Rechtssystems erwähnt, um sich vorzubereiten durch „Dinge, die man regeln muss vorher" (u. a. Vorsorgevollmacht, Patientenverfügung und Testament). Neben dem Rechtssystem zählen zu den weiteren ermöglichenden Umwelten, um sich immer wieder „aufzurichten", gut verfügbare Angebote, z. B. Möglichkeiten des Austauschs im Internet. Darüber hinaus können durch soziale Kontakte einerseits Erfahrungen und Informationen geteilt werden, andererseits kann durch den Austausch auch eine „positive Weltsicht" (vgl. Zeile 1300-1313) erhalten werden (siehe Wert der Gesundheit, selbstständige Teilhabe, S. 260 f.). Auch hier spielen zudem die Vorzüge einer privaten Krankenversicherung für Zugang zu und Qualität von Behandlungen eine Rolle. Zu den Umwelten, die Umsetzung biografischen Gesundheitshandelns verhindern, zählen unpassende oder zu weit entfernte medizinische oder an sozialer Teilhabe orientierte Angebote, die aufgrund körperlicher Einschränkungen Rückzug begünstigen.

Dem gegenüber zielt Gesundheitshandeln als psychische Entlastung (Frau Angel) darauf, belastende Dauerzustände und akute Einbrüche psychisch zu erleichtern. Im Gegensatz zum vorausgegangenen Fall finden sich hier Strategien, wie Lachen, selbstironischer Humor und Briefe schreiben, für die keine anderen Menschen benötigt werden. Die Strategien zielen primär auf psychische Entlastung, da eine Verbesserung des körperlichen und sozialen Wohlbefindens derzeit nicht erreicht werden kann. Dies geschieht wie im vorausgehenden Fall nicht in vertiefter Auseinandersetzung mit dem Problem, sondern indem sich kurzfristig getröstet bzw. abgelenkt wird und negative Aspekte überspielt werden. Wie auch beim Gesundheitshandeln instabiles Aufrichten können hierdurch unbeeinflussbare Situationen kurzfristig (hier durch Ablenkung) aufgelöst werden (Zeile 1323-1390). Insgesamt gesehen ist Gesundheitshandeln hier eine Selbstschutz-Routine, die beinhaltet etwas Schönes hinzuzuziehen, um sich vor dem Negativen zu schützen. Eine weitere Strategie, um in bestimmten Situationen psychisch entlastet zu werden, ist der Austausch mit Haustieren (Sprechen und körperlicher Kontakt). Die Haustiere sind Trost bei schmerzlichen Gedanken und sie fördern die seelische Gesundheit. Sie ersetzen wichtige Bezugspersonen und helfen, um mit sich selbst in Dialog zu kommen. Hierdurch ist Frau Angel trotz starker Abhängigkeit im Alltag aktivhandelnd und wird auch von der eigenen Hilflosigkeit abgelenkt. Haustiere sind ihr so wichtig, dass auch Vorsorge für sie für die Zeit nach dem Ableben betrieben wird, wohingegen es im Gespräch keine Hinweise für gängige eigene Gesundheitsvorsorge (z. B. Ernährung oder Bewegung) gibt.

Biografische Anschlüsse finden sich in ihrer Sorgearbeit als Jugendliche und Erwachsene für die Familie („Ich hat's schon immer mit kleinen Kindern gehabt - mit Tieren und mit kleinen Kindern [...]", Zeile 488-489). In diesen früheren Episoden gab es keine Zeit für eigene Gesundheit bzw. darüber nachzudenken, da Existenzsicherung und Sorgearbeit im Vordergrund standen. Auch für das Alter wird hervorgehoben, nicht so viel über die eigene Gesundheit nachzudenken. Im Gegensatz dazu ist das Sorgethema weiter bedeutsam. Als „eigenständige Randständige", die zudem aufgrund des schlechten körperlichen Zustands von der unmittelbaren äußeren Wohnumgebung abgeschnitten ist (bauliche Barrieren als Verhinderungsstruktur), findet eigenes Gesundheitshandeln ausschließlich im privaten Bereich bzw. unterstützt durch Technik vom privaten Bereich aus statt (z. B. Telefonate).

Zeile: 1698-1714 (Frau Angel, 73 Jahre alt)
E: Ich bin eben mal so. Mich macht man auch net anders.
I: H=hm.

E: (-) Die sagen auch "Du kannst den Kopf in Sand stecken, du wirst immer noch lachen und machen."
I: Hm:
E: Hab ich gesagt "Ja, da muss es schon ganz dick kommen." So wie heut früh, da war (.) kam's wieder dick. (--) [...] Und abends immer im Bett, da bin ich auch immer fertig.
I: Hm:
E: Sag ich jedes Mal "Gute Nacht" zu ihm (.) und er ist überhaupt nicht da. (4 Sekunden) Nehm ich meine Püppi mit ins Bett. Hab ich jemanden mit.

11.3.1.4 Selbstständigkeitsorganisation vs. pragmatische Anpassung

Gesundheitshandeln wird in diesem Fall erstmals als äußere Reaktion auf Älterwerden über die Wohnbiografie eingeführt. Gesundheitshandeln als Selbstständigkeitsorganisation (Frau Lauterbach) nimmt direkten Bezug zu bereits aufgetretenen, aber auch in naher Zukunft erwarteten gesundheitlichen Einschränkungen, die als Bestandteil des eigenen Lebens akzeptiert sind („[...] das ist jetzt mein Leben. Und DAS gilt es zu meistern>.", Zeile 2615-2616) („Veränderungsakzeptanz"). Gesundheitshandeln beinhaltet hauptsächlich praktische Maßnahmen, die das Leben im Alter mit gesundheitlich bedingten Einschränkungen erleichtern sollen. Gesundheitshandeln zielt auf die Alltagsbewältigung mit zunehmenden Einschränkungen, wobei Alter mit Krankheit und daraus resultierenden Einschränkungen gleichgesetzt wird (Gesundheit als vergängliches Gut). Die eigenen Maßnahmen werden zunehmenden bzw. erwarteten weiteren Einschränkungen angeglichen.

Zeile 41-47 (Frau Lauterbach, 76 Jahre alt)
E: Und so sind wir (--) hier eigentlich gut zurechtgekommen, haben aber dann jetzt in in letzten Jahren begonnen, altersgemäß das Haus etwas umzugestalten, sodass wir's etwas leichter haben. (2 Sekunden) Weil, da nun Krankheit
I: h=hm
E: dazu kam. Und wir, mit dem Alter und mit der dadurch eintretenden Krankheit, fertig werden müssen.

Selbstständigkeit ist neben Wohnen auch auf gesundheitliche Informationen gerichtet (z. B. eigene Arzt- und Therapieauswahl, Informationen über die eigene Gesundheit). Relevante Informationen werden selbst organisiert. Als „sozial Engagierte" hat auch Gesundheitshandeln eine starke soziale Komponente. So tritt, wie auch im Gesundheitserleben (ganzheitliche Unbeschwertheit), die Bedeutung der sozialen Umwelt, für die Selbstständigkeitsorganisation, insbesondere Ehemann, Freunde und Bekannte, hervor (Altersgesundheitsinitiative). Jedoch grenzt sich Frau Lauterbach auch bewusst ab von einem gesellschaftlichen Altersbild der „jungen Fitten", das sich z. B. durch übertriebene sportliche Aktivität und durch jugendliche Mode bemerkbar macht (Zeile 2555-2563). Gesundheitshandeln als Selbstständigkeitsorganisation hat Gemeinsamkeiten mit pragmatischer Anpassung (Herr Boge, siehe Fallporträt, Kapitel 4). Beide setzen sich mit möglichen gesundheitlichen Beeinträchtigungen auseinander. Frau Lauterbach handelt proaktiv-verändernd und zu einem größeren Anteil als Herr Boge außerhalb medizinischer Versorgung sowie mit mehr sozialer Unterstützung. Herr Boge handelt hingegen eher pragmatisch-reagierend und anpassend sowie mit Fokus auf gesundheitliche Angebote. Währenddessen die Lebensweise bei Gesundheitshandeln als Selbstständigkeitsorganisation bewusst verändert und auf die Einschränkungen hin angepasst wird, ist Gesundheitshandeln als gemäßigte Anpassung darauf ausgerichtet, mit Gewohntem weiterzumachen (Anschluss an bisherige Lebensweise).

11.3.1.5 Intellektuelles Abwägen vs. bestätigtes Folgen

Gesundheitshandeln als intellektuelles Abwägen (Herr Tufan) umschreibt einen eher kognitiven Zugang zu Gesundheit im Alter. Krankheit und (zukünftig schlechter werdende) Einschränkungen möchte sich Herr Tufan theoretisch erklären, um Therapiechancen von Krankheiten und die allgemeine Lebensqualität in naher Zukunft besser einschätzen zu können. Um „abwägen" zu können zieht Herr Tufan unterschiedliche Medien bzw. Quellen hinzu (Zeile 435-437). Der eher intellektuelle Zugang schließt an seine akademische Ausbildung und Berufsbiografie als Architekt an (u. a. verschiedene [Fach-]Literatur zu Gesundheit und Beratung durch Experten). Probleme werden erst einmal durch Nachdenken vorausschauend-vorsorgend und planend gelöst.

Zeile: 290-311 (Herr Tufan, 87 Jahre alt)
I: Also, wie man so mit sich selbst, mit seinem Körper, mit seinem Wohlbefinden, mit allem, was so dazugehört zur Gesundheit UMGEHT und inwieweit das, ja, zu Ihrem Leben, ja zu Ihrem Leben dazugehört?

E: *(1 Sekunde) Also, ich habe keine großen Probleme gehabt, was, wenn ich irgendeine. Ich habe auch immer vorher achtgegeben. Wenn ich was (3 Sekunden) vorher schon (1 Sekunde) verstärkende Medikamente nehmen oder so. Sonst nichts.*
I: *Wie meinen Sie verstärkende Medikamente (1 Sekunde) zum Beispiel?*
E: *No gegen. Wie gesagt, wie Sie gesagt haben also, gesunder fühlen und so weiter. Ich lese immer und dann <<lachend> finde dann <<lachend>, ob es richtig ist oder nicht <<lachend>.*

Als „erfolgreich Behauptender" konnten im Leben männliche Rollenerwartungen erfüllt werden. Nun sieht sich Herr Tufan mit Schwäche, Verlust sozialer Bezüge und Rollenverlust konfrontiert (Zeile 591-626). Der gesellschaftliche Imperativ kann nicht mehr erfüllt werden. Um trotz der erwarteten Bedrohung im Alter handlungsfähig zu bleiben, werden unterschiedliche Strategien gedanklich in Betracht gezogen. Diese beinhalten einerseits einen „totalen Rückzug" (Freitod), andererseits Anpassung (wohnbauliche Veränderungen, vgl. Selbstständigkeitsinitiative) und körperliches Training, um sich mit weiterer Verschlechterung zu arrangieren. Der eigene Stadtteil bietet in diesem Fall aufgrund fehlender sozialer Bezüge und Infrastruktur keine Unterstützung für Gesundheitshandeln. Auch Familie wird in diesem Fall nicht als mögliche Unterstützung erwähnt. Hingegen wird – wie auch im Fall Herr Geri und Herr Boge – das deutsche Gesundheitssystem als ermöglichende Struktur für Gesundheitshandeln hervorgehoben (Zeile 462-464).

Gesundheitshandeln als bestätigtes Folgen (Frau Schlüter) ist im Gegensatz zu eigener eher kognitiver Auseinandersetzung geprägt durch Vergewisserungen von außen und erfahrungsbezogenen Selbstvergewisserungen. Eigene Gesundheitshandlungen werden fortlaufend selbst bzw. durch fremde Aussagen bestätigt. Sie beinhalten zum Arzt zu gehen, Termine einzuhalten und sich an Erfahrungen und Anweisungen von verschiedenen Autoritätsinstanzen, insbesondere Ärzten/innen, aber auch kompetente andere Personen, zu halten („Folgen").

Zeile: 1314-1317 (Frau Schlüter, 77 Jahre alt)
E: *[...] Un:d d- der s- Augenarzt, der sagt ja immer, Frau Schlüter, sie sind mit der, die Wenigsten, die immer (-) kommen und lassen das kontrollieren. Das ist auch gut so. Gell. (-) Und, wie gesagt, das mach ich schon jahrelang. Gell.*

Handlungsmuster können aber auch von wichtigen Personen beeinflusst werden, so dass biografische Handlungsmuster verändert werden. Hierzu zählt, sich von einem Experten überzeugen zu lassen, dass reden über Gesundheit hilfreich sein kann (Zeile 1061-1071).

Der Umgang mit eigener Gesundheit ist, wie in der Form intellektuelles Abwägen eher sachlich, doch liegt hier der Fokus auf pragmatischem Handeln im Gegensatz zu theoretischen Überlegungen. Es finden keine größeren Auseinandersetzungen statt, während und im Nachhinein von Erkrankungen. Voraussetzung hierfür ist ein Arzt, der sie kennt und auf den sie sich verlassen kann.

Zeile: 964-970 (Frau Schlüter, 77 Jahre alt)
I: h=hm (-) h=hm (-) Und was brauchen sie, um in Sachen Gesundheit handeln zu können? Also um Entscheidungen zu fällen, um Angebote zu vergleichen?
E: Angebote vergleich ich gar net, weil ich mich auf meinen Arzt verlass. Ich verlasse mich dann, wenn der sagt, sie brauchen das Medikament jetzt, das müss mer absetzen, und dann nehm ich das Medikament. Und dann mach ich mir auch weiter keine Gedanken drum, weil er einen ja kennt, ne. Gell. Ne also da hab ich mir noch nie Gedanken rum drum gemacht.

Gesundheitshandeln ist hier erfahrungsbasiert entlang von Regeln und Routinen, die in Kindheit und Jugend erlernt wurden und die nun weiter befolgt werden. Dazu zählt, dass erst gehandelt wird, wenn echte Erfordernis vorliegt. Ob jedoch Erfordernis vorliegt, ist Erfahrung. Auf Erfahrungen reagiert man primär durch Handeln. Zudem werden Dinge generell nicht hinausgezögert, sondern erledigt („[…] das ist auch von zuhause aus so gewesen. Man ging halt (-) zum Arzt.", Zeile 1274-1275). In diesem Fall finden sich fast ausschließlich gesellschaftlich verbreitete und anerkannte Strategien Gesundheitshandelns, vor allem Sport, gute Ernährung und Routineuntersuchungen, um Krankheiten vorzubeugen. Voraussetzung hierfür sind vertraute Anbieter (im Stadtteil), überschaubare Kosten des Angebots und eine gute Anbindung dorthin. Insgesamt ermöglichen äußere Voraussetzungen hier, weiter pragmatisch mit Gesundheit umzugehen.

11.3.1.6 *Maßvolle Regelmäßigkeit vs. Aktive Mithilfe*

Das Gesundheitshandeln maßvolle Regelmäßigkeit (Herr Allendorf) ist gekennzeichnet durch maßvolles und regelmäßiges Handeln im Kontext von Gesundheit. Hierzu zählen regelmäßige Verdauung, Körperpflege (Zeile 441-450), maßvolle Ernährung, regelmäßiger Schlaf (Zeile 255-258) und regelmäßige Kontrolluntersuchungen. Es geht darum, den Körper vor Übertreibungen zu schützen, die den körperlichen Zustand beeinträchtigen könnten und Funktionalität zu erhalten.

Zeile: 713-721 (Herr Allendorf, 85 Jahre alt)

I: Hm=h Hm=h Und was bedeutet für Sie persönlich GUT informiert sein, GUT aufgeklärt zu sein über die eigene Gesundheit? Was gehört [da alles dazu, damit man gut aufgeklärt ist?]
E: [Was dazu. Immer]
E: dass man regelmäßig zum Arzt geht, dass man regelmäßig seinen Blutzucker misst, und (-) in dem Sinn bei Männern Prostata, dass die in Ordnung ist, meine ist Gott sei Dank in Ordnung immer gewesen, aber trotzdem lass ich das unterSUCHEN.

Gesundheitshandlungen finden hauptsächlich alltäglich und routiniert statt. Zu Gesundheitshandeln zählen auch eigene Strategien zur Gesundheitsförderung, die an die Berufsbiografie anschließen (z. B. lange Autofahrten, Zeile 397-402). Gesundheitserleben (körperliche Stabilität) und Gesundheitshandeln steht hier in engem Zusammenhang mit dem schlechten Gesundheitszustand naher Bezugspersonen in der Familie, der den Alltag von Herrn Allendorf maßgeblich bestimmt und regelmäßige Gesundheitsförderung, wie außerhäusliche Freizeitgestaltung, Besuche und Urlaube einschränkt. Im Kontext von Sorgetätigkeit werden zudem unterschiedliche Erfahrungen mit dem Gesundheitssystem begünstigt, die biografisch anschließen an Herrn Allendorf als „ungerecht Gescheiterter". Hiernach scheitert er in seinem Gesundheitshandeln seiner Ansicht nach aufgrund unterschiedlicher und als ungerecht empfundener äußerer Umstände (u. a. keine finanzielle Übernahme der Kosten, langen Wartezeiten für Arzttermine im eigenen Stadtteil, schlechte Informationen). Demgegenüber wird Gesundheitshandeln hier vor allem ermöglicht durch die Möglichkeit der guten Erreichbarkeit von Gesundheitsangeboten (vgl. Frau Schlüter, Herr Geri, Herr Schuller, Herr Boge).
Im Vergleich hierzu zielt Gesundheitshandeln als aktive Mithilfe (Herr Geri) insbesondere auf die Verbesserung von Gesundheit bei bereits eingetretener Krankheit und Verlusten und beinhaltet eine deutlich hervorgehobene psychische Komponente. Neben der „Hilfe durch den Arzt" zählt hierzu insbesondere die eigene Mithilfe, um gesund zu bleiben. Diese beinhaltet routinierte Bewegung zur Verbesserung physischer Gesundheit und bei Schwankungen im Befinden, z. B. nach negativen Lebenseinschnitten. Im Allgemeinen erfährt Herr Geri im Vergleich zu Herrn Allendorf mehr Unterstützung von außen. Neben der Hilfe durch Ärzte/innen, unterstützt auch die Familie bei Gesundheit.
Wie bereits in vorausgegangenen Fällen (u. a. Frau Nordheimer, Herr Allendorf und Frau Schlüter) spielt auch hier die Verfügbarkeit medizinischer Angebote in

der nahen Umgebung (insbesondere Stadtteil) bzw. deren Erreichbarkeit durch öffentliche Verkehrsmittel eine große Rolle für Gesundheitshandeln. Hierzu zählen auch Möglichkeiten wie der eigene Garten und der nahe gelegene Wald, um „aktiv mitzuhelfen". Im Gegensatz zu vorangegangenen Fällen (Frau Schlüter und Herr Schmitt) spielt Sportsozialisation in der Biografie keine Rolle. Gesundheitshandeln für ihn als „bescheidener Fremder" ist vielmehr geprägt durch biografische Rahmenbedingungen, die viel eigenes Zutun bzw. „Mithilfe" erforderten, um Dinge zu erreichen.

Zeile: 698-706 (Herr Geri, 83 Jahre alt)
E: [...] der Mensch muss auch
I: H=m
E: Selber sich helfen.
I: H=m
E: Aber wann du nur sitzt und denkst, der Arzt helft dir h=m h=m kann sowas nicht passieren.
I: H=m
E: Der Arzt hilft, aber du musst dabei sein. Du musst immer helfen selber.

Berichtetes Gesundheitshandeln ist hier zudem gerahmt durch Vertrauen und Dankbarkeit in das deutsche Gesundheitssystem, das ihm Hilfe gewährt und ihm ermöglicht, an der Verbesserung seiner Gesundheit mitzuhelfen, sowie durch erlebte Altersbilder in Deutschland (gesellschaftliche Legitimation von Alter und Gesundheit).

11.3.1.7 Zwischenfazit

Durch die Integration der weiteren Fälle konnte gezeigt werden, dass Gesundheitshandeln im Alter Themen, wie Ernährung und Sport beinhaltet, die breit öffentlich diskutiert werden. Es gibt aber auch sehr individuelle und teils unkonventionelle Strategien, wie „in den Körper hineinspüren", Selbstironie, disziplinierende Monologe und mit Tieren zu sprechen. Es hat sich gezeigt, dass Gesundheitshandeln neben erzähltem beobachtbarem Handeln auch intrapsychische Handlungssteuerung, nämlich selbstreflexive Aspekte sowie kognitive Aspekte, die einer sichtbaren Handlung vorausgehen, beinhaltet (z. B. intellektuelles Abwägen).
Weiter zeigt sich in der Fallintegration, dass Gesundheitshandeln – wie auch Gesundheitserleben – an die unterschiedlichen Gesundheitsbiografien anschließt. Be-

richtete Erziehungs- und Sozialisationsprozesse sowie Erfahrungen über den Lebenslauf stehen mit Gesundheitshandeln im Alter in Verbindung, was von einigen der befragten Personen auch bewusst dargebracht wurde. Das heißt, dass auch Gesundheitshandeln biografisch geprägt ist. Zudem konnte ermittelt werden, dass die mit Erziehung, Sozialisation und Erfahrung in Verbindung stehenden „verinnerlichten Umwelten" auch bei der Schilderung biografischen Gesundheitshandelns weiterwirken. Darüber hinaus konnte gezeigt werden, dass die Performanz bzw. die Aktualisierung biografischen Gesundheitshandelns im Alter von Voraussetzungen der äußeren Umwelt abhängt (Ermöglichungs- und Verhinderungsstrukturen). Hierzu zählen u. a. physische Barrieren, soziale Unterstützung und Ansprache, Transport- und Kommunikationsmöglichkeiten (Auto, ÖPNV, Telefon, Hausnotruf, Internet), TV, Versorgung im Stadtteil, (technische) Hilfsmittel oder finanzielle Voraussetzungen.

11.3.2 Performanz von Gesundheitshandeln als Person-Umwelt-Transaktion

Performanz von Gesundheitshandeln wird in den Interviews deutlich in Berichten über die Aktualisierung bzw. Umsetzung biografischen Gesundheitshandelns im Alter in konkreten Anwendungssituationen. Konkretes Handeln wird in den Gesprächen stets in Verbindung mit äußerer Umwelt (externaler Umwelt) dargelegt. Hier zeigt sich einerseits, dass die Umsetzung biografischer Gesundheitsroutinen von äußerer Umwelt derart beeinflusst wird, dass der Person Möglichkeiten hierfür eröffnet werden und sie hierdurch auch Einfluss nimmt auf die Umwelt (z. B. Möglichkeiten für gesundheitsförderndes ehrenamtliches Engagement im Stadtteil, das die lokale Angebotsstruktur unterstützt). Andererseits zeigt sich, dass die Umsetzung biografischer Gesundheitshandlungen von äußerer Umwelt derart beeinflusst wird, dass die Person hierin eingeschränkt ist und darauf reagieren muss (z. B. Wegzug der Arztpraxis aus dem Stadtteil führt zur Suche nach einer neuen Praxis). Das bedeutet, dass die Performanz biografischen Gesundheitshandelns durch die Auswahl gesundheitsfördernder Umwelten einerseits aktiv gestaltet wird, andererseits durch gesundheitseinschränkende Umwelten bestimmt wird, worauf die Personen reagieren müssen. Somit zeigt sich Performanz in den Interviews als Austausch von Person mit externaler Umwelt und wird im Fortgang vorliegender Arbeit als solcher gefasst.

Die nachfolgende Tabelle 12 zeigt die gebildeten Kategorien zu Gesundheitshandeln und setzt diese in Bezug zu Performanz als Austausch zwischen der Person mit externalen Umwelten (PxE_external).

Tabelle 12: Teilmodell zu Performanz und Gesundheitshandeln

Performanz (PxE_external)	Gesundheitshandeln
	– Sportliches Durchstehen – Bestätigtes Folgen
	– Pragmatische Anpassung – Maßvolle Regelmäßigkeit – Informierte Besorgtheit
	– Aktive Mithilfe – Instabiles Aufrichten
	– Selbstständige Leistung – Selbstständigkeitsorganisation
	– Angestrengter Rückzug – Intellektuelles Abwägen – Psychische Entlastung

11.4 Fallübersicht

Die Tabelle zeigt alle gebildeten Kategorien zu Gesundheitserleben (Gesundheitskonzept und Wert der Gesundheit) und -handeln sowie Form und Typ von Gesundheitskompetenz. Die gebildeten Kategorien kennzeichnet ambivalentes Erleben und Handeln, z. B. zeigt sich in der Kategorie „angestrengter Rückzug" sowohl nach vorne zu gehen und zu „kämpfen", als auch ein Rückzug, um die Situation zu halten.

Tabelle 13a: Übersicht über die gebildeten Kategorien

Name	Gesundheitskonzept	Wert der Gesundheit	Gesundheitshandeln	Form	Typ
Herr Boge	Altersgemäße Norm	Riskante Selbstverständlichkeit	Pragmatische Anpassung	Normalverhältniserhalt	Normalitätserhalt
Frau Schlüter	Abgehärtete Teilhabe	Gewohnte Sicherheit	Bestätigtes Folgen	Gesundheitsbestätigung	Selbstvergewisserung
Frau Neumann	Ganzheitliche Leidakzeptanz	Selbstständige Teilhabe	Instabiles Aufrichten	Grenzverschiebungsakzeptanz	Veränderungsakzeptanz
Herr Schuller	Integrierte Makellosigkeit	Lebensleistung	Informierte Besorgtheit	Normalzustandserhalt	Normalitätserhalt
Frau Fechner	Funktionierendes Wohlbefinden	Pflicht	Selbstständige Leistung	Selbstständigkeitswille	Selbstständigkeitsinitiative
Frau Angel	Stabile Erträglichkeit	Verbliebene Autonomie	Psychische Entlastung	Selbstschutz	Ohnmachtsvermeidung
Herr Schmitt	Erhaltene Beweglichkeit	Höchstes Gut	Sportliches Durchstehen	Lebensgefühl	Selbstvergewisserung
Herr Tufan	Bedrohung	Imperativ	Intellektuelles Abwägen	Gesundheitsbilanz	Ohnmachtsvermeidung

Tabelle 13b: Übersicht über die gebildeten Kategorien

Name	Gesundheitskonzept	Wert der Gesundheit	Gesundheitshandeln	Form	Typ
Herr Geri	Positive Vitalität	Gesellschaftliche Legitimation	Aktive Mithilfe	Zustandswechselakzeptanz	Veränderungsakzeptanz
Frau Nordheimer	Harterschaffene Zufriedenheit	Inneres Gebot	Angestrengter Rückzug	Verlustkontrolle	Ohnmachtsvermeidung
Herr Allendorf	Körperliche Stabilität	Handlungserlaubnis	Maßvolle Regelmäßigkeit	Normalzustandserhalt	Normalitätserhalt
Frau Lauterbach	Ganzheitliche Unbeschwertheit	Vergängliches Gut	Selbstständigkeitsorganisation	Altersgesundheitsinitiative	Selbstständigkeitsinitiative

11.5 Modell zu Gesundheitskompetenz im Alter

Die nachfolgende Tabelle 14 zeigt das aus den Ergebnissen dieser Arbeit abgeleitete Modell zu Gesundheitskompetenz im Alter. Außerhalb der Tabelle befindet sich die analytische Ebene, welche die ökogerontologische Perspektive (Person-Umwelt-Transaktion bzw. PxU) innerhalb der Konzepte Prägung und Performanz hervorhebt. Der unten im Modell angefügte Pfeil zeigt auf einen Verlauf von einem ressourcenreichen zu einem ressourcenarmen Lebensalter. In der Tabelle befinden sich links die zur Strukturierung der Daten eingebrachten theoriegeleiteten Kategorien zu Gesundheitserleben und -handeln (Kapitel 3, 3.2.3). In Grau hinterlegt befinden sich die datenzentrierten empirischen Befunde (Kategorien) in aufsteigender Abstraktionsebene. Von unten nach oben sind dies Kategorien zu Gesundheitserleben und -handeln, Kategorien zu den Formen und Kernkategorien zu den Typen.

Tabelle 14: Modell zu Gesundheitskompetenz im Alter

Gesundheitskompetenz im Alter: Typ	Selbstvergewisserung	Normalitätserhalt	Veränderungsakzeptanz	Selbständigkeitsinitiative	Ohnmachtsvermeidung
–Form	–Lebensgefühl –Gesundheitsbestätigung	–Normalverhältniserhalt –Normalzustandserhalt	–Zustandswechselakzeptanz –Grenzverschiebungsakzeptanz	–Selbständigkeitswille –Altersgesundheitsinitiative	–Verlustkontrolle –Gesundheitsbilanz –Selbstschutz
Gesundheitserleben: –*Gesundheitskonzept*	–Erhaltene Bewegungsfähigkeit –Abgehärtete Teilhabe	–Altersgemäße Norm –Körperliche Stabilität –Integrierte Makellosigkeit	–Positive Vitalität –Ganzheitliche Leidakzeptanz	–Funktionierendes Wohlbefinden –Ganzheitliche Unbeschwertheit	–Hartgeschaffene Zufriedenheit –Bedrohung –Stabile Erträglichkeit
–*Gesundheitswert*	–Höchstes Gut –Gewohnte Sicherheit	–Riskante Selbstverständlichkeit –Handlungserlaubnis –Lebensleistung	–Gesellschaftliche Legitimation –Selbstständige Teilhabe	–Pflicht –Vergängliches Gut	–Inneres Gebot –Imperativ –Verbliebene Autonomie
Gesundheitshandeln:	–Sportliches Durchstehen –Bestätigtes Folgen	–Pragmatische Anpassung –Maßvolle Regelmäßigkeit –Informierte Besorgtheit	–Aktive Mithilfe –Instabiles Aufrichten	–Selbstständige Leistung –Selbstständigkeitsorganisation	–Angestrengter Rückzug –Intellektuelles Abwägen –Psychische Entlastung

Prägung (PxE_internal) ← ressourcenreiches Lebensalter

Performanz (PxE_external) ← ressourcenarmes Lebensalter →

Teil V Folgerungen für Theoriebildung, Forschung und Praxis

Das abschließende Kapitel diskutiert die empirischen Teile der Arbeit, insbesondere den Beitrag der beiden Kategorien Biografie und Umwelt zu einer Erweiterung des Konzepts von Gesundheitskompetenz im Alter und bindet diese an die ausgesuchte Arbeitsdefinition von Gesundheitskompetenz zurück. Anschließend werden die wichtigsten Befunde der Arbeit für eine Theoriebildung zusammengefasst und Hinweise für die gesundheitspädagogische Praxis vorgestellt.

12 Diskussion der Befunde

Die Ausgangsüberlegung der vorliegenden Studie ist, dass es bisher noch kein spezifisches Konzept zu Gesundheitskompetenz im Alter gibt. Um Gesundheitskompetenz im Alter aus Subjektsicht zu erweitern, wurden mit zwölf Personen im Alter von 73 bis 92 Jahren biografische-problemzentrierte Interviews geführt. Diese wurden anschließend anhand eines rekonstruierenden-kodierenden Verfahrens ausgewertet, das durch die beiden Suchheuristiken der Biografie und Umwelt ergänzt wurde. Die Personen sind zwischen 1921 und 1940 geboren und in den 20er bis 50er Jahren aufgewachsen.

In den Analysen der hier vorliegenden Daten konnten viele gesundheitliche Aspekte im Alter herausgearbeitet werden, die stark mit dem gelebten Leben, aber auch mit der aktuellen Lebenssituation der befragten Person zu tun haben . Somit stellte sich die Frage, ob das, was die Person schildert, frühere oder aktuelle Konzepte zu ihrem Gesundheitserleben und -handeln darstellen. Die Antwort hierauf ist, dass sich im Gespräch aus früheren und heutigen Vorstellungen bedient wird, um über Gesundheit zu reden, was sich auch in den gebildeten Kategorien zeigt. Mit der hier vorliegenden Studie wird aufgezeigt, dass berichtetes Gesundheitserleben und -handeln der befragten Personen sowohl mit früheren als auch mit heutigen Einflüssen und Bedingungen zusammenhängen.

Der Diskussionsteil gliedert sich auf in (1) biografische Aspekte von Gesundheitskompetenz im Alter, (2) umweltbezogene Aspekte von Gesundheitskompetenz im Alter und (3) Gesundheitskompetenz im Alter im Zusammenhang von Biografie und Umwelt. In Punkt drei werden auch die abgeleiteten Typen vorgestellt. Anschließend werden die Ergebnisse an die ausgesuchte Arbeitsdefinition zurückgebunden. Eine aus den Befunden der vorliegenden Arbeit abgeleitete Definition zu Gesundheitskompetenz im Alter schließt das Kapitel ab.

12.1 Biografische Aspekte von Gesundheitskompetenz im Alter

Intensive Fallanalysen zeigten, dass Gesundheitserleben und -handeln im Alter durch Erziehung und Sozialisation in der Kindheit und Jugend sowie durch Erfahrungen über die Lebensspanne unterschiedlich geprägt ist. Die Unterschiede lassen sich weiter differenzieren in Prägung durch Kohortenerfahrungen und persönliche Prägungen.

12.1.1 Prägung durch Kohortenerfahrungen

Ein Merkmal der Gespräche sind Kriegserfahrungen und damit einhergehende weitere existentielle Erfahrungen (u. a. Hunger, Flucht, Tod, Gewalt), die in den biographischen Erzählungen teils sehr detailliert geschildert wurden. Dies schließt an Studien an, die belegen, dass eine Vielzahl der heute älteren Deutschen in ihrer Kindheit und Jugend im Zweiten Weltkrieg traumatische Erfahrungen gemacht haben (Radebold, Heuft & Fooken, 2009). In der vorliegenden Studie konnten Zusammenhänge zwischen existentiellen Erfahrungen und heutigem Gesundheitserleben und -handeln ermittelt werden. Hierzu zählt z. B. die Bedeutung der eigenen Wohnung nach erfahrener Flucht und Wohnungsnot, nicht über Krankheit oder eigene Schwächen zu sprechen, sondern vielmehr weiter zu machen oder der Schutz vor belastenden Erinnerungen, wie z. B. dem Geruch verbrannter Knochen oder Hilflosigkeit als Kind.

Weiterhin finden sich in den Interviews Gemeinsamkeiten hinsichtlich der Erziehung durch die Familie und die Schule. In einigen Interviews konnte herausgearbeitet werden, dass die geschilderten Erziehungsprozesse der Kriegs- und Nachkriegszeit nicht darauf abzielten, die Teilnehmer/innen als Kinder und Jugendliche gesundheitspräventiv oder -fördernd zu beeinflussen, sondern eher darauf, sie abzuhärten und zu funktionierenden Individuen zu erziehen. Dies lässt sich zurückführen auf ein früheres Gesellschaftsbild von Gesundheit, das stark durch den Kontext Krieg und Nationalsozialismus beeinflusst war, z. B. keine Rücksichtnahme auf Schwache und Kranke, Tapferkeit, Mut, Gehorsam, Disziplin und Härte gegen sich selbst als psychische und körperliche „Stählung", Leistungsfähigkeit sowie Gesundheit und Arbeitsfähigkeit als Pflicht gegenüber dem „Volkskörper" (Reichsgesundheitsamt, 1940, S. 3 f.; Chamberlain, 2016, 57, 90, 98, 108–113, 153). Die Ergebnisse dieser Studie zeigen weiterhin, dass die gesellschaftlichen Normen der Kriegs- und Nachkriegszeit, die Teil politisch mitbestimmter

Erziehung waren, im Alter als eigene Normen fortgeführt werden (z. B. nicht „verweichlicht" sein, körperliche Beschwerden zu übergehen und die Pflicht zur Gesundheit).
Zu den geteilten Erfahrungen in den Interviews, die einen Zusammenhang mit Gesundheitserleben und -handeln im Alter aufweisen, zählen auch Aspekte von Sozialisation in der Kindheit und Jugend. Als hierfür relevante Sozialisationsinstanzen konnten u. a. die Herkunftsfamilie, die Schule, der Ausbildungs- und Arbeitsplatz, gleichaltrige Soldaten und das Militär ermittelt werden. Zu den sozialisatorischen Erfahrungen zählt z. B. gelernt zu haben, nicht über Krankheit zu sprechen bzw. sich nach außen gesund und stark zu zeigen, die Einstellung, dass „jeder alles dafür tun muss", gesund zu sein oder das nach dem Krieg geteilte Lebensgefühl „im Hier und Jetzt glücklich zu sein". Es ließ sich in den Fällen nachzeichnen, dass alle Beispiele mit Gesundheitserleben und -handeln im Alter in Zusammenhang stehen und dass so erlernte Muster im Alter fortgeführt werden. Bestimmte gesellschaftliche Einflüsse der Kriegs- und Nachkriegszeit lassen sich so in Verbindung setzen zu gesundheitlichen Erlebens- und Handlungsbedingungen, die von den Personen auch mehr oder weniger reflexiv als solche angenommen wurden (vgl. Dippelhofer-Stiem, 2008, S. 51).

12.1.2 Prägung durch persönliche Erfahrungen

Jede der befragten Personen musste sich zudem in ihrem Leben trotz geteilter Kohortenerfahrungen im Kontext der Kriegs- und Nachkriegszeit mit spezifischen Anforderungen, auch im Bereich Gesundheit, auseinandersetzen. Die Ergebnisse vorliegender Studie zeigen, dass neben Kohortenerfahrungen auch persönliche Erlebnisse das Potential haben, Muster von Gesundheitserleben und -handeln im Alter auszubilden.
Die geschilderten Erlebnisse der Personen, die mit Gesundheit im Alter in Zusammenhang gebracht werden konnten, umfassen u. a. das Ausmaß erlebter Sorge um die eigene Gesundheit als Kind. Diese steht in den rekonstruierten Fällen auch in Verbindung mit dem Wert der Gesundheit, z. B. als Ergebnis einer über das Leben erbrachten Leistung oder als gewohnte Sicherheit. Weiterhin konnte herausgefunden werden, dass das Ausmaß erlebter Sorge um die eigene Gesundheit als Kind auch mit späterem Gesundheitshandeln im Alter in Verbindung steht, z. B. Vertrauen in Hilfe (vgl. Osborne & Beauchamp, 2013, S. 74) bzw. erlebte eigene Sicherheit, beim Handeln im Krankheitsfall oder die Bereitschaft Geld in Behandlungsmethoden zu investieren.

Zu Prägung von Gesundheitskompetenz im Alter durch persönliche Erfahrungen über den Lebensverlauf zählt auch die reflexive Erfahrung von zwei Teilnehmerinnen der Studie, dass soziale Kontakte förderlich sind für die eigene Gesundheit („Gesundbrunnen", „Sozialempfinden") und die damit verbundenen Bemühungen soziale Kontakte im Alter, auch bei sehr großer Einschränkung der Mobilität, die zu Rückzug zwingt, zu organisieren.

Besonders negativ einschneidende und teilweise nicht verarbeitete Ereignisse über den Lebensverlauf zeigten in den Analysen Verbindungen zu Gesundheitserleben und -handeln im Alter. Hierzu zählt die Bedeutung von Gesundheit im Alter als körperliche, psychische und soziale Unbeschwertheit nach erfahrener eigener lebensbedrohlicher Erkrankung, Depression und Familienproblemen. Anhand des Datenmaterials konnte herausgearbeitet werden, dass einschneidende Lebensereignisse bisherige gesundheitliche Muster bekräftigen (z. B. stärkere Vermeidung negativer Gedanken nach Erkrankung von Ehefrau), bisherige Muster ändern (z. B. nach Sturz nicht mehr allein aus dem Haus gehen), aber auch neue gesundheitsfördernde Aktivitäten begünstigen können (z. B. Reisen). Dies schließt an vorausgegangene Forschungen zu kritischen Lebensereignissen an, die aufzeigen, dass Menschen, je nach ihrer Handlungsfähigkeit nachhaltig beeinträchtigt oder auch gestärkt aus kritischen Lebensereignissen hervorgehen können (Filipp & Aymanns, 2010).

Weiterhin konnte in der vorliegenden Arbeit aufgezeigt werden, dass persönliche Erfahrungen zu Gesundheit über den Lebensverlauf in Verbindung stehen mit dem sozioökonomischen Status der Eltern. So macht es für späteres Gesundheitserleben und -handeln im Alter einen Unterschied, ob man aus einer gut situierten Mittelschicht, einer eher armen Arbeiterfamilie oder einer Familie, die durch Vertreibung alles verloren hat, kommt. Demnach berichteten Gesprächsteilnehmer/innen aus einer eher gut situierten Mittelschicht von Aspekten einer Kindheit als „Schonraum" (Zinnecker, 2000), in dem es Möglichkeiten für freudige körperliche Bewegung und informellen Austausch mit anderen Kindern gab (z. B. Kinderfreizeiten, Elternhaus mit großem Hof, Fahrrad, Fußball spielen). Besonders unter den Gesprächsteilnehmern/innen, deren Familien flüchten mussten, wird hingegen von Kindheiten berichtet, in denen bereits (schwere) körperliche bzw. verantwortungsvolle Arbeiten verrichtet werden mussten. So konnten einerseits in den finanziell gut gestellten Familien gesundheitsrelevante Eigenwerte, z. B. Spaß an körperlicher Aktivität oder berufliche Selbstverwirklichung herausgebildet werden; andererseits wurde in den finanziell weniger gut gestellten Familien gelernt, zu arbeiten und Geld zu verdienen bzw. den Existenzaufbau und -erhalt der Familie über die

eigene Gesundheit zu stellen. Diese Zusammenhänge zeigen sich auch in den Gesundheitsverständnissen („harterschaffene Zufriedenheit", „stabile Erträglichkeit").
Weiterhin konnte in der vorliegenden Studie gezeigt werden, dass auch Erfahrungen über den Lebensverlauf Grenzen gesetzt sind. Dies ist, wenn das Neue mit dem bisherigen grundlegenden Verständnis nicht in eine sinnvolle Lebensgeschichte bzw. in die eigene Biografie integriert werden kann (Giesecke, 1990, S. 57 f.). So lehnt es z. B. ein Teilnehmer für sich ab, Sport zu treiben, und begründet dies durch die Selbstzuschreibungen „kränkliches" Kind, „schwächlicher Jugendlicher und Erwachsener", der am nationalsozialistischen Jungenideal der Kriegszeit („Hart wie Kruppstahl") gescheitert ist. Hier kann bzw. möchte der Gesprächspartner Sport nicht in seine Lebensgeschichte integrieren.
Zudem konnte belegt werden, dass auch der Nachhaltigkeit neuer Erfahrungen über die Lebensspanne Grenzen gesetzt sind. So berichtet eine Teilnehmerin davon, dass sie nach einem Herzinfarkt erkannt hatte, nun nicht mehr für ihre Gesundheit selbst zuständig zu sein, und hat daraufhin Hilfe in Anspruch genommen. Doch die Person, von der Hilfe erwartet wurde, ist – wie auch ihre Mutter in ihrer Kindheit – nicht auf ihre emotionalen Bedürfnisse und körperlichen Beschwerden eingegangen, woraufhin die Teilnehmerin in den weiteren Ausführungen wieder in das gelernte biografische Muster des Nichtredens über Krankheit und Schwäche sowie der Selbstzuständigkeit für eigene Gesundheit zurückfällt.

12.1.3 Internalisierte Gesundheitsumwelten

Durch die einzelnen Fallstudien konnte ermittelt werden, dass gesundheitsrelevante Prägungen verknüpft sind mit erlebens- und handlungswirksamen „internalisierten Umwelten" (vgl. Rowles, 1983; Rowles & Watkins, 2003). Im Alter weiter präsente Verknüpfungen prägender Erziehung, Sozialisation und Erfahrung mit Personen, Gruppen, Tieren, Dingen, Orten und Ländern zeigte sich in den Gesprächen sowohl für Kohortenerfahrungen als auch für persönliche Erfahrungen. Zu den internalisierten Umwelten im Alter zählt z. B. der Ort, an dem man aufgewachsen ist, der in der Biografie verknüpft ist mit dem Gedanken an eine schöne Kindheit und der hilft, wenn negative Erinnerungen belasten. Hierzu zählt auch die vergangene Jazz- und Swing-Szene der Stadt, wo Belastung durch traumatische Kriegserinnerungen „im gemeinsamen Takt" weggenommen wurde, und deren Teil man noch heute ist. Es ließ sich zudem feststellen, dass Gesprächspartner/innen sich an Stellen im Interview, in denen Einschränkungen und Verluste thematisiert wurden, zur Entlastung während der Gesprächssituation auf vergangene positive internalisierte Umwelten bezogen. Als stark belastendes Thema

erwies sich der Tod des Ehemanns bzw. der Ehefrau. Hier ließen sich in den Gesprächen u. a. Themenwechsel auf vergangene (gemeinsame) Urlaube oder unterstützende soziale Umwelten, wie Freunde, Familie und Tiere verzeichnen.
Zu den weiter erlebens- und handlungswirksamen internalisierten Gesundheitsumwelten zählen aber auch mit negativen Gefühlen konnotiere Personen und Orte. Dazu gehören z. B. Anbieter/innen von Gesundheitsleistungen, mit denen man schlechte Erfahrungen gesammelt hat, und die Dienstleistung deshalb (dort) nicht mehr in Anspruch genommen wird. Hierzu zählen aber auch Personen aus der Vergangenheit, an deren Erinnerung psychisch weiter belastet (z. B. Soldaten). Besonders eindrücklich wurde von einer Teilnehmerin, die Gesundheitserleben und ihre Biografie wiederholt unter dem Leitthema „Haben und Nicht-Haben" ausführt, ihr leergeräumtes Elternhaus, in das sie als Kind mit ihren Eltern nach der Flucht zurückkam, oder die vollen Geschäfte in der Zeit des Wirtschaftswunders in Deutschland erinnert.
Somit gibt die vorliegende Arbeit erste Hinweise darauf, dass Gesundheitserleben und -handeln im Alter in Verbindung steht mit verschiedenen Umwelten, die in der Gesundheitsbiografie hervortreten. Die Betrachtung von Biografie kann also nicht von Umwelt getrennt werden, was in den Ergebnissen, teils sehr detailliert, weiter in der Person wirkende internalisierte Umwelten des Aufwachsens und weiteren Lebensverlaufs (internale Umwelt), auch im Kontext von Gesundheit, zeigen.
Die Prägung von Gesundheitserleben und -handeln im Alter kann somit als Austausch von Person mit internaler Umwelt bezeichnet werden. Weiterhin schließt Prägung an ökogerontologische Theorien an, die Entwicklung als lebenslängliche Person-Umwelt-Transaktion beschreiben (Wahl & Oswald, 2016, S. 625) und biografische Umwelten als Teil der Person hervorheben (u. a. Rowles, 1983; Rubinstein & Parmelee, 1992). Hiernach sammeln sich über die Lebensspanne bedeutsame internale Umwelten in der Person an, die nicht von der Person zu trennen sind (Rowles & Watkins, 2003, S. 78) und die eine wichtige Funktion haben, um die eigene Lebensgeschichte zu erinnern und darauf geordnet zugreifen zu können:

> „[…] Feelings about one's experiences in or of key former places may be an important part of remembering one's life course and thus of organizing and accessing a lengthy life span" (Rubinstein & Parmelee, 1992, S. 139 f.).

Daran anschließend konnte in den Interviews dieser Studie gezeigt werden, dass Person-Umwelt-Transaktionen über den Lebensverlauf Gesundheitserleben und -handeln im Alter beeinflussen und auch durch die Integration neuer biografisch relevanter Bedingungen redefinieren können. Zudem konnte durch die herausgearbeiteten Fallporträts belegt werden, dass die befragten Personen ihre Biografie nicht losgelöst von Umwelt betrachten und dass es durch die „Verwobenheit von Person und Umwelt" schwer ist, relevante Umwelten getrennt von der Person zu rekonstruieren bzw. die Person von ihrer Umwelt getrennt zu betrachten (vgl. Wahl & Oswald, 2016, S. 625). Daraus folgt, dass die Beschreibung von Gesundheitskompetenz im Alter aus einer Person-Umwelt-Transaktion-Perspektive um verinnerlichte bzw. internalisierte Umwelten (sensu Rowles und Rubinstein) erweitert werden muss.

12.1.4 Zwischenfazit

Einerseits markieren Kindheit und Jugend in der vorliegenden Arbeit lebensgeschichtlich eine bedeutsame Passage für die Prägung gesundheitlicher Erlebens- und Handlungsmuster. Andererseits wurde herausgearbeitet, dass Erfahrungen im Erwachsenenalter diese Muster stärken, verändern bzw. wieder aktivieren können (z. B. nach schlechten Erlebnissen). Die Arbeit schließt somit einerseits an bestehende Befunde zur Gesundheitsentwicklung und Gesundheitserziehung in der Kindheit an, die darauf verweisen, dass das Kindesalter für gesundheitsrelevante Einstellungen und Verhaltensweisen einen konstituierenden Charakter hat (Settertobulte & Palentien, 1996; Krüger & Schröder, 2009; Ohlbrecht, 2015) und setzt diese in Bezug zu Gesundheitskompetenz im Alter. Anderseits verweisen die Ergebnisse vorliegender Arbeit auf Befunde zu lebenslangen Lernprozessen, die

> „[...] sowohl den Erwerb neuer Kenntnisse, als auch die Aneignung neuer Fertigkeiten sowie die Veränderung des Selbst- Weltbildes durch die Auseinandersetzung mit sozialen Erfahrungen und mit der Reflexion auf das eigene Leben" (Hof, 2011, S. 117).

hervorheben. Die Muster zu Gesundheitserleben und -handeln im Alter, die sich auf vorausgegangene Person-Umwelt-Transaktionen über die Lebenszeit zurückführen lassen, sind zudem gekoppelt an weiter wirksame internalisierte Umwelten, die in den Gesprächen teils ausführlich beschrieben hervortraten und die das Potential haben im aktuellen Leben handlungswirksam bzw. handlungsverhindernd zu wirken. Somit lässt sich in der vorgelegten Studie Prägung von Gesundheitserleben und -handeln im Alter als Austausch von Person mit internalisierter Umwelt rekonstruieren.

12.2 Umweltbezogene Aspekte von Gesundheitskompetenz im Alter

Neben biografischen Aspekten von Gesundheitskompetenz im Alter konnten durch die Fallanalysen ermittelt werden, dass die Performanz von Gesundheitskompetenz im Alter, also deren tatsächliche Umsetzung in der konkreten Anwendungssituation, von ermöglichenden und verhindernden Strukturen der äußeren Umwelt (sensu Lawton) (externale Umwelt bzw. E e) abhängt.

12.2.1 Verhinderungsstrukturen

Durch die Interviews wurden individuell wiederkehrende Indikatoren, in denen bewusst auf verhindernde Faktoren äußerer Umwelt rekurriert wurde, herausgearbeitet. In der vorliegenden Arbeit konnten so verschiedene umweltbezogene Aspekte ermittelt werden, die als Bestandteil von Performanz Gesundheitskompetenz im Alter gefährden bzw. verhindern. Dies ist dann der Fall, wenn eigene bewährte Muster Gesundheitserlebens und -handelns aufgrund äußerer Bedingungen nicht beibehalten bzw. umgesetzt werden können. Die ermittelten Verhinderungsstrukturen sind in Anlehnung an Lawton (ebd., 1983, S. 352) eingeteilt in physische (u. a. bauliche Bedingungen, die Zugang verwehren oder nichts anderes als Rückzug zulassen) (vgl. Osborne et. al., 2013, S. 6, 8), technische (u. a. erschwerter Zugang zu Informationen, unübersichtliche Informationen), finanzielle (u. a. erschwerter Zugang zu Teilhabe und Gesundheitsförderung, verwehrter Zugang zu bestimmten Therapiemöglichkeiten), soziale (u. a. mangelnde informelle Unterstützung, Krankheit und Pflegebedürftigkeit des Partners bzw. der Partnerin,), institutionelle (u. a. fehlende Angebote oder lange Wartezeiten), gesellschaftliche Umwelt (altersfeindliche Gesellschaft, die das Alter nicht als eigene Lebensphase würdigt). Eine Erklärung für die Wirkung der Verhinderungsstrukturen liefert ein klassisches Modell der Ökologie des Alterns, das Umweltanforderungs-Kompetenz-Modell (Lawton & Nahemow, 1973). So wirken gerade bei den befragten Personen mit abnehmender körperlich-geistiger Funktionstüchtigkeit die Anforderungen der Umwelt stärker auf die Person ein bzw. ist die Person einem stärkeren Druck durch die Umwelt ausgesetzt. Hiernach besteht die Gefahr, dass biografisch anschlussfähige und bewährte Gesundheitsmuster im Bereich der instrumentellen und sozialen Aktivitäten (siehe ExCo, S. 57) und bei zunehmender Vulnerabilität im ressourcenarmen Alter aufgrund höherer Anforderungen durch äußere Umwelt auch im Bereich der Basisfunktionen des täglichen Lebens (siehe BaCo, S. 57) nur unter erschwerten Bedingungen oder nicht realisiert werden können (vgl. Lawton, 1998, S. 3 f.).

12.2.2 Ermöglichungsstrukturen

Neben den ermittelten Verhinderungsstrukturen zeigen die Fallanalysen auch auf individuell wiederkehrende Indikatoren, in denen bewusst auf ermöglichende Faktoren äußerer Umwelt rekurriert wurde. Dies ist dann der Fall, wenn eigene biografische Muster Gesundheitserlebens und -handelns umgesetzt werden können. Die Ermöglichungsstrukturen sind in Anlehnung an Lawton (ebd., 1983, S. 352) eingeteilt in physische (u. a. gute Zugänglichkeit, Möglichkeiten der Naherholung), technische (u. a. Hilfsmittel, Internet), finanzielle (u. a. Ermöglichung alternativer Heilmethoden und erweiterter Diagnostik), institutionelle (u. a. Versorgungsangebot, feste Ansprechpartner), soziale (u. a. informelle Unterstützung und sozialer Austausch) (vgl. Osborne et. al., 2013, S. 6,8) und gesellschaftliche Umwelt (u. a. rechtliche Möglichkeiten wie Vorsorgevollmacht und Patientenverfügung, Anrecht auf Leistungen des Gesundheitssystems). Äußere Umwelten können somit für Gesundheitshandeln kompetenzerhaltend und kompetenzfördernd wirken.

Die Ermöglichungsstrukturen für Gesundheitskompetenz im Alter lassen sich rückbinden an die drei Funktionen der Umwelt nach Lawton (ebd. 1989b). So geht es auch bei biografischem Gesundheitserleben und -handeln um dessen Beibehaltung (z. B. eigenes Bad für die tägliche Dusche, die mit Wohlbefinden in Verbindung gebracht wird), Anregung (z. B. Kontakt mit Personen anderer Altersgruppen, der als schützend vor negativen Gedanken wahrgenommen wird) und Unterstützung (z. B. medizinische Hilfe, die mit verbesserter Beweglichkeit in Verbindung gebracht wird) durch Umwelt.

In den Interviews gibt es weiter Hinweise, dass die hier ermittelten Ermöglichungsstrukturen an biografische Muster anschließen (z. B. Expertenorientierung) und zudem auch neue Umwelten hinzugezogen werden (z. B. Internet als Informationsmedium). Wie Lawton mit der späteren Erweiterung des Umweltanforderungs-Kompetenz-Modells (Lawton & Nahemow, 1973) durch Ressourcen der Umwelt („Environmental Richness", Lawton, 1989a) darlegt, wählen Personen gemäß eigenen biografischen Mustern Umwelten aktiv aus und nutzen und gestalten sie selbst („Environmental Proactivity", Lawton, 1989a). Hiermit kann auch erklärt werden, warum sich alte und sehr alte Personen auch hinsichtlich ihres Gesundheitserlebens und -handelns nicht ausschließlich durch die weiter oben genannten Verhinderungsstrukturen gefügig zeigen bzw. diesen folgen müssen („Environmental Docility", Lawton, 1998).

12.2.3 Zwischenfazit

Neben den Ergebnissen der vorliegenden Studie, die auf Prägungen von Gesundheitserleben und -handeln im Alter verweisen, liefert die Arbeit Hinweise darauf, dass die Performanz von Gesundheitskompetenz im Alter durch äußere Umweltstrukturen ermöglicht bzw. verhindert wird. Performanz von Gesundheitskompetenz im Alter kann deshalb beschrieben werden als die Interaktion der Person mit Ermöglichungs- und Verhinderungsstrukturen äußerer Umwelt. Gesundheitskompetenz im Alter zeichnet sich hiernach sowohl dadurch aus, in welchen Kontexten Menschen mit welchen Möglichkeiten gelebt haben, als auch in welchen sie heute leben. Die Befunde zur Performanz von Gesundheitskompetenz werden durch klassische ökogerontologische Modelle gestützt, die das Verhältnis zwischen alten Menschen und ihrer Umwelt beschreiben.

12.3 Der Zusammenhang von Biografie und Umwelt: Biografie x Umwelt

Die vorliegende Arbeit liefert durch Fallanalysen empirische Hinweise dafür, dass:

1. Biografische Prägung von Gesundheitserleben und -handeln die Performanz von Gesundheitskompetenz im Alter in und durch Umwelten beeinflusst.

Biografische Prägung ist zum einen innerlich verfestigt in Mustern biografischen Gesundheitserlebens und -handelns, zum anderen zeigt sich Prägung jeweils performativ in diesen. Das konnte in der Arbeit anhand von Aspekten biografischer Prägung im gesundheitsbezogenen Nachfrageteil, der u. a. Schilderungen zur Umsetzung von Gesundheitshandeln im Alter beinhaltet, empirisch belegt werden (z. B. Prägung durch Sportsozialisation in Kindheit und Jugend und Beibehaltung von Sport bis ins sehr hohe Alter oder erlernter Umgang mit Medikamenten im Kindesalter, der sich auch im Alter zeigt). In Rückbindung an gängige Kompetenzdiskurse lässt sich Prägung somit als erworbene Disposition fassen (Weinert, 2014, S. 27 f.), die nicht nur bestimmtes Handeln wahrscheinlich macht, sondern die auch jeweils handlungsrelevanten Umwelten bestimmt. Somit ist auch die Nutzung externaler Ressourcen biografisch geprägt und nicht allein anhand handlungsrationaler Gesichtspunkte auf die Anforderungssituation zurückzuführen. Das erklärt auch, warum die Nutzung bestimmter Ermöglichungsstrukturen von älteren Personen auch abgelehnt wird.

Weiterhin konnte belegt werden, dass:
2. Die tatsächliche Aktualisierung von Gesundheitskompetenz im Alter in und durch konkrete Umwelten (Performanz) biografisches Gesundheitserleben und -handeln beeinflusst.
Gesundheitshandeln findet immer in Umwelten bzw. jeweiligen Handlungskontexten statt. Durch Austausch mit ermöglichenden bzw. verhindernden Umweltbedingungen können biografische Gesundheitsmuster beibehalten werden (z. B. Möglichkeit, Sport durch Technik auch innerhäuslich auszuüben). Besonders interessant zeigten sich Fälle, in denen hierdurch auch Gesundheitsmuster verändert bzw. aufgegeben wurden. So wurde z. B. erlerntes Nichtreden über Gesundheit mit Hilfe anderer Personen abgelegt oder gemeinsame Treffen aufgegeben, weil kein passendes Angebot mehr in der Nähe ist. In der vorliegenden Arbeit konnte empirisch belegt werden, dass äußere Umwelten beeinflussen, ob biografische Muster Gesundheitserlebens und -handelns umgesetzt werden können oder durch neue ersetzt werden (müssen). Auf diesem Weg können durch Ermöglichungsstrukturen neue gesundheitsrelevante Routinen entstehen (z. B. Internetnutzung für sozialen Austausch) bzw. erklärt dies auch, warum die Nutzung bestimmter Ermöglichungsstrukturen von älteren Personen auch abgelehnt wird.
Biografische Prägung stellt somit eine hinreichende Bedingung für Performanz dar, denn sie ist aufgrund möglicher Umwelteinflüsse nicht zwingend notwendig hierfür (z. B. wenn ärztlichem Rat gefolgt wird, siehe „bestätigtes Folgen", S. 275). Aufgrund der genannten Zusammenhänge (1. und 2.) trägt die Arbeit auch zum Verständnis des Kompetenz-Performanz-Problems (S. 51) bei. So kann eine Person in der Umsetzung ihrer Gesundheitskompetenz einerseits trotz bewährter biografischer Muster Gesundheitserlebens und -handelns durch äußere Verhinderungsstrukturen scheitern. Andererseits können biografische Muster (z. B. die erlernte Ablehnung von Hilfe) trotz vorhandener äußerer Ermöglichungsstrukturen gesundheitskompetentes Handeln verhindern.

12.3.1 Typen von Gesundheitskompetenz

Unter Einschluss von allen genannten Befunden konnten fünf verschiedene Typen zu Gesundheitskompetenz im Alter als Bestandteile eines Prozessmodells (S. 281) abgeleitet werden. Die Typen zeigen unterschiedliche Muster zu Gesundheitserleben und -handeln. Sie folgen den unterschiedlichen Strategien „Selbstvergewisserung", „Normalitätserhalt", „Veränderungsakzeptanz", „Selbstständigkeitsinitiative" und „Ohnmachtsvermeidung". Zudem gibt es Hinweise, die die unterschiedlichen Typen in Verbindung bringen mit einem ressourcenreichen bzw. ressourcenarmen Lebensalter.

Zum eher ressourcenreichen Lebensalter zählen die Typen „Selbstvergewisserung" und „Normalitätserhalt". Der Typ „Selbstvergewisserung" ist dadurch gekennzeichnet, dass die Sicht auf sich selbst als die Person, die man immer gewesen ist, aufrechterhalten wird. Dazu gehört auch eigenes Gesundheitserleben. Objektive Diagnosen werden in das Selbstbild und wie man gesehen werden möchte, nämlich als Gesunde/r, integriert. Biografische Gesundheitsroutinen im Stadtteil und in weiter entfernten, aber gut erreichbaren Orten zur Gesundheitsförderung werden fortgeführt und neue Möglichkeiten bzw. Orte werden erschlossen. Dennoch spielen auch zukünftig mögliche gesundheitliche Verschlechterungen und Abhängigkeiten („wenn sie eintreten sollten") für das Gesundheitserleben eine Rolle. Gesundheit soll bleiben, wie sie ist und hierfür wird sich aktiv eingesetzt. Regelmäßige Kontrolluntersuchungen und sportliche Aktivitäten dienen hierfür zur Prävention und als Gesundheitsbeweis, weshalb die institutionelle Umwelt bzw. Angebote (Schwimmbad, Sauna, Gymnastikgruppe, Hausarzt/-ärztin) hier eine wichtige Rolle einnehmen.

Den Typ „Normalitätserhalt" kennzeichnen eigene Vorstellungen gesundheitlicher Normalität bei bereits eingetreten gesundheitlichen Veränderungen, die es ermöglichen sich weiter als die Person wahrzunehmen, die man immer war. Dieser Typ ist darüber hinaus dadurch gekennzeichnet, dass sich Gesundheit aus eigener Sicht zwar etwas verschlechtert hat und biografische Gesundheitsroutinen nicht nur fortgeführt, sondern – auch aufgrund veränderter äußerer Umstände – angepasst werden müssen. Die Personen des Typs beschreiben sich im Alltag zu einem großen Ausmaß als handlungsfähig (auch für andere Personen im Umfeld). Wie im vorausgegangenen Typ spielen erlebte mögliche, hier jedoch auch zunehmende gesundheitliche Veränderungen im Verhalten eine Rolle.

Es zeigen sich bei den beiden Typen „Selbstvergewisserung" und „Normalitätserhalt" in der Theorie beschriebene Merkmale des sogenannten „Dritten Lebensalters" (Baltes & Smith, 1999, S. 167 f.). Hier wird von den Interviewpartnern/innen u. a. subjektiv gute Gesundheit bzw. Funktionalität erwähnt. Die Befragten beschreiben sich als gesund; es werden aber auch Beeinträchtigungen im Kontext des eigenen Alters und Erkrankungen erwähnt. Hier geht es jedoch vorwiegend darum, mit Hilfe psychologischer, materieller, sozialer und sozioökonomischer Ressourcen, die subjektiv gute Funktionsfähigkeit zu erhalten bzw. wiederherzustellen (vgl. Staudinger & Greve, 2001, S. 101).

Gesundheitshandeln erscheint hier in den Bereichen Krankheitsprävention, Gesundheitsförderung und Krankheitsbewältigung. Vor allem aber geht es um die Verhütung von Krankheiten und der Verbesserung von Gesundheit, aber auch der

Auseinandersetzung mit ersten bleibenden Einschränkungen. Die Interviewinhalte zeichnen sich u. a. durch Aktivität, Alltagskompetenz und Produktivität aus (u. a. Übernahme von Pflege, nachberufliche gewinnbringende bzw. sinnstiftende Arbeit). Das eigene Alter wird hier als Ressource, die zwar mit Verlusten, aber auch mit Gewinnen bzw. „Freiheiten" (vgl. Rosenmayr, 1983) einhergeht, begriffen. Dementsprechend wird vornehmlich über Ermöglichungsstrukturen hinsichtlich der Umsetzung von Gesundheitshandeln (Performanz) gesprochen. Es werden jedoch zukünftig mögliche Bedrohungen (insbesondere Bettlägerigkeit und kognitive Verschlechterung bzw. eine Demenzerkrankung) thematisiert.

Die Personen des Typs „Normalitätserhalt" berichten über altersgemäße Funktionseinbußen und weisen somit Ähnlichkeiten zu „normalem Altern" auf (Baltes & Baltes, 1989, S. 88). Beide Typen verzeichnen für vier der fünf Fälle zum Zeitpunkt des Interviews eine erreichte überdurchschnittliche Lebenszeit (mittlere Lebenserwartung, Statista, 2017), einem Merkmal „optimalen Alterns" (Gerok & Brandstätter, 1994, S. 358). Im Allgemeinen geht es hier um die Aufrechterhaltung des gegenwärtigen Zustands.

Dem Übergang von einem ressourcenreichen in ein ressourcenarmes sogenanntes „Viertes Lebensalter" (Baltes & Smith, 1999, S. 167 f.) zeigt sich in den Typen „Veränderungsakzeptanz" und „Selbstständigkeitsinitiative". Bei dem Typ „Veränderungsakzeptanz" berichten Teilnehmer/innen über bestehende fortschreitende Erkrankungen, mit denen sie sich aufgrund der Schwere oder Beeinträchtigung im Alltag tiefer auseinandersetzen müssen. Deshalb wird hier spezifisch zu den Einschränkungen gehandelt, u. a. durch tägliche gymnastische Übungen, um Schmerzen zu reduzieren. Die Gesprächspartner/innen zeigen in den Gesprächen, dass ihnen bewusst ist, dass sie sich stark verändert haben, bzw. zu einer „anderen Person" geworden sind. Zudem werden hier eine gesundheitlich unbestimmte Zukunft und erwarteter Verlust von Selbstständigkeit im Alltag stärker thematisiert. Eine große Rolle spielt hier gelernt zu haben, mit Veränderungen, wie z. B. dem Verlust der Partnerin, zu leben bzw. möglichst aktiv weiterzuleben. Hier unterstützen biografische Handlungsmuster, wie z. B. positives Denken, soziale Kontakte oder spirituelle Übungen. Obwohl Krankheit weitgehend angenommen wird, geht es weiterhin auch darum, gesundheitliche Verschlechterungen aufzuhalten bzw. den Zustand zu erhalten (siehe Typ „Normalitätserhalt").

Den Typ „Selbstständigkeitsinitiative" kennzeichnet, dass es den Personen bewusst ist, dass der gesundheitliche Zustand schlecht ist, nach Selbsteinschätzung nur noch schlechter werden kann und diesbezüglich aus Sicht der Person – wie im vorausgegangenen Typ – gehandelt werden muss. Die gesundheitlichen Veränderungen sind von den Personen akzeptiert (siehe Typ „Veränderungsakzeptanz"). Auf weitere Einbußen der Gesundheit und Selbstständigkeit wird sich vorbereitet, z. B. durch (vorsorgliche) Anpassung von Aktivitäten und Umweltanpassung (insbesondere häusliche Umwelt und verstärkte Nutzung technischer Umwelten). Ziel ist es, die äußeren Umstände zu verbessern und sich vorzubereiten, um zukünftige Selbstständigkeit zu fördern und privates Wohnen im Alter zu erleichtern bzw. zu erhalten.

Der Umgang mit Verlusten erfordert hier mehr Anpassung und Aufmerksamkeit als in dem vorangegangenen Typ „Veränderungsakzeptanz". Der Alltag wird den gesundheitlichen Veränderungen entsprechend ausgerichtet (z. B. Ernährung, Nutzung nahräumlicher Versorgungsangebote). Besonders über veränderte mobilitätsbezogene Gesundheitsroutinen wird erzählt. Diese beinhalten, dass gewisse Tätigkeiten aufgegeben werden (u. a. Ehrenämter, Treffen, Bildungsaktivitäten, Urlaubsreisen). Die Tätigkeiten werden teils durch neue ersetzt, die hinsichtlich der derzeitigen Situation besser in den Lebensalltag passen. Dennoch spielen – wie im vorherigen Typ – gängige gesundheitsfördernde und präventive Handlungen, trotz des schlechten gesundheitlichen Zustands, für die Förderung von Gesundheit und Wohlbefinden eine Rolle (z. B. Ernährung, Bewegung).

Wie in allen vorangegangenen Typen werden weitere mögliche Verschlechterungen thematisiert (insbesondere Mobilitätseinschränkung und kognitive Verschlechterung). Auch hier greifen biografische Strategien, um eigenes Gesundheitserleben trotz Krankheit zu erhalten, wie der Fokus auf soziale Gesundheit. Auf zunehmend hindernde Bedingungen („Umweltdruck", Lawton & Nahemow, 1973) wird mit biografischem Gesundheitshandeln reagiert, wie z. B. sich zu informieren und proaktiv zu handeln. Insgesamt ist dieser Typ durch ansteigende Bemühungen, Selbstständigkeit zu erhalten, gekennzeichnet.

Der Typ „Veränderungsakzeptanz" zeigt sowohl Ähnlichkeiten zu „normalem Altern" als auch „pathologischem Altern" (gute Funktionalität bei altersuntypischen Diagnosen, schlechte Funktionalität bei alterstypischen Diagnosen) (vgl. Baltes & Baltes, 1989, S. 88). Hingegen lassen sich im Typ „Selbstständigkeitsinitiative" neben Aspekten „normalen Alterns" (mäßig-gute Funktionalität) auch Merkmale „pathologischen Alterns" (schlechte Funktionalität und altersuntypische Diagnosen) feststellen. Ab dem Typ „Veränderungsakzeptanz" zeigt sich in den Gesprächen, dass der Umgang mit gesundheitlichen Verlusten mehr Aufmerksamkeit und Anstrengung erfordert, um den Alltag bewältigen zu können.

Dem ressourcenarmen „Vierten Lebensalter" konnte der Typ „Ohnmachtsvermeidung" zugeordnet werden. Dieser Typ zeichnet sich dadurch aus, dass zunehmende gesundheitliche Beeinträchtigung (Multimorbidität, schwere chronische Erkrankungen) mit berichteter schlechter Lebensqualität (Atemnot, kognitive Einbußen und schlechte Mobilität) einhergeht. Die schlechte Gesundheit steht auch in Verbindung mit dem Verlust sozialräumlicher Umwelten (gewohnter Stadtteil). Das Gesundheitshandeln ist darauf ausgerichtet, mit der schlechten gesundheitlichen Situation unter Hinzuziehung der zur Verfügung stehenden Ressourcen zurechtzukommen. Gesundheitskompetenz im Alter beinhaltet somit auch Aspekte von Resilienz im Alter bei unumkehrbaren Verlusten, wie von Staudinger und Greve herausgearbeitet (S. 31 f.).

Die Personen, die dem Typ zugeordnet sind, setzen sich zudem konkret mit bereits eingetretener oder in unmittelbarer Zukunft erwarteter steigender Abhängigkeit auseinander, die sich vor allem in der Angst, nicht mehr privat wohnen bleiben zu können, zeigt. Es geht zudem darum, Selbstbestimmung und Würde nicht zu verlieren, z. B. durch Bettlägerigkeit, starke kognitive Einbußen oder durch Handlungen gegen den eigenen Willen. Hier greifen insbesondere individuelle und nicht breit etablierte Strategien zum Umgang mit Verlust (z. B. disziplinierende Monologe, Selbstironie, Briefe schreiben). Dahingegen funktionieren gesellschaftlich anerkannte und verbreitete Strategien (z. B. Bewegungsförderung) hier nur bedingt bzw. haben keine Relevanz. Gesundheitshandeln findet zu einem größeren Anteil als in vorausgegangenen Typen überwiegend innerhäuslich statt. Die Überwindung physischer Barrieren und das Thema Wohnraumanpassung treten deutlich hervor. Wie im vorausgegangenen Typ „Selbstständigkeitsinitiative" ist Wohnenbleiben bzw. die eigene häusliche Umwelt ein dominierendes Thema, das sich in diesem Typus jedoch zuspitzt bzw. noch stärker umkämpft ist. Alle hier dazugehörenden Fälle zeichnen sich dadurch aus, dass Privatwohnen aufrecht zu halten größerer Bedrohung ausgesetzt ist, worauf unterschiedlich reagiert wird (eigene Anstrengung, Nutzung und Ablehnung von Hilfe, Wohnraumanpassung).

Im Typ „Ohnmachtsvermeidung" sind die Aufmerksamkeit und Anstrengungen darauf ausgerichtet, mit gesundheitlichen Verlusten umzugehen. Alter wird hier noch stärker als im vorausgegangenen Fall („Selbstständigkeitsinitiative") als Belastung und Bedrohung erlebt. Gemeinsam mit dem vorangegangenen Typ ist jedoch, dass die eigene Gesundheit im Gespräch eng mit der Beibehaltung der eigenen Häuslichkeit verbunden ist. Zum einen ist die eigene Gesundheit Voraussetzung, um in der eigenen Wohnung zu bleiben, zum anderen steht das eigene Gesundheitserleben in enger Verbindung damit, in der eigenen Wohnung bleiben zu können (vgl. Oswald, 2010, S. 175).

Im Typ „Ohnmachtsvermeidung" finden sich anschließend an die beiden vorangegangenen Typen („Veränderungsakzeptanz" und „Selbstständigkeitsinitiative") Merkmale der Konzepte „normales Altern" (alterstypische Diagnosen) und pathologisches Altern. Hier zeigen sich jedoch stärker Merkmale pathologischen Alterns durch Teils gravierende und nicht alterstypische Erkrankungen sowie starke funktionale Einschränkungen.

Über die einzelnen Typen hinweg betrachtet, lässt sich eine Abnahme von Gewinnen und eine Zunahme von Verlusten beobachten (vgl. Baltes, 1997). Die einzelnen Gesundheitsstrategien sind hierauf ausgerichtet. Aufgrund kategorialer Überschneidung mit jeweils vorausgegangenen Typen lässt sich darüber hinaus ein Verlauf annehmen (siehe Integration der weiteren Fälle, Kapitel 4).

Bei der Interpretation der Ergebnisse gilt zu beachten, dass sie die subjektive Perspektive von zwölf intensiv befragen Personen zum Zeitpunkt der Befragung wiedergeben. So könnten die Gesprächspartner/innen heute aufgrund veränderter Interaktionsbedingungen ähnlich oder auch anders antworten bzw. durch berichtete hinzugetretene Ereignisse oder veränderte Lebensbedingungen anderen Typen zugeordnet werden.

12.3.2 Zwischenfazit

Durch den Einschluss der beiden Heuristiken Biografie und Umwelt konnte ein Modell zu Gesundheitskompetenz im Alter entwickelt werden, das eine Abfolge von Typen entlang eines ressourcenreichen und ressourcenarmen Alters beschreibt. Die darin eingeschlossenen Typen zeigen aufgrund unterschiedlicher Ressourcenlagen unterschiedliche Strategien für Gesundheit im Alter, die sich zwischen „Selbstvergewisserung" und „Ohnmachtsvermeidung" befinden. So geht es einerseits hauptsächlich um Beibehaltung von Gesundheit, andererseits um den Umgang mit starken gesundheitlichen Verlusten unter jeweils ermöglichenden bzw. verhindernden äußeren Strukturen.

Die Typen zeigen zudem unterschiedliche Merkmale normativer Alternstheorien, die jedoch im Modell keinem festen Verlauf folgen. So finden sich auch im ressourcenarmen Typ „Ohnmachtsvermeidung" Aspekte „normalen Alters" entgegen einer erwarteten Abfolge von „erfolgreichem Altern" bis „pathologischem Altern". Zudem gibt auch das biologische Alter im Modell nur bedingt Hinweise auf die Zuordnung zu den einzelnen Typen, da in den beiden Extrempositionen der Typenabfolge die Person mit dem niedrigsten und höchsten Lebensalter entgegen eines vermuteten Altersanstiegs vertreten sind. Die einzelnen Alternstheorien zu Gesundheit erfüllen so, wie in wissenschaftlichen Diskursen zum Thema empfohlen, in dieser Arbeit eher eine heuristische Funktion.

In der vorliegenden Arbeit konnte gezeigt werden, dass für eine Zuordnung zu einem Typ neben dem eigenen gesundheitlichen Zustand auch biografisches Gesundheitserleben und -handeln in Zusammenhang mit aktuellen Umweltvoraussetzungen eine Rolle spielen. Das Modell bestätigt somit differentielle Alternstheorien.

Zudem weisen die Ergebnisse auch auf ein dynamisches Gesundheitsverständnis (Antonovsky, 1988; Hurrelmann, 2010, S. 138-143), das die Person als aktiv-handelnd unter Einbezug ihrer Ressourcen adressiert, um sich Gesundheitskompetenz im Alter anzunähern. So kann Gesundheitskompetenz im Alter auch als Prozess innerhalb eines Kontinuums zwischen (eher ressourcenreicher) „Selbstvergewisserung" und (eher ressourcenarmer) „Ohnmachtsvermeidung" gefasst werden. Dies schließt an die Studie von Himmelsbach zum Umgang mit eingeschränkter Handlungsfähigkeit im Alter am Beispiel der Makuladegeneration (ebd. 2009) an. Auch bei Gesundheitskompetenz im Alter stehen sich Kompetenz und Defizit nicht gegenüber, sondern es gibt vielmehr Zwischenformen hiervon (Typ „Veränderungsakzeptanz" und „Selbstständigkeitsinitiative"). Zudem wurden in dieser Arbeit, neben breit etablierten, auch individuelle Gesundheitsstrategien, z. B zur eigenen psychischen Entlastung oder Motivation bei unumkehrbaren Verlusten, besonders bei den ressourcenärmeren Typen ermittelt.

Insgesamt verweisen die Befunde darauf, den Zusammenhang von Kompetenz mit Biografie und Umwelt stärker hervorzuheben, indem einerseits biografische Prägungen, die in engem Zusammenhang mit internalisierten Umwelten stehen, in Kompetenzdiskurse einbezogen werden. Andererseits verweisen die Ergebnisse auf die Bedeutung äußerer Umwelt als notwendige Handlungsbedingung und Teil von Performanz. Die Befunde unterstützen somit für das Alter ein relationales Verständnis von Gesundheitskompetenz (Institute of Medicine of the National Academies, 2010; Sørensen et al., 2013), das in dieser Arbeit „biografisch gewordene" alte und sehr alte Menschen mit ihrer Umwelt verbindet.

12.4 Rückbindung der Fälle an die Arbeitsdefinition

Werden die Ergebnisse vorliegender Untersuchung an die Arbeitsdefinition (Sørensen et al., 2012, S. 3) rückgebunden, lässt sich feststellen, dass sie Aspekte dieser bestätigen und somit altersspezifisch illustrieren, ihr widersprechen oder durch altersspezifische Aspekte erweitern. Hierfür werden nachfolgend exemplarisch Textbelege angefügt.

Dass allgemeine Literacy als Grundlage für Gesundheitskompetenz beschrieben werden kann, wurde in den Fällen häufig bestätigt (u. a. Lesen von Beipackzetteln, Gesundheitszeitschriften und Fachliteratur, Suche nach Gesundheitsexperten, Bearbeiten von Anträgen oder im Kontext von Patientenvollmachten und -verfügungen). In wenigen Fällen (zwei von zwölf) wurden Aspekte digitaler Literacy (Internetnutzung) erwähnt, um Gesundheitsinformationen zu finden. Hingegen wurde in allen Typen soziale Unterstützung im Umgang mit Gesundheitsinformationen thematisiert und in fast allen Fällen werden Gesundheitsinformationen durch persönlichen Austausch bezogen.

Generell konnte ermittelt werden, dass die Art der Informationssuche und der Umgang mit Informationen an die herausgearbeiteten biografischen Muster anschließen (z. B. sozial-kommunikativer Umgang vs. intellektuell-abwägender Umgang) und Zusammenhänge mit formaler Bildung (u. a. Art der Informationsquellen, gesundheitliches Vorwissen) aufweisen. Dies wird z. B. im untenstehenden Beispiel deutlich, das eine starke Parallele der Informationssuche zur eigenen Bildungsbiografie (begonnene Ausbildung zur Apothekerin) aufweist.

Zeile: 2097-2103 (Frau Fechner, 79 Jahre alt)
I: h=hm h=hm h=hm und was hilft ihnen, sich zu informieren? Wenn sie 'ne Information brauchen zu ihrer Gesundheit?
E: Lesen. Lesen. Ich leiste mir alle drei Jahre die Rote Liste, ja. Kostet vierundsiebzig Euro.
I: h=hm   h=hm
E: Und kucke, was es anderes gibt, [ja]. Ja.

Die Dominanz von Literacy in der Arbeitsdefinition lässt wichtige umweltbezogene Einflüsse jedoch unberücksichtigt. So können einschränkende Bedingungen (u. a. schwer zu beziehende Gesundheitsinformationen) kompetente Handlungen verhindern. Demnach spielen, wie durch Befunde der vorliegenden Studie belegt, äußere Ressourcen bzw. deren Zuteilung eine Rolle. Denn selbst, wenn alle Informationsprozesse durchlaufen sind, findet die Anwendung Grenzen, wenn aus verschiedenen Gründen benötigte Ermöglichungsstrukturen nicht verfügbar sind, z. B. durch physische Barrieren, fehlende Angebote im Quartier, fehlende finanzielle Mittel, keine zeitnah verfügbaren Arzttermine oder fehlende Unterstützung bei der Mobilität.

Diskussion der Befunde

Zeile: 790-794 (Frau Nordheimer, 88 Jahre alt)
I: Was hilft Ihnen, sich zu informieren, was Gesundheit angeht? Da Informationen zu bekommen dazu?
E: Da in der Apotheke die Zeitungen, die krieg ich. Ich kann ja selber nichts holen. Ich kann ja nur fort, wenn mich einer mit dem Rollstuhl wegfährt.

Ein neu hinzugekommener altersdifferenzierender Aspekt zu Gesundheitskompetenz ist Wissen durch Erfahrung. Hier wird über die Biografie erworbenes Handlungswissen abgerufen. So konnte in dieser Studie gezeigt werden, dass es über den Lebensverlauf zu einer Ansammlung von Erfahrungswissen kommt, die Gesundheitshandeln durch bewährtes Handeln erleichtert, z. B. zu entscheiden, ob man zum Arzt geht oder nicht, was in nachfolgendem exemplarischem Beleg von der Person selbst auf Erziehung zurückgeführt wird.

Zeile: 527-541 (Frau Schlüter, 77 Jahre alt)
E: [...] Gell, ne also, ich bin dieser Hinsicht bis sin wir ALLE, also meine Geschwister sin sin mir alle ein bisschen, vielleicht macht das auch die Erziehung, ge. Meine Mutter, de des warn ja alles Bauern.
I: Hm=h. Ahja.
E: Da geht man ja net gleich zum Arzt und das alles ne,
Ich mach mir, sagen wir mal so wie viele sich Gedanken über ihre Krankheit machen, mach ich mir überhaupt net. [...] Und wenn ma irgendwas sein sollte, dann geh ich halt hin.

Anhand der Kategorien zu Gesundheitserleben und -handeln ließen sich auch unterschiedliche Motivationen im Kontext eigener Gesundheitsförderung ermitteln, insbesondere Erhalt und Verbesserung der Gesundheit, Wohnenbleiben, Selbstständigkeitserhalt, Verbesserung der Mobilität und Teilhabe). Das nachfolgende Zitat beschreibt das beabsichtigte körperliche Training einer Gesprächspartnerin, welches vor allem dadurch motiviert ist, am Stadtteilleben teilzunehmen und mit anderen Menschen in Kontakt zu kommen. Es zeigt ein Dilemma auf zwischen Wissen (vor die Tür zu gehen tut gut) und Tun (man kann es nicht mehr).

Zeile: 2162-2196 (Frau Angel, 73 Jahre alt)
E: [...] Ich versuch auch jetzt wieder mal, die Treppe runter zu gehen. Also hoch (.) ist es schlimmer, runter komm ich schon.
I: Hm::

E: Aber hoch ((atmet hörbar kurz ein)). Will mal trainieren jetzt, (-) mal jeden Tag 'n bisschen mehr, (-) das ich wieder runter kann.
I: H=hm.
E: (---) Denn ich muss wieder mal vor die Tür.
I: Hm:
E: Hier oben geh ich dann (.) schon zum kaputt, geh [ich] ja.
I: [Ja.]
E: Schon zwei Jahre. [...] Mal Menschen sehen wieder - so richtig, nicht nur vom Balkon aus. [...] Mal ins Café wieder gehen. [((lacht))]

Auch, dass verschiedene Fähigkeiten und Fertigkeiten der Person bei Gesundheitskompetenz im Alter eine Rolle spielen, wird durch die Fallanalysen bestätigt (u. a. soziale und kommunikative Fähigkeiten im Umgang mit anderen Menschen, eigenes Körpergespür, Kritikfähigkeit, finanzielles Haushalten, die Fähigkeit, das Gesundheitssystem zu nutzen, Auto fahren und öffentliche Verkehrsmittel zu nutzen). Fähigkeiten und Fertigkeiten kommen aber auch in gesundheitsbezogenen biografischen Erlebens- und Handlungsmustern zum Ausdruck. So zählen z. B. lange eigene Autofahrten in einem Fall zu biografischem Gesundheitserleben, dass zudem eine starke Verbindung zu Handlungsfähigkeit aufweist.

Zeile: 395-402 (Herr Allendorf, 85 Jahre alt)
I: [hm=h hm=h hm=h hm=h] (5 Sekunden) Was bereitet Ihnen bei IHRER Gesundheit am meisten Freude?
E: (4 Sekunden) ((lachend)) (1 Sekunde) Mit der Gesundheit? Dass ich Auto fahren kann so viel ich will. Macht mir die meiste, die meiste Freude.
I: Hm=h hm=h. [Und]
E: [Heute noch] fahre ich praktisch tausend Kilometer in einem Stich durch.

Durch die Rückbindung der Fälle an die Arbeitsdefinition konnte das Konzept der Gesundheitsinformation auch im Kontext von Gesundheitskompetenz im Alter bestätigt werden. In den Interviews wurde herausgearbeitet, dass eine Bandbreite unterschiedlicher Gesundheitsinformationen bei den Befragten vorhanden ist (Laienwissen bzw. „folk models", Expertenwissen).
Jedoch traten nicht alle Stufen der Informationsverarbeitungsprozesse durchgängig in den Daten hervor, was an den in dieser Studie herausgearbeiteten Aspekt biografischer Prägung von Gesundheitserleben und -handeln anschließt. Vielmehr gibt es demnach Hinweise, dass kompetentes Handeln auch ohne kognitive Auseinandersetzung („finden, verstehen und bewerten" von Gesundheitsinformation)

stattfindet. So können sich Personen z. B. handlungsbezogen im Kontext ihrer Erkrankung durch explizites Wissen über den eigenen Körper gut auskennen, obwohl vertiefendes Wissen zu Krankheitsentstehung und -behandlung fehlt. Wissen ist hier mit sozialer Praktik und praktischem Können verbunden (Kompetenz auf Handlungsstufe). Somit gehen hier die Informationsverarbeitungsprozesse „finden", „verstehen" und „bewerten" nicht der Handlung voraus. Das heißt, dass Gesundheitsinformationen hier keine notwendige Voraussetzung für Handeln sind, sondern es vielmehr um Wissen für den konkreten Umgang innerhalb der Anwendungssituation (vgl. Hof, 2009, S. 83) geht. Es geht also bei Gesundheitskompetenz im Alter auch um Handlungsfähigkeit, die nicht auf spezifischen Gesundheitsinformationen basiert, wie nachfolgendes Zitat zeigt.

Zeile: 520-526 (Frau Schlüter, 77 Jahre alt)
E: Ich gehe immer zum Arzt. Jetzt hab ich Zucker. Und äh da wird er halt der Zucker gemessen und ich geh zum Augenarzt
I: Hm=h
E: und äh geh auch immer zur Untersuchung, wird ke, wird Blut abgenommen, aber ich denke mir nix dabei, ich mach mir auch gar keine Gedanken darüber.

Weiterhin konnte in der vorliegenden Arbeit herausgefunden werden, dass Gesundheitserleben und -handeln, gerade im Alltag, nicht nur mit Informationen, die von außen an die Person herangetragen, in Kontext steht. Vielmehr geht es auch um die Wahrnehmung von Gefühlen, die zu sinnlicher bzw. leiblicher Erkenntnis („implizites Wissen des Körpers") führen kann sowie „Wissen durch den Körper" als Kenntnisse über die eigenen körperlichen Fähigkeiten und den Umgang mit dem Körper (Böhle & Porschen, 2011, S. 53, vgl. Soellner et al. 2010, S. 110).

Zeile: 2472-2480 (Frau Fechner, 79 Jahre alt)
I: Wie lernen Sie am meisten über ihre Gesundheit? Wie findet das statt? Wo kriegt man die Informationen her? (-)   h=hm h=hm   h=hm
E: Des der Schmerz sagt's, ja. Das sagt der Schmerz und. [Man] braucht da kein
I: h=hm h=hm (--) [h=hm]
E: m-, [ja. Der] Körper meldet sich, [ja]. Hör auf, [jetzt]
I: [h=hm h=hm]   [h=hm]   [h=hm]
E: wird's genug, [ja], so ungefähr

Alle drei Domänen, die der Krankheitsbewältigung, Krankheitsprävention und Gesundheitsförderung, konnten in den Interviews zugeordnet werden. Sie kennzeichnen auch die verschiedenen Alternsverläufe der Gesprächspartner/innen, welche wiederum mit den Anwendungssituationen für Gesundheitskompetenz im Alter in Verbindung stehen.
Ebenso konnte wiedergefunden werden, dass Gesundheitskompetenz im Alter auf Lebensqualität abzielt. Dabei zeigen sich in den Interviews individuelle Aspekte wie Wohnenbleiben, Funktionalität, Schmerzfreiheit, Wohlbefinden, Partizipation und soziale Kontakte. Es geht darum, Lebensqualität zu erhalten (insbesondere Typ „Selbstvergewisserung" und „Normalitätserhalt"), zu verbessern und es zu erleichtern, mit zunehmenden (erwarteten) Verlusten umzugehen (Typ „Veränderungsakzeptanz" und „Selbstständigkeitsinitiative"). Eine besondere Herausforderung stellt der Umgang mit stark eingeschränkter Lebensqualität, fortschreitendem gesundheitlichem Abbau und mit daraus resultierenden Defiziten dar (Typ „Ohnmachtsvermeidung") z. B. bei starker Mobilitätseinschränkung.

Zeile: 959-1000 (Frau Nordheimer, 88 Jahre alt)
I: Was hat sich in Ihrem Leben verändert seit oder was hat sich in Ihrem Alltag verändert?
E: Dass ich nicht mehr an allem teilnehmen kann durch meine Krankheit. Früher bin ich aufgestanden, hab gesagt, ach jetzt gehst du in den N-Stadtteil, machst ein Bummel. Das ist alles vorbei. Das möcht ich nochmal gerne.
Anhand vorausgegangener Überlegungen wird abgeleitet, dass die bisher verwendete Definition für die Bestimmung von Gesundheitskompetenz im Alter zu eng gefasst ist. Eine altersspezifische Definition für Gesundheitskompetenz im Alter, welche biografische und umweltbezogene Aspekte einbezieht, wird benötigt.

12.5 Definition zu Gesundheitskompetenz im Alter

Die nachfolgende Definition zu Gesundheitskompetenz im Alter basiert auf der Arbeitsdefinition nach Sørensen et al. (ebd. 2012, S. 3). Sie integriert abschließend für diese Arbeit die herausgearbeiteten Aspekte biografische Prägung, Umweltbedingungen, Umgang mit gesundheitlichen Verlusten, gesundheitsbezogene Erlebens- und Handlungsmuster und verschiedene Alternsverläufe.
„Gesundheitskompetenz im Alter basiert auf der allgemeinen Literacy und Prägungen über den Lebenslauf, steht in engem Zusammenhang mit Ermöglichungs- und Verhinderungsstrukturen der Umwelt und umfasst gesundheitsbezogene Er-

lebens- und Handlungsmuster, die dabei helfen in ressourcenreichen und ressourcenarmen Alternsverläufen die Lebensqualität zu erhalten, zu verbessern oder es erleichtern mit Verlusten umzugehen" (Sørensen et al., 2012, S. 3, Übersetzung durch Pelikan & Ganahl, 2017, S. 94, modifizierte Textstellen in kursiver Schrift).

13 Folgerungen für die Theoriebildung

In der vorliegenden Studie wurde empirisch ermittelt, was Biografie und Umwelt dazu beitragen, das Konzept Gesundheitskompetenz für das Alter zu erweitern. Hierfür wurde das erziehungswissenschaftliche Konzept der Gesundheitskompetenz durch eine ökogerontologische Perspektive ergänzt, um dieses für das hohe und sehr hohe Alter zu spezifizieren. Die Arbeit ist verortet zwischen erziehungswissenschaftlicher Biografieforschung, ökologischer Alternsforschung und qualitativer Gesundheitsforschung.

Mit Hilfe eines zielgerichteten Samplings wurden zwölf Studienteilnehmer/innen im Alter von 73 bis 92 Jahren ausgesucht. Die Daten wurden durch ein problemzentriertes Interview erhoben. Die Auswertungsmethode ist aufgrund unterschiedlicher Daten (Biografie- und Nachfrageteil) eine Kombination eines rekonstruktiven (Rekonstruktion der narrativen Identität) (Lucius-Hoene & Deppermann, 2004b) mit einem kodierenden Verfahren (Strauss, 1998b). Die Untersuchung setzt die beiden Suchheuristiken der Biografie und Umwelt voraus. Die Einteilung in Gesundheitserleben (subjektive Gesundheit und Wert der Gesundheit) und -handeln dient der Sortierung der gebildeten Kategorien.

Die Befunde dieser Arbeit zeigen, dass die Heuristiken Biografie und Umwelt einen wichtigen Beitrag dazu leisten, das Konzept der Gesundheitskompetenz für das hohe und sehr hohe Alter weiterzuentwickeln. Durch das Vorgehen konnten in den folgenden Bereichen erstmals konzeptgenerierende Aussagen über Gesundheitskompetenz im Alter getroffen werden:
- Entstehungs- und Handlungsbedingungen und deren Zusammenhang mit biografischem Gesundheitserleben und -handeln sowie Ermöglichungs- und Verhinderungsstrukturen der Umwelt; Typen von Gesundheitskompetenz im Alter und deren Zusammenhang mit der Ressourcenlage der Person. Anhand der Ergebnisse wurden ein Modell (S. 281) und eine altersspezifische Definition zu Gesundheitskompetenz im Alter abgeleitet (S. 303).

13.1 Entstehungs- und Handlungsbedingungen

Die Befunde der vorliegenden Studie weisen darauf hin, dass Gesundheitserleben im Alter mit Prägungen über die Lebensspanne durch Erziehung, Sozialisation und eigene Erfahrung in Verbindung steht. Es ließ sich zudem aufzeigen, dass biografisch relevante internale Umwelten (u. a. Herkunftsfamilie, Schule, Militär, Nachbarschaft) bei den befragten Personen hierfür weiter erlebens- und handlungswirksam sind. Somit ließen sich Zusammenhänge zwischen vergangenen Situationen und Lebensbedingungen und Gesundheitskompetenz im Alter belegen. Es konnte gezeigt werden, dass schon sehr früh Voraussetzungen für Muster eigenen Gesundheitserlebens und -handelns geschaffen werden und dass diese über den Lebensverlauf durch neue prägende Erfahrungen auch verändert bzw. an vorangegangenes Gesundheitserleben und -handeln adaptiert werden können. Durch die vorliegende Studie können somit theoretische Annahmen zum Zusammenhang von Erziehung und Sozialisation mit Gesundheitskompetenz (z. B. Bitzer & Spörhase, 2016, S. 25) empirisch belegt und durch den Aspekt der Erfahrung ergänzt werden. Hierzu konnte herausgefunden werden, dass durch Erziehung vermitteltes und durch Sozialisation und eigene Erfahrung beeinflusstes biografisches Gesundheitserleben und -handeln miteinander in Verbindung stehen.

Darüber hinaus konnte durch die Befunde auch dargelegt werden, dass biografische Prägung eine hinreichende Bedingung für Gesundheitskompetenz im Alter ist. Denn in den Schilderungen der Teilnehmer/innen, in denen biografisches Gesundheitshandeln konkret umgesetzt wird (Performanz), trifft dieses auf äußere Umweltzusammenhänge, die ermöglichend oder verhindernd wirken (Ermöglichungs- und Verhinderungsstrukturen). Daraus folgt, dass die Performanz von Gesundheitskompetenz im Alter neben biografischen Prägungen auch durch äußere Umwelt beeinflusst ist, die hierfür sowohl Bühne als auch Voraussetzung ist. Daher sind bei der Betrachtung von Gesundheitskompetenz im Alter eher erlebenswirksame internale Umwelten von eher handlungswirksamen äußeren Umwelten (z. B. Stadtteil, ÖPNV) zu unterscheiden.

Die Ergebnisse zeigen somit auch, dass in der vorliegenden Arbeit Biografie von Umwelt nicht getrennt voneinander beobachtet werden können. Das eigene Alter liefert mit einhergehenden Veränderungen und Übergängen Handlungsanlässe, die biografisch und umweltbezogen bearbeitet werden. Im Gegensatz zu vermuteten rein gesundheitsstrategischen Absichten und Handlungen alter Menschen (Prävention, Gesundheitsförderung und Therapie) geht es hiernach bei Gesundheitskompetenz im Alter auch um gesundheitsbezogene Erlebens- und Handlungsmuster sowie umweltbezogene Kontextfaktoren.

13.2 Typen von Gesundheitskompetenz

Durch den Einbezug oben genannter Zusammenhänge konnten fünf verschiedene Typen von Gesundheitskompetenz im Alter entlang eines eher ressourcenreichen und -armen Lebensalters ermittelt werden. Diese sind: „Selbstvergewisserung", „Normalitätserhalt", „Veränderungsakzeptanz", „Selbstständigkeitsinitiative" und „Ohnmachtsvermeidung". Jeder Typ zeichnet sich durch spezifisches Gesundheitserleben und -handeln aus. Die ermittelten subjektiven Gesundheitsdefinitionen lassen sich auch in der kleinen Stichprobe verdichten. Sie stehen jeweils in Zusammenhang mit Aspekten der Umwelt der Person.

Entgegen bisheriger Modelle von Gesundheitskompetenz, die auf allgemeine kognitive Fähigkeiten sowie motivationale Aspekte fokussieren, wird hier ein Prozessmodell von Gesundheitskompetenz im Alter entworfen, welches Typen von Gesundheitskompetenz an jeweils konkrete altersspezifische Inhalte entlang verschiedener Ressourcenlagen zurückbindet. So konnten auch bislang unzureichend beschriebene individuelle Aspekte von Gesundheitskompetenz (auch bei bereits bestehendem starkem gesundheitlichem Defizit, wie z. B. psychisches Wohlbefinden herstellen) aufgezeigt werden (siehe Typ „Ohnmachtsvermeidung").

Da die Gesprächsteilnehmer/innen nicht zufällig erzählten, wie sie erzählten, sondern entlang eigener Relevanzen für sich sinnhaft bzw. schlüssig ihre Biografie darstellten, konnten in dieser Untersuchung (latente) Sinn- und individuelle Deutungsstrukturen rekonstruiert werden. Die Kombination der Methoden und die Unterschiedlichkeit der Teilnehmer/innen erwies sich als angemessen, um sich der Komplexität Gesundheitserlebens und -handelns im Alter in dieser Studie anzunähern. Die Aspekte Biografie und Umwelt tragen dazu bei, das Verständnis von Gesundheitskompetenz im Alter im Hinblick auf die notwendig weiter zu entwickelnde Theoriediskussion und Konzeptentwicklung zu befördern.

Aus übergeordneter Perspektive ist es in dieser Studie gelungen, eine stärkere Annäherung zwischen Erziehungswissenschaften und Ökogerontologie herzustellen, indem die Begriffe Erziehung, Sozialisation und Erfahrung mit einer Person-Umwelt-Transaktion-Perspektive verbunden wurden.

14 Folgerungen für die Forschung

Mit der vorliegenden Studie erfolgte eine erste empirische Annäherung an Gesundheitskompetenz im Alter aus Subjektsicht unter den Perspektiven von Biografie und Umwelt. Die Ergebnisse belegen, dass Gesundheitskompetenz im Alter durch die Aspekte der Biografie und Umwelt erweitert werden muss, um eine differenzierte Betrachtung zu ermöglichen, die auch die jeweilige Ressourcenlage der Person einbezieht. Die hier ermittelten Ergebnisse verweisen aufgrund der Zusammenhänge zwischen Erziehung, Sozialisation und Erfahrung und biografischen Mustern Gesundheitserlebens und -handelns im Alter darauf, Gesundheitskompetenz als Konzept der Lebensspanne zu betrachten und zu beforschen.

Zudem unterstützen die Befunde für Gesundheitserleben und -handeln im Alter einerseits weiter wirksame internale Umwelten (Rowles, 1983) in Kompetenzdiskurse einzubeziehen, andererseits äußere Umwelt als notwendige Handlungsbedingung und somit Teil von Performanz zu berücksichtigen. Gesundheitskompetenz im Alter kann somit nur differenziert betrachtet werden, indem auch ökogerontologische Aspekte inner- und außerhäuslicher Wohnumwelten (u. a. Oswald et al., 2007; Oswald et al., 2013) angemessen einbezogen werden.

Zukünftig könnten durch weitere Forschung zusätzliche Typen ermittelt werden, die das abgeleitete Modell (S. 281) weiter ausdifferenzieren. Ein besonderes Augenmerk könnte dann aus erziehungswissenschaftlicher Perspektive auch auf die Bedeutung internalisierter Umwelten für – nicht nur gesundheitsrelevante – Lern- und Bildungsprozesse im Alter gelegt werden. Besonders interessant wäre darüber hinaus eine weitere Verbindung von erziehungswissenschaftlichen mit ökogerontologischen Konzepten, z. B. indem Lernen zu Gesundheit und gesundheitsbezogene Bildungsprozesse mit dem Konzept „Erleben von altersbezogenen Veränderungen im Erwachsenenalter" („Awareness of Age-Related Change", Miche et al., 2014) in Bezug gesetzt würden.

Weiterhin könnten durch die Fortführung des hier angebrachten zielgerichteten Samplings neue Aspekte, wie kognitive Einschränkungen (die ggf. mit Schwierigkeiten die eigene Biografie zu erinnern einhergehen) oder ein Stadt-Land-Vergleich, einbezogen werden. Aber auch Befunde aus der hier vorliegenden Arbeit, z. B. zu Gender, könnten dazu beitragen die Ergebnisse des Modells zu vertiefen. Methodisch könnte das Forschungsdesign erweitert werden durch ein Photovoice-Verfahren, das vertiefende Einsichten in die Stadtteilbiografie und -infrastruktur ermöglichen könnte. Um zudem breitere Personengruppen zu befragen, wurden bereits einige in der vorliegenden Arbeit ermittelten Befunde als Grundlage für die

Entwicklung eines altersspezifischen Messinstruments für Gesundheitskompetenz im Alter verwendet (Konopik, Kaspar, Penger, Oswald, Himmelsbach, in press). Hierdurch zukünftig erfasste Daten könnten mit ökogerontologischen Konzepten, z. B. zu Wohnerleben (Oswald & Kaspar, 2012), in Verbindung gebracht werden. Weiterhin stellt sich die Frage, wie die heute 50-jährigen und zukünftig älteren Generationen hinsichtlich von Gesundheitskompetenz im Alter anzusprechen sein werden. Es ist jedoch wahrscheinlich, dass die heutige Wissensgesellschaft als „knowledge-based society" (Leydesdorff, 2003) oder mit dem „Web 2.0" sowie durch veränderte kohortenspezifische Erfahrungen („Digital Natives") Gesundheitserleben und -handeln im zukünftigen Alter verändern werden. Es lässt sich annehmen, dass deshalb „digitale Literacy" an Bedeutung gewinnen wird. Welche Rolle physische Orte bei zunehmender Virtualisierung in Zukunft einnehmen werden und welche neuen physischen Umwelten hinzutreten werden (z. B. Robotik), bleibt offen. Auch hier lässt sich jedoch vermuten, dass neue Gesundheitsumwelten Einzug in (die frühe) Biografie halten, so verinnerlicht werden und Gesundheitshandeln unter Voraussetzungen (neuer) ermöglichender und verhindernder Bedingungen beeinflussen werden. So könnte z. B. das Aufwachsen mit (Gesundheits-)Technologien deren spätere Nutzung begünstigen, die wiederum gesundheitspolitisch gefördert wird.

15 Folgerungen für die Praxis

Die vorliegende Arbeit liefert erste empirische Hinweise für einen erziehungswissenschaftlich-ökogerontologischen Ansatz zur Förderung von Gesundheitskompetenz im Alter, der an den Bedarfen, verfügbaren Ressourcen und Strategien von alten Menschen anknüpft. In der vorliegenden Arbeit wurde einerseits belegt, dass Gesundheit biografisch interpretiert und Gesundheitshandeln darauf ausgerichtet wird. Andererseits wurde gezeigt, dass es innerhalb der einzelnen Typen von Gesundheitskompetenz unterschiedliche Kompetenzen gibt, die benötigt werden, und dass mit ansteigendem Typus mehr Kompetenz benötigt wird aufgrund abnehmender Ressourcen und steigendem Umweltdruck. Nur indem Biografie und Umwelt adressiert werden, kann herausgefunden werden, wie Ältere ihre Gesundheit sehen und wie sie im Alltag handeln. Denn nur so wird auch die Ressourcenlage der Person einbezogen und nur so kann herausgefunden werden, welche Angebote passend sind für die unterschiedlichen Typen oder wie diese über die beiden Schienen der Biografie und Umwelt angepasst werden können.

Um dies zu adressieren, bedarf es nicht gänzlich neuer Konzepte von Gesundheitsbildung bzw. Gesundheitsförderung im Alter. Eher gilt es, bestehende Angebote auf relevante altersspezifische Aspekte von Biografie und Umwelt abzustimmen bzw. herauszufinden, wie die zu übermittelnden Informationen bzw. Maßnahmen zu dem bisher gelebten Leben und den aktuellen Umweltbedingungen passen.

Die Arbeit zeigt, dass deshalb das biologische Alter der Person allein nur bedingt für Interventionen dient und vielmehr ein jeweiliger Typus nach individueller Ressourcenlage Hinweise liefert. Die Befunde vorliegender Studie verweisen auf einen Ansatz, der auf bestimmte Subpopulationen älterer Personen zielt. So könnten zukünftige Programme entlang des in dieser Arbeit entwickelten Modells etwa fünfgeteilt sein und so könnte jeder Typus unterschiedliche Unterstützung, auch beim Übergang in die nächste bzw. eine andere Stufe, erhalten. Eine mögliche Unterstützung könnte entlang zentraler Charakteristika der Typologie und exemplarischer Beispiele, wie nachfolgend aufgezeigt wird, stattfinden:

- Typ „Selbstvergewisserung": Unterstützung in der Beibehaltung und ggf. nötigen Anpassung eigenen Gesundheitserlebens und -handelns (u. a. Unterstützung von Routinen und Handeln in neuen Situationen, z. B. Stadtteilzentrum, das durch verschiedene Angebote Vernetzung und Lernen fördert);

- Normalitätserhalt: Unterstützung in der Anpassung eigenen Gesundheitserlebens und -handelns an erwartete potentielle und bereits eingetretene Veränderungen (u. a. Anpassung von Routinen, z. B. Beratung bei Veränderungen wie nachlassende Mobilität oder Pflegeverantwortung);
- Veränderungsakzeptanz: Unterstützung im Umgang mit der Veränderung eigenen Gesundheitserlebens und -handelns bei bereits eingetretenen Verlusten (u. a. Umgang mit Einschränkungen und Erhalt von Alltagsselbstständigkeit, z. B. Selbsthilfegruppen zur psychischen und alltagspraktischen Unterstützung;
- Selbstständigkeitsinitiative: Unterstützung bei der Vorbereitung auf neues Gesundheitserleben und -handeln hinsichtlich erwarteter weiterer Verluste (u. a. Erleichterung von Alltagsselbstständigkeit und Vorbereitung auf ein höheres Lebensalter, z. B. Wohnberatung zur Verbesserung und Anpassung des Wohnumfeldes);
- Ohnmachtsvermeidung: Unterstützung in der Ermöglichung eigenen Gesundheitserlebens und -handelns bei starkem Verlust und Abhängigkeit (u. a. Unterstützung von Selbstbestimmung, Mobilität und sozialer Teilhabe, z. B. Alltagsbegleiter/in, u. a. zur Aufrechterhaltung nachbarschaftlicher Bezüge oder Besuchs- bzw. Einkaufsdienst zur Unterstützung von Austausch bzw. häuslicher Versorgung).

Unabhängig vom jeweiligen Typus sollte auf geäußerte potentielle oder in unterschiedlicher zeitlicher Entfernung erwartete gesundheitliche Verschlechterungen und damit einhergehende Ängste und Unsicherheiten eingegangen werden (insbesondere Bettlägerigkeit und Demenz). Dringend angezeigt und legitimiert sind pädagogische Interventionen vor allem dann, wenn Personen mit ihrem eigenen Gesundheitserleben und -handeln an Grenzen stoßen und somit ihre eigene Gesundheitskompetenz nicht aufrecht halten können. Dies ist z. B. der Fall, wenn bei Gesundheitserleben als „erhaltene Bewegungsfähigkeit" und „Bedrohung" Bettlägerigkeit vorweggenommen wird oder eintritt (S. 247 f., 248 f.). Ein anderer Fall wäre, wenn eigene Strategien psychischer Entlastung nicht mehr greifen, weil z. B. das hierfür erforderliche private Wohnsetting nicht aufrechterhalten werden kann (Frau Angel, S. 271 f. und Frau Neumann, S. 270). Zudem sollten auch Formen Gesundheitserlebens und -handelns hinsichtlich von Ambivalenzen adressiert werden, z. B. bei der bewussten individuellen Entscheidung für objektive Gesundheitsgefährdung zugunsten subjektiver Gesundheit (z. B. Buttergenuss bei sonst fettarmer Ernährung, siehe Typ „Normalitätserhalt", S. 184 f.). Bei allen Typen gilt es zudem, auch eher unkonventionelle Formen Gesundheitserlebens und -handelns zu berücksichtigen und ggf. neu zu denken. Dies gilt insbesondere dort, wo weit verbreitete Maßnahmen zur Gesundheitsförderung subjektiv keine Relevanz mehr haben bzw. nicht mehr umgesetzt werden können (siehe Typ „Ohnmachtsvermeidung", S. 244 f.). Darüber hinaus geht es bei allen Typen darum, Hilfe anzubieten, die auch in die eigene Biografie integriert werden kann. Internalisierte Umwelten im Kontext von Erziehung, Sozialisation und Erfahrung könnten dazu beitragen, die Prägung biografischen Gesundheitserlebens und -handelns besser zu verstehen bzw. zu verstehen, warum Menschen so und nicht anders handeln. Damit Gesundheitshandeln konkret möglich ist, ist es jedoch notwendig, dass die jeweiligen äußeren Umweltbedingungen für die Umsetzung verfügbar sind bzw. verbessert werden. Hierzu zählen auch gut erreichbare bzw. zugehende Angebote im Quartier, die im Umgang mit Gesundheitsinformationen unterstützen, z. B. Hilfe bei Antragstellungen durch einen bekannten Träger im Quartier und Angebote, die auch ohne direkten Besuch vor Ort für Interessierte verfügbar sind.

Die vorliegende Studie befürwortet deshalb komplexes Erleben und komplexe Reaktionsformen bei Gesundheitskompetenz im Alter. Diese kann nur in ihrer Verwobenheit mit Biografie und Umwelt umfassend verstanden werden. Die Ergebnisse bekräftigen somit eine relationale Sicht auf Gesundheitskompetenz im Alter. Wenn jedoch das relationale Konzept von Gesundheitskompetenz im Alter ernst genommen werden soll, müssen deshalb biografische und umweltbezogene Faktoren eingeschlossen werden. Hierfür ist weitere interdisziplinäre Zusammenarbeit nötig.

16 Literaturverzeichnis

Abbott, R. A., Ploubidis, G. B., Huppert, F. A., Kuh, D. & Croudace, T. J. (2010). An Evaluation of the Precision of Measurement of Ryff's Psychological Well-Being Scales in a Population Sample. Social indicators research, 97 (3), S. 357-373.

Abel, T. & Bruhin, E. (2003). Health Literacy/Wissensbasierte Gesundheitskompetenz. In Bundeszentrale für gesundheitliche Aufklärung (BZgA) (Hrsg.), Leitbegriffe der Gesundheitsförderung. Glossar zu Konzepten, Strategien und Methoden der Gesundheitsförderung. Schwabenstein a. d. Selz: Peter Sabo, S. 128-131.

Abel, T. (2013) Health literacy builds resilience among individuals and communities. In World Health Organization (WHO) Europe (Hrsg.), Health literacy: The solid facts. Genf, S. 22-25.

Abel, T. & Sommerhalder, K. (2015). Gesundheitskompetenz/Health Literacy. Das Konzept und seine Operationalisierung. Bundesgesundheitsblatt, Gesundheitsforschung, Gesundheitsschutz, 58 (9), S. 923-929.

Ad Hoc Committee on Health Literacy for the Council on Scientific Affairs, A. M. A. (1999). Health Literacy. Report of the Council on Scientific Affairs. JAMA: The Journal of the American Medical Association, 281 (6), S. 552-557.

AGE Platform Europe (2014). 20 ways to improve health literacy in Europe. URL: https://www.age-platform.eu/policy-work/news/20-ways-improve-health-literacy-among-ageing-population [01. 01 2019].

Alheit, P. (1999). Grounded Theory: Ein alternativer methodologischer Rahmen für qualitative Forschungsprozesse. URL: http://www.global-systems-science.org/wp-content/uploads/2013/11/On_grounded_theory.pdf [29.07.2019]

Alheit, P. (2008). „Biografizität" als Schlüsselkompetenz in der Moderne. In S. Kirchhof (Hrsg.), Biografisch lernen & lehren. Reflexionen - Denkanstösse - Praxismodelle; [Möglichkeiten und Grenzen zur Entwicklung biografischer Kompetenz (Schriftenreihe wissenschaftliche Weiterbildung an der Universität Flensburg, Bd. 1). Flensburg: Univ. Press, S. 15-28.

Altin, S. V., Finke, I., Kautz-Freimuth, S. & Stock, S. (2014). The evolution of health literacy assessment tools: a systematic review. BMC Public Health, 14, S. 1-13.

© Springer Fachmedien Wiesbaden GmbH, ein Teil von Springer Nature 2019
N. Konopik, *Gesundheitskompetenz im Alter*,
https://doi.org/10.1007/978-3-658-28382-7

Anders, M. P. (2015). Funktionaler Analphabetismus und Gesundheit. In Gesundheit Berlin-Brandenburg (Hrsg.), Dokumentation 20. Kongress Armut und Gesundheit. URL: http://www.armut-und-gesundheit.de/Inklusion.1805.0.html [29.07.2019].

Antonowsky, A. (1979). Health, stress, and coping: new perspectives on mental and physical well-being. San Francisco: Jossey-Bass.

Antonovsky, A. (1988). Unraveling the mystery of health. How people manage stress and stay well. San Francisco: Jossey-Bass.

Antonovsky, A. (1993). The structure and properties of the sense of coherence scale. Social Science & Medicine, 36 (6), S. 725-733.

Antonovsky, A. (1996). The salutogenic model as a theory to guide health promotion. Health Promotion International, 11 (1), S. 11-18.

Antonovsky, A. (1997). Salutogenese: Zur Entmystifizierung der Gesundheit. Dt. erw. Hrsg. von Alexa Franke. Tübingen: DGVT-Verlag.Austin, J. L. (1962). How to do things with words. Oxford: Oxford University Press.

Baker, D. W., Gazmararian, J. A., Sudano, J. & Patterson, M. (2000). The Association Between Age and Health Literacy Among Elderly Persons. Journal of Gerontology: Social Sciences, S. 368-374.

Baltes, M. M., Maas, I., Wilms, H.-U. & Borchelt, M. (1996). Alltagskompetenz im Alter: Theoretische Überlegungen und empirische Befunde. In K. U. Mayer & P. B. Baltes (Hrsg.), Die Berliner Altersstudie. Berlin: Akademie Verlag, S. 525-542.

Baltes, M. M. (1998). The psychology of the oldest-old: the fourth age. Current Opinion in Psychiatry, 11 (4), S. 411-415.

Baltes, P. B. & Baltes M. M. (1989). Optimierung durch Selektion und Kompensation. Ein psychologisches Modell erfolgreichen Alterns. Zeitschrift für Pädagogik, 35 (1), S. 85-105.

Baltes, P. B. (1997). Die unvollendete Architektur der menschlichen Ontogenese: Implikation für die Zukunft des vierten Lebensalters. Psychologische Rundschau, 48, S. 191-210.

Baltes, P. B. & Smith, J. (1999). Multilevel and systemic analyses of old age: Theoretical and empirical evidence for a fourth age. In P. B. Baltes & K. U. Mayer (Eds.), Handbook of Theories of Aging. New York: Springer Publishing Company, S. 153-173.

Baltes, P. B. & Smith, J. (2003). New frontiers in the future of aging: from successful aging of the young old to the dilemmas of the fourth age. Gerontology, 49 (2), S. 123-135.

Bandura, A. (1997). Self-efficacy. The exercise of control. New York: W.H. Freeman and Company

Bauman, A., Merom, D., Bull, F. C., Buchner, D. M. & Fiatarone Singh, M. A. (2016). Updating the Evidence for Physical Activity: Summative Reviews of the Epidemiological Evidence, Prevalence, and Interventions to Promote "Active Aging". The Gerontologist, 56 Suppl 2, S. 268-280.

Belanger, E., Ahmed, T., Filiatrault, J., Yu, H.-T. & Zunzunegui, M. V. (2015). An Empirical Comparison of Different Models of Active Aging in Canada: The International Mobility in Aging Study. The Gerontologist. 57 (2), S. 197-205.

Bengel, J., Strittmatter, R. & Willmann, H. (2001). Was erhält Menschen gesund? Antonovskys Modell der Salutogenese. In Bundeszentrale für gesundheitliche Aufklärung (BZgA) (Hrsg.), Forschung und Praxis der Gesundheitsförderung. Band 6. Köln.

Bernsteiner, M. & Boggatz, T. (2016). Wohlbefinden im Alter. Die Inhaltsvalidität der Ryff-Skala für BewohnerInnen von Pflegeheimen und betreuten Wohneinrichtungen. Pflege, 29 (3), S. 137-149.

Beutelspacher, M. (1988). Volk und Gesundheit. Heilen und Vernichten im Nationalsozialismus; Begleitbuch zur gleichnamigen Ausstellung im Ludwig-Uhland-Institut für Empirische Kulturwissenschaften der Universität Tübingen (3. Aufl.). Frankfurt Main: Mabuse-Verlag.

Bitzer, E.-M. & Spörhase, U. (2016). Was macht Menschen gesundheitskompetent? Kompetenzerwerb aus pädagogischer und Public Health-Perspektive. In G. Nöcker (Hrsg.), Health Literacy/Gesundheitsförderung. Wissenschaftliche Definitionen, empirische Befunde und gesellschaftlicher Nutzen (Gesundheitsförderung konkret, Band 20). Köln: Bundeszentrale für Gesundheitliche Aufklärung, S. 21-39.

Blättner, B. (1998). Gesundheit läßt sich nicht lehren. Professionelles Handeln von KursleiterInnen in der Gesundheitsbildung aus systemisch-konstruktivistischer Sicht. In Deutsches Institut für Erwachsenenbildung.

Blaxter, M. (2010). Health (2. Aufl.). Cambridge: Polity Press.

Blumer, H. (1954). What Is Wrong with Social Theory. American Sociological Review, 1, S. 3-10.

Blumer, H. (1969). Symbolic interactionism perspective and method. Englewood Cliffs N.J: Prentice-Hall.

Blumer, H., Bude, H. & Dellwing, M. (Hrsg.). (2013). Symbolischer Interaktionismus. Aufsätze zu einer Wissenschaft der Interpretation (1. Aufl.). Berlin: Suhrkamp.

Böhle, F. & Porschen, S. (2011). Körperwissen und leibliche Erkenntnis. In R. Keller & M. Meuser (Hrsg.), Körperwissen (1. Aufl.). Wiesbaden: VS Verlag für Sozialwissenschaften, S. 53-67.

Böhnisch, L. (2012). Sozialpädagogik der Lebensalter. Eine Einführung (6. Aufl.). Weinheim: Beltz Juventa.

Brähler, E. & Scheer, J. W. (1995). Der Gießener Beschwerdebogen (GBB): Handbuch (2. Aufl.). Bern: Hans Huber.

Brandstätter, V., Schüler, J., Puca, R. M. & Lozo, L. (2013). Motivation und Emotion. Berlin, Heidelberg: Springer.

Breuer, F., Dieris, B. & Lettau, A. (2010). Reflexive Grounded Theory. Eine Einführung für die Forschungspraxis (2. Aufl.). Wiesbaden: VS Verlag für Sozialwissenschaften.

Buettner, D. (2010). The blue zones. Lessons for living longer from the people who've lived the longest. Washington, D.C.: National Geographic.

Buksch, J. & Schlicht, W. (2014). Sitzende Lebensweise als ein gesundheitlich riskantes Verhalten. Deutsche Zeitschrift für Sportmedizin, 65 (01), S. 15-21.

Bundesministerium für Familie, Senioren, Frauen und Jugend (BMFSFJ) (2010). Sechster Bericht zur Lage der älteren Generation in der Bundesrepublik Deutschland. Altersbilder in der Gesellschaft und Stellungnahme der Bundesregierung. Berlin.

Bundesministerium für Familie, Senioren, Frauen und Jugend (BMFSFJ) (2016). Siebter Bericht zur Lage der älteren Generation in der Bundesrepublik. Berlin.

Bundesministerium für Gesundheit (BMG) (2016). Online Ratgeber Krankenversicherung. Vorsorge und Rehabilitation. http://www.bmg.bund.de/themen/krankenversicherung/leistungen/rehabilitation.html

Bundesministerium für Gesundheit (BMG) (2017). Gründung der „Allianz für Gesundheitskompetenz". URL: https://www.bundesgesundheitsministerium.de/ministerium/meldungen/2017/juni/allianz-fuer-gesundheitskompetenz.html [29.07.2019].

Cagney, K. A., Glass, T. A., Skarupski, K. A., Barnes, L. L., Schwartz, B. S. & Mendes de Leon, C. F. (2009). Neighborhood-level cohesion and disorder: measurement and validation in two older adult urban populations. The journals of gerontology. Series B, Psychological sciences and social sciences, 64 (3), S. 415-424.

Cattell, R. B. (1963). Theory of fluid and crystallized intelligence. A critical experiment. Journal of Educational Psychology, 54 (1), S. 1-22.
Chamberlain, S. (2016). Adolf Hitler, die deutsche Mutter und ihr erstes Kind. Über zwei NS-Erziehungsbücher (6. Aufl.). Gießen: Psychosozial-Verlag.
Corbin, J. M. (1998). The Corbin and Strauss Chronic Illness Trajectory model: an update. Scholarly inquiry for nursing practice, 12 (1), S. 33-41.
Corbin, J. M. & Strauss, A. L. (2010). Weiterleben lernen. Verlauf und Bewältigung chronischer Krankheit (3. Aufl.). Bern: Hans Huber.
Dahlgren, G. & Whitehead, M. (2007). European strategies for tackling social inequities in health: Levelling up Part 2. In World Health Organisation Regional Office for Europe (Hrsg.). URL: http://www.euro.who.int/__data/assets/pdf_file/0018/103824/E89384.pdf [29.07.2019].
Davis, T. C., Crouch, M. A., Long, S. W., Jackson, R. H., Bates, P., George, R. B. et al. (1991). Rapid assessment of literacy levels of adult primary care patients. Family medicine, 23 (6), S. 433-435.
Denkinger (2014). Prävention. In C. Bollheimer, J. Pantel & C. Sieber (Hrsg.), Praxishandbuch Altersmedizin. Geriatrie - Gerontopsychiatrie - Gerontologie (1. Aufl.). Stuttgart: Kohlhammer.
Deppermann, A. (2010). Konversationsanalyse und diskursive Psychologie. In G. Mey & K. Mruck (Hrsg.), Handbuch Qualitative Forschung in der Psychologie. Wiesbaden: VS Verlag für Sozialwissenschaften, S. 643-661.
Diener, E., Lucas, R. E. & Oishi, S. (2002). Subjective well-being: The science of happiness and life satisfaction. In C. R. Snyder & S. J. Lopez (Hrsg.), Handbook of positive psychology. New York: Oxford University Press, S. 63-73.
Dippelhofer-Stiem, B. (2008). Gesundheitssozialisation. Theoretische und empirische Analysen zur Genese des subjektiven Gesundheitsbildes. Weinheim: Juventa.
Donnelly, J. E., Blair, S. N., Jakicic, J. M., Manore, M. M., Rankin, J. W. & Smith, B. K. (2009). American College of Sports Medicine Position Stand. Appropriate physical activity intervention strategies for weight loss and prevention of weight regain for adults. Medicine and science in sports and exercise, 41 (2), S. 459-471.
Edwards, M., Wood, F., Davies, M. & Edwards, A. (2012). The development of health literacy in patients with a long-term health condition: the health literacy pathway model. BMC Public Health, 12:130.

Egger, J. W. (2005). Das biopsychosoziale Krankheitsmodell. Grundzüge eines wissenschaftlich begründeten ganzheitlichen Verständnisses von Krankheit. Psychologische Medizin, 16 (2), S. 3-12.

Eichler, K., Wieser, S. & Brügger, U. (2009). The costs of limited health literacy: a systematic review. International Journal of Public Health, 54 (5), S. 313-324.

Elkeles, T. & Mielck, A. (1993). Soziale und gesundheitliche Ungleichheit. Theoretische Ansätze zur Erklärung von sozioökonomischen Unterschieden in Morbidität und Mortalität. Veröffentlichungsreihe der Forschungsgruppe Gesundheitsrisiken und Präventionspolitik. Wissenschaftszentrum Berlin für Sozialforschung (WBZ), S. 93-208.

Erpenbeck, J. (2014). PIAAC. Stichwort "Kompetenzen". DIE Zeitschrift für Erwachsenenbildung, 21 (3), S. 20 f.

Faltermaier, T. (1994). Gesundheitsbewußtsein und Gesundheitshandeln. Über den Umgang mit Gesundheit im Alltag. Weinheim: Beltz.

Faltermaier, T., Kühnlein, I. & Burda-Viering, M. (1998). Gesundheit im Alltag. Laienkompetenz in Gesundheitshandeln und Gesundheitsförderung. Weinheim: Juventa.

Faltermaier, T. (2005). Gesundheitspsychologie (1. Aufl.). Stuttgart: Kohlhammer.

Faltermaier, T. (2016). Identität und Gesundheit: Perspektiven auf vernachlässigte Zusammenhänge. Impulse für Gesundheitsförderung. Landesvereinigung für Gesundheit und Akademie für Sozialmedizin Niedersachsen e. V., 92 (3), S. 3-5.

Filipp, S.-H. & Aymanns, P. (2010). Kritische Lebensereignisse und Lebenskrisen. Vom Umgang mit den Schattenseiten des Lebens (1. Aufl.). Stuttgart: Verlag W. Kohlhammer.

Flick, U. (1991). Alltagswissen über Gesundheit und Krankheit - Überblick und Einleitung. In U. Flick (Hrsg.), Alltagswissen über Gesundheit und Krankheit. Subjektive Theorien und soziale Repräsentationen. Heidelberg: Asanger, S. 9-27.

Flick, U. (2006). Standards, Kriterien, Strategien: zur Diskussion über Qualität qualitativer Sozialforschung. Zeitschrift für qualitative Bildungs-, Beratungs- und Sozialforschung, 6 (2), S. 191-210.

Franke, A. (2010). Modelle von Gesundheit und Krankheit (Lehrbuch Gesundheitswissenschaften, 2. Aufl.). Bern: Hans Huber.

Franzkowiak, P. & Hurrelmann, K. (2018). Gesundheit. In Bundeszentrale für gesundheitliche Aufklärung (BZgA) (Hrsg.). Leitbegriffe der Gesundheitsförderung, S. 175-184.

Friebe, J. (2009). Bildung bis ins hohe Alter? Anspruch und Wirklichkeit des Weiterbildungsverhaltens älterer Menschen in Deutschland. In Deutsches Institut für Erwachsenenbildung – Leibniz-Zentrum für Lebenslanges Lernen (DIE) (Hrsg.), DIE Fakten. URL: https://www.die-bonn.de/doks/friebe0901.pdf [29.07.2019].

Friebe, J., Knauber, C., Weiß, C., Gebrande, J., Setzer, B., Tippelt, R. et al. (2014). Competencies in Later Life: Overview of the First Results (Deutsches Institut für Erwachsenenbildung – Leibniz-Zentrum für Lebenslanges Lernen (DIE) (Hrsg.). URL: https://www.die-bonn.de/cill/pdf/DIE_CILLResultsOVER VIEW.pdf [29.07.2019].

Friebe, J., Schmidt-Hertha, B. & Tippelt, R. (Hrsg.). (2014). Kompetenzen im höheren Lebensalter. Ergebnisse der Studie "Competencies in Later Life" (CiLL) (DIE spezial). Bielefeld: Bertelsmann.

Friese, S. (2011). ATLAS.ti 6User Guide and Reference v.6. http://atlasti.com/wp-content/uploads/2014/05/atlasti_v6_manual.pdf

Fuchs, R. & Schlicht, W. (2012). Seelische Gesundheit und sportliche Aktivität (Sportpsychologie, Bd. 6). Göttingen: Hogrefe.

Galobardes, B., Lynch, J. & Smith, G. D. (2007). Measuring socioeconomic position in health research. British medical bulletin, 81-82, S. 21-37.

Genuneit, J. (2009). Lesen, was gesund macht? Apotheken und Analphabeten. Alfa-Forum, 70, S. 20-21.

Genuneit, J. (2014). Wie leben Analphabeten im Alter? Lernen und Lernstörungen (4), S. 281-291.

Gerok, W. & Brandstätter, J. (1994). Normales, krankhaftes und optimales Altern: Variations- und Modifikationsspielräume. In P. B. Baltes, J. Mittelstrass & U. M. Staudinger (Hrsg.), Alter und Altern: ein interdisziplinärer Studientext zur Gerontologie. Berlin: Walter de Gruyter, S. 356-385.

Gesellschaft für Versicherungswissenschaft und -gestaltung e.V. (2011). Nationales Gesundheitsziel Gesundheitliche Kompetenz erhöhen, Patient(inn)ensouveränität stärken. Bilanzierung, Aktualisierung, zukünftige prioritäre Maßnahmen. URL: http://gesundheitsziele.de//cms/medium/1012/AktualisierungGesundheitsziel_Patientensouveraenitaet_2011.pdf [29.07.2019].

Gesis-Leibniz-Institut für Sozialwissenschaften. (o.D.a). Alltagsmathematische Kompetenz (Numeracy). URL: https://www.gesis.org/piaac/inhalte/untersuchte-kompetenzen/alltagsmathematische-kompetenz-numeracy/ [29.07.2019].

Gesis-Leibniz-Institut für Sozialwissenschaften. (o.D.b). Grundlegende Komponenten der Lesekompetenz (Reading Components). URL: https://www.gesis.org/piaac/inhalte/innovationen-von-piaac/ [29.07.2019].

Gesis-Leibniz-Institut für Sozialwissenschaften. (o.D.c). Technologiebasiertes Problemlösen (Problem Solving in Technology-Rich Environments). URL: https://www.gesis.org/piaac/inhalte/innovationen-von-piaac/ [29.07.2019].

Giesecke, H. (1990). Einführung in die Pädagogik. Weinheim: Juventa.

Gilleard, C. & Higgs, P. (2014). Third and Fourth Ages. In W. C. Cockerham, R. Dingwall & S. R. Quah (Hrsg.), The Wiley Blackwell encyclopedia of health, illness, behavior, and society (Wiley Blackwell encyclopedias in social science). Chichester, West Sussex, UK: Wiley Blackwell, S. 2442-2448.

Greve, W. & Staudinger, U. M. (2006). Resilience in later adulthood and old age: Resources and potentials for successful aging. In D. Cicchetti & D. J. Cohen (Hrsg.), Developmental psychopathology. Vol. 3: Risk, disorder and adaptation. Hoboken, NJ: John Wiley & Sons, S. 796-840.

Helmchen, H., Baltes, M. M., Geiselmann, B., Kanowski, S., Linden, M., Reischies, F. M. et al. (2010). Psychische Erkrankungen im Alter. In U. Lindenberger & J. A. M. Delius (Hrsg.), Die Berliner Altersstudie (Bd. 3, 3. Aufl.). Berlin: Akademie Verlag, S. 209-243.

Herzberg, H. & Seltrecht, A. (2011). Von der Gesundheitsbildung zur Gesundheitspädagogik. Der pädagogische Blick, 19 (2), S. 68-79.

Himmelsbach, I. (2009). Altern zwischen Kompetenz und Defizit. Der Umgang mit eingeschränkter Handlungsfähigkeit (VS Research: Schriftenreihe TELLL, 1. Aufl.). Zugl.: Frankfurt/Main, Univ., Diss., 2008. Wiesbaden: VS Verlag für Sozialwissenschaften.

HLS-EU-Consortium (2012). Comparative Report on Health Literacy in eight EU Member States. The European Health Literacy Project 2009-2012. Maastricht.

Hof, C. (2001). Wie lässt sich soziale Kompetenz konkreter bestimmen? GdWZ: Grundlagen der Weiterbildung, 12 (4), S. 151-154.

Hof, C. (2002a). Von der Wissensvermittlung zur Kompetenzentwicklung in der Erwachsenenbildung. In E. Nuissl, C. Schiersmann & H. Siebert (Hrsg.), Thema: Kompetenzentwicklung statt Bildungsziele? (Literatur- und Forschungsreport Weiterbildung, Bd. 49). Bielefeld: Bertelsmann, S. 80-89.

Hof, C. (2002b). (Wie) lassen sich soziale Kompetenzen bewerten. In U. Clement & R. Arnold (Hrsg.), Kompetenzentwicklung in der beruflichen Bildung (Schriften der Deutschen Gesellschaft für Erziehungswissenschaft [DGfE]). Wiesbaden: VS Verlag für Sozialwissenschaften, S. 153-166.

Hof, C. (2009). Lebenslanges Lernen. Eine Einführung (Kohlhammer-Urban-Taschenbücher, Bd. 664). Stuttgart: Kohlhammer.

Hof, C. (2011). Lebenslanges Lernen. In J. Kade, W. Helsper, C. Lüders, B. Egloff, F.-O. Radtke & W. Thole (Hrsg.), Pädagogisches Wissen. Erziehungswissenschaft in Grundbegriffen (Bildung, Erziehung und Sozialisation). Stuttgart: W. Kohlhammer, S. 116-122.

Hof, C. & Walther, A. (Hrsg.). (2014). Pädagogik der Übergänge. Übergänge in Lebenslauf und Biografie als Anlässe und Bezugspunkte von Erziehung, Bildung und Hilfe. Weinheim: Beltz Juventa.

Hollbach-Grömig, B. & Seidel-Schulze, A. (2007). Seniorenbezogene Gesundheitsförderung und Prävention auf kommunaler Ebene - eine Bestandsaufnahme. In Bundeszentrale für gesundheitliche Aufklärung (BZgA) (Hrsg.). Forschung und Praxis der Gesundheitsförderung. Nr. 33.

Honnefelder, L. (2007). Gesundheit als hohes Gut – die anthropologische Perspektive. In V. Schumpelick & B. Vogel (Hrsg.), Was ist uns die Gesundheit wert? Gerechte Verteilung knapper Ressourcen. Freiburg: Herder, S. 16-33.

Hörmann, G. (1999). Stichwort Gesundheitserziehung. Zeitschrift für Erziehungswissenschaft, 2, S. 5-29.

Hörmann, G. (2008). Einführung in die Gesundheitspädagogik. Stuttgart: UTB.

Hörmann, G. (2009). Gesundheitserziehung und Gesundheitspädagogik - Perspektiven eines "alten" neuen Fachs. In U. Ritterbach, J. Nicolaus, U. Spörhase & K. Schleider (Hrsg.), Leben nach Herzenslust? Lebensstil und Gesundheit aus psychologischer und pädagogischer Sicht (Schriftenreihe der Pädagogischen Hochschule Freiburg). Freiburg i.Br.: Centaurus, S. 13-33.

Horn, K.-P. (2014). Pädagogik/Erziehungswissenschaft der Gegenwart. Zur Entwicklung der deutschen Erziehungswissenschaft im Spiegel ihrer disziplinären Selbstreflexion (1910-2010). In R. Fatke & J. Oelkers (Hrsg.), Das Selbstverständnis der Erziehungswissenschaft: Geschichte und Gegenwart. 60. Beiheft (1. Aufl.). Weinheim: Beltz, S. 14-32.

Huisman, M., Kunst, A. E. & Mackenbach, J. P. (2003). Socioeconomic inequalities in morbidity among the elderly; a European overview. Social science & medicine (1982), 57 (5), S. 861-873.

Hurrelmann, K. (1994). Sozialisation und Gesundheit. Somatische, psychische und soziale Risikofaktoren im Lebenslauf (3. Aufl.). Weinheim: Juventa.

Hurrelmann, K. (2010). Gesundheitssoziologie. Eine Einführung in sozialwissenschaftliche Theorien von Krankheitsprävention und Gesundheitsförderung (7. Aufl.). Weinheim: Juventa.

Hurrelmann, K. & Richter, M. (2013). Gesundheits- und Medizinsoziologie. Eine Einführung in sozialwissenschaftliche Gesundheitsforschung (Grundlagentexte Soziologie, 8. Aufl.). Weinheim: Beltz Juventa.

Hurrelmann, K. & Bauer, U. (2015). Einführung in die Sozialisationstheorie. Das Modell der produktiven Realitätsverarbeitung (11. Aufl.). Weinheim: Beltz.

Huxold, O., Mahne, K. & Naumann, D. (2010). Soziale Integration. In A. Motel-Klingebiel, S. Wurm & C. Tesch-Römer (Hrsg.), Altern im Wandel. Befunde des Deutschen Alterssurveys (DEAS). Stuttgart: Kohlhammer, S. 215-233.

Institute of Medicine of the National Academies (2010). Health literacy. A prescription to end confusion. Washington DC: National Academies Press.

Iwarsson, S. & Slaug, B. (2000) Housing Enabler. Ett instrument för bedömning och analys av tillgänglighetsproblem i boendet [Computer software]. Nävlinge och Staffanstorp: Veten & Skapen HB. Slaug Data Management. URL: http://www.enabler.nu/ [29.07.2019].

Iwarsson, S., Nygren, C., Oswald, F., Wahl, H.-W. & Tomsone, S. (2006). Environmental Barriers and Housing Accessibility Problems Over a One-Year Period in Later Life in Three European Countries. Journal of Housing For the Elderly, 20 (3), S. 23-43.

Iwarsson, S., Slaug, B., Oswald, F. & Wahl, H.-W. (2008) Housing Enabler – Deutsche Fassung [Computer software]. Sweden & University of Heidelberg, Germany: Veten & Skapen HB. Slaug Enabling Development. http://www.enabler.nu/

Jacobs, R. J., Ownby, R. L., Acevedo, A. & Waldrop-Valverde, D. (2017). A qualitative study examining health literacy and chronic illness self-management in Hispanic and non-Hispanic older adults. Journal of multidisciplinary healthcare, 10, S. 167-177.

Jopp, D. (2003). Erfolgreiches Altern: Zum funktionalen Zusammenspiel von personalen Ressourcen und adaptiven Strategien des Lebensmanagements. Dissertation. Freie Universität Berlin.

Juchli, L. (1983). Krankenpflege. Praxis u. Theorie d. Gesundheitsförderung u. Pflege Kranker (4. Aufl.). Stuttgart u.a.: Thieme.

Kaba-Schönstein, L. (2018). Gesundheitsförderung 1: Grundlagen. In Bundeszentrale für gesundheitliche Aufklärung (BZgA) (Hrsg.). Leitbegriffe der Gesundheitsförderung, S. 227-238.

Kade, J. & Nittel, D. (1997). Biografieforschung - Mittel zur Erschließung von Bildungswelten Erwachsener. In B. Friebertshäuser & A. Prengel (Hrsg.), Handbuch qualitative Forschungsmethoden in der Erziehungswissenschaft. Weinheim: Juventa, S. 745-757.

Kade, J. (2005). Erziehungswissenschaftliche Bildungsforschung im Spannungsfeld von Biographie, Karriere und Lebenslauf. Bildungsforschung, 2005 (2), S. 1-10.

Kaiser H. J. (2002). Autonomie und Kompetenz: Ein Überblick über die Beiträge. In H. J. Kaiser (Hrsg.), Autonomie und Kompetenz. Aspekte einer gerontologischen Herausforderung (Erlanger Beiträge zur Gerontologie, Bd. 1). Münster: LIT, S. 7-14.

Kammerer, K., Falk, K., Heusinger, J. & Kümpers, S. (2012). Selbstbestimmung bei Pflegebedürftigkeit. Drei Fallbeispiele zu individuellen und sozialräumlichen Ressourcen älterer Menschen. Zeitschrift für Gerontologie und Geriatrie, 45 (7), S. 624-629.

Kanning, M. & Schlicht, W. (2008). A bio-psycho-social model of successful aging as shown through the variable "physical activity". European Review of Aging and Physical Activity, 5 (2), S. 79-87.

Kaspar, R., Oswald, F. & Hebsaker, J. (2015). Perceived Social Capital in Self-Defined Urban Neighborhoods as a Resource for Healthy Aging. In F. Nyqvist & A. K. Forsman (Hrsg.), Social Capital as a Health Resource in Later Life: The Relevance of Context (International Perspectives on Aging, Bd. 11). Dordrecht: Springer Netherlands, S. 109-125.

Kempen, G. I., Brilman, E. I., Ranchor, A. V. & Ormel, J. (1999). Morbidity and quality of life and the moderating effects of level of education in the elderly. Social science & medicine, 49 (1), S. 143-149.

Kickbusch, I. S. (2001). Health literacy. Addressing the health and education divide. Health Promotion International, 16 (3), S. 289-297.

Kickbusch, I. & Hartung, S. (2014). Die Gesundheitsgesellschaft. Bern: Hans Huber.

Klieme, E., Funke, J., Leutner, D., Reimann, P. & Wirth, J. (2001). Problemlösen als fächerübergreifende Kompetenz. Konzeption und erste Resultate aus einer Schulleistungsstudie. Zeitschrift für Pädagogik, 47 (2), S. 179-200.

Klieme, E. (2004). Was sind Kompetenzen und wie lassen sie sich messen? Pädagogik, 56 (6), S. 10-13.

Knoops, K. T. B., Groot, L. C. P. G. M. de, Kromhout, D., Perrin, A.-E., Moreiras-Varela, O., Menotti, A. et al. (2004). Mediterranean diet, lifestyle factors, and 10-year mortality in elderly European men and women: the HALE project. The Journal of the American Medical Association (JAMA), 292 (12), S. 1433-1439.

Kobayashi, L. C., Wardle, J., Wolf, M. S. & Wagner, C. von. (2016). Aging and Functional Health Literacy: A Systematic Review and Meta-Analysis. The journals of gerontology. Series B, Psychological sciences and social sciences, 71 (3), S. 445-457.

Kopera-Frye, K. (Ed.). (2017). Health literacy among older adults. New York: Springer Publishing Company.

Krüger, D. & Schröder, A. (2009). Gesundheitserziehung in der Familie. In B. Wulfhorst & K. Hurrelmann (Hrsg.), Handbuch Gesundheitserziehung (1. Aufl.). Bern: Hans Huber, S. 121-145.

Kruse, A. (1989a). Psychologie des Alters. In K. P. Kisker, H. Lauter, J.-E. Meyer, C. Müller & E. Strömgren (Hrsg.), Psychiatrie der Gegenwart: Alterspsychiatrie (3. Aufl.). Berlin: Springer, S. 1-58.

Kruse, A. (1989b). Rehabilitation in der Gerontologie - Theoretische Grundlagen und empirische Forschungsergebnisse. In C. Rott & F. Oswald (Hrsg.), Kompetenz im Alter. Beiträge zur III. Gerontologischen Woche Heidelberg ("Konzepte für Heute und Morgen" des Peutinger Collegiums e. V.). Vaduz: Liechtenstein Verlag AG, S. 81-110.

Kruse, A. (1989c). Sterben und Tod - Beiträge aus Musik, Literatur, Theologie und Psychologie. In C. Rott & F. Oswald (Hrsg.), Kompetenz im Alter. Beiträge zur III. Gerontologischen Woche Heidelberg ("Konzepte für Heute und Morgen" des Peutinger Collegiums e. V.). Vaduz: Liechtenstein Verlag AG, S. 343-371.

Kruse, A. (1989d). Wohnen im Alter - Beiträge aus der Gerontologie. In C. Rott & F. Oswald (Hrsg.), Kompetenz im Alter. Beiträge zur III. Gerontologischen Woche Heidelberg ("Konzepte für Heute und Morgen" des Peutinger Collegiums e. V.). Vaduz: Liechtenstein Verlag AG, S. 286-315.

Kruse, A. (1999). Ein lebenslaufbezogenes Verständnis von Gesundheit. In Bundesvereinigung für Gesundheit e. V. (Hrsg.), Weltgesundheitstag 1999. Dokumentation, S. 15-20.

Kruse, A. (2001). Gesundheit im Alter. URL: www.zfg.uzh.ch/static/2001/kruse_gesundheit.pdf [29.07.2019].

Kruse, A. (2002). Autonomie und soziale Teilhabe im Alter als politische Leitbilder eines erfolgreichen Alters. In H. J. Kaiser (Hrsg.), Autonomie und Kompetenz. Aspekte einer gerontologischen Herausforderung (Erlanger Beiträge zur Gerontologie, Bd. 1). Münster: LIT, S. 17-34.

Kruse, A. (2015). Resilienz bis ins hohe Alter - was wir von Johann Sebastian Bach lernen können. Für alle Interessierten. Wiesbaden: Springer.

Kümpers, S. & Heusinger, J. (2012). Autonomie trotz Armut und Pflegebedarf? Altern unter Bedingungen von Marginalisierung (1. Aufl.). Bern: Hans Huber.

Kwan, B., Frankish, J. & Rootman, I. (2006). The Development and Validation of Measures of "Health Literacy" in Different Populations. UBC Institute of Health Promotion Researchb (Hrsg.). Vancouver: University of British Columbia. URL: http://blogs.ubc.ca/frankish/files/2010/12/HLit-final-report-2006-11-24.pdf [29.07.2019].

Lalli, M. (1992). Urban-related identity. Theory, measurement, and empirical findings. Journal of Environmental Psychology, 12 (4), S. 285-303.

Lamnek, S. (2005). Qualitative Sozialforschung. Lehrbuch (4., vollst. überarb. Aufl.). Weinheim: Beltz PVU.

Lamnek, S. & Krell, C. (2010). Qualitative Sozialforschung. Lehrbuch (5., überarbeitete Aufl. Weinheim: Beltz.

Lampert, T., Kroll, L. E., Lippe, E. von der, Müters, S. & Stolzenberg, H. (2013). Sozioökonomischer Status und Gesundheit. Ergebnisse der Studie zur Gesundheit Erwachsener in Deutschland (DEGS1). Bundesgesundheitsblatt, Gesundheitsforschung, Gesundheitsschutz, 56 (5-6), S. 814-821.

Lampert, T., Kuntz, B., Hoebel, J., Müters, S. & Kroll, L. E. (2016) Bildung als Ressource für Gesundheit. In Statistisches Bundesamt (Destatis) & Wissenschaftszentrum Berlin für Sozialforschung (WZB) (Hrsg.), Datenreport 2016. Ein Sozialbericht für die Bundesrepublik Deutschland. Bonn, S. 303-306.

Lawton, M. P. & Brody, E. M. (1969). Assessment of Older People. Self-Maintaining and Instrumental Activities of Daily Living. The Gerontologist, 9 (3 Part 1), S. 179-186.

Lawton, M. P. & Nahemow, L. (1973). Ecology and the aging process. In C. Eisdorfer & M. P. Lawton (Hrsg.), The psychology of adult development and aging. Washington: American Psychological Association, S. 619-674.

Lawton, M. P. (1975). The Philadelphia Geriatric Center Morale Scale. A Revision. Journal of Gerontology, 30 (1), S. 85-89.

Lawton, M. P. (1982). Competence, environmental press, and the adaption of older people. In M. P. Lawton, P. G. Windley & T. O. Byerts (Hrsg.), Aging and the environment. Theoretical approaches (Gerontological monograph of the Gerontological Society, vol. 7). New York, NY: Springer, S. 33-59.

Lawton, M. P. (1983). Environment and other determinants of well-being in older people. The Gerontologist, 23 (4), S. 349-357.

Lawton, M. P. (1989a). Environmental proactivity and affect in older people. In S. Spacapan & S. Oskamp (Hrsg.), Social psychology of aging. Newbury Park, CA: Sage, S. 135-164.

Lawton, M. P. (1989b). Three Functions of the Residential Environment. Journal of Housing For the Elderly, 5 (1), S. 35-50.

Lawton, M. P. (1998). Environment and Aging: Theory Revisited. In R. J. Scheidt & P. G. Windley (Eds.), Environment and aging theory. A focus on housing (Contributions to the study of aging, no. 26). Westport, Conn: Greenwood Press, S. 1-31.

Lazarus, R. S. & Folkman, S. (1987). Transactional theory and research on emotions and coping. European Journal of Personality, 1 (3), S. 141-169.

Lehr, U. M. (2002). Das Lebensalter - ein Maßstab für Kompetenz? In H. J. Kaiser (Hrsg.), Autonomie und Kompetenz. Aspekte einer gerontologischen Herausforderung (Erlanger Beiträge zur Gerontologie, Bd. 1). Münster: LIT, S. 35-50.

Leipold, B. (2015). Resilienz im Erwachsenenalter (UTB, Bd. 4451, 1. Aufl.). München: Ernst Reinhardt Verlag.

Leppert, K., Gunzelmann, T., Schumacher, J., Strauss, B. & Brähler, E. (2005). Resilienz als protektives Persönlichkeitsmerkmal im Alter. Psychotherapie, Psychosomatik, medizinische Psychologie, 55 (8), S. 365-369.

Leppert, K. & Strauss, B. (2011). Die Rolle von Resilienz für die Bewaltigung von Belastungen im Kontext von Altersubergangen. Zeitschrift fur Gerontologie und Geriatrie, 44 (5), S. 313-317.

Leydesdorff, L. (2003). A sociological theory of communication. The self-organization of the knowledge-based society (2. Aufl.). Parkland, Ill.: Universal Publ.

Lindenberger, U. (2014). Human cognitive aging: corriger la fortune? Science, 346 (6209), S. 572-578.

Lucius-Hoene, G. (2000). Konstruktion und Rekonstruktion narrativer Identität. Forum Qualitative Sozialforschung / Forum: Qualitative Social Research, 1 (2). http://nbn-resolving.de/urn:nbn:de:0114-fqs0002189

Lucius-Hoene, G. & Deppermann, A. (2004a). Narrative Identität und Positionierung. Gesprächsforschung - Online-Zeitschrift zur verbalen Interaktion (5), S. 166-183. http://www.gespraechsforschung-ozs.de/heft2004/ga-lucius.pdf

Lucius-Hoene, G. & Deppermann, A. (2004b). Rekonstruktion narrativer Identität. Ein Arbeitsbuch zur Analyse narrativer Interviews (2. Aufl.). Wiesbaden: VS Verlag für Sozialwissenschaften.

Lundman, B., Forsberg, K. A., Jonsen, E., Gustafson, Y., Olofsson, K., Strandberg, G. et al. (2010). Sense of coherence (SOC) related to health and mortality among the very old: the Umea 85+ study. Archives of gerontology and geriatrics, 51 (3), S. 329-332.

Luthar, S. S., Sawyer, J. A. & Brown, P. J. (2006). Conceptual issues in studies of resilience: past, present, and future research. Annals of the New York Academy of Sciences, 1094, S. 105-115.

Mahoney, F. I. & Barthel, D. W. (1965). Functional evaluation: The Barthel Index: A simple index of independence useful in scoring improvement in the rehabilitation of the chronically ill. Maryland State Medical Journal, 14, S. 61-65.

Mancuso, J. M. (2008). Health literacy: a concept/dimensional analysis. Nursing & health sciences, 10 (3), S. 248-255.

Matthews, L. A., Shine, A. L., Currie, L., Chan, C. V. & Kaufman, D. R. (2012). A Nurse's Eye-View on Health Literacy in Older Adults. NI 2012: 11th International Congress on Nursing Informatics, June 23, Montreal, Canada. URL: https://www.ncbi.nlm.nih.gov/pmc/articles/PMC3799118/ [29.07.2019].

McKenna, V. B., Sixsmith, J. & Barry, M. M. (2017). The relevance of context in understanding health literacy skills: Findings from a qualitative study. Health expectations: an international journal of public participation in health care and health policy, 20 (5), S. 1049-1060.

Meléndez-Moral, J. C., Charco-Ruiz, L., Mayordomo-Rodríguez, T. & Sales-Galán, A. (2013). Effects of a reminiscence program among institutionalized elderly adults. Psicothema, 25 (3), S. 319-323.

Messer, M., Vogt, D., Quenzel, G. & Schaeffer, D. (2017). Health Literacy und Prävention bei älteren Menschen mit Migrationshintergrund. In D. Schaeffer & J. M. Pelikan (Hrsg.), Health literacy. Forschungsstand und Perspektiven (1. Aufl.). Bern: Hogrefe, S. 189-203.

Miche, M., Wahl, H.-W., Diehl, M., Oswald, F., Kaspar, R. & Kolb, M. (2014). Natural occurrence of subjective aging experiences in community-dwelling older adults. The journals of gerontology. Series B, Psychological sciences and social sciences, 69 (2), S. 174-187.

Mielck, A., Lüngen, M., Siegel, M. & Korber, K. (2012). Folgen unzureichender Bildung für die Gesundheit. In Bertelsmann Stiftung (Hrsg.), Reihe: Wirksame Bildungsinvestitionen). Gütersloh.

Motel-Klingebiel, A., Wurm, S., Engstler, H., Huxhold, O., Jürgens, O., Mahne, K., Schöllgen, I., Wiest, M. & Tesch-Römer, C. (2009). Deutscher Alterssurvey - die zweite Lebenshälfte: Erhebungsdesign und Instrumente der dritten Befragungswelle. In Deutsches Zentrum für Altersfragen (DZA) (Hrsg.), DZA Diskussionspapiere Nr. 48. Berlin.

Naumann, D. & Romeu Gordo, L. (2010). Gesellschaftliche Partizipation: Erwerbstätigkeit, Ehrenamt und Bildung. In A. Motel-Klingebiel, S. Wurm & C. Tesch-Römer (Hrsg.), Altern im Wandel. Befunde des Deutschen Alterssurveys (DEAS). Stuttgart: Kohlhammer, S. 118-141.

Nittel, D. (2010). UTB Wörterbuch Erwachsenenbildung: Biografie. In R. Arnold, S. Nolda & E. Nuissl (Hrsg.), Wörterbuch Erwachsenenbildung (2. Aufl.). Bad Heilbrunn: Klinkhardt, S. 49 f.

Nöcker, G. (2017). Gesundheitliche Aufklärung und Gesundheitserziehung. In Bundeszentrale für gesundheitliche Aufklärung (BZgA) (Hrsg.), Leitbegriffe der Gesundheitsförderung, S. 185-190.

Nolda, S. (2006). Pädagogische Raumaneignung: zur Pädagogik von Räumen und ihrer Aneignung. Beispiele aus der Erwachsenenbildung. Zeitschrift für qualitative Bildungs-, Beratungs- und Sozialforschung, 7 (2), S. 313-334.

Nutbeam, D. (1998). Health Promotion Glossary (World Health Organization [WHO], Hrsg.). URL: http://www.who.int/healthpromotion/about/HPG/en/ [29.07.2019].

Nutbeam, D. (2000). Health literacy as a public health goal: a challenge for contemporary health education and communication strategies into the 21st century. Health Promotion International, 15 (3), S. 259-267.

Nutbeam, D. (2008). The evolving concept of health literacy. Social Science & Medicine, 67, S. 2072-2078.

Oerter, R. & Montada, L. (Hrsg.). (2002). Entwicklungspsychologie. (5. Aufl.). Weinheim: Beltz PVU.

Ohlbrecht, H. (2015). Gesundheit und Familie. Gesundheitssozialisation in der Familie: Chancen und Risiken. In Kooperationsverbund Gesundheitliche Chancengleichheit (Hrsg.), Familienorientierte Gesundheitsförderung - was ist das? (Themenblatt), S. 1-2).

Okan, O., Pinheiro, P., Zamora, P. & Bauer, U. (2015). Health Literacy bei Kindern und Jugendlichen. Ein Überblick uber den aktuellen Forschungsstand.

Bundesgesundheitsblatt, Gesundheitsforschung, Gesundheitsschutz, 58 (9), S. 930-941.

Olbrich, E. (1989). Kompetentes Verhalten älterer Menschen - epochale Aspekte. In C. Rott & F. Oswald (Hrsg.), Kompetenz im Alter. Beiträge zur III. Gerontologischen Woche Heidelberg ("Konzepte für Heute und Morgen" des Peutinger Collegiums e. V.). Vaduz: Liechtenstein Verlag AG, S. 32-61.

Osborne, R. H., Batterham, R. W., Elsworth, G. R., Hawkins, M. & Buchbinder, R. (2013). The grounded psychometric development and initial validation of the Health Literacy Questionnaire (HLQ). BMC Public Health, 13:658, S. 1-17.

Osborne, R. H.: Beauchamp, A. (2017). Optimising Health Literacy, Equity and Access (Ophelia). In D. Schaeffer & J. M. Pelikan (Hrsg.), Health literacy. Forschungsstand und Perspektiven (1. Aufl.). Bern: Hogrefe, S. 71-78.

Oster, P., Pfisterer, M., Schuler, M. & Hauer, K. (2005). Körperliches Training im Alter. Zeitschrift für Gerontologie und Geriatrie, 38, Suppl. 1, S. i10–i13.

Oswald, F., Wahl, H.-W., Martin, M. & Mollenkopf, H. (2003). Toward Measuring Proactivity in Person-Environment Transactions in Late Adulthood. Journal of Housing For the Elderly, 17 (1-2), S. 135-152.

Oswald, F., Wahl, H.-W., Schilling, O., Nygren, C., Fange, A., Sixsmith, A. et al. (2007). Relationships Between Housing and Healthy Aging in Very Old Age. The Gerontologist, 47 (1), S. 96-107.

Oswald, F. (2010). Subjektiv erlebte Umwelt und ihre Bedeutung für Selbstständigkeit, Identität und Wohlbefinden im Alter. In A. Kruse (Hrsg.), Leben im Alter. Eigen- und Mitverantwortlichkeit in Gesellschaft, Kultur und Politik. Festschrift zum 80. Geburtstag von Ursula Lehr. Heidelberg: Akademische Verlagsgesellschaft AKA, S. 169-179.

Oswald, F. & Wahl, H.-W. (2010). Dimensions of the meaning of home in later life. In G. D. Rowles & H. Chaudhury (Eds.), Home and identity in late life international perspectives. New York: Springer, S. 21-45.

Oswald, F. & Kaspar, R. (2012). On the Quantitative Assessment of Perceived Housing in Later Life. Journal of Housing For the Elderly, 26 (1-3), S. 72-93.

Oswald, F., Kaspar, R., Frenzel-Erkert, U. & Konopik, N. (2013). „Hier will ich wohnen bleiben!" Ergebnisse eines Frankfurter Forschungsprojekts zur Bedeutung des Wohnens in der Nachbarschaft für gesundes Altern. Eigenverlag: Goethe-Universität Frankfurt am Main und BHF-BANK-Stiftung. URL: https://www.uni-frankfurt.de/54421039/Oswald-etal-2013-Hier-will-ich-wohnen-bleiben.pdf [29.07.2019].

Oswald, F. (2014). Gesundes und krankhaftes Altern. In C. Bollheimer, J. Pantel & C. Sieber (Hrsg.), Praxishandbuch Altersmedizin. Geriatrie - Gerontopsychiatrie - Gerontologie (1. Aufl.). Stuttgart: Kohlhammer, S. 76-84.

Oswald, F. & Konopik, N. (2015). Bedeutung von außerhäuslichenAktivitäten, Nachbarschaftund Stadtteilidentifikation fürdas Wohlbefinden im Alter. Zeitschrift fur Gerontologie und Geriatrie, 48 (5), S. 401-407.

Parker, R. M., Baker, D. W., Williams, M. V. & Nurss, J. R. (1995). The test of functional health literacy in adults. A new instrument for measuring patients' literacy skills. Journal of General Internal Medicine, 10 (10), S. 537-541.

Parker, R. (2000). Health literacy: a challenge for American patients and their health care providers. Health Promotion International, 15 (4), S. 277-283.

Parsons, T. (1967). Definition von Gesundheit und Krankheit im Lichte der Wertbegriffe und der sozialen Struktur Amerikas. In A. Mitscherlich, T. Brocher, O. von Mering & K. Horn (Hrsg.), Der Kranke in der modernen Gesellschaft. Köln: Kiepenheuer & Witsch, S. 57-87.

Paúl, C., Ribeiro, O. & Teixeira, L. (2012). Active Ageing: An Empirical Approach to the WHO Model. Current gerontology and geriatrics research, 2012, ID 382972, S. 1-10.

Pelikan, J. M. & Ganahl, K. (2017). Die europäische Gesundheitskompetenz-Studie: Konzept, Instrument und ausgewählte Ergebnisse. In D. Schaeffer & J. M. Pelikan (Hrsg.), Health literacy. Forschungsstand und Perspektiven (1. Aufl.). Bern: Hogrefe, S. 93-125.

Poon, L. W., Martin, P., Clayton, G. M., Messner, S., Noble, C. A. & Johnson, M. A. (1992). The influences of cognitive resources on adaptation and old age. International Journal of Aging and Human Development, 34 (1), S. 31-46.

Preyer, G. (2012). Rolle, Status, Erwartungen und soziale Gruppe. Mitgliedschaftstheoretische Reinterpretationen. Wiesbaden: VS Verlag für Sozialwissenschaften.

Quenzel, G., Schaeffer, D., Messer, M. & Vogt, D. (2015). Literalität und Gesundheit. Public Health Forum, 23 (1).

Quenzel, G. (2017). Gesundheitsverhalten vulnerabler Bevölkerungsgruppen. In D. Schaeffer & J. M. Pelikan (Hrsg.), Health literacy. Forschungsstand und Perspektiven (1. Aufl.). Bern: Hogrefe, S. 157-174.

Radebold, H., Heuft, G. & Fooken, I. (Hrsg.) (2009). Kindheiten im Zweiten Weltkrieg. Kriegserfahrungen und deren Folgen aus psychohistorischer Perspektive (2. Aufl.). Weinheim: Juventa.

Raithel, J., Dollinger, B. & Hörmann, G. (2007). Einführung Pädagogik. Begriffe – Strömungen – Klassiker – Fachrichtungen (2. Aufl.). Wiesbaden: VS Verlag für Sozialwissenschaften.

Reichsgesundheitsamt (1940). Reichsgesundheitsbüchlein. Gemeinverständliche Anleitung zur Gesundheitspflege (18. Aufl.). Berlin: Julius Springer.

Reischies, F. M. & Lindenberger, U. (1996). Grenzen und Potentiale kognitiver Leistungsfähigkeit im Alter. In K. U. Mayer & P. B. Baltes (Hrsg.), Die Berliner Altersstudie. Berlin: Akademie Verlag, S. 375-400.

Richter, M. & Hurrelmann, K. (2016). Die soziologische Perspektive auf Gesundheit und Krankheit. In M. Richter & K. Hurrelmann (Hrsg.), Soziologie von Gesundheit und Krankheit (1. Aufl.). Wiesbaden: Springer VS, S. 3-18.

Rogers, A. & Street, B. V. (2012). Adult Literacy and Development. Studies from the Field. National Institute of Adult Continuing Education Leicester (NIACE) (Hrsg.). England and Wales.

Rosenbrock, R. (2007). Worauf wir nicht verzichten sollten. Gesundheitssystem und Solidarität. Langfassung des Artikels. Dr. med. Mabuse. Nr. 165. Frankfurt a. Main: Mabuse Verlag.

Rosenbrock, R. & Kümpers, S. (2009). Primärversorgung als Beitrag zur Verminderung sozial bedingter Ungleichheit von Gesundheitschancen. In K. Hurrelmann & M. Richter (Hrsg.), Gesundheitliche Ungleichheit. Grundlagen, Probleme, Perspektiven (2., aktualisierte Aufl.). Wiesbaden: VS Verlag für Sozialwissenschaften / GWV Fachverlage GmbH Wiesbaden, S. 385-403.

Rosenmayr, L. (1983). Die späte Freiheit. Das Alter, ein Stück bewußt gelebten Lebens. Berlin: Severin und Siedler.

Rosenthal, G. (2014). Interpretative Sozialforschung. Eine Einführung (Grundlagentexte Soziologie, 4. Aufl.). Weinheim: Beltz Juventa.

Röthlin, F., Pelikan, J. & Ganahl, K. (2013). Die Gesundheitskompetenz von 15-jährigen Jugendlichen in Österreich. Abschlussbericht der österreichischen Gesundheitskompetenz Jugendstudieim Auftrag des Hauptverbandsder österreichischen Sozialversicherungsträger (HVSV). In Ludwig Boltzmann Gesellschaft GmbH (Hrsg.). Wien.

Rott, C. (2009). Die Bedeutung von körperlicher Aktivität und Bewegung aus der Sicht der Alternswissenschaft. In A. Horn (Hrsg.), Körperkultur. Schorndorf: Hofmann, S. 27-50.

Rotter, J. B. (1966). Generalized expectancies for internal versus external control of reinforcement. Psychological Monographs, 80.

Rowe, J. & Kahn, R. (1987). Human aging. Usual and successful. Science, 237 (4811), S. 143-149.
Rowles, G. D. (1983). Place and personal Identity in old age: Observations from Appalachia. Journal of Environmental Psychology (3), S. 299-313.
Rowles, G. D., Oswald, F. & Hunter, E. G. (2003). Interior living environments in old age. In H.-W. Wahl, R. J. Scheidt & P. G. Windley (Hrsg.), Aging in context: Socio-physical environments (Annual Review of Gerontology and Geriatrics). New York: Springer, S. 167-193.
Rowles, G. D. & Watkins, J. F. (2003). History, habit, heart, and hearth: On making spaces into places. In K. W. Schaie (Ed.), Aging independently. Living arrangements and mobility. New York. NY: Springer, S. 77-96.
Rubinstein, R. I. & Parmelee, P. A. (1992). Attachment to Place and the Representation of the Life Course by the Elderly. In I. Altman & S. M. Low (Hrsg.), Place Attachment. Boston, MA: Springer US, S. 139-163.
Rubinstein, R. L. & Medairos, K. de (2004). Ecology and the aging self. In M. Silverstein & K. W. Schaie (Hrsg.), Intergenerational Relations Across Time and Place (Annual Review of Gerontology and Geriatrics, Bd. 23). New York: Springer, S. 59-82.
Rudd, R. E., Moeykens, B. A. & Colton, T. C. (1999). Health and Literacy: A Review of Medical and Public Health Literature. In National Center for the Study of Adult Learning and Literacy (NCSALL) (Hrsg.), Review of Adult Learning and Literacy: Vol. 1. URL: http://files.eric.ed.gov/fulltext/ED 508707.pdf [29.07.2019].
Ryff, C. D. (1989). Happiness Is Everything, or Is It? Explorations on the Meaning of Psychological Well-Being. Journal of Personality and Social Psychology, 57 (6), S. 1069-1081.
Ryff, C. D. & Keyes, C. L. M. (1995). The structure of psychological well-being revisited. Journal of Personality and Social Psychology, 69 (4), S. 719-727.
Sabo, P. (1996). Gesundheitserziehung. In Bundeszentrale für gesundheitliche Aufklärung (BZgA) (Hrsg.), Leitbegriffe der Gesundheitsförderung. Schwabenheim a. d. Selz: Sabo, S. 38-39.
Sackmann, R. (2013). Lebenslaufanalyse und Biografieforschung. Eine Einführung (2. Aufl.). Wiesbaden: Springer VS.
Saß, A.-C., Wurm, S. & Ziese, T. (2009) Somatische und psychische Gesundheit. In Statistisches Bundesamt (Destatis), Deutsches Zentrum für Altersfragen

(DZA), Robert Koch-Institut (RKI) (Hrsg.), Beiträge zur Gesundheitsberichterstattung des Bundes. Gesundheit und Krankheit im Alter. Gesundheitsberichterstattung des Bundes. Berlin. Robert Koch-Institut.
Schaeffer, D. (2017). Chronische Krankheit und Health Literacy. In D. Schaeffer & J. M. Pelikan (Hrsg.), Health literacy. Forschungsstand und Perspektiven (1. Aufl.) Bern: Hogrefe, S. 53-70.
Schaeffer, D. & Pelikan, J. M. (Hrsg.). (2017). Health literacy. Forschungsstand und Perspektiven (1. Aufl.). Bern: Hogrefe.
Schaeffer, D., Vogt, D., Berens, E.-M., Messer, M., Quenzel, G. & Hurrelmann, K. (2017). Health Literacy in Deutschland. In D. Schaeffer & J. M. Pelikan (Hrsg.), Health literacy. Forschungsstand und Perspektiven (1. Aufl.). Bern: Hogrefe,
S. 129-143.
Schmidt-Hertha, B. (2014). Kompetenzerwerb und Lernen im Alter. Bielefeld: Bertelsmann.
Schmiemann, G. & Hoffmann, F. (2013) Spezielle Analysen zu einzelnen Indikationsgebieten. Polypharmazie und kardiovaskuläre Wirkstoffgruppen bei Älteren – eine Einsatzmöglichkeit der Polypill? In BARMER GEK Arzneimittelreport. Auswertungsergebnisse der BARMER GEK Arzneimitteldaten aus den Jahren 2011 bis 2012. Siegburg, S. 74-89.
Schneider, V. (2013). Gesundheitspädagogik. Einführung in Theorie und Praxis. Freiburg Br: Centaurus.
Schuller, H. & Barthelme, D. (1995). Soziale Kompetenz als berufliche Anforderung. In B. Seyfried (Hrsg.), "Stolperstein" Sozialkompetenz. Was macht es so schwierig, sie zu erfassen, zu fördern und zu beurteilen? (Berichte zur beruflichen Bildung, Bd. 179). Bielefeld: Bertelsmann, S. 75-116.
Schütze, F. (1983). Biographieforschung und narratives Interview. Neue Praxis, 13 (3), S. 283-293.
Schwarzer, R. (2004). Psychologie des Gesundheitsverhaltens. Einführung in die Gesundheitspsychologie (3., überarb. Aufl.). Göttingen [u.a.]: Hogrefe.
Seltrecht, A. (2013). Lernen im Angesicht des Todes? In D. Nittel & A. Seltrecht (Hrsg.), Krankheit: Lernen im Ausnahmezustand? Heidelberg: Springer, S. 327-339.
Settertobulte, W. & Palentien, C. (1996). Gesundheitserziehung in der Familie. In J. Mansel (Hrsg.), Glückliche Kindheit – Schwierige Zeit? Wiesbaden: VS Verlag für Sozialwissenschaften, S. 102-112.

Sievers, E. (2009). Gesunde Ernährung der Mutter-Ernährungsprävention für die Gesundheit des Kindes von Anfang an. In E. M. Bitzer, H. Lingner, F. W. Schwartz & U. Walter (Hrsg.), Kindergesundheit stärken. Vorschläge zur Optimierung von Prävention und Versorgung. Heidelberg: Springer, S. 30-35.

Silverstein, M. & Heap, J. (2015). Sense of coherence changes with aging over the second half of life. Advances in life course research, 23, S. 98-107.

Simonds, S. K. (1974). Health Education as Social Policy. Health Education Monograph, 2, S. 1-25.

Singer, T., Verhaeghen, P., Ghisletta, P., Lindenberger, U. & Baltes, P. B. (2003). The fate of cognition in very old age. Six-year longitudinal findings in the Berlin Aging Study (BASE). Psychology and Aging, 18 (2), S. 318-331.

Soellner, R., Huber, S., Lenartz, N. & Rudinger, G. (2010). Facetten der Gesundheitskompetenz – eine Expertenbefragung. Projekt Gesundheitskompetenz. Zeitschrift für Pädagogik, 56. Beiheft. Weinheim: Beltz, S. 104-114.

Sommerhalder, K. & Abel, T. (2007). Gesundheitskompetenz: Eine konzeptuelle Einordnung. Bundesamt für Gesundheit (Hrsg.). Universität Bern.

Sonn, U. & Asberg, K. H. (1991). Assessment of activities of daily living in the elderly. A study of a population of 76-year-olds in Gothenburg, Sweden. Scandinavian journal of rehabilitation medicine, 23 (4), S. 193-202.

Sørensen, K., van den, B. S., Fullam, J., Doyle, G., Pelikan, J., Slonska, Z. et al. (2012). Health literacy and public health: a systematic review and integration of definitions and models. BMC Public Health, 12:80, S. 1-13.

Sørensen, K., van den Broucke, S., Pelikan, J. M., Fullam, J., Doyle, G., Slonska, Z. et al. (2013). Measuring health literacy in populations: illuminating the design and development process of the European Health Literacy Survey Questionnaire (HLS-EU-Q). BMC Public Health. 13:948, S. 1-10.

Statista (2017). Erreichbares Durchschnittsalter in Deutschland laut der Sterbetafel 2013/2015 nach Geschlecht und Altersgruppen (in Jahren). URL: https://de.statista.com/statistik/daten/studie/1783/umfrage/durchschnittliche-weitere-lebe
nserwartung-nach-altersgruppen/ [29.07.2019].

Statistisches Bundesamt (2017). Pflegestatistik 2015 – Pflege im Rahmen der Pflegeversicherung - Deutschlandergebnisse. Wiesbaden.

Staudinger, U. & Greve, W. (2001). Resilienz im Alter. In Deutsches Zentrum für Altersfragen (Hrsg.), Expertisen zum Dritten Altenbericht der Bundesregierung. Band 1. Personale, gesundheitliche und Umweltressourcen im Alter. Opladen: Leske und Budrich, S. 95-144.

Steinhagen-Thiessen, E. & Borchelt, M. (1996). Morbidität, Medikation und Funktionalität im Alter. In K. U. Mayer & P. B. Baltes (Hrsg.), Die Berliner Altersstudie. Berlin: Akademie Verlag, S. 151-183.

Steinke, I. (2000). Gütekriterien qualitativer Forschung. In U. Flick, E. v. Kardorff & I. Steinke (Hrsg.), Qualitative Forschung. Ein Handbuch (Rororo Rowohlts Enzyklopädie). Reinbek bei Hamburg: Rowohlt-Taschenbuch-Verlag, S. 319-331.

Strauss, A. L. & Corbin, J. (1996). Grounded Theory. Grundlagen Qualitativer Sozialforschung. Weinheim: Beltz.

Strauss, A. L. (1998a). Grundlagen qualitativer Sozialforschung. Datenanalyse und Theoriebildung in der empirischen soziologischen Forschung (2. Aufl.). München: Fink.

Strauss, A. L. (1998b). Grundlagen qualitativer Sozialforschung. Datenanalyse und Theoriebildung in der empirischen soziologischen Forschung (2. Aufl.). München: Fink.

Street, B. V. (1984). Literacy in theory and practice (Cambridge studies in oral and literate culture, Bd. 9). Cambridge University Press.

Stroß, A. M. (2009). Reflexive Gesundheitspädagogik. Interdisziplinäre Zugänge - erziehungswissenschaftliche Perspektiven (Qualitätssicherung in Erziehungswissenschaft und pädagogischen Feldern, Bd. 3). Berlin: LIT.

Strübing, J. (2014). Grounded Theory. Zur sozialtheoretischen und epistemologischen Fundierung eines pragmatistischen Forschungsstils (3. Aufl.). Wiesbaden: Springer VS.

Tudor-Locke, C., Craig, C. L., Thyfault, J. P. & Spence, J. C. (2013). A step-defined sedentary lifestyle index: <5000 steps/day. Applied Physiology, Nutrition, and Metabolism, 38 (2), S. 100-114.

UNESCO Education Sector (2004). The Plurality of Literacy and its Implications for Policies and Programmes. UNESCO Education Position Paper. United Nations Educational, Scientific and Cultural Organization (Hrsg.). URL: https://unesdoc.unesco.org/ark:/48223/pf0000136246 [29.07.2019].

Valsiner, J. (1994). Irreversibility of time and the construction of historical developmental psychology. Mind, Culture, and Activity, 1 (1-2), S. 25-42.

Van Dyk, S. (2009). "Junge Alte" im Spannungsfeld von liberaler Aktivierung, ageism und anit-ageing-Strategien. In S. van Dyk & S. Lessenich (Hrsg.), Die jungen Alten. Analysen zu einer neuen Sozialfigur. Frankfurt: Campus, S. 316-339.

Voelcker-Rehage, C., Godde, B. & Staudinger, U. M. (2011). Cardiovascular and coordination training differentially improve cognitive performance and neural processing in older adults. Frontiers in human neuroscience, 5, 26, S. 1-12.

Wagnild, G. M., Young, H. M. (1993). Development and psychometric evalutation of the Resilience Scale. Journal of Nursing Measurement, 1 (2). S. 165-178.

Wahl, H.-W. (1998). Alltagskompetenz: Ein Konstrukt auf der Suche nach einer Identität. Zeitschrift für Gerontologie und Geriatrie, 31, S. 243-249.

Wahl, H.-W. (2002). Ökologische Aspekte der Selbstständigkeit im Alter. In H. J. Kaiser (Hrsg.), Autonomie und Kompetenz. Aspekte einer gerontologischen Herausforderung (Erlanger Beiträge zur Gerontologie, Bd. 1). Münster: LIT, S. 67-85.

Wahl, H. W. & Lang, F. (2004). Aging in context across the adult life course: Integrating physical and social environmental research perspectives. In H.-W. Wahl, R. J. Scheidt & P. G. Windley (Hrsg.), Aging in context: Socio-physical environments (Annual Review of Gerontology and Geriatrics, S. 1-33). New York: Springer.

Wahl, H.-W., Fänge, A., Oswald, F., Gitlin, L. N. & Iwarsson, S. (2009). The home environment and disability-related outcomes in aging individuals: what is the empirical evidence? The Gerontologist, 49 (3), S. 355-367.

Wahl, H. W. & Oswald, F. (2010). Environmental Perspectives on Ageing. In Dannefer, Dale & Phillipson, Chris (Hrsg.), The SAGE handbook of social gerontology. Los Angeles, Calif. u.a: SAGE Publ., S. 111-124.

Wahl, H.-W. & Heyl, V. (2015). Gerontologie - Einführung und Geschichte (2. Aufl.). Stuttgart: Kohlhammer.

Wahl, H.-W. & Oswald, F. (2016). Theories of Environmental Gerontology: Old and New Avenues for Person-Environmental Views of Aging. In V. L. Bengtson, R. A. Settersten, JR., B. K. Kennedy, N. Morrow-Howell & J. Smith (Eds.), Handbook of theories of aging. New York: Springer Publishing Company, S. 621-641.

Waller, H. (2006). Gesundheitswissenschaft. Eine Einführung in Grundlagen und Praxis (4. Aufl.). Stuttgart: Kohlhammer.

Watson, D., Clark, L. A. & Tellegen, A. (1988). Development and Validation of Brief Measures Development and Validation of Brief Measures of Positive and Negative Affect: The PANAS scales. Journal of Personality and Social Psychology, 54 (6), S. 1063-1070.

Weinert, F. E. (2014). Vergleichende Leistungsmessung in Schulen - eine umstrittene Selbstverständlichkeit. In F. E. Weinert (Hrsg.), Leistungsmessungen in Schulen (3. Aufl.). Weinheim: Beltz, S. 17-31.

Weiss, B. D., Mays, M. Z., Martz, W., Castro, K. M., DeWalt, D. A., Pignone, M. P. et al. (2005). Quick assessment of literacy in primary care: the newest vital sign. Annals of Family Medicine, 3 (6), S. 514-522.

Weltgesundheitsorganisation (WHO) (1946, Stand 2014). Verfassung der Weltgesundheitsorganisation. URL: https://www.admin.ch/opc/de/classified-compilation/19460131/201405080000/0.810.1.pdf [29.07.2019].

Weltgesundheitsorganisation (WHO) (1986). Ottawa Charter for Health Promotion. URL: www.who.int/healthpromotion/connferences/previous/ottawa/en/ [29.07.2019].

Weltgesundheitsorganisation (WHO) (2002). Aktiv Altern. Rahmenbedingungen und Vorschläge für politisches Handeln. In Bundesministerium für soziale Sicherheit, Generationen und Konsumentenschutz. Kompetenzzentrum für Senioren- und Bevölkerungspolitik (Hrsg.) URL: http://apps.who.int/iris/bitstream/10665/67215/2/WHO_NMH_NPH_02.8_ger.pdf [29.07.2019].

Wiesmann, U., Rolker, S. & Hannich, H.-J. (2004). Salutogenese im Alter. Zeitschrift für Gerontologie und Geriatrie, 37 (5), S. 366-376.

Wissenschaftszentrum Berlin für Sozialforschung (WZB) (2011). Wie und wofür engagieren sich ältere Menschen? In Bundesministerium für Familie, Senioren, Frauen und Jugend (BMFSFJ) (Hrsg.) Monitor Engagement. Ausgabe Nummer 4. Berlin.

Witzel, A. (2000). Das problemzentrierte Interview. Forum Qualitative Sozialforschung / Forum: Qualitative Social Research, 1 (1). URL: http://nbn-resolving.de/urn:nbn:de:0114fqs0001228 [29.07.2019].

Wolf, M. S., Gazmararian, J. A. & Baker, D. W. (2005). Health literacy and functional health status among older adults. Archives of internal medicine, 165 (17), S. 1946-1952.

Wulfhorst, B. (2002). Theorie der Gesundheitspädagogik Legitimation, Aufgabe und Funktionen von Gesundheitserziehung. Weinheim: Juventa.

Wulfhorst, B. & Hurrelmann, K. (2009a). Gesundheitserziehung: Konzeptionelle und disziplinäre Grundlagen. In B. Wulfhorst & K. Hurrelmann (Hrsg.), Handbuch Gesundheitserziehung (1. Aufl.). Bern: Hans Huber, S. 9-34.

Wulfhorst, B. & Hurrelmann, K. (Hrsg.). (2009b). Handbuch Gesundheitserziehung (1. Aufl.). Bern: Hans Huber.
Wurm, S. (2013). Lebensalter, drittes und viertes. In F. Dorsch, M. A. Wirtz & J. Strohmer (Hrsg.), Dorsch - Lexikon der Psychologie (16. Aufl.). Bern: Hans Huber, S. 923.
Yesavage, J. A. & Sheikh, J. I. (2008). Geriatric Depression Scale (GDS). Clinical Gerontologist, 5 (1-2), S. 165-173.
Zimprich, D. (2004). Kognitive Leistungsfähigkeit im Alter. In A. Kruse & M. Martin (Hrsg.), Enzyklopädie der Gerontologie: Alternsprozesse in multidisziplinärer Sicht (1. Aufl.). Bern: Hans Huber, S. 289-303.
Zinnecker, J. (2000). Kindheit und Jugend als pädagogische Moratorien. Zur Zivilisationsgeschichte der jüngeren Generation im 20. Jahrhundert. Zeitschrift für Pädagogik, 42 (Beiheft), S. 36-68.

17 Transkriptionslegende

Transkriptionsregeln
Die Regeln wurden erstellt in Anlehnung an das GAT-Transkriptionssystem nach Selting et al., 2009[41] und Lucius-Hoene & Deppermann 2004[42].

Übergeordnete Regeln:
- Verwendung von Normalschrift;
- Weitgehend normale Interpunktion, soweit möglich;
- Übernahme von Dialekt.

Sequentielle Struktur/Verlaufsstruktur:
[ ]   Überlappungen und gleichzeitiges Sprechen

[ ]

:, ::, :::   Dehnungen, je nach Dauer
Pausen:
(.)   Mikropause
(-), (--), (---) kurze, mittlere, längere Pausen, bis ca. eine Sekunde, z. B. (3 Sekunden) Pausen von mehr als einer Sekunde

---

[41] Selting, M., Auer, P., Barth-Weingarten, D., Bergmann, J., Bergmann, P., Birkner, K., Couper-Kuhlen, E., Deppermann, A., Gilles, P., Günthner, S., Hartung, M., Kern, F., Mertzlufft, C., Meyer, C., Morek, M., Oberzaucher, F., Peters, J., Quasthoff, U., Schütte, W., Stukenbrock, A. & Uhmann, S. (2009). Gesprächsanalytisches Transkriptionssystem 2 (GAT 2). Gesprächsforschung - Online-Zeitschrift zur verbalen Interaktion. ISSN 1617-1837. Ausgabe 10, S. 353-402. URL: http://www.gespraechsforschung-ozs.de/heft 2009/px-gat2.pdf [29.07.2019].
[42] Lucius-Hoene, G. & Deppermann, A. (2004b). *Rekonstruktion narrativer Identität. Ein Arbeitsbuch zur Analyse narrativer Interviews* (2. Aufl.). Wiesbaden: VS Verlag für Sozialwissenschaften.

© Springer Fachmedien Wiesbaden GmbH, ein Teil von Springer Nature 2019
N. Konopik, *Gesundheitskompetenz im Alter*,
https://doi.org/10.1007/978-3-658-28382-7

Rezeptionssignale:
hm, ja, nein, nee
h=hm, ja=a } einsilbige bzw. zweisilbige Signale

Akzentuierung:
akZENT   Hauptakzent
akzEnt   Nebenakzent

Sonstige Konventionen:
((hustend))   außersprachliche Handlungen

<<hustend>>   sprachbegleitende Handlungen und Ereignisse mit Reichweite

abgebroch-   Wortabbrüche

MIX
Papier aus verantwortungsvollen Quellen
Paper from responsible sources
FSC® C105338

If you have any concerns about our products,
you can contact us on
ProductSafety@springernature.com

In case Publisher is established outside the EU,
the EU authorized representative is:
**Springer Nature Customer Service Center GmbH
Europaplatz 3, 69115 Heidelberg, Germany**

Printed by Libri Plureos GmbH
in Hamburg, Germany